21 世纪高职高专机电系列技能型规划教材

电机与电力拖动

主　编　孙英伟　齐新生
副主编　王翠芝
参　编　吴　硕　李　琦　刘占线
主　审　李源生

内 容 简 介

本书结合电气控制技术的实际应用和发展趋势，本书主要内容包括：绪论、变压器、直流电机的基本原理与结构、直流电动机拖动及控制、三相异步电动机、三相异步电动机的电力拖动、特殊用途电机、常用低压电器、电气控制典型线路和电机控制技术的应用，并配备了相关的附录。

本书基础理论与工程实际联系紧密、讲解透彻、实用性强，适合作为高职高专院校电气自动化、机电一体化、应用电子技术等专业的教学用书，也可作为职业培训和工程技术人员的参考用书。

图书在版编目(CIP)数据

电机与电力拖动/孙英伟，齐新生主编. —北京：北京大学出版社，2011.4
(21世纪全国高职高专机电系列技能型规划教材)
ISBN 978-7-301-18630-5

Ⅰ.①电… Ⅱ.①孙…②齐… Ⅲ.①电机—高等职业教育—教材②电力传动—高等职业教育—教材
Ⅳ.①TM3②TM921

中国版本图书馆CIP数据核字(2011)第035385号

书　　名：电机与电力拖动
著作责任者：孙英伟　齐新生　主编
策划编辑：赖　青　张永见
责任编辑：王红樱
标准书号：ISBN 978-7-301-18630-5/TM·0038
出 版 者：北京大学出版社
地　　址：北京市海淀区成府路205号　100871
网　　址：http://www.pup.cn　http://www.pup6.com
电　　话：邮购部010-62752015　发行部010-62750672　编辑部010-62750667
电子邮箱：编辑部pup6@pup.cn　总编室zpup@pup.cn
印 刷 者：北京虎彩文化传播有限公司
发 行 者：北京大学出版社
经 销 者：新华书店
787毫米×1092毫米　16开本　18印张　420千字
2011年4月第1版　2024年1月第5次印刷
定　　价：48.00元

前　　言

本书紧密结合相关专业人才培养目标和相关行业规范，按照“电机与电气控制”课程的教学大纲要求，本着“理论适度、突出实践、综合应用、发展创新”的原则编写。本书适合作为高职高专院校电气与自动化、机电一体化、应用电子技术等电类专业的一门专业基础教材，也可作为其他同等级别的职业培训和工程技术人员的参考用书。

本书在内容选材、教学要求、实验（实训）配套方面，突出新世纪高职教育的特点，注重培养学生的创新、应用能力，以及解决生产实际中电机及电机控制问题的能力。理论阐述循序渐进、繁简得当，注重理论与实践、强电与弱电、使用与维修相结合，并将新技术、新工艺、新方法和新标准贯穿其中。

本书主要内容包括：绪论、变压器、直流电机的基本原理与结构、直流电动机拖动及控制、三相异步电动机、三相异步电动机的电力拖动、特殊用途电机、常用低压电器、电气控制典型线路和电机控制技术的应用。并在附录中安排了技能训练项目，可供教学参考。

本书由辽宁省交通高等专科学校孙英伟担任主编，并编写绪论和第1、2章；辽宁省交通高等专科学校齐新生共同担任主编，并编写第4、5章；辽宁地质工程职业学院王翠芝担任副主编，并编写第6、7章；陕西职业技术学院刘占线编写第3章；辽宁装备制造职业技术学院吴硕编写第8章和附录A；北京体育大学李琦编写第9章。本书由辽宁省交通高等专科学校李源生担任主审，并对本教材提出了许多宝贵意见，编者在此表示衷心感谢。

由于编者水平有限，书中难免出现缺点、疏漏和不足之处，恳请读者批评指正。

编　者

2011年3月

目　录

绪论

0.1 电机在国民经济中的作用

电能是国民经济各部门中应用最广泛的二次能源，电能的生产、传送、分配都必须通过电机来实现。在电力工业中，电机是发电厂和变电所的主要设备，如将自然界的一次能源（水能、热能、风能和原子能等）转换为电能需要发电机来实现；经济、合理地使用和分配电能需要变压器来实现。在机械、冶金、石油、化工、纺织、建材等生产企业中的各种工作机械，都广泛采用各种不同规格的电动机来拖动，在一个现代化工厂中，需要几百至几万台电机。在交通运输行业中需要电力机车进行牵引。现代农业生产中的电力排灌、播种、收割、农副产品加工等，电机都是不可缺少的动力机械。在医疗设备、家用电器的驱动设备中同样离不开各种各样的电动机。在国民经济各领域中电机是应用最广泛的电磁机械设备。

0.2 电气控制技术在生产中的作用

随着生产技术的发展，人们对生产工艺和精度提出了更高的要求。例如，加工精度高，调速范围广，快速启动、制动和反转等。这些要求必须通过控制设备去控制电动机来实现，因此形成了由控制设备、电动机、传动机构和生产机械组成的电力拖动系统。控制的方法很多，有电气的、液压的、气动的、机械的或配合使用的，但以电气控制技术尤为普遍。控制的方法从手动控制到自动控制，功能从简单到复杂，控制技术从单机到群控，操作由笨重到轻便，这些推动了生产技术的不断更新和高速发展。

0.3 电机、电力拖动系统组成和电气控制技术的发展方向

0.3.1 电力拖动系统组成

电机是利用电磁感应定律和电磁力定律，将能量或信号进行转换或变换的电磁机械装置，它包括发电机、电动机和变压器。用电动机作为原动机拖动生产机械来实现生产工艺过程中的各种控制要求的系统称为电力拖动系统，它由控制设备、电动机、传动机构和生产机械等组成，如图 0.1 所示。

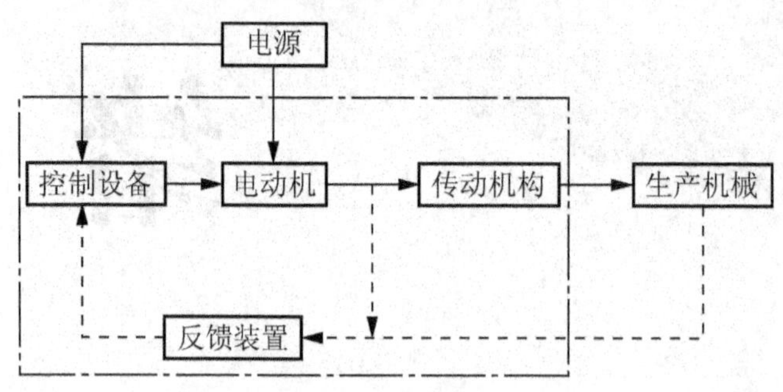

图 0.1　电力拖动系统的组成

0.3.2　电机及电气控制技术的发展

1. 电机的发展概况

19 世纪初，随着生产力的发展，蒸汽动力在使用和管理上的不便，迫使人们去寻找新的能源和动力，因此电磁学得到了兴起和发展。1820 年，奥斯特发现了电流的磁效应，从而揭开了研究电磁本质的序幕。1821 年，法拉第的实验证明了电流在磁场中受到电磁力的作用，不久以后，出现了电动机的雏形；1831 年，法拉第提出了电磁感应定律，同年 10 月发明了世界上第一台发电机。1889 年，俄国科学家设计制造了三相变压器和三相异步电动机；1891 年三相异步电动机开始使用，从而开创了使用电能的新局面，三相异步电动机结构简单，工作可靠，很快在工农业等各领域得到了广泛的应用和推广，动力机械很快被电动机所取代，使人类从繁重的体力劳动中解脱出来，完成了过去不能完成或不易完成的生产任务，为生产过程的自动化创造了条件，将社会生产力迅速推进到电气化时代。这一过程在历史上称为第二次工业革命。

经过半个世纪的发展，电机的制造技术已日臻完善。随着新的电磁材料、绝缘材料的不断涌现，冷却技术的不断提高，电机的单机容量不断增大，效率不断提高。目前，国外发电机的单机容量，汽轮发电机已超过 1700MV·A；水轮发电机已超过 825MV·A；同步电动机已超过 70MV·A；三相变压器已达到 1300MV·A；最高电压等级已达到 1150kV。解放后，我国电机工业也得到了迅速发展，目前已制造出 60×10^4kW 定子水内冷、转子氢内冷大型汽轮发电机，70×10^4kW 的水轮发电机和 840MV·A、500kV 的巨型三相变压器。随着国民经济的快速发展和需求，更大容量、更高电压等级的电机已试制成功或正在设计制造。

2. 电气控制技术的发展方向

电力拖动的控制方式由手动控制逐步向自动控制方向发展，手动控制是利用刀开关、控制器等手动控制电器，由人力操纵实现电动机启动、停止或正、反转；自动控制是利用自动控制装置来控制电动机，人在控制过程中只是发出信号，监视生产机械的运行状况。电气控制分为断续控制系统和连续控制系统。20 世纪 80 年代，由于电力电子技术和微电子技术的迅速发展，以及两者的相互融合，使交流电动机调速技术有了很大突破，出现了鼠笼式电动机变频调速系统和绕线式异步电动机的转子串级调速系统。调速技术上的突破，使交流电机调速系统得到了迅速推广，正逐步取代直流调速系统。

1969 年，美国率先研制出第一台可编程控制器（PLC），随后许多国家竞相研制，各

自形成体系。它具有数据运算、数据处理和通信网络等多种功能，最大的优点是可靠性高，平均无故障碍运行时间可达10万小时以上，现已成为电气控制系统中应用最为广泛的核心装置。20世纪70年代出现了计算机群控系统，即直接数控（DNC）系统，由一台较大型的计算机控制管理多台数控机床和数控加工中心，能完成多品种、多工序的产品加工。近年来又出现了计算机集成制造系统（CIMS），综合运用计算机辅助设计（CAD）、计算机辅助制造（CAM）、智能机器人等多项高技术，形成了产品设计与制造的智能化生产的完整体系。

电气控制技术的发展是伴随着社会生产规模的扩大、生产水平的提高而不断发展的，同时它又促进了社会生产力的进一步提高，从而为电力拖动达到最佳运行状态，实现最理想的控制提供了条件。

0.4　课程的性质、内容和能力培养目标

本课程是“机电一体化”、“工业电气自动化”、“应用电子技术”、“数控技术”等专业的一门实用性很强的核心课、专业课，对培养电气工程及自动化类专业高级应用型技术人才具有重要作用。

本课程的能力培养目标是：掌握相关的基础理论、分析运算的基本方法；会使用常用的电工具、仪器仪表；掌握电机的维护、常见故障的诊断与排除方法；根据生产对象的要求，能够设计电气控制线路，正确选择低压控制保护电器、电动机，并能够安装调试及诊断排除故障。

学习中注意理论与实际结合，弄清楚各种电器的组成、作用及使用方法，以增强感性认识；注意归纳总结各种电机的共性和特性，以加深理解电磁关系；重视实践环节，在实验实训中多动脑、勤动手，将所学知识和技能用于电气控制的生产实际中去，提高实践和创新能力。

第1章 变压器

教学目标

1. 了解变压器的用途及分类。

2. 认识变压器的外形和内部结构，熟悉各部件的作用；掌握变压器的工作原理、外特性，会判别变压器绕组的同名端，能正确选择并使用单相、三相变压器。

3. 掌握自耦变压器、仪用互感器等特殊变压器的特点，能够正确使用。

4. 掌握变压器常规维护项目，对变压器常见问题会分析处理。

教学要求

能力目标	知识要点	权重	自测分数
会用实验的方法判别变压器绕组的同名端	变压器的结构及工作原理	10%	
通过空载、短路试验测试变压器的参数；正确选择使用单相变压器	变压器的空载特性、负载特性及外特性；变压器的参数测定方法	20%	
正确选择使用三相变压器	三相变压器的磁路系统、电路系统；变压器并联运行的条件	30%	
正确选择使用特殊变压器	自耦变压器、电压互感器、电流互感器、电焊变压器	20%	
掌握变压器日常维护项目，能够检测排除变压器常见故障	变压器常规检查，常见故障检测分析与排除	20%	

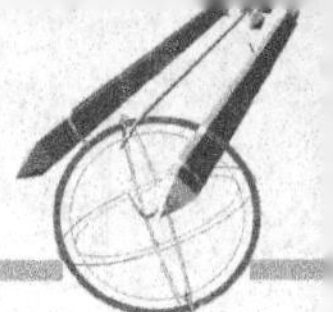

项目导入

变压器是一种静止的电气设备，它利用电磁感应原理，把一种电压等级的交流电转化成同一频率另一种电压等级的交流电。电力变压器是电力系统中输送与分配电能的重要电气设备。电力系统如图 1.1 所示。

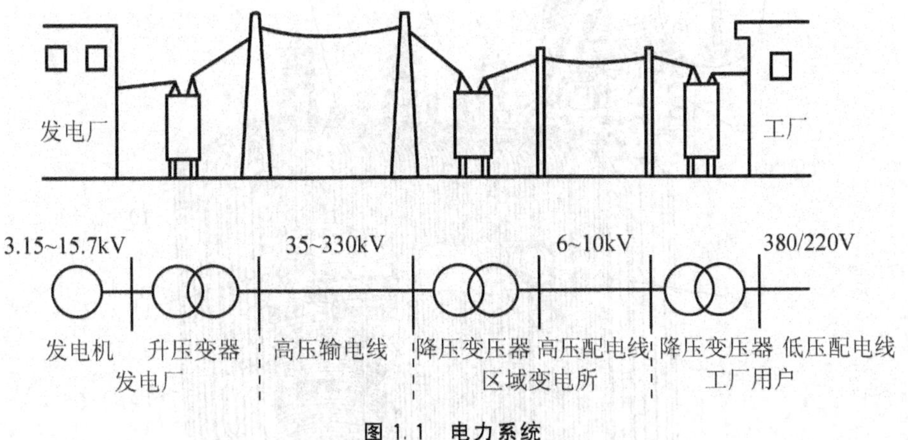

图 1.1 电力系统

由电工知识可知，输送一定功率的电能时，输电线路的电压越高，线路中的损耗就越小。为此需要用升压变压器把交流发电机发出的电压升高到输电电压；通过高压输电线将电能经济地送到用电地区；然后再用降压变压器逐步将输电电压降到配电电压，供用户安全方便地使用。变压器在其他方面的应用也非常广泛，如电解、化工用的整流变压器，冶炼用的电炉变压器，焊接用的电焊变压器，测量用的仪用变压器等。变压器还具有变换电流和阻抗的作用。

1.1 变压器的基本结构与原理

1.1.1 变压器的结构

变压器中主要的部件有铁芯、绕组、绝缘套管、箱体、分接开关及其他附件。铁芯和绕组构成了变压器的器身。油浸式变压器的器身浸放在盛满变压器油的封闭油箱中，各绕组的出线端经绝缘套管引出。为了使变压器能够安全可靠地运行，通常还设有储油柜、安全气道和气体继电器等附件。如图 1.2 所示三相油浸式电力变压器的基本结构。

1. 铁芯

铁芯是变压器的磁路，由心柱和铁轭两部分组成，心柱用来套装绕组，铁轭将心柱连接起来，使之形成闭合磁路。为减少铁芯损耗，铁芯用厚 0.35mm 或 0.5mm 的硅钢片叠成，片上涂以绝缘漆，以避免片间短路。在大型电力变压器中，为提高磁导率和减少铁芯损耗，常采用冷轧硅钢片；为减少接缝间隙和激磁电流，有时还采用由冷轧硅钢片卷成的卷片式铁芯。

按照铁芯的结构，变压器可分为心式和壳式两种。心式结构的心柱被绕组所包围，如图 1.3 所示；壳式结构则是铁芯包围绕组的顶面、底面和侧面，如图 1.4 所示。心式结构的绕组和绝缘部分装配比较容易，所以电力变压器常常采用这种结构。壳式变压器的机械强度较好，常用于低压、大电流的变压器或小容量电信变压器。

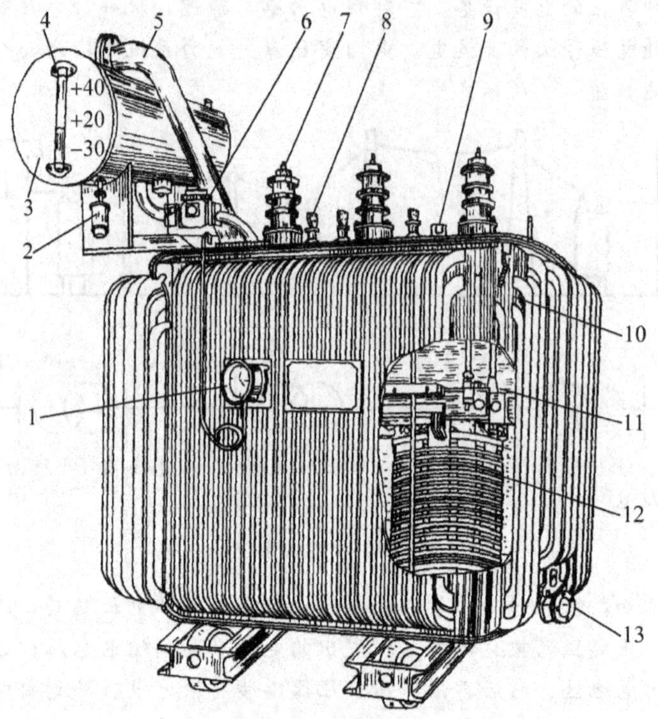

图 1.2　三相油浸式电力变压器的基本结构

1—信号式温度计；2—吸湿器；3—储油柜；4—油表；5—安全气道；6—气体继电器
7—高压套管；8—低压套管；9—分接开关；10—油箱；11—铁芯；12—线圈；13—放油阀门

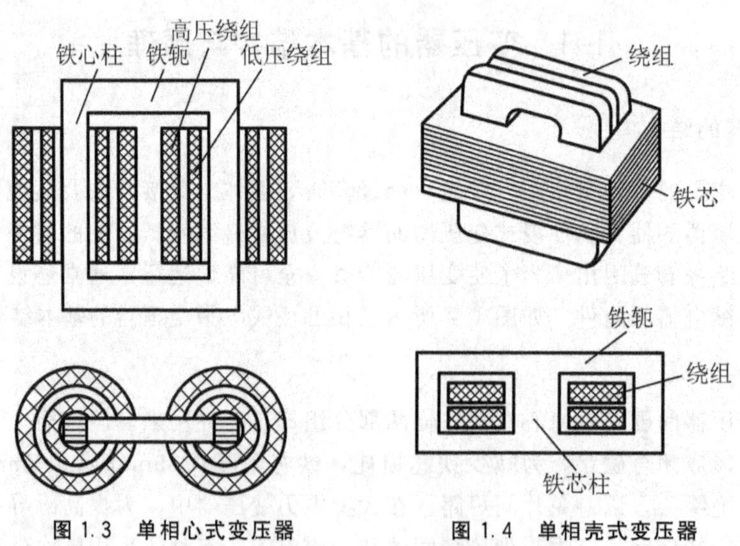

图 1.3　单相心式变压器　　图 1.4　单相壳式变压器

2. 绕组

绕组是变压器的电路部分，由涂有绝缘漆的铜线或铝线绕成。其中输入电能的绕组称为一次绕组（或原绕组），输出电能的绕组称为二次绕组（或副绕组），它们通常套装在同

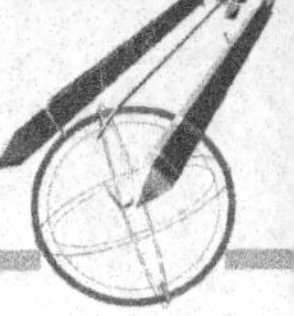

一个心柱上。一次和二次绕组具有不同的匝数、电压和电流，其中电压较高的绕组称为高压绕组，电压较低的绕组称为低压绕组。对于升压变压器，一次绕组为低压绕组，二次绕组为高压绕组；对于降压变压器，情况恰好相反。高压绕组的匝数多、导线细；低压绕组的匝数少、导线粗。

从高、低压绕组的相对位置来看，变压器的绕组可分成同心式和交叠式两类。同心式绕组的高、低压绕组同心地套装在心柱上，如图 1.3 所示。交叠式绕组的高、低压绕组沿心柱高度方向互相交叠地放置。同心式绕组结构简单、制造方便，国产电力变压器均采用这种结构。交叠式绕组用于特种变压器中。

3. 绝缘套管

变压器各绕组引出线之间以及引出线与地（油箱）之间都需要绝缘，这种绝缘叫做外绝缘。一般变压器绕组的引出线从油箱内部引到油箱外部都必须经过绝缘套管如图 1.5 所示。其作用是固定引出线并使引出线间绝缘及引出线对地（油箱）绝缘。

(a) 实物图

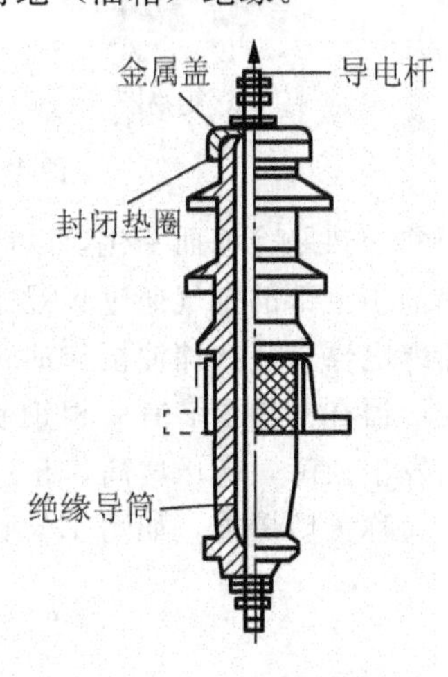

(b) 结构示意图

图 1.5 绝缘套管

4. 分接开关

变压器常用改变绕组匝数的方法来调整电压比。通常从高压绕组引出若干抽头，即分接头，与切换装置连接在一起，即分接开关。分接开关分为有载调压分接开关和无载调压分接开关。调节电压范围是额定输出电压的±5%，分接开关如图 1.6 所示。

5. 油箱和变压器油

油箱是变压器的外壳，内部装有变压器油、铁芯和绕组。油箱一般用钢板冲压而成，做成矩形或椭圆形。变压器油起绝缘和冷却作用。中小型变压器在箱体壁上焊有许多空心散热钢管，利用变压器油自身受热循环进行冷却。新型电力变压器多采用片式散热器散热。容量大于 10000kV·A 的电力变压器采用风吹冷却和强迫油循环冷却装置。

6. 储油柜及保护装置

在变压器的油箱上装有一个储油柜，通过连接导管与油箱相通，储油柜液面高度随油

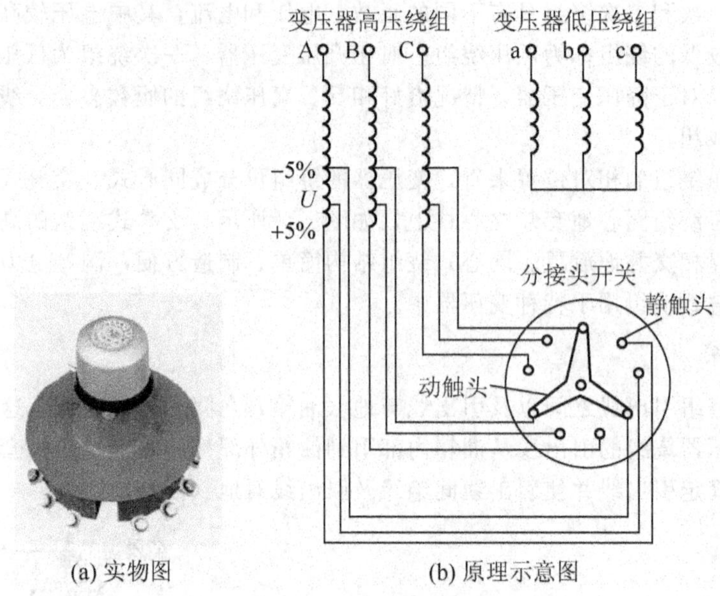

(a) 实物图　　(b) 原理示意图

图 1.6　电力变压器的分接开关

箱内变压器油热胀冷缩而变化，以保证油箱内油始终是充满的。储油柜上还装有油标和吸湿器，储油柜上部的空气通过吸湿器与外界空气相通。

气体继电器安装在储油柜与油箱间的连通管内，是变压器内部发生故障的保护装置。较大的变压器在油箱还装有一根钢制圆空心管，顶端装有特制玻璃片，下端与油箱连通，当箱体内发生故障，内压增高，超过一定限度时，油和气体冲破玻璃片而排出，故称为安全气道，又称为防爆管，如图 1.7 所示。

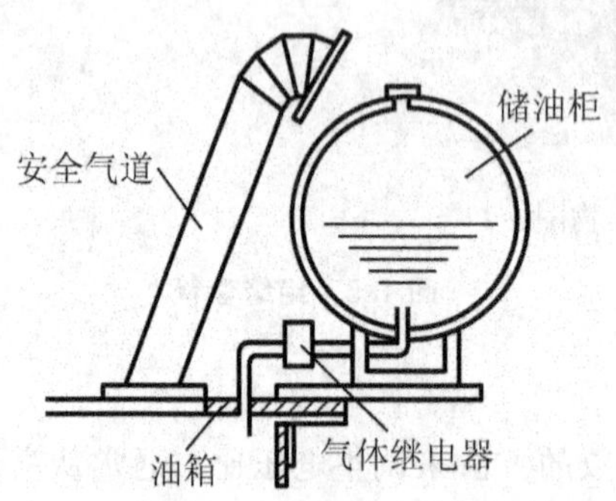

图 1.7　储油柜与安全气道

1.1.2　变压器铭牌及额定值

每台变压器出厂时，油箱上都会安装上一块铭牌，标明其型号和主要技术数据，作为用户安全、经济、合理地使用变压器的依据，如图 1.8 所示。

1. 型号

表示一台变压器的结构、额定容量、电压等级和冷却方式等内容。

例如，SL－500/10：表示三相油浸自冷双线圈铝线，额定容量为 500kV · A，高压侧额定电压为 10kV 的电力变压器。

产品型号	S9_500/10	标准号	
额定容量	500kV·A	使用条件	户外式
额定电压	10000/400V	冷却条件	ONAN
额定电流	28.9/721.7A	短路电流	4.05%
额定频率	50Hz	器身重	1015kg
相数	三相	油重	302kg
联结组别	Yyn0	总重	1753kg
制造厂		生产日期	

图 1.8 电力变压器的铭牌

2. 额定容量 S_N（kV·A）

在铭牌规定的额定状态下，变压器输出视在功率的保证值，称为额定容量。额定容量用伏安（V·A）或千伏安（kV·A）表示。对于三相变压器，额定容量是指三相容量之和。由于变压器的效率很高，认为一次侧、二次侧（原、副边）容量相等。

单相变压器

$$S_N = U_{1N} I_{1N} = U_{2N} I_{2N} \tag{1-1}$$

三相变压器

$$S_N = \sqrt{3} U_{1N} I_{1N} = \sqrt{3} U_{2N} I_{2N} \tag{1-2}$$

3. 额定电压 U_N（kV）

U_{1N}：根据绝缘强度和散热条件，规定的加于一次绕组的端电压。

U_{2N}：二次侧加额定正弦交流电压，二次侧的空载电压 U_{20}，即 $U_{2N}=U_{20}$。

对于三相变压器，额定电压均指线电压。

4. 额定电流 I_N（A）

根据绝缘强度和散热条件，变压器长期允许通过的安全电流，有 I_{1N}和 I_{2N}，对于三相变压器，额定电流为线电流。

5. 额定频率 f_N（Hz）

我国的标准工频规定为 50Hz。此外，额定工作状态下变压器的效率、温升等数据、绝缘等级等也属于额定值。

1.1.3 基本工作原理

变压器是根据电磁感应原理，将一种电压等级的交流电压和电流变换成频率相同的另一种等级的电压或电流的静止电气设备。

变压器主要由一个闭合的铁芯作为主磁路，并由两个匝数不同，而又相互绝缘的线圈（绕组）作为电路，如图 1.9 所示。

当一次绕组 N_1外加交流电压 u_1 时，便有电流 i_1 流过一次绕组，并在铁芯中产生与外加电压频率相同的交变磁通 Φ，Φ 同时交链一次、二次绕组而产生感应电动势 e_1 和 e_2，其大小与绕组匝数成正比，故改变绕组匝数，便可改变电压。二次绕组 N_2 的感应电动势 e_2 便向负载供电，从而实现了电能的传递。变压器只能传递交流电能，而不能传递直流电

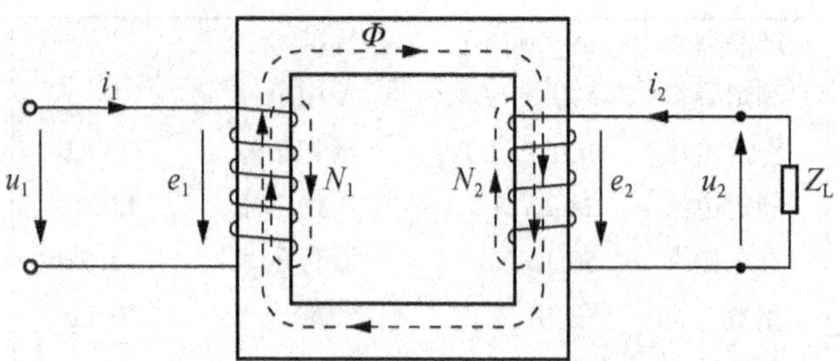

图 1.9 双绕组变压器的原理示意图

能，也不能产生电能。

1.2 变压器的运行特性

变压器的运行特性是指一次绕组接交流电源时，变压器各参数之间的关系，它包括变压器的空载运行特性和负载运行特性。

1.2.1 变压器的空载运行

1. 空载运行时的物理状况

变压器的空载运行是指变压器的一次绕组接在额定电压的交流电源上，而二次绕组开路的工作状态，如图 1.10 所示。

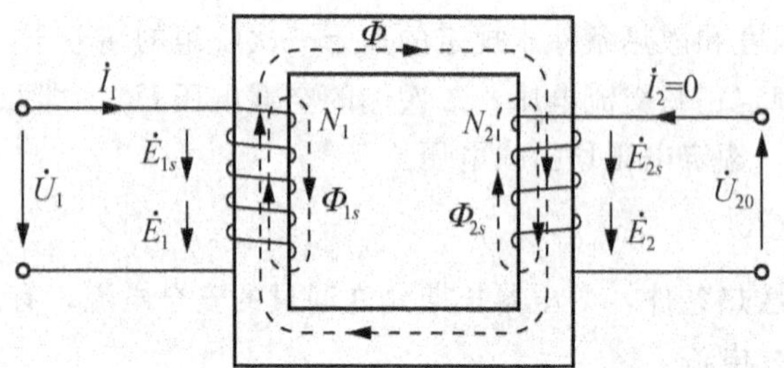

图 1.10 单相变压器空载运行原理图

当一次绕组外施交流电压$\dot{U}_1$，二次绕组开路时，一次绕组内将流过一个很小的电流$\dot{I}_0$，称为变压器的空载电流。空载电流 $\dot{I}_0$，产生交变磁动势 $N_1\dot{I}_0$，并建立交变磁通 Φ_Z；因变压器铁芯采用高导磁材料硅钢片叠成，磁阻很小，所以 Φ_Z 的 99%以上通过铁芯闭合，它同时交链了一次、二次绕组，能量传递主要靠这部分磁通，故称为主磁通 Φ。有一小部分磁通通过空气隙和变压器油闭合，它仅与一次绕组交链，不能传递能量，这小于1%总磁通 Φ_Z 的部分称为漏磁通，用 $\Phi_{1\sigma}$ 表示。

特别提示

- 变压器中的电压、电流、磁通和感应电动势的大小和方向都随时间而变化，为了正确表明它们之间的关系，必须先规定它们的正方向，通常按电工惯例规定正方向。

  (1) 电源电压 $\dot{U}$ 正方向与其电流 $\dot{I}_0$ 正方向采用关联方向，即两者正方向一致。

(2) 主磁通 Φ 的正方向与产生它的电流 $\dot{I}_0$ 正方向，两者符合右手螺旋定则。

(3) 由交变磁通 Φ_Z 产生的感应电动势 $\dot{E}$，两者的正方向符合右手螺旋定则，即磁通的正方向与产生该磁通的电流正方向一致。

由上述规定，在图 1.10 中标出各电压、电流、磁通、感应电动势的正方向。

2. 感应电动势与漏磁电动势

由于外加电压$\dot{U}_1$ 为正弦波，则 Φ、Φ_{1s}均按正弦规律变化

$$\begin{cases}\Phi=\Phi_{\mathrm{m}}\sin\omega t\\ \Phi_{1\sigma}=\Phi_{1\mathrm{sm}}\sin\omega t\end{cases}\tag{1-3}$$

则一次、二次绕组感应电动势瞬时值为：

$$\begin{cases}e_1=-N_1\dfrac{\mathrm{d}\Phi}{\mathrm{d}t}=2\pi fN_1\Phi_{\mathrm{m}}\sin(\omega t-90°)\\ e_2=-N_2\dfrac{\mathrm{d}\Phi}{\mathrm{d}t}=2\pi fN_2\Phi_{\mathrm{m}}\sin(\omega t-90°)\end{cases}\tag{1-4}$$

$$e_{1\sigma}=-N_1\frac{\mathrm{d}\Phi_{1\sigma}}{\mathrm{d}t}=2\pi fN_1\Phi_{1\sigma m}\sin(\omega t-90°)\tag{1-5}$$

感应电动势的相量式为

$$\begin{cases}\dot{E}_1=-j4.44fN_1\dot{\Phi}_{\mathrm{m}}\\ \dot{E}_2=-j4.44fN_2\dot{\Phi}_{\mathrm{m}}\end{cases}\tag{1-6}$$

$$\dot{E}_{1\sigma}=-j4.44fN_1\dot{\Phi}_{1\mathrm{sm}}\tag{1-7}$$

式 (1-7) 中，把一次绕组漏电动势用漏抗压降表示出来，则

$$\dot{E}_{1\sigma}=-\mathrm{j}\dot{I}_0X_1\tag{1-8}$$

X_1 是对应于 $\Phi_{1\sigma}$的一次绕组漏抗，单位为 Ω。

$$X_1=2\pi fN_1^2\Lambda_{1s}\tag{1-9}$$

由于 Φ_{1s}主要通过变压器油或空气闭合，磁阻为常数，则磁导 Λ_{1s}为常数，故 X_1 为常数。感应电动势的有效值

$$E_1=\frac{E_{1\mathrm{m}}}{\sqrt{2}}=\frac{\omega N_1\Phi_{\mathrm{m}}}{\sqrt{2}}=4.44fN_1\Phi_{\mathrm{m}}\tag{1-10}$$

$$E_2=\frac{E_{2\mathrm{m}}}{\sqrt{2}}=\frac{\omega N_2\Phi_{\mathrm{m}}}{\sqrt{2}}=4.44fN_2\Phi_{\mathrm{m}}\tag{1-11}$$

$$E_{1s}=\frac{E_{1\mathrm{sm}}}{\sqrt{2}}=\frac{\omega N_1\Phi_{1\mathrm{sm}}}{\sqrt{2}}=4.44fN_1\Phi_{1s}\tag{1-12}$$

3. 变压器空载运行时的电动势平衡方程式和电压比

一次绕组电动势平衡方程式

$$\begin{aligned}\dot{U}_1&=-\dot{E}_1-\dot{E}_{1s}+\dot{I}_0r_1=-\dot{E}_1+\dot{I}_0r_1+\mathrm{j}\dot{I}_0X_1\\&=-\dot{E}_1+\dot{I}_0(r_1+\mathrm{j}X_1)\\&=-\dot{E}_1+\dot{I}_0Z_1\end{aligned}\tag{1-13}$$

式中：$Z_1=r_1+jX_1$ 为一次绕组漏阻抗（Ω）；r_1 为一次绕组电阻（Ω）。

对于电力变压器空载时，$I_2=0$，$I_1=I_0$（2%～8%）I_{1N}，故 $I_0Z_1<0.2\%U_1$，可忽略不计，则

$$\dot{U}_1\approx-\dot{E}_1 \tag{1-14}$$

上式表明，$\dot{U}_1$ 与 $\dot{E}_1$ 在数值上相等，在方向上相反，波形相同。Φ 的大小取决于 U_1、N_1、f 的大小，当 U_1、N_1、f 不变时，Φ 基本不变，磁路饱和程度基本不变。

由于二次侧空载电流 $I_2=0$，则绕组内无压降产生，二次绕组的空载电压等于其感应电动势

$$\dot{U}_{20}=\dot{E}_2 \tag{1-15}$$

特别提示

- 变压器的变比，严格地说应该是变压器空载时其一次绕组电动势和二次绕组电动势的比值，或一次绕组两端电压与二次绕组两端电压的比值，用 K 表示。

$$K=\frac{E_1}{E_2}=\frac{N_1}{N_2}=\frac{U_1}{U_{20}} \tag{1-16}$$

【注意】 变压器运行时，一次、二次绕组的电压之比，等于一次、二次绕组的匝数之比；对于三相变压器是指一次、二次绕组的相电动势（相电压）之比。

4. 空载电流

变压器空载运行时，空载电流 $\dot{I}_0$ 分解成两部分如下。

①无功分量 $\dot{I}_{0Q}$，用来建立磁场，起励磁作用，它不消耗有功功率，其与主磁通同相位；

②有功分量 $\dot{I}_{0P}$，用来供给变压器铁芯损耗，其相位超前主磁通约$\frac{\pi}{2}$。

即

$$\dot{I}_0=\dot{I}_{0P}+\dot{I}_{0Q} \tag{1-17}$$

I_{0P}很小，一般 $I_{0P}<10\%I_0$，所以将 I_0 认为是激磁电流，即 $I_{0Q}=I_0$。

5. 变压器空载运行时的等效电路

变压器运行时既有电路，又有电和磁的相互联系，若用纯电路的形式等效，可使变压器的分析大为简化。变压器空载时的等效电路，如图 1.11 所示。

根据前面分析，漏磁通 $\Phi_{1\sigma}$产生的电动势 $E_{1\sigma}$用电抗上 X_1 通过电流 I_0 引起的压降反映出来（$\dot{E}_{1\sigma}=-j\dot{I}_0X_1$）。同理，对于主磁通 Φ 产生的 E_1 也可以类似的引用一个参数来处理，但不同的是：Φ 是经过铁芯闭合，参数中除了电抗外，还应考虑铁耗，因此引入一个激磁阻抗 $Z_m=r_m+jX_m$，在流过空载电流 I_0 时产生地压降来反映，即

$$-\dot{E}_1=\dot{I}_0Z_m=\dot{I}_0(r_m+jX_m) \tag{1-18}$$

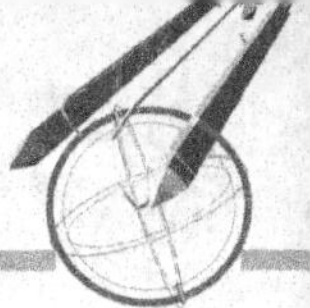

式中：$Z_m = r_m + jX_m$ 为激磁阻抗（Ω），$X_m = 2\pi f N_1 \Lambda_m$ 为激磁电抗（Ω），它反映主磁通的作用，是一个变量，Λ_m 为主磁路的磁导，它随磁路饱和程度的增加而减小；$r_m = P_{Fe}/I_0^2$ 为激磁电阻（Ω），它是反映铁耗的等效电阻。

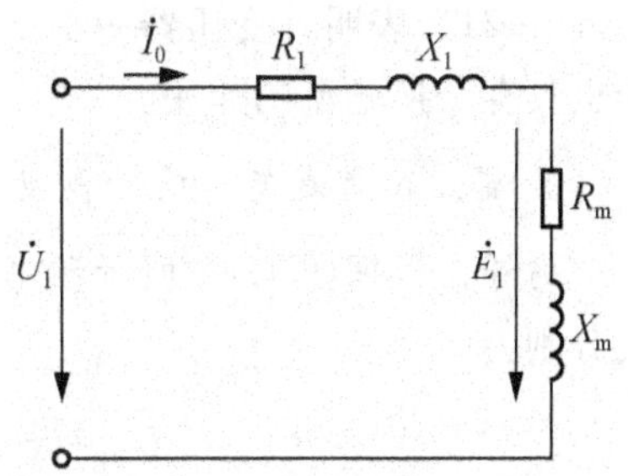

图 1.11 变压器空载时的等效电路

特别提示

● 于是变压器空载时的等效电路，它相当于两个阻抗值不等的线圈串联，一个是 $Z_1 = r_1 + jX_1$ 的空心线圈；另一个是阻抗值为 $Z_m = r_m + jX_m$ 的铁芯线圈，r_m、X_m 随电压大小和铁芯的饱和程度而变，但实际变压器运行时，基本不变，则认为 r_m、X_m 是常数。

1.2.2 变压器的负载运行

变压器的一次绕组 N_1 接至额定频率的正弦电压 $\dot{U}_1$，二次绕组 N_2 接上负载 Z_L 时，二次绕组便有电流 I_2 通过，这种运行情况，称为变压器的负载运行，电路如图 1.12 所示。

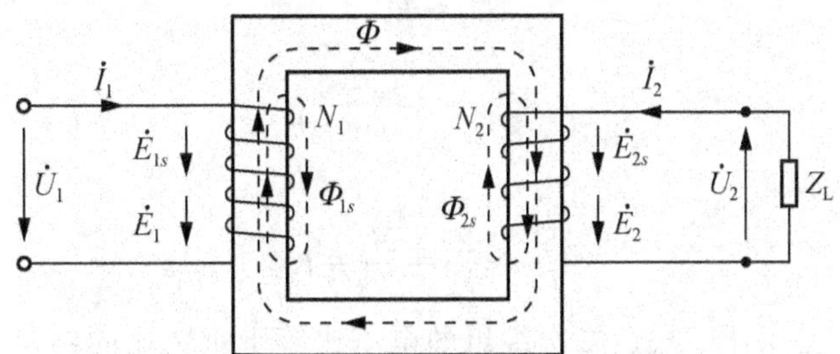

图 1.12 变压器的负载运行

1. 变压器负载运行时的物理状况

由于变压器接通负载，感应电动势 $\dot{E}_2$ 将在二次绕组中产生电流 $\dot{I}_2$，一次绕组中的电流由 $\dot{I}_0$ 变化为 $\dot{I}_1$。因此，负载运行时，变压器铁芯中的主磁通 Φ 由 $\dot{I}_1 N_1$ 和 $\dot{I}_2 N_2$ 共同作用产生。由于负载和空载时一次电压 $\dot{U}_1$ 不变，因此铁芯中主磁通 Φ 不变，因而空载和有载时磁路的磁动势基本不变。二次绕组电流 $\dot{I}_2$ 的出现，导致一次绕组电流从 $\dot{I}_0$ 增加到 $\dot{I}_1$，其磁动势 $\dot{I}_1 N_1$ 中增加的部分恰好与 $\dot{I}_2 N_2$ 抵消，维持磁路磁动势和铁芯中的主磁通 Φ 不变，即

$$\dot{I}_1 N_1 + \dot{I}_2 N_2 = \dot{I}_0 N_1 \tag{1-19}$$

这是变压器接负载时的磁动势平衡方程式。由于空载电流比较小，与负载时电流相比，可以忽略空载磁动势 $\dot{I}_0 N_1$。因此

$$\dot{I}_1 N_1 \approx -\dot{I}_2 N_2 \tag{1-20}$$

因此，变压器有载运行时，一次、二次绕组的电流数量关系为

$$\frac{I_1}{I_2} \approx \frac{N_2}{N_1} = \frac{1}{K} \tag{1-21}$$

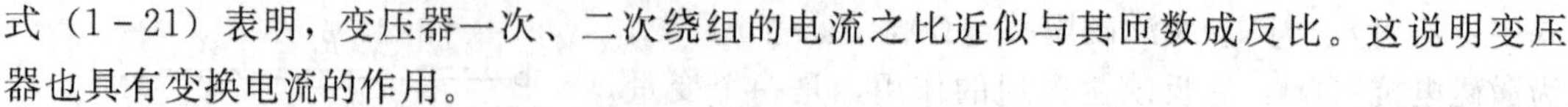

式（1-21）表明，变压器一次、二次绕组的电流之比近似与其匝数成反比。这说明变压器也具有变换电流的作用。

2. 变压器负载运行时的电动势平衡方程式

另外，根据图1.12所示参考方向，可写出变压器一次、二次绕组中的电压平衡方程式分别为

$$\begin{aligned}\dot{U}_1 &= -\dot{E}_1-\dot{E}_{1s}+\dot{I}_1 r_1=-\dot{E}_1+\dot{I}_1\ (r_1+jX_1)\\ &=-\dot{E}_1+\dot{I}_1 Z_1\end{aligned} \tag{1-22}$$

同理

$$\begin{aligned}\dot{U}_2 &= \dot{E}_2+\dot{E}_{2s}-\dot{I}_2 r_2=\dot{E}_2-\dot{I}_2\ (r_2+jX_2)\\ &=\dot{E}_2-\dot{I}_2 Z_2=\dot{I}_2 Z_L\end{aligned} \tag{1-23}$$

式中：$Z_2=r_2+jX_2$ 为二次绕组阻抗（Ω）；r_2 为二次绕组电阻（Ω）；Z_L 为负载阻抗（Ω）。

忽略数值较小的漏抗压降和电阻压降，则

$$\begin{cases}\dot{U}_1\approx-\dot{E}_1\\ \dot{U}_2\approx\dot{E}_2\end{cases} \tag{1-24}$$

或写成有效值

$$U_1\approx E_1 \qquad U_2\approx E_2$$

因此可得

$$\frac{U_1}{U_2}\approx\frac{E_1}{E_2}=\frac{N_1}{N_2}=K \tag{1-25}$$

式（1-25）表明，变压器一次、二次绕组的电压比等于匝数比的结论，也适用于负载运行的情况，不过负载时比空载时误差稍大些。

3. 负载运行时的等效电路

变压器一次、二次绕组之间没有电的联系，仅有磁的耦合。且一次、二次绕组匝数不等，导致了电动势、电流、阻抗不等。如果能将两个电路一个磁路等效为一个简单电路，分析计算将大为简化。可以采用绕组归算的方法来得到变压器的等效电路。即可以把一次绕组归算到二次绕组，也可以把二次绕组归算到一次绕组。下面就以二次绕组归算为例来说明其步骤。所谓的二次绕组归算，就是用一个与一次绕组具有相同匝数 N_1 的绕组，去代替实际的、匝数为 N_2 的二次绕组。归算的目的，仅是为了简化分析和计算，归算前后的变压器应该具有相同的电磁过程、能量传递关系。二次绕组是通过其电流所产生的磁动势去影响一次绕组。因此，归算前后的二次绕组磁动势应该保持不变。

1）变压器绕组折算的方法

（1）二次电流的折算，折算前后二次磁动势不变，即 $I'_2 N'_2=I_2 N_2$。

$$I'_2=\frac{N_2}{N'_2}I_2=\frac{N_2}{N_1}I_2=\frac{I_2}{K} \tag{1-26}$$

（2）二次电动势、电压的折算前后磁通不变，而电动势又与匝数成正比，则

$$\frac{E'_2}{E_2}=\frac{N'_2}{N_2}=\frac{N_1}{N_2}=K$$

所以
$$E'_2=KE_2$$
$$U'_2=KU_2 \tag{1-27}$$

(3) 二次绕组阻抗的折算。根据折算前后功率损耗保持不变的原则，有

$$I'^2_2 r'_2=I^2_2 r_2$$
$$r'_2=\frac{I^2_2}{I'^2_2}r_2=\left(\frac{I_2}{I_1}\right)^2 r_2=K^2 r_2 \tag{1-28}$$

同理

$$\begin{cases}X'_2=K^2X_2\\ Z'_2=K^2Z_2\\ Z'_L=K^2Z_L\end{cases} \tag{1-29}$$

特别提示

- K 是折算过程的桥梁，若将二次侧边各量折算到一次侧时，凡单位为安的量除以 K，单位为伏的量乘 K，单位为欧姆的量乘 K^2。

2) 变压器负载时的等效电路

$$\begin{cases}\dot{U}_1=-\dot{E}_1+\dot{I}_1\ (r_1+\mathrm{j}X_1)\ =-\dot{E}_1+\dot{I}_1Z_1\\ \dot{U}'_2=\dot{E}'_2-\dot{I}'_2\ (r'_1+\mathrm{j}X'_2)\ =\dot{E}'_2-\dot{I}'_2Z'_2\\ -\dot{E}_1=\dot{I}_0Z_m=\dot{I}_0\ (r_m+\mathrm{j}X_m)\\ \dot{E}'_2=\dot{E}_1\\ \dot{U}'_2=\dot{I}'_2Z'_L\\ \dot{I}_1=\dot{I}_0+\ (-\dot{I}'_2)\end{cases} \tag{1-30}$$

根据以上各式，分别画出变压器负载时的等效电路，如图 1.13 (a)、(b)、(c) 所示，变压器一次、二次绕组的耦合作用，以主磁通产生的感应电动势 $\dot{E}_1$、$\dot{E}_2$ 的形式反映了出来。由于 $\dot{E}_1=-\dot{E}'_2=-\dot{I}_0Z_m$，$\dot{I}_1=\dot{I}_0+\dot{I}'_2$ 的关系，可将图 1.13 所示的这三部分电路联系在一起，便得到 T 形等效电路，如图 1.14 所示。

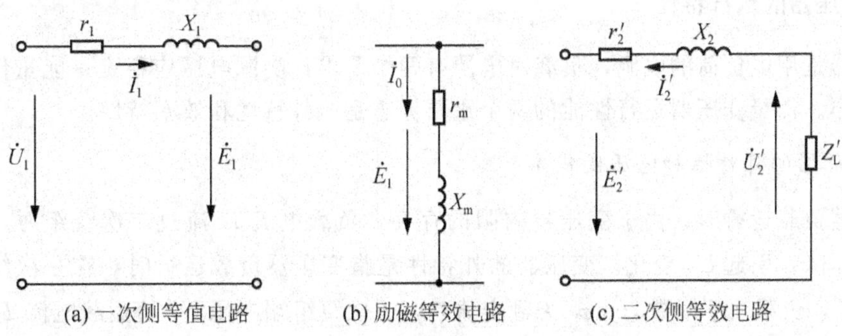

图 1.13 变压器部分等效电路

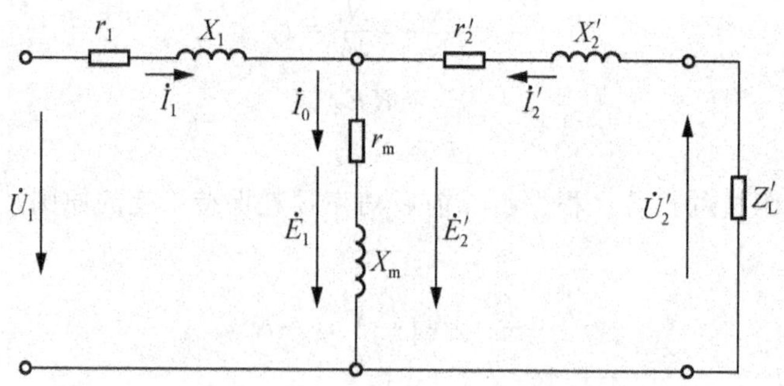

图 1.14　变压器 T 形等效电路

特别提示

● 简化等效电路。T 形等效电路虽然客观地反映了变压器内部的电磁关系，但它是一个混联电路，进行复数运算比较麻烦。在实际电力变压器中，$I_0 \approx (2\% \sim 5\%) I_{1N}$，$I_0$ 可忽略不计，即可将励磁支路去掉，从而得到一简化的串联电路，称为简化等值电路，如图 1.15 所示。这时变压器相当于一个短路阻抗 Z_k，它串接于电网与负载之间，则

$$Z_k = Z_1 + Z'_2 = r_k + jX_k \tag{1-31}$$

式中：$r_k = r_1 + r'_2$ 为短路电阻（Ω）；$X_k = X_1 + X'_2$ 为短路电抗（Ω）。

简化等值电路对应的电压平衡方程式为

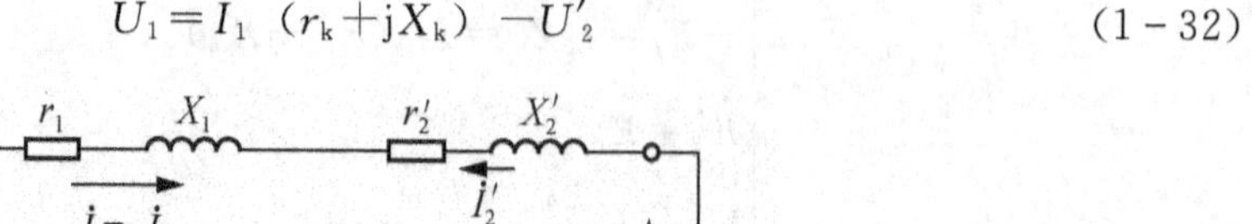

$$\dot{U}_1 = \dot{I}_1 (r_k + jX_k) - \dot{U}'_2 \tag{1-32}$$

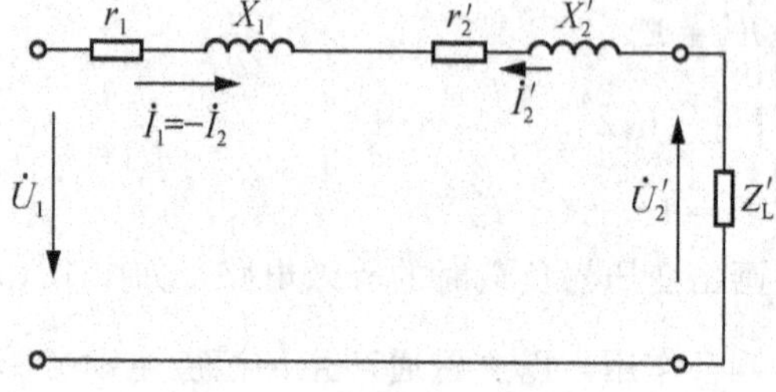

图 1.15　变压器简化等效电路

1.2.3　变压器的运行特性

变压器是用电负荷的电源，负载对电源有两个要求：电源电压应稳定；能量传输过程中损耗要小。衡量变压器运行性能的两个重要标志是：外特性和效率特性。

1. 变压器的外特性和电压变化率

变压器负载运行时，由于变压器内阻的存在，负载电流 I_2 流过二次绕组时，必然产生内阻抗压降，引起 U_2 变化。变压器的外特性是指变压器负载运行时，在一次绕组加额定电压 U_{1N}，负载功率因数 $\cos\varphi_2$ 为额定值时，二次绕组端电压 U_2 随负载电流 I_2 的变化关系，即 $U_2 = f(I_2)$ 曲线，如图 1.16 所示。

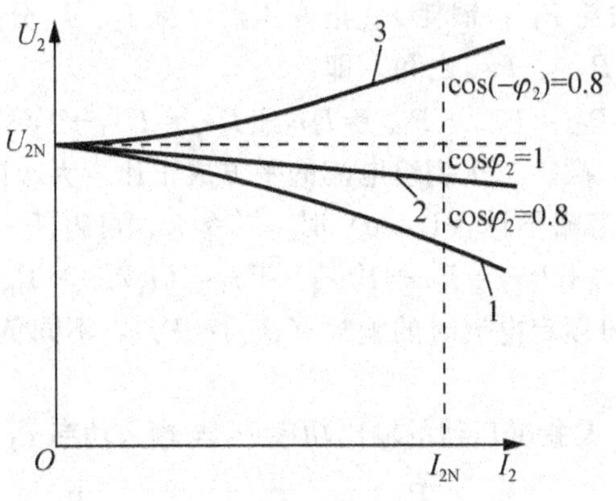

图 1.16 变压器的外特性曲线

图中 U_{2N}（等于 U_{20}）为变压器二次绕组的额定电压，I_{2N}为二次绕组额定电流。

在纯电阻负载时，U_2 随 I_2 的增大而减小，但电压变化幅度较小。

在感性负载时，U_2 随 I_2 的增大而减小，电压变化幅度较大。

在容性负载时，U_2 随 I_2 的增大而增大，且功率因数 $\cos\varphi_2$ 越小增大得越快。

特别提示

- 以上情况说明，负载的功率因数对变压器的外特性影响很大。负载变化对输出电压的影响可以用电压调整率来表示，其定义为：变压器从空载 $I_2=0$，$U_2=U_{2N}=U_{20}$ 到额定负载 $I_2=I_{2N}$运行时，二次绕组输出电压的变化量 ΔU 与额定电压 U_{2N} 的百分比，即

$$\Delta U\% = \frac{U_{2N}-U_2}{U_{2N}} \times 100\% \tag{1-33}$$

实际上，U_{2N}与 U_2 相差很小，所以测量误差将影响 $\Delta U\%$的精确度，因此对于三相变压器，可用下式进行计算。

$$\Delta U\% = \beta \frac{I_{1N\phi} r_{k75℃} \cos\varphi_2 + I_{1N\phi} X_k \sin\varphi_2}{U_{1N\varphi}} \times 100\% \tag{1-34}$$

$$\beta = \frac{I_{2\varphi}}{I_{2N\varphi}} \approx \frac{I_{1\varphi}}{I_{1N\varphi}} \tag{1-35}$$

式中：β为负载系数，$I_{1N\varphi}$、$I_{2N\varphi}$为一次、二次绕组额定相电流，$U_{1N\varphi}$为一次额定相电压。

$\Delta U\%$的大小反映了变压器供电电压的稳定程度，是衡量供电质量的标志之一。它与变压器的参数及负载的性质有关，提高负载的功率因数可有效地减小电压波动。电力变压器的电压调整率为 2%～3%，一般不超过 5%。

2. 变压器的效率特性

前面讨论变压器各物理量之间的关系时，均认为变压器是理想变压器，即变压器只传递电能而不消耗电能。实际上，变压器在工作时都存在着铜耗 P_{Cu}和铁损耗 P_{Fe}。

(1) 变压器的损耗。铁耗 P_{Fe}是由铁芯中交变磁通产生的磁滞损耗和涡流损耗，当电源电压一定时，铁耗是不变的，与负载电流大小和性质没有关系。额定电压下，所测得的

空载损耗 P_0 近似等于铁耗 P_{Fe}；铜耗 P_{Cu} 是变压器电流 I_1、I_2 分别流过一次、二次绕组电阻 r_1、r_2 所产生的损耗 P_{Cu1}、P_{Cu2} 之和，即

$$P_{Cu}=P_{Cu1}+P_{Cu2}=I_1^2r_1+I_2^2r_2=I_1^2r_1+I'^2_2r'_2 \quad (1-36)$$

由此可见，铜耗与一次、二次绕组电流的平方成正比，大小随负载的变化而变化，因此被称为可变耗。当 I_0 忽略不计（$I_0\approx 0$）时，$I'_2\approx I_1$，可得任一负载时的铜耗，即

$$P_{Cu}=I_1^2r_1+I_2^2r_2=I_1^2r+I'^2_2r'_2=I_1^2r_k=(I_1/I_{1N})^2I_{1N}^2r_k=\beta^2P_k \quad (1-37)$$

通过短路试验可求得额定电流时的铜耗（$P_{CuN}=P_k$），不同负载时的铜耗 P_{Cu} 与负载系数 β 的平方成正比。

(2) 变压器的效率。是指变压器的输出功率 P_2 与输入功率 P_1 的比值，用百分数表示。

$$\eta=\frac{P_2}{P_1}\times 100\%=(1-\frac{\sum P}{P_1})\times 100\%=(1-\frac{P_{Fe}+P_{Cu}}{P_2+P_{Fe}+P_{Cu}})\times 100\% \quad (1-38)$$

由于变压器的电压变化率很小，因此，$U_2\approx U_{2N}$，$I_2=\beta I_{2N}$，则有

$$P_2=U_{2N}I_2\cos\varphi_2=\beta U_{2N}I_{2N}\cos\varphi_2=\beta S_N\cos\varphi_2 \quad (1-39)$$

将式（1-39）代入式（1-38）得

$$\eta=(1-\frac{P_{Fe}+\beta^2P_k}{\beta S_N\cos\varphi_2+P_{Fe}+\beta^2P_k})\times 100\% \quad (1-40)$$

中小型变压器的效率在95%以上，大型变压器效率可达99%以上。

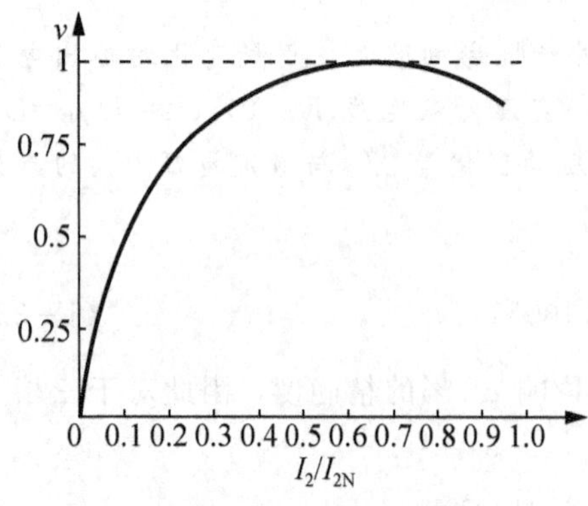

图 1.17 变压器的效率特性

(3) 变压器的效率特性：是指负载功率因数 $\cos\varphi_2$ 不变的情况下，变压器效率随负载系数 β（$\beta=I_2/I_{2N}$）之间的关系，即曲线 $\eta=f(\beta)$，如图 1.17 所示。出现最高效率的条件如下。

可变损耗等于不变损耗，即

$$P_{Cu}=\beta_m^2P_k=P_0$$

$$\beta_m=\sqrt{\frac{P_0}{P_k}} \quad (1-41)$$

将式（1-41）代入式（1-40）可得出最高效率为

$$\eta_m=\left(1-\frac{2P_0}{\beta_m S_N\cos\varphi_2+2P_0}\right)\times 100\%$$

特别提示

● 由于变压器长期接在电网上，铁耗总是存在的，而铜耗却是随负载变化的，不可能时刻都满载运行，因此设计时铁耗应相对小一些，一般 β 为 0.5～0.6。最大效率出现在 β=0.5～0.70 时，其额定效率 η_N=95%～99%。

【例 1.1】 一台三相变压器，一次侧、二次侧额定电压 U_{2N}/U_{1N}=10kV/3.15kV，"Y，d11"接法，匝电压为 14.189V，二次侧额定电流 I_{2N}=183.3A。

试求：(1) 一次、二次绕组匝数；

(2) 一次绕组电流及额定容量；

(3) 变压器运行在额定容量且功率因数为 $\cos\varphi_2$=1、0.9（超前）和 0.85（滞后）三

种情况下的负载功率。

解：(1) 一次侧 $U_{1N\varphi}=\frac{10}{\sqrt{3}}\text{kV}=5.773\ 5\text{kV}$

二次侧

$$U_{2N\varphi}=3.15\text{kV}$$

所以

$$N_1=\frac{U_{1N\varphi}}{14.189}=\frac{5\ 773.5}{14.189}=407$$

$$N_2=\frac{U_{2N\varphi}}{14.189}=\frac{3\ 150}{14.189}=222$$

(2) 额定容量为

$$S_N=\sqrt{3}U_{2N}I_{2N}$$

$$S_N=\sqrt{3}\times 3.15\times 183.3\text{kV}\cdot\text{A}=1\ 000\text{kV}\cdot\text{A}$$

$$I_{1N}=\frac{S_N}{\sqrt{3}U_{1N}}=\frac{1\ 000}{\sqrt{3}\times 10}\text{A}=57.74\text{A}$$

(3) 因为

$$P_2=S_N\cos\varphi_2$$

所以当 $\cos\varphi_2=1$ 时

$$P_2=1000\text{W}$$

当 $\cos\varphi_2=0.9$ 时

$$P_2=1000\times 0.9\text{W}=900\text{W}$$

当 $\cos\varphi_2=0.85$ 时

$$P_2=1000\times 0.85\text{W}=850\text{W}$$

可见变压器的输出功率与负载的功率因数有关。

1.3 变压器的参数测定

变压器的参数是指等值电路中 $Z_m=r_m+jX_m$ 和 $Z_k=r_k+jX_k$，这些参数直接影响变压器运行性能。对于成品，通常是通过空载和短路实验来求得。

1.3.1 变压器的空载实验

1. 空载实验的目的

空载实验的目的，通过测量 I_0、U_0 及空载损耗 P_0 来计算变比 K 和激磁参数 Z_m、X_m、r_m 以及判断铁芯质量和线圈质量。

2. 实验接线图

实验的接线图如图 1.18 (a) 所示。为了便于测量和安全起见，实验时，常在低压边加压，一次绕组开路。由于 I_0 很小，为减小其误差，将电压表接在功率表和电流表前面。

3. 实验方法

通电前，应将调压器调到起始位置，以免电流表、电压表被合闸瞬间冲击电流损坏，

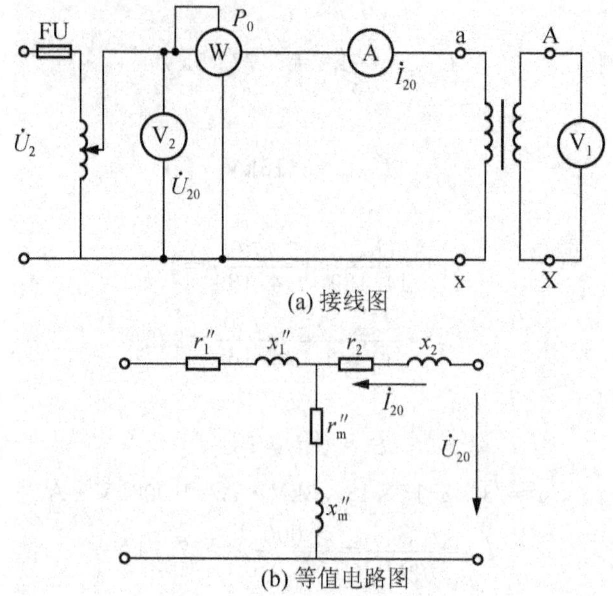

(a) 接线图

(b) 等值电路图

图 1.18　变压器空载试验

调节电源电压 U_2，使二次侧空载电压 U_{20} 达到二次侧额定电压 U_{2N} 为止，测量 U_2、U_{20}、I_0 和 P_0 值。

由于外加电压 $U_2=U_{2N}$，则磁通 Φ 达到正常工作值，铁耗 P_{Fe} 也为正常工作值，变压器空载电流 I_{20} 很小，则绕组铜耗 $P_{Cu20}=I_{20}^2 r_2$ 远小于 P_{Fe}，那么，P_{Cu20} 可忽略不计（$P_{Cu20}\approx 0$）。

因此，二次侧从电网吸收的电功率

$$P_0=P_{Fe}+P_{Cu20}\approx P_{Fe}=I_{20}^2 r_m'' \tag{1-42}$$

4. 励磁参数计算

在图 1.18 中，r_m'' 和 X_m'' 分别表示折算到二次侧的激磁电阻和激磁电抗，并且 $r_2\ll r_m''$，$X_2\ll X_m''$，故根据测量数据，可计算出下列励磁参数，即

$$Z_m''=\frac{U_{2N}}{I_{20}}，\ r_m''=\frac{P_0}{I_{20}^2}，\ X_m''=\sqrt{Z_m''^2-r_m''^2} \tag{1-43}$$

变比

$$K=\frac{U_1}{U_{2N}} \tag{1-44}$$

铁耗

$$P_{Fe}=P_0 \tag{1-45}$$

【注意】

(1) r_m 和 X_m 是随电压的大小而变化的，故取对应额定电压时的值。

(2) 空载实验在任何一侧做均可，高压侧参数是低压侧的 K^2 倍。折算到高压边即

$$Z_m=K^2 Z_m''，\ r_m=K^2 r_m''，\ X_m=K^2 X_m''$$

(3) 三相变压器必须使用一相的值。将线电压、线电流换算成相电压、相电流，三相功率换算成单相功率。

(4) $\cos\varphi_0<0.2$，很小，为减小误差，利用低功率因数表。

1.3.2 变压器的短路实验

1. 短路实验的目的

短路实验的目的是测量短路电压 U_k，短路电流 I_k 和短路损耗 P_k，求出短路参数 Z_k，X_k 和 r_k。

2. 短路实验方法

如图 1.19 所示短路实验的接线图。实验时，把二次绕组短路，一次绕组上加可调的低电压。调节调压器的输出电压，使短路电流达到额定电流 I_{1N}，测量此时的一次电压 U_k，输入功率 P_k，短路电流 I_k，由此即可确定等效漏阻抗。

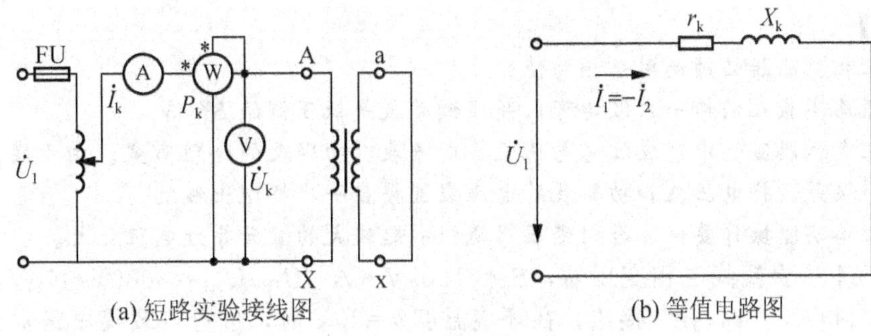

图 1.19 变压器的短路实验

3. 短路参数计算

从简化等效电路可见，变压器短路时，外加电压仅用于克服变压器内部的漏阻抗压降，当短路电流为额定电流时，该电压一般只有额定电压的 5%～10%；因此短路实验时变压器内的主磁通 Φ 很小。激磁电流 $\dot{I}_0$ 和铁耗 P_{Fe} 均可忽略不计；于是变压器的等效漏阻抗，即为短路时所表现的阻抗 Z_k。

不计铁耗时，短路时的输入功率 P_k，可认为全部消耗在一次和二次绕组的电阻损耗上，即

$$P_k=P_{Cu}+P_{Fe}\approx P_{Cu}，（电源电压很低\ P_{Fe}\approx 0）$$

$$P_{Cu}=I_k^2r_1+I_k^2r_2=I_k^2r_k=I_{1N}^2r_k \tag{1-46}$$

等效漏抗 X_k 的计算：取 $I_k=I_{1N}$ 时的 U_k 和 P_k，得室温 θ 时的短路参数

$$\begin{cases} Z_{k\theta}=Z_k=\dfrac{U_k}{I_k}=\dfrac{U_k}{I_{1N}} \\ r_{k\theta}=r_k=\dfrac{P_k}{I_k^2}=\dfrac{P_k}{I_{1N}^2} \\ X_k=\sqrt{Z_k^2-r_k^2} \end{cases} \tag{1-47}$$

一般认为

$$r_1\approx r'_2=\frac{1}{2}r_k；\ X_1\approx X'_2=\frac{1}{2}X_k \tag{1-48}$$

短路实验时，绕组的温度与实际运行时不一定相同；按国家标准规定，测出的电阻应

换算到国家规定的数值（电机 A、E、B 绝缘级，参考温度为 75℃）。可用下式换算电阻

$$\begin{cases}\text{对铜线：} r_{k75℃}=\dfrac{235+75}{235+\theta}r_{k\theta} \\ \text{对铝线：} r_{k75℃}=\dfrac{228+75}{228+\theta}r_{k\theta} \\ Z_{k75℃}=\sqrt{R_{k75℃}^2+X_k^2}\end{cases} \tag{1-49}$$

式中：θ 为实验时的室温。235，228 分别为铜线和铝线的温度系数，为了比较不同变压器的短路电压，常用其相对值的百分数表示。

$$U_k(\%)=\frac{U_k}{U_{1N}}\times 100\%=\frac{I_{1N}Z_{k75℃}}{U_{1N}}\times 100\% \tag{1-50}$$

短路阻抗电压的百分值是变压器的一个十分重要的参数，常标在变压器的铭牌上。一般中小型变压器 $U_k(\%)\approx(4\sim10.5)\%U_{1N}$，大型变压器 $U_k(\%)\approx(12.5\sim17.5)\%U_{1N}$。

【注意】

(1) 三相变压器必须使用一相的值。

(2) 短路实验在任何一方做均可，高压侧参数是低压侧的 K^2 倍。

(3) 在变压器实验中，应注意电压表、电流表、功率表的合理布置。由于实验电压很低，为减小误差，将电压表和功率表的电压线圈接在一次绕组出线端。

(4) 短路实验操作要快，否则变压器绕组引起较大的温升导致电阻变大。

【例 1.2】 一台铜线三相变压器，$S_N=100\text{kV}\cdot\text{A}$，$U_{1N}/U_{2N}=6000\text{V}/400\text{V}$，$I_{1N}/I_{2N}=9.623\text{A}/144\text{A}$，"Y，yn" 接法，在环境温度 $\theta=20℃$ 时，进行空载及短路实验，测得结果见表 1-1。

表 1-1　例 1.2 题表

实验名称	电压/V	电流/A	功率/W	电源加在
空载	400	9.37	600	低压边
短路	317	9.4	1920	高压边

试计算：(1) 变比和激磁参数 Z_m、X_m、r_m；

(2) 短路参数 Z_k、X_k、r_k；

(3) 当变压器额定负载且 $\cos\varphi_2=0.8$（滞后）时的电压变化率 $\Delta U\%$ 及效率 η；最高效率 η_m。

解：(1) 变压器的变比，即

$$K=\frac{U_{1N}/\sqrt{3}}{U_{2N}/\sqrt{3}}=\frac{6000}{400}=15$$

空载实验可以得到折算到高压边的参数

$$Z_m=K^2\frac{U_2/\sqrt{3}}{I_{20}}=15^2\times\frac{400/\sqrt{3}}{9.37}=5545.5\Omega,$$

所以

$$r_m=K^2\frac{P_0/3}{I_2}=15^2\times\frac{600/3}{9.37^2}=512.5\Omega$$

$$X_m=\sqrt{Z_m^2-R_m^2}=\sqrt{5545.5^2-512.5^2}=5521.7\Omega$$

(2) 室温 $\theta=20℃$ 时的短路参数

$$r_{K\theta}=\frac{P_K/3}{I^2}=\frac{1920/3}{9.4^2}=7.2\ (\Omega)$$

$$Z_{K\theta}=\frac{U_K/\sqrt{3}}{I_K}=\frac{317/\sqrt{3}}{9.4}=19.5\ (\Omega)$$

$$X_K=\sqrt{Z_{K\theta}^2-r_{K\theta}^2}=\sqrt{19.5^2-7.2^2}=18.1\ (\Omega)$$

换算到75℃时的短路参数值。若绕组为铜线绕组，电阻可用下式换算

$$r_{K75^\circ}=\frac{235+75}{235+\theta}r_{K\theta}=\frac{235+75}{235+20}\times 7.2=8.8\ (\Omega)$$

$$Z_{K75℃}=\sqrt{r_{K75^\circ}^2+X_K^2}=\sqrt{8.8^2+18.1^2}=20.1\ (\Omega)$$

(3) 当满载且 $\cos\varphi_2=0.8$ 时，则 $\beta=1$，$\sin\varphi_2=0.6$，对于Y接法，$I_{1N}=I_{1N}$，那么

$$I_{1N}=\frac{S_N}{\sqrt{3}U_{1N}}=\frac{100\times 10^3}{\sqrt{3}\times 6000}=9.623A$$

$$\Delta U\%=\beta\frac{I\,r_{K75^\circ}\cos\varphi_2+I\,X_K\sin\varphi_2}{U_{1N\varphi}}\times 100\%$$

$$=1\times\frac{9.623\times 8.8\times 0.8+9.623\times 18.1\times 0.6}{6000/\sqrt{3}}\times 100\%=4.97\%$$

变压器的效率

$$\begin{aligned}\eta&=\left(1-\frac{P_{FE}+\beta^2P_K}{\beta S_N\cos\varphi_2+P_{FE}+\beta^2P_K}\right)\times 100\%\\&=\left(1-\frac{600+1920}{100\times 10^3\times 0.8+600+1920}\right)\times 100\%\\&=96.9\%\end{aligned}$$

最大负载系数

$$\beta_m=\sqrt{\frac{P_0}{P_K}}=\sqrt{\frac{600}{1920}}=0.559$$

最高效率

$$\begin{aligned}\eta_m&=\left(1-\frac{2P_0}{\beta_m S_N\cos\varphi_2+2P_0}\right)\times 100\%\\&=\left(1-\frac{2\times 600}{0.559\times 100\times 10^3\times 0.8+2\times 600}\right)\times 100\%=97.4\%\end{aligned}$$

1.4 三相变压器

目前电力系统均采用三相制供电，因而三相变压器的应用极为广泛。三相变压器在对称负载下运行时，其中任何一相的电磁关系与单相变压器相同，因此在运行原理的分析和计算时，可以取三相中的一相来研究，即三相问题可以化为单相问题。于是前面导出的基本方程、等效电路等方法，可直接用于三相中的任一相。关于三相变压器的特点，如三相变压器的磁路系统，三相绕组的联结方法等问题，将在本节中加以研究。

1.4.1 三相变压器的磁路

三相变压器的磁路可分为三个单相独立磁路和三相磁路两类。如图1.20所示三台单相变压器在电路上联结起来，组成一个三相系统，这种组合称为三相变压器组。三相变压器组的磁路彼此独立，三相各有自己的磁路。

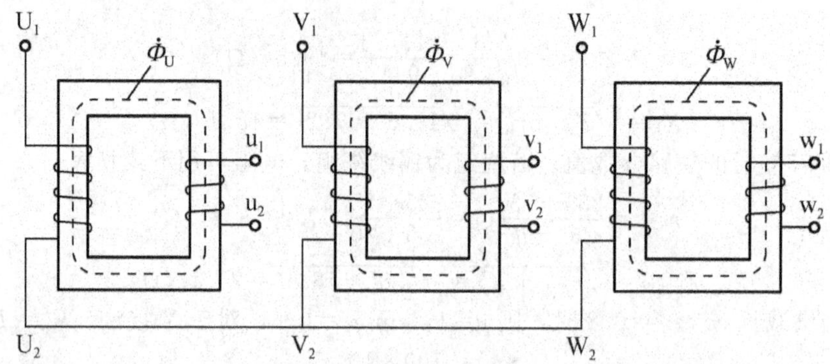

图 1.20　三相组式变压器的磁路系统

如果把三台单相变压器的铁芯拼成如图 1.21（a）所示的星形磁路，则当三相绕组外施三相对称电压时，由于三相主磁通 $\dot{\Phi}_U$、$\dot{\Phi}_V$ 和 $\dot{\Phi}_W$ 也对称，故三相磁通之和将等于零，即

$$\dot{\Phi}_U+\dot{\Phi}_V+\dot{\Phi}_W=0 \tag{1-51}$$

故可将中心铁芯柱省去，如图 1.21（b）。为制造方便，将三个铁芯柱布置在同一平面，便得三相三铁芯变压器铁芯，如图 1.21（c）所示。

三相心式变压器所用材料少，效率高，占地面积小，因此被广泛地采用。

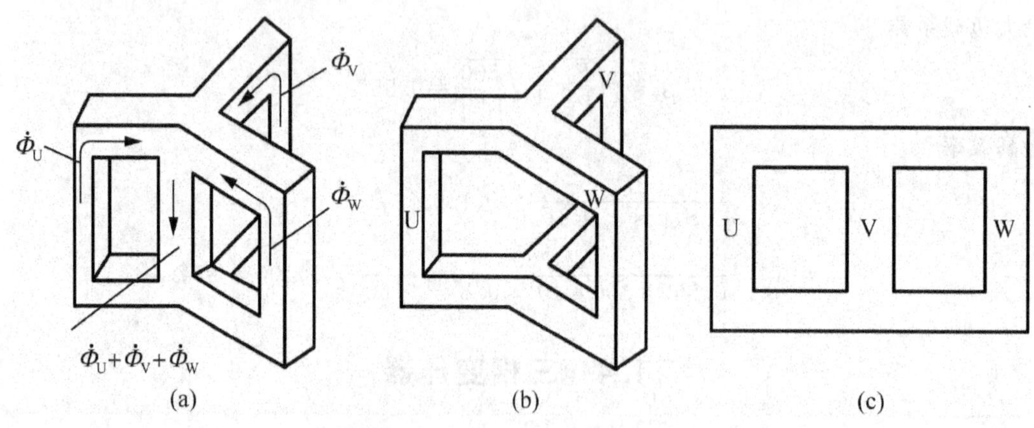

图 1.21　三相心式变压器的磁路

1.4.2　三相变压器的电路系统——联结组

1. 星形联结和三角形联结

三相心式变压器的三个心柱上分别套有 U 相、V 相和 W 相的高压和低压绕组，三相共六个绕组。为绝缘方便，常把低压绕组套在里面、靠近心柱，高压绕组套装在低压绕组外

面。三相绕组常用星形联结（用 Y 或 y 表示）或三角形联结（用 D 或 d）表示。星形联结是把三相绕组的三个首端 U_1、V_1、W_1 引出，把三个尾端 U_2、V_2、W_2 联结在一起作为中点，如图 1.22（a）、（b）所示。三角形联结是把一相绕组的尾端和另一相绕组的首端相联，顺次联成一个闭合的三角形回路，最后把首端 U_1、V_1、W_1 引出，如图 1.22（c）、（d）所示。

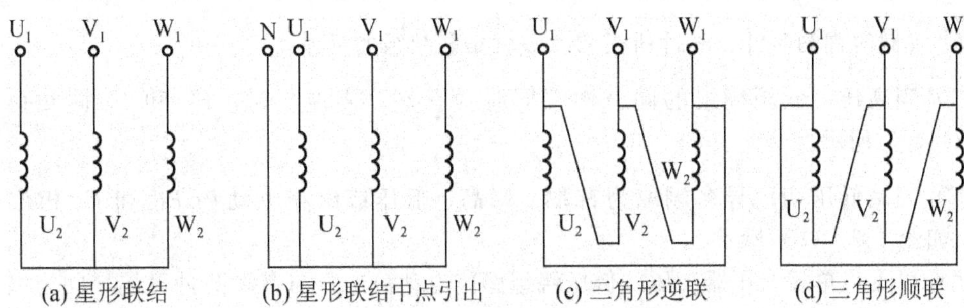

图 1.22 三相绕组的联结

2. 一次、二次绕组首、末端标记

为正确联结及使用变压器，将其一次、二次绕组出线端标见表 1－2。

表 1－2 三相变压器绕组首端和末端的标志

绕组名称	首 端	末 端	中 性 点
高压（一次）绕组	U_1、V_1、W_1	U_2、V_2、W_2	N
低压（二次）绕组	u_1、v_1、w_1	u_2、v_2、w_2	n
中压绕组	U_{1m}、V_{1m}、W_{1m}	U_{2m}、V_{2m}、W_{2m}	N_m

3. 单相变压器的联结组别

1）单相变压器绕组的极性

因为变压器的一次、二次绕组在同一个铁芯上，故都被磁通 Φ 交链。当磁通变化时，在两个绕组中的感应电动势也有一定的方向性。当一次绕组的某一端点瞬时电位为正时，二次绕组，也必有一电位为正的对应点，这两个对应的端点称为同极性端或同名端，用符号“·”表示。

对两个绕向已知的绕组，可以从电流的流向和它们所产生的磁通方向判断其同名端，如图 1.23 (a)中所示。已知一次、二次绕组的方向，当电流从 1 端和 3 端流入时，它们所产生的磁通方向相同，因此 1、3 端为同名端。同样，2、4 端也为同名端，同理可以知道图 1.23（b）中，1、4 端为同名端。可见，变压器一次、二次绕组的极性与绕组的绕向有关。

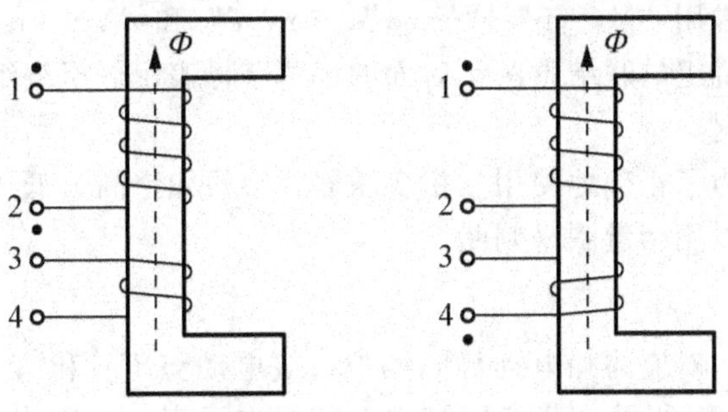

图 1.23 变压器一次、二次绕组不同绕向时的同极性端

2）单相变压器的联结组

按照惯例，统一规定高压、低压绕组感应电动势的方向均从首端指向末端。一旦两个绕组的首、末端定义完之后，同名端便由绕组的绕向唯一决定。

将高压绕组的相电动势 $\dot{E}_U$ 看做时钟的分针，指到钟面的"12"点，则低压边的相电动势 $\dot{E}_u$ 看做时钟的时针，时针所指的点数就是联结组的标号。

(1) 当高压、低压绕组的同极性端同时为首端（末端）时，$\dot{E}_U$ 和 $\dot{E}_u$ 同相位，如图 1.24 (a) 所示。

(2) 当高低压绕组异名端取为首端，则高、低压绕组相电动势 $\dot{E}_U$ 和 $\dot{E}_u$ 相位相差 180°，如图 1.24 (b) 所示。

由此可见，单相变压器高压、低压绕组感应电动势的方向存在两种可能，同为电动势升（降）：一个为电动势升；另一个为电动势降。

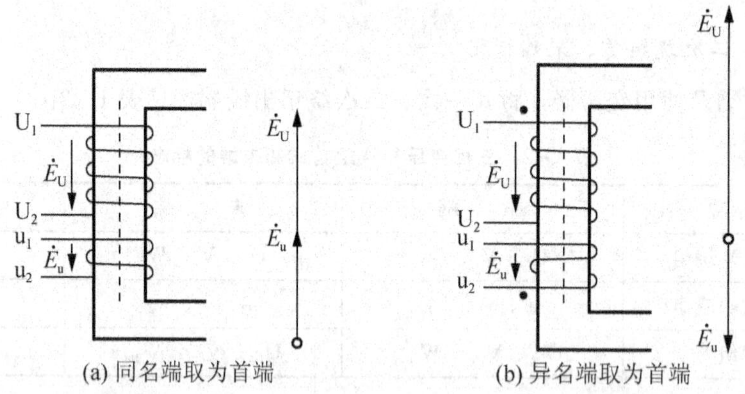

图 1.24　变压器高压、低压绕组不同绕向时的同极性端

4. 三相变压器绕组的联结组别

三相变压器的联结组别是指高低压绕组对应的线电动势（线电压）之间的相位差。由于高低压绕组联结方法不同，线电动势的相位差也不同，但总是30°的倍数。因此，国际上规定，三相变压器高低压绕组对应的线电动势的相位关系，仍用时钟法表示。$\dot{E}_{UV}$作为时钟的分针，指向 12 点；$\dot{E}_{uv}$作为时钟的时针，其指向的数字就是三相变压器的组别号。组别号的数字乘30°，就是二次绕组的线电动势滞后于一次绕组线电动势的相位角。

国产电力变压器常用"Y，yn"；"Y，y"；"Y，d"和"YN，d" 4 种联结组别，前面的大写字母表示高压绕组的联结方法，后面的小写字母表示低压绕组的联结法，N（或 n）表示有中点引出的情况。

在并联运行时，为了正确地使用三相变压器，必须知道高、低压绕组线电压之间的相位关系。联结组别可以用相量图来判断。

1）Y，y 联结

同名端在对应端，对应的相电动势同相位，线电动势 $\dot{E}_{UV}$ 和 $\dot{E}_{uv}$ 也同相位，连接组别为"Y，y0"。如图 1.25 所示；若高压绕组三相标志不变，低压绕组三相标志依次后移，

可以得到“Y，y4”、“Y，y8”联结组别；同理，若异名端在对应端，可得到“Y，y6”，“Y，y10”和“Y，y2”联结组别，如图 1.26 所示 Y，y2 联结组别。

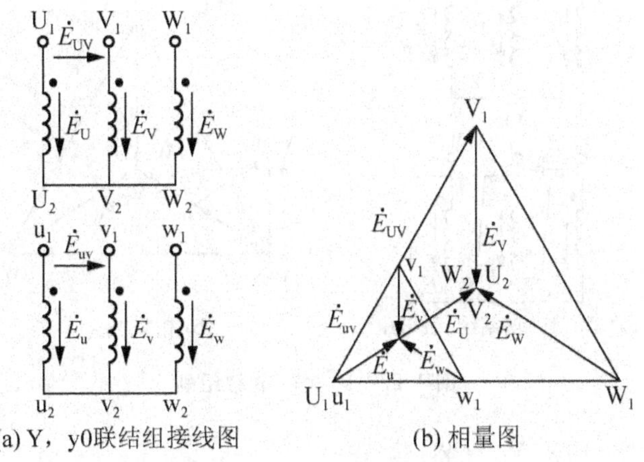

图 1.25 Y，y0 联结组别

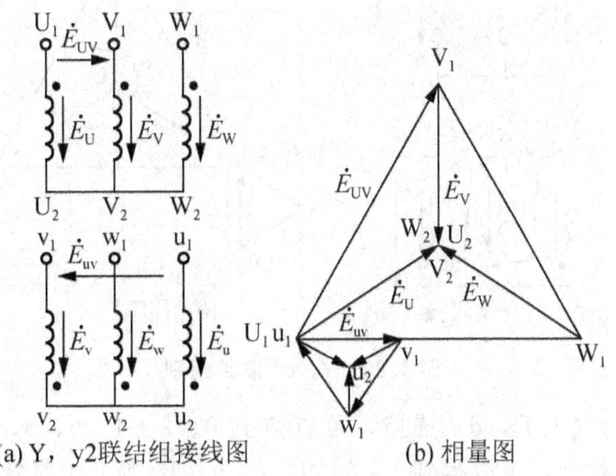

图 1.26 Y，y2 联结组别

2）Y，d11 联结组别

特别提示

- 同名端在对应端，对应的相电动势同相位，线电动势 $\dot{E}_{UV}$ 和 $\dot{E}_{uv}$ 相差 $\frac{11}{6}\pi$，联结组别为“Y，d11”，如图 1.27 所示；若高压绕组三相标志不变，低压绕组三相标志依次后移，可以得到“Y，d3”和“Y，d7”联结组别；同理，若异名端在对应端，可得到“Y，d5”、“Y，d9”和“Y，d1”联结组别。如图 1.28 所示为“Y，d5”联结组别。

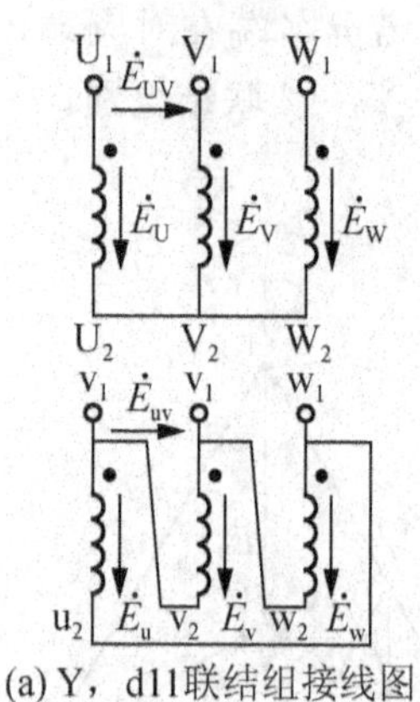

(a) Y，d11联结组接线图

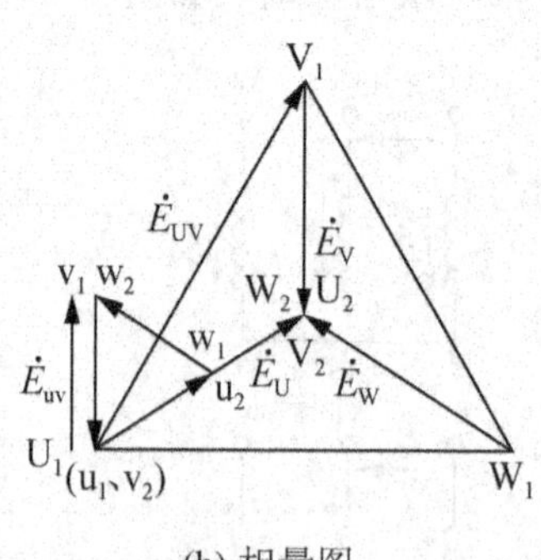

(b) 相量图

图 1.27　Y，d11 联结组别

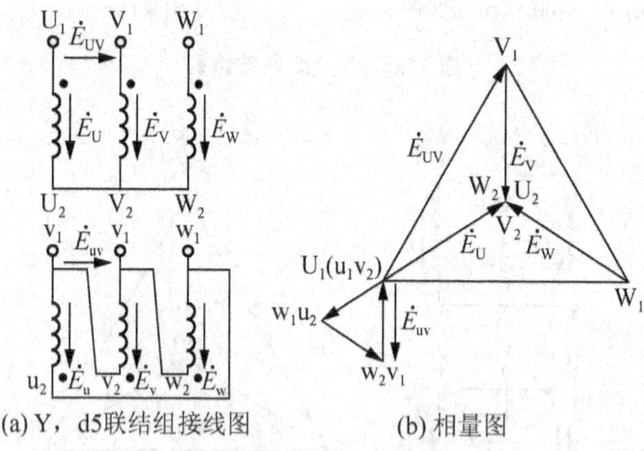

(a) Y，d5联结组接线图　　(b) 相量图

图 1.28　Y，d5 联结组别

总之，对于 Y，y（或 D，d）连接，可以得到 0、2、4、6、8、10 等 6 个偶数组别；而 Y，d（或 D，y）联结，可以得到 1、3、5、7、9、11 等 6 个奇数组别。

变压器的联结组别很多，为了便于制造和并联运行，国家标准规定，“Y，yn0”，“Y，d11”，“YN，d11”，“YN，y0”和“Y，y0”连接组为三相双绕组电力变压器的标准联结组别。

应用案例

5 种标准联结组中，前三种最为常用。Y，yn0 联结组的二次侧可引出中线，成为三相四线制，用于配电变压器时可兼供动力和照明负载。Y，d11 联结组用于二次侧电压超过 400V 的线路中，此时变压器有一侧接成三角形，对运行有利。YN，d11 联结组主要用于高压输电线路中，使电力系统的高压侧可以接地。

1.4.3　变压器的并联运行

变压器并联运行是指将两台或两台以上变压器的一次、二次绕组分别并联在一次、二次侧的公共母线上，共同向负载供电的运行方式，如图 1.29 所示。

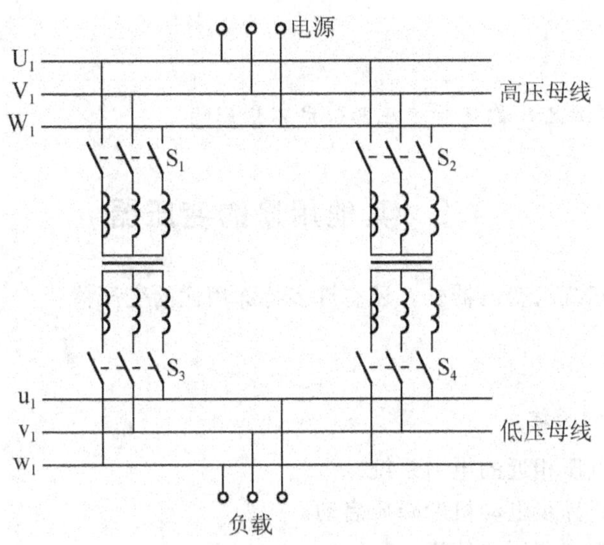

图 1.29 单相变压器并联运行接线图

1. 并联运行的意义

1）提高供电的可靠性

多台变压器并联运行，当某台变压器发生故障或需要检修时，可以将该变压器从电网断开，其他变压器仍可保证重要用户的供电。

2）提高供电效率

当负载随昼夜、季节变化时，随时可以调整并联变压器的台数，以减小空载损耗，提高效率和功率因数。

3）可减小变压器的初次投资

可根据经济的发展情况、用电量的增加情况，分批新增变压器，以减小初次投资。但并联的台数也不能过多，由于单台容量太小，并联组总损耗增加，且增加安装费用，同时占地面积大，增加了变电所的造价。

2. 并联运行的理想状态

(1) 各并联变压器空载时，只存在一次侧电流 I_0，二次侧电流为零（$I_2=0$），即各变压器绕组之间无环流。

(2) 各并联变压器负载后，各变压器的负载系数相等。

(3) 各并联变压器负载后，各变压器的二次绕组电流应同相位。

3. 并联运行的条件

为了达到上述理想运行情况，并联运行的变压器须满足以下条件。

(1) 各并联变压器一次、二次侧的额定电压分别相等，即变比相同。

(2) 各并联变压器的联结组别相同。

(3) 各并联变压器的短路阻抗的相对值（短路阻抗压降）相等，且短路阻抗角也相等。

特别提示

● 若某一条件不满足，都将对变压器造成不良影响。

1.5 其他用途的变压器

除一般用途的双绕组变压器外，还有许多特殊用途的变压器。

1.5.1 自耦变压器

1. 自耦变压器的用途

（1）用于连接电压相近的电力系统。

（2）用于鼠笼式异步电动机的降压启动。

（3）在实验室中作调压器使用。

2. 自耦变压器的结构特点

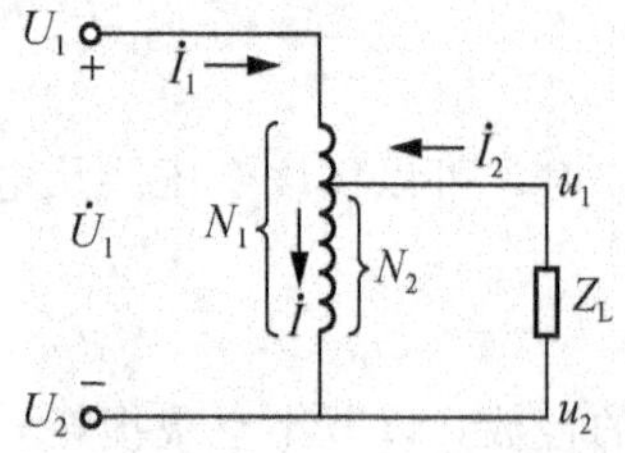

图 1.30 降压自耦变压器原理图

自耦变压器的一次、二次绕组共用一个绕组，如图1.30所示。对于降压自耦变压器，一次绕组的一部分充当二次绕组；对于升压自耦变压器，二次绕组的一部分充当一次绕组。因此自耦变压器一次、二次绕组之间既有磁的联系，又有电的直接联系。将一次、二次绕组共用部分的绕组称为公共绕组。下面以降压自耦变压器为例分析其工作原理。

3. 自耦变压器的电压比

当自耦变压器一次绕组加正弦交流电压 $\dot{U}$，铁芯中将产生交变磁通 Φ，分别在一次、二次绕组中产生感应电动势 $\dot{E}_1$ 和 $\dot{E}_2$。那么自耦变压器的变比为

$$K=\frac{E_1}{E_2}=\frac{N_1}{N_2}=\frac{U_1}{U_2} \tag{1-52}$$

4. 自耦变压器的变流公式

公共绕组部分的电流为

$$\dot{I}=\dot{I}_1+\dot{I}_2 \tag{1-53}$$

由于普通变压器改成自耦变压器后，磁路并未改变，磁动势平衡关系仍与普通变压器相同，即

$$\dot{I}_1(N_1-N_2)+\dot{I}N_2=\dot{I}_0N$$

$$\dot{I}_1N_1+\dot{I}_2N_2=\dot{I}_0N \tag{1-54}$$

由于 $\dot{I}_0$ 很小，忽略不计，则

$$\dot{I}_1=-(N_2/N_1)\dot{I}_2=-\dot{I}_2/K \tag{1-55}$$

从上式可见，I_1 与 I_2/K 的大小近似相等，相位上相差180°，所以流经公共绕组 N_2 的实际电流为

$$I=I_2-I_1 \tag{1-56}$$

特别提示

- 可见流经公共绕组部分的电流，总是小于输出电流，当 K 越接近于 1，I_2/K 与 I_1 越近似相等，I 就越小，二次绕组导线线径可选得小一些，节省材料，减少体积与重量，降低成本。因此自耦变压器的变比一般 $K<2$。

5. 自耦变压器的容量

自耦变压器的输出容量为

$$S=U_2I_2 \tag{1-57}$$

将式（1-56）代入式（1-57），得

$$S=U_2\ (I+I_1)\ =U_2I+U_2I_1 \tag{1-58}$$

式（1-58）表明，自耦变压器的输出容量由两部分组成：U_2I 称为电磁功率，是通过电磁感应传递给负载的；U_2I_1 称为传导功率，是通过传导方式传递给负载的。

6. 种类

自耦变压器有单相和三相两种。一般三相自耦变压器采用星形接法。如图 1.31 所示三相自耦变压器原理图。

如果将自耦变压器的抽头做成滑动触头，就成为自耦调压器，常用于调节试验电压的大小。如图 1.32 所示常用的环形铁芯单相自耦调压器原理图。

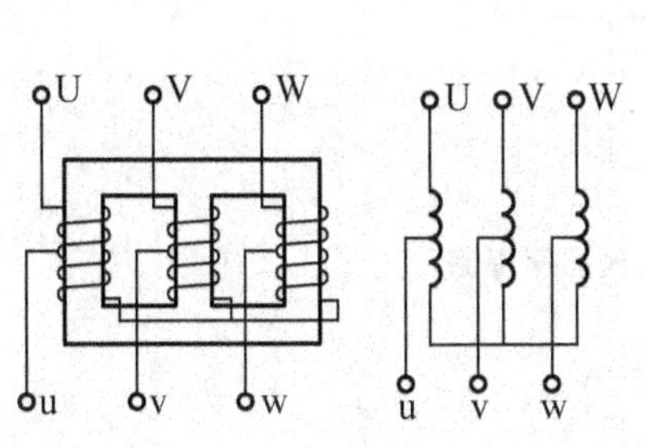

图 1.31　三相自耦变压器原理图

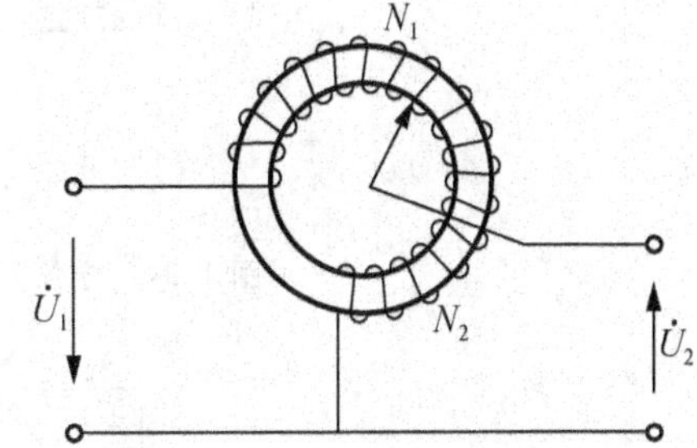

图 1.32　单相自耦调压器原理图

【注意】

（1）在低压侧使用的电气设备应有高压保护设备，以防过电压。

（2）有短路保护措施。

（3）自耦变压器不能做安全照明变压器使用。

（4）单相自耦变压器要求把输入、输出的公共端 U_2 和 u_2 接零线。

1.5.2　互感器

互感器是供测量用的变压器，可分为电压互感器和电流互感器。

1. 电压互感器

1）电压互感器的构造和工作原理

电压互感器实质上是一个降压变压器，外形如图 1.33 所示。它的一次绕组 N_1 匝数很多，直接并接在被测的高压线路上，二次绕组 N_2 匝数较少，两端接电压表或其他仪表的电压线圈，因为电压线圈的阻抗很大，电压互感器相当于空载运行的降压变压器。如图 1.34 所示电压互感器原理图。

(a)浇注式电压互感器

(b) JDJ—3,6,10,12型油浸式电压

(c) JDZX6—35W2干式户外型电压互感器

图 1.33　电压互感器的实物图

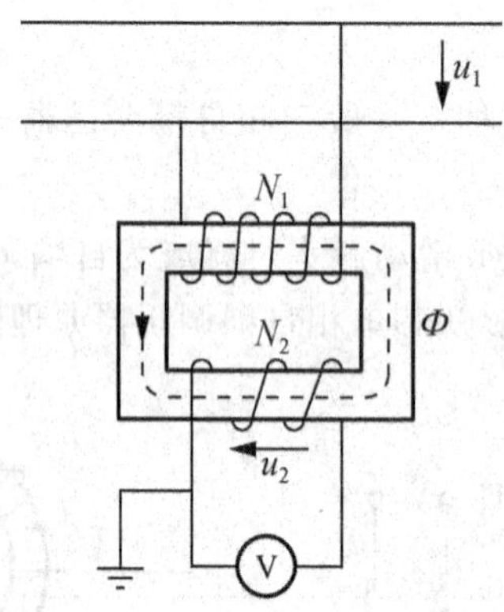

图 1.34　电压互感器的原理图

$$\begin{cases} \dfrac{U_1}{U_2}=\dfrac{N_1}{N_2}=K_u \\ U_2=\dfrac{U_1}{K_u} \end{cases} \tag{1-59}$$

特别提示

- 只要读出二次侧电压表读数 U_2，再乘 K_u 就是被测量电压 U_1。实际应用中，二次绕组及电压表量程均为 100V，而电压表表面却按一次绕组额定电压来刻度，故可直接读出 U_1。有的电压互感器一次绕组还设有多个抽头，可根据被测电压高低选择互感器的变比 K_u。

2）使用电压互感器的注意事项

(1) 电压互感器在运行时二次绕组绝不允许短路，否则短路电流很大，会将互感器绕组烧坏。为此在电压互感器二次侧电路中应串联熔断器进行短路保护。

(2) 电压互感器的铁芯和二次绕组的一端必须可靠接地，以防一次高压绕组绝缘损坏时，铁芯和二次绕组带上高电压而触电。

(3) 电压互感器有一定的额定容量，使用时不宜接过多的仪表，否则将影响互感器的准确度。

2. 电流互感器

1）电流互感器的结构特点和工作原理

电流互感器的外形结构如图 1.35 所示。它的工作原理与小型双绕组升压变压器类似。它的主要特点是：一次绕组匝数 N_1 很少，一般只有一匝到几匝，导线粗；二次绕组 N_2 匝数很多，导线细。使用时一次绕组串接在被测线路中，流过被测电流，而二次绕组与电流表或仪表的电流线圈构成闭合回路。由于测量仪表的电流线圈内阻抗极小，因此相当于一台短路运行的升压变压器。电流互感器的原理如图 1.36 所示。

(a) LCW-35油浸式户外型电流互感器

(b) LZW-12浇注式户外型电流互感器

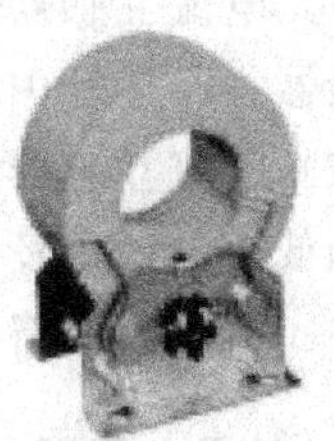

(c) LJ-2型干式零序电流互感器

图 1.35 电流互感器的外形结构

为减少测量误差，互感器铁芯磁通密度设计得很低，一般在 $B\approx$ (0.08～0.1) T 内，故励磁电流 $\dot{I}_0$ 很小，可忽略不计，便得磁动势平衡关系：

$$\dot{I}_1 N_1 + \dot{I}_2 N_2 = 0$$

$$\frac{I_1}{I_2} = \frac{N_2}{N_1} = K_i$$

$$I_1 = \frac{N_2}{N_1} I_2 = K_i I_2 \tag{1-60}$$

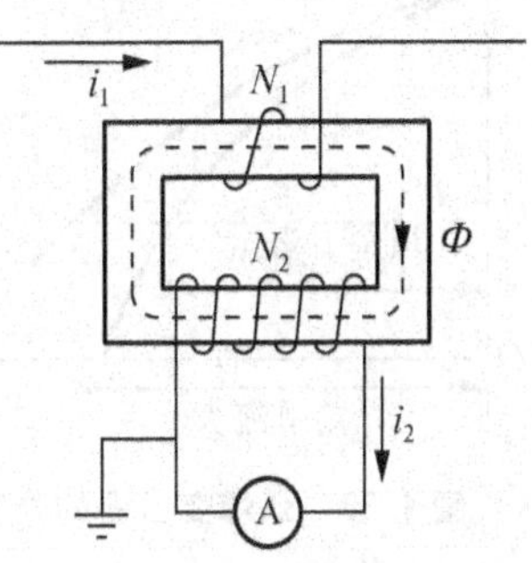

图 1.36 电流互感器的原理

特别提示

- 电流表的读数 I_2 乘 K_i 便是被测电流 I_1，也可将电流刻度按 K_i 倍放大，直接读出被测电流 I_1，不必换算。一般互感器二次电流表用量程为 5A 的仪表，可根据被测电流的大小，选择电流变比 K_i 不同的电流互感器进行测量。

2）钳形电流表

为了在现场携带方便，并且测量时不切断电源，将互感器铁芯做成像一把钳子可以张合，铁芯上只有连接电流表的二次绕组，被测电流导线可以钳入铁芯窗口内，称为一次绕组（$N_1=1$），从二次绕组两端所连接的电流表中，便可直接读出被测电流 I_1。钳形电流表如图 1.37 所示，它有几个量程（不同电流变比 K_i）可供选择。

(a) 大口径钳形电流表

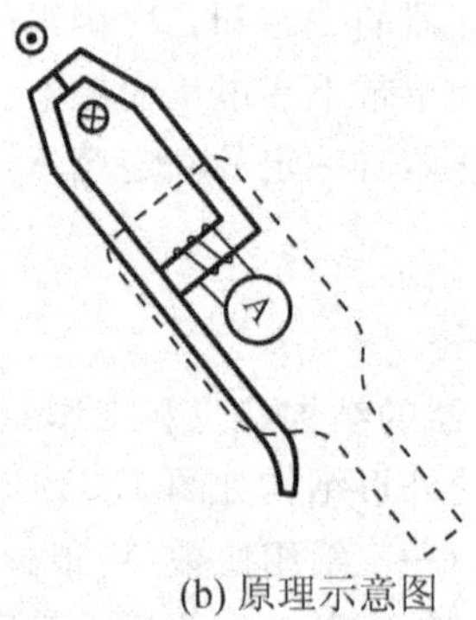

(b) 原理示意图

图 1.37　钳形电流表

3）使用电流互感器的注意事项

（1）电流互感器运行时二次绕组绝不许开路。电流互感器的二次绕组电路中绝不允许装熔断器。在运行中若要拆下电流表，应先将二次绕组短路后再进行。

（2）电流互感器的铁芯和二次绕组的一端必须可靠接地。以免绝缘损坏时，高压侧电压传到低压则，危及仪表及人身安全。

（3）电流表内阻抗应很小，否则影响测量精度。

1.5.3　弧焊变压器

弧焊变压器（交流弧焊机）实质上是一种具有特殊外特性的降压变压器。为保证电弧焊的质量和电弧燃烧的稳定性，弧焊工艺对弧焊变压器有以下几点要求。

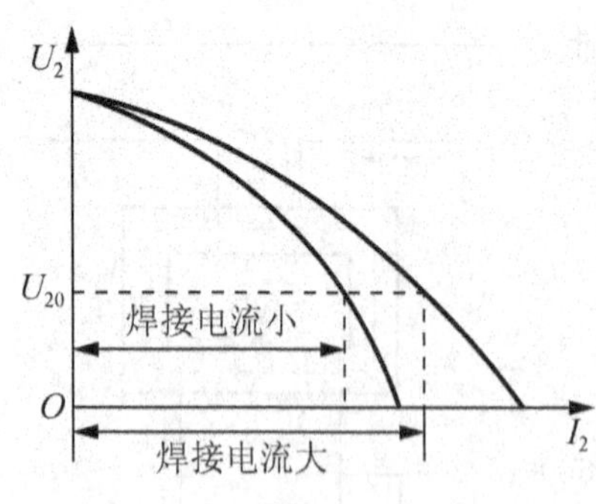

图 1.38　弧焊变压器的外特性

（1）为保证容易起弧，空载电压 U_{20} 应在 60～75V 之间，U_{20} 最高不超过 85V。

（2）负载运行时具有电压迅速下降的外特性，如图 1.38 所示。一般在额定负载时输出电压 U_2（焊钳子与工件间）在 30V 左右。

（3）当短路时，短路电流 I_{2k} 不应过大，一般$I_{2k}\leqslant 2I_{2N}$。

（4）为了适应不同焊件和不同规格的焊条，要求焊接电流大小在一定范围内均匀可调。

为满足上述要求，弧焊变压器应具有较大的电抗且可以调节。为此弧焊变压器的一次、二次绕组分装在两个铁芯柱上。为获得电压迅速下降的外特性，以及弧焊电流可调，可采用串联可变电抗器法和磁分路法，由此可得到带电抗器的弧焊变压器和带磁分路的弧焊变压器。

1. 串联可变电抗器的变压器

如图 1.39 所示，在普通变压器副绕组中串一可变电抗器。电抗器的气隙 δ 通过手柄

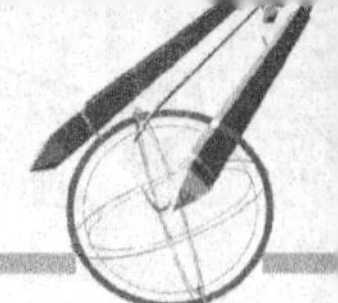

可调节其大小，这时焊钳与焊件间的电压为

$$\dot{U}_2=\dot{E}_2-\dot{I}_2Z_2-\mathrm{j}\dot{I}_2X \qquad (1-61)$$

式中：X 为可变电抗器的电抗。

(1) 当可变电抗器的气隙 δ 调小时，磁阻减小，磁导 Λ_s 增大，可变电抗 X 增大 ($X=2\pi fN_2^2\Lambda_s$)，U_2 减小，I_2 减小。

(2) 当可变电抗器的气隙 δ 调大时，磁阻增大，磁导 Λ_s 减小，可变电抗 X 减小，U_2 增大，I_2 增大。

(3) 根据焊条和焊件的不同，可灵活地调节气隙 δ 大小，达到焊接电流 I_2 可调。这种焊机一次侧还具有抽头，用以调节起弧电压的大小。

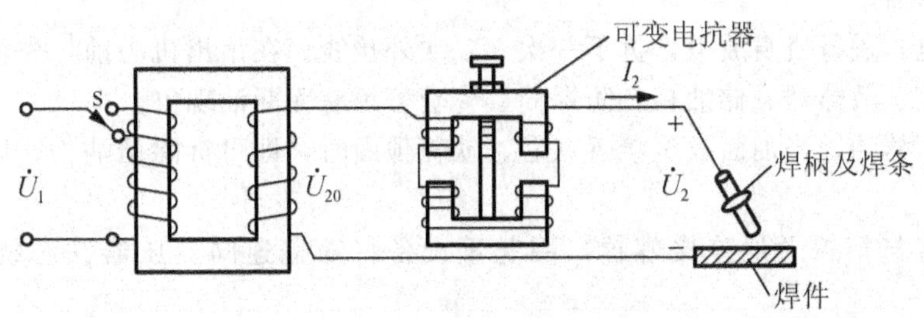

图 1.39 串联可变电抗器电焊变压器

2. 磁分路动铁芯电焊变压器

(1) 如图 1.40 所示，一次、二次绕组分别接于两铁芯柱上，在两铁芯柱之间有一磁分路，即动铁芯，动铁芯通过一螺杆可以移动调节，以改变漏磁通的大小，从而改变电抗的大小。

(2) 工作原理。当动铁芯移出时，一次、二次绕组漏磁通减小，磁阻增大，磁导 Λ_{2s} 减小，漏抗 X_2 减小 ($X_2=2\pi fN_2^2\Lambda_{2s}$)，阻抗压降减小，$U_2$ 增高 ($U_2=E_2-I_2Z_2$)，焊接电流 I_2 增大。

当动铁芯移入时，一次、二次绕组漏磁通经过动铁芯形成闭合回路而增大，磁阻减小，磁导 Λ_{2s} 增大，漏抗 X_2 增大，阻抗压降增大，U_2 减小，焊接电流 I_2 减小。

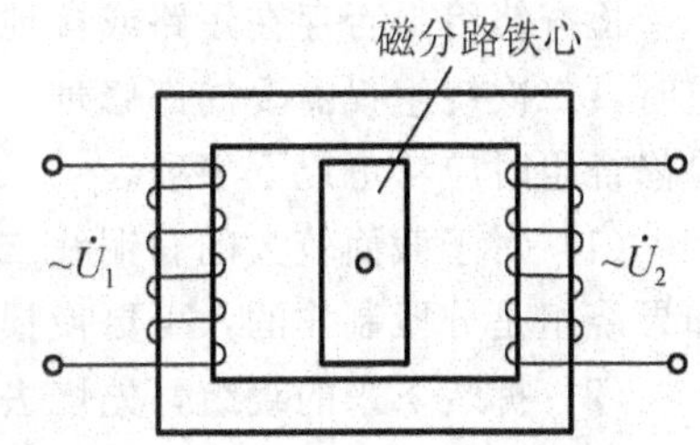

图 1.40 磁分路电焊变压器

根据不同焊件和焊条，灵活地调节动铁芯位置来改变电抗的大小，达到输出电流可调的目的。

1.6 变压器故障分析与维护

保证变压器安全可靠地运行，在变压器发生异常情况时，能及时发现故障，正确分析，及时处理，能将故障消除在萌芽状态，达到防止故障扩大的目的。

1.6.1 变压器常规检修与维护

1. 变压器吊心检修

所谓吊心检修，就是将油浸变压器的铁芯与绕组吊出进行常规检修。吊心检修是电力

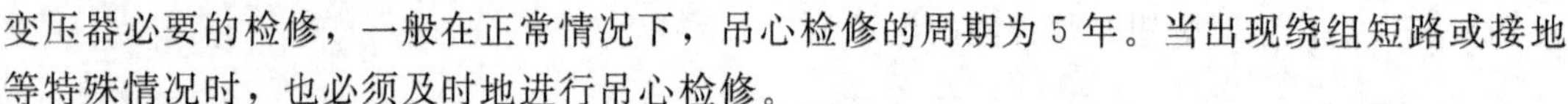

变压器必要的检修，一般在正常情况下，吊心检修的周期为5年。当出现绕组短路或接地等特殊情况时，也必须及时地进行吊心检修。

1）吊心前准备

为了防止变压器铁芯绕组吊出后暴露在空气中受潮，必须掌握好天气变化，尽量避免在阴、雨、下雪的气候条件下进行吊心操作。必要时可在室内干燥清洁环境下进行。

检查变压器的运行记录，分析故障原因、部位及损害程度。制订检修方案与具体计划。

吊心检查前，必须做好工场准备，准备需要的设备、工具、仪器仪表、材料、起重机械等，进行变压器油样的实验，准备好足够的补充油及注、放油相关的处理设备。

2）吊心操作

首先断电，进行机身放电，拆下一次、二次外接线。在吊出机心前，先清扫变压器外部，检查油箱、散热器、储油柜、防爆筒、瓷套管等有无漏油现象。

放出变压器油，当油面放至接近铁芯、铁轭顶面时，即可拆除储油柜、防爆筒、瓦斯继电器。

拆除箱盖与箱盖上地连接螺栓，用起重设备将箱盖连同变压器铁芯绕组一起吊出箱壳。

3）绕组检修

检查绕组的绝缘部分是否有老化损坏的情况。通常用手指按压线圈表面的绝缘，以观其变化。一般绝缘良好的绕组，富有弹性，手指按压时，绝缘材料会有暂时的变形，手指松开则会恢复原状，不会因手指按压而破裂，绝缘表面呈淡黄色。当绝缘材料有相当程度的老化时，用手指按压，会产生较小的裂缝，而且感到绝缘坚硬、脆，颜色较深。

检查绕组是否存在短路或接地故障，根据具体情况决定是否更换绕组。一般故障不严重时，二次绕组仅需要局部修理，而一次绕组和小型变压器的二次绕组则需要重新绕制。检修绕组时应考虑以下事项。

(1) 对于截面较大的扁铜线二次绕组，主要是更换匝间绝缘、填平楔子和层间绝缘。如果绕组是分段制作的，可更换损害的部分绕组。

(2) 拆装下来的绕组，先烧去绝缘，若铜线未变质，截面未变形，可重包绝缘后继续使用。

(3) 如果发现铜线有融化或截面缩小的部分，应将其割去，然后补换新线。

(4) 如果用旧线重绕，先烧去绝缘，烧后把导线浸入硫酸水溶液中泡5～10min，再将旧绝缘全部除去，用水洗净，再浸入1%的热肥皂水中，以中和残留硫酸，然后用清水洗净、烘干待用。

4）铁芯检修

检查铁芯夹件的接地铜皮是否有效接地，如未安装或已断开，在运行时会发出轻微的放电声。

用1000V绝缘电阻表（兆欧表）测量铁轭夹件穿心螺钉电阻是否合格，其测量值一般不得小于2MΩ。若穿心螺杆损坏，应更换，或用0.12mm厚电缆纸，涂以酚醛树脂漆，包扎螺杆再在100℃下烘干。

另外还要检查铁芯底部垫铁绝缘是否完整，是否有松动；铁芯硅钢片是否有过热现

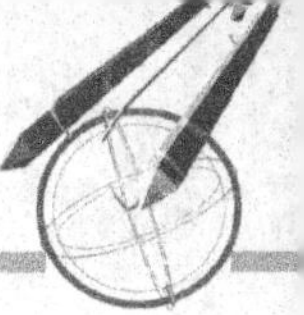

象，若有松动，应加以紧固。

5）绝缘油处理

吊心检修时，绝缘油应取样做绝缘实验。当油的质量不合格时，应更换绝缘油或将绝缘油再生处理。如有水分，可以用压力式过滤油机过滤或用无碱玻璃丝布袋装入硅胶，浸入油中 4～5h 后备用。

6）油箱及附件的检修

对于油箱外壳及防爆筒、储油柜外壳锈蚀严重的变压器，须进行除锈喷漆，一般可先将外壳喷砂，以彻底除锈。考虑到防腐蚀和防潮的需要，可先喷两遍氯乙烯底漆，干后再喷两遍过氯乙烯磁漆，最后喷一遍过氯乙烯清漆。

检查油位计指示是否正常，有无堵塞现象。油位计的玻璃管有无裂纹、脏污或显示模糊的现象，若有裂纹，应更换，若有脏污则应擦掉。

变压器油箱盖如变形严重，应校正或重新制作。旧系列高低压套管宜用新系列的变压器瓷套管更换。

7）分接开关检修

分接开关的检修，主要是检查触头表面接触情况，触头不应有灼痕。当触头严重损坏时应进行更换或重新配制（触头的镀层一般为 20μm，也可不要镀层。接触压力应平衡和均匀，触头表面粗糙值为 0.8μm）。当触头表面覆盖有氧化膜和污垢时，轻者可将触头往返切换多次，将污垢清除，重者可用汽油或丙酮擦洗。

最后可检查手柄的指示位置与触点的接触是否一致，以及触头每一位置上的接触是否准确。

8）装配

将检查时发现的缺陷或故障完全排除之后，便可进行装配。基本装配步骤：用干燥的热油冲洗变压器器身；把变压器中的残油完全放出，并擦干箱底；将变压器心调入箱壳，安装附属部件；密封好油箱，然后把变压器油注入变压器，进行油箱密封实验。

为了保证变压器不渗油，在吊心检修后一般总是更换新的密封垫。密封垫的材料必须采用耐油橡胶。常采用直径为 ϕ16mm、ϕ19mm 的橡胶压在箱盖与箱边之间。其接头可以用橡胶压接，也可以在接缝处，切成斜的接缝面，再在接缝面涂上 502 胶水，用台虎钳夹好接头几分钟，使其黏接好。在压紧箱盖边沿螺栓时，如果把密封垫压紧到 2/3 起始厚度，就可认为达到要求了。

特别提示

- 变压器装配好后，应作油箱密封试验，常利用储油柜上的加油活塞口，加装油压管，以 1.5m 高油柱静压，观察 8h。观察期间，油箱各处不应出现渗漏现象，如有渗漏可用环氧树脂堵塞，再重新进行试验。

2. 变压器常规维护

对变压器的异常进行观察记录，作为检修、故障分析的依据。

(1) 检查变压器的声音是否正常。

变压器正常的声音是均匀的嗡嗡声。如果声音比正常的大，说明变压器过负荷；如果声音尖锐，说明电源电压过高。

(2) 检查变压器油温是否超过允许值。

油浸变压器的上层油温不应超过 85℃，最高不得超过 95℃。油温过高可能是由变压器过载引起的，也可能是变压器内部故障。

(3) 检查储油柜和瓦斯继电器的油位和油色，检查各密封处有无漏油和渗油现象。

油面过高，可能是变压器冷却装置不正常或变压器内部有故障；油面过低，可能有渗油、漏油现象。变压器油正常时应为透明带浅黄色，若油色变深或变暗，则说明油质变坏。

(4) 检查瓷导管是否清洁，有无破损裂纹和放电痕迹；检查高、低压接头螺栓是否紧固，有无接触不良和发热现象。

(5) 检查防爆膜是否完整无损，吸湿器是否畅通，硅胶是否吸湿饱和。

(6) 检查接地装置是否正常。

(7) 检查冷却、通风装置是否正常。

(8) 检查变压器及其周围有无影响安全运行的异物（易燃易爆物）和异常现象。

1.6.2 变压器运行故障分析处理

对于变压器运行维护人员来说，要随时掌握变压器的运行状态，做好工作记录。对于日常的异常现象，细致分析并做出合理的处理措施以减小故障恶化和扩散。

1. 变压器日常检查及故障处理

变压器异常现象及处理对策见表 1-3。

表 1-3 变压器异常现象及处理对策

异常现象	异常现象判断	原因分析	处理对策
温度升高	变压器温度计指示值超过允许限度；温度虽然在允许值内，但与前期记录相差较大，或与负载率和环境温度严重不相符	过负荷	降低负荷或按油浸变压器运行限度标准调整负荷
		环境温度超过 40℃	降低负荷采取强迫降温，如加装风扇
		冷却泵、风扇等散热设备出现故障	降低负荷、修复或更换散热设备
		散热冷却阀未打开	打开阀门
		漏油引起油量不足	检查漏油点并修补
		温度计损坏，读不准	确认后更换温度计
		变压器内部异常	排除外部原因后，则要进行吊心作内部检查，采取相应措施进行修理

续表

异常现象	异常现象判断	原因分析	处理对策
响声振动	区别正常的励磁声音和振动情况；注意仔细辨别声音和振动是否由内部发出	过电压或频率波动	把电压分接开关转到与负荷电压相适应的电压挡
		紧固部件松动	查清发生振动及声音的部位，加以紧固
		接地不良或未接地的金属部件发生静电放电	检查外部的接地情况，如外部无异常，要报告，作进一步的内部检查
		铁芯紧固不好而引起微振等	吊出铁芯，检查维修紧固情况
		因晶闸管变流负荷引起高次谐波	按高次谐波的程度，有的可照常使用，有的不准使用，要与厂方协商。先用专用整流变压器替代
		偏磁（例如直流偏磁）	改变使用方式，使不产生偏磁。选用偏磁小的变压器种类，进行更换
		冷却风扇、输油管、滚珠轴承出现裂纹	根据振动程度、电流值大小来确定是否运行；换上备用品，降负荷运行
		油箱、散热器等附件产生共振、共鸣	紧固部件松动后在一定负载电流下会产生的共鸣，则重新紧固；有电源频率波动产生的共振与共鸣，应检查频率
		分接开关的动作机构不正常	对分接开关部件进行检查，更换损坏零件电晕闪络放电
		瓷件、磁导管表黏附灰尘、盐分等污染物	停电清洗和清扫，必要时可带电清除
臭气变色	导电部位（瓷导管端子）过热引起变色、异常气味	紧固部件松动；接触面氧化	重新坚固；研磨接触面
	油箱各部分的局部过热引起油漆变色	漏磁通，涡流	及早进行内部检查
	异常气味	冷却风扇、输油泵烧毁；瓷套管污染产生电晕、闪络并产生臭氧味	换备用品，清洗
	温升过高	过负荷	降低负荷
	吸潮剂变色（变成粉红色）	受潮	换上新的吸潮剂或加热至100～140℃进行再生处理
漏油	油位计读数明显低于正常位置	阀门、密封垫圈故障，焊接不好。因内部故障引起喷油或油位计损坏	修复漏油部位

续表

异常现象	异常现象判断	原因分析	处理对策
漏气	与有漏有关的气体值比正常值低	各部分密封线圈老化，紧固部分松动，焊接不好	用肥皂水法检查确定漏点，进行修复
异常气味	瓦斯继电器有无气体；瓦斯继电器轻瓦斯动作	有害的游离放电引起绝缘材料老化；铁芯绝缘材料有损坏，导电部分局部过热误动作	采集气体进行分析，根据气体分析结果确定是否进行停止运行进行检查
漆层损坏生锈	漆层龟裂、起泡、削离	因紫外线、高温、高湿及周围空气中的酸，盐等引起的漆膜老化	刮落锈蚀、涂层，进行清扫重新上漆层

2. 变压器运行故障分析及处理

1）变压器绝缘油老化判断

变压器绝缘油是变压器正常运行、绝缘及散热的重要保证，定时检查绝缘油是日常维护的重要工作。

判断绝缘老化，一般可以采用绝缘击穿电压法，但最好测量绝缘油的酸度、电阻率、表面张力等，然后对绝缘老化程度精心分析，作出综合结论。

绝缘油击穿电压标准：击穿电压大于30kV，为良好；击穿电压在25～30kV之间为一般，说明油质下降，可进行处理或更换；击穿电压小于25kV为不良，要及时更换。

良好的绝缘油，其电阻率应大于$1\times10^{12}\Omega\cdot cm$；次等油，其电阻率为$1\times10^{11}\sim1\times10^{12}\Omega\cdot cm$；不良油，其电阻率小于$1\times10^{11}\Omega\cdot cm$，应更换。

酸值测量：测出每克油中的氢氧化钾含量，小于0.2mg，说明油质良好；含量在2.0～0.5mg，说明油在变质，要注意监视，最好进行再生处理或换油；含量超过0.5mg，说明油质不良，应及早进行再生处理或换油。

对于绝缘油中水分的含量，良好的油应低于$35/10^6$；次等油为$35/10^6\sim50/10^6$，应进行再生处理；不良油超过$50/10^6$，应及早进行再生处理或更换。

2）变压器铁芯多点接地故障原因及检查

变压器铁芯多点接地主要原因：变压器在现场装配及施工中不慎掉进了金属异物，造成多点接地或铁轭与夹件短路，心柱与夹件相碰；也有因长期过载、绝缘损坏等原因造成垫层破裂，从而造成多点短路。

确定铁芯多点短路故障，一般先进行征兆分析，在进行短路点的确定。铁芯是否多点接地，可以先根据以下征兆来判断。

（1）铁芯局部过热。

（2）绝缘油性能下降。

（3）油中气体不断增加并析出，导致瓦斯继电器动作从而使变压器跳闸。

（4）断开接地线，用2500V兆欧表对铁芯接地套管测量绝缘电阻，由此可判断铁芯是否接地及接地程度。

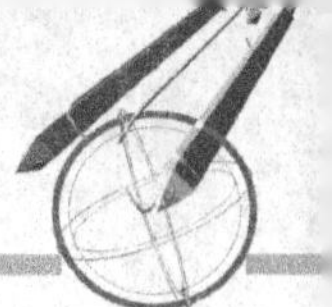

确定有多点接地后，再进一步查找接地点。常用的有电压法和电流法两种。

电压法：断开正常接地点，用交流耐压试验装置给铁芯加压，若故障点接触不牢固，在升压过程中会听到放电声，根据放电火花可观察到故障点。当试验装置电流增大时，电压升不上去，没有放电现象，则说明接地故障点很稳定，可采用电流法确定。

电流法：断开正常接地点，用电焊机装置给铁芯加电流，并且逐渐增大。当铁芯故障点电阻增大时，温度升高更快，绝缘油将分解冒烟，从而可观测到故障点部位。

本章小结

1. 变压器是利用电磁感应原理制成的静止的电气设备。它的基本功能有 3 个：变电压、变电流和阻抗变换。

2. 变压器的主要组成部分是铁芯和绕组。铁芯是变压器的磁路部分，由硅钢片叠制而成。绕组是变压器的电路部分，利用绝缘铜线和绝缘铝线绕制而成。

3. 变压器的变比 K 是变压器空载时其一次绕组两端电压与二次绕组开路电压之比。

4. 变压器的外特性是指变压器在负载运行的条件下，当一次绕组加额定电压 U_{1N}，负载的功率因数 $\cos\varphi_2$ 不变时，变压器二次绕组电压 U_2 随负载电流 I_2 变化的特性。

5. 变压器的电压调整率 $\Delta U\%$ 是指变压器从空载（$I_2=0$）到额定负载（$I_2=I_{2N}$）运行时，二次绕组输出电压的变化量 ΔU 与额定电压 U_{1N}的百分比。$\Delta U\%$的大小表征了变压器供电电压的稳定性，是变压器的重要性能指标之一。

6. 变压器的效率特性是指当负载功率因数 $\cos\varphi_2$ 一定时，变压器的效率 η 随负载系数 β 变化的规律。当 β 在 0.6 附近时，变压器的效率最高。

7. 变压器的额定电压是指变压器额定运行时，根据绝缘强度和散热条件，规定原绕组加的电压 U_{1N}，副绕组的开路电压 U_{2N}，三相变压器指线电压。变压器的额定电流是根据绝缘强度和散热条件，变压器长期允许通过的电流，有 I_{1N} 和 I_{2N}（三相变压器为线电流）；额定容量是指在铭牌规定的额定状态下变压器输出视在功率的保证值。

8. 变压器绕组折算的原则是：折算前后磁动势、功率、损耗不变。方法是：常将二次侧各物理量折算到一次侧，凡单位为安的物理量除以 K，单位为伏的物理量乘 K，单位为欧的物理量乘 K^2。

9. 空载实验的目的是确定激磁参数，并且 $p_0\approx p_{Fe}$，短路试验的目的是确定短路参数，并且 $p_k\approx p_{Cu}$。

10. 电力变压器的绕组称为高压绕组和低压绕组，高低压绕组不同的连接方法的组合，就形成了三相变压器的连接组，其中五种作为标准连接组别，分别为“Y，yn0”，“Y，d11”，“Y，nd11”，“Y，y0”，“Y，ny0”。同名端反映的是变压器一次、二次绕组中感应电动势的相位关系，正确判断绕组的同名端是正确连接变压器各相绕组的前提。

11. 自耦变压器没有独立的二次绕组，二次绕组仅是一次绕组的一部分，一次、二次绕组既有磁的联系，又有电的联系。

12. 仪用互感器是指电压互感器和电流互感器。电压互感器一次侧 N_1 匝数多，接于被测线路；二次侧 N_2 匝数少，且与电压表连接，使用时不允许二次侧短路。电流互感器

一次侧 N_1 匝数少，串接于被测电路中，二次侧 N_2 匝数多，与电流表相连，使用时二次侧绝对不允许开路。

13. 电焊变压器应有陡降得外特性，且电焊电流在一定范围内要均匀可调。

检测习题

一、选择题

1. 若变压器的原边线圈匝数减少，变压器的励磁电流将（　　）。

A. 升高　　B. 降低　　C. 不变

2. 若变压器的铁芯面积减少，变压器的励磁电流将（　　）。

A. 升高　　B. 降低　　C. 不变

3. 若变压器的一次侧电源频率升高，电压幅值不变，变压器的励磁电流将（　　）。

A. 升高　　B. 降低　　C. 不变

4. 变压器采用从二次侧向一次侧折合算法的原则是（　　）。

A. 保持二次侧电流 I_2 不变；

B. 保持二次侧电压为额定电压

C. 保持二次侧磁动势不变；

D. 保持二次侧绕组漏阻抗不变

5. 额定电压为 220/110V 的单相变压器，高压边漏阻抗 $x_1=0.3\Omega$，折合到二次侧后大小为（　　）。

A. 0.075Ω　　B. 0.6Ω　　C. 0.15Ω

6. 某三相电力变压器带电阻电感性负载运行，负载系数相同的情况下，$\cos\varphi_2$ 越高，电压变化率 ΔU（　　）。

A. 越小　　B. 不变　　C. 越大

7. 额定电压为 10000/400V 的三相电力变压器负载运行时，若二次侧电压为 410V，负载的性质是（　　）。

A. 电阻　　B. 电容电感　　C. 电阻电容

二、填空题

1. 变压器负载运行时会产生________和________两种损耗。当________时，变压器效率最高。

2. 变压器的短路阻抗越大，短路时的短路电流越________。

3. 电压互感器二次侧所接负载阻抗不能太________，否则将使精度降低。

4. 变压器空载运行与负载运行时相比，________时功率因数最低。

5. 变压器空载实验时，在________侧接仪表，所测的损耗主要是________损耗；变压器短路试验时，在________侧短路，所测的损耗主要是________损耗。

三、问答题

1. 三相变压器并联运行的条件是什么？为什么？

2. 自耦变压器的主要特点是什么？它和普通双绕组变压器有何区别？

3. 仪用互感器运行时，为什么电流互感器二次绕组不允许开路？而电压互感器二次绕组不允许短路？

4. 电弧焊对弧焊变压器有何要求？如何满足这些要求？

5. 变压器有哪些主要部件，它们的主要作用是什么？

6. 变压器一次侧、二次侧额定电压的含义是什么？在分析变压器时，对于变压器的正弦量电压、电流、磁通、感应电动势的正方向是如何规定的？

7. 变压器的额定电压为220/110V，若不慎将低压方误接到220V电源上，试问激磁电流将会发生什么变化？变压器将会出现什么现象？

四、分析计算题

1. 一台单相变压器 $S_N=10\ 500\text{kV}\cdot\text{A}$，$U_{1N}/U_{2N}=35\text{kV}/6.6\text{kV}$，铁芯截面积 $S_{Fe}=1580\text{cm}^2$，铁芯中最大磁通密度 $B_m=1.415\text{T}$。试求：

（1）一次、二次绕组匝数；

（2）变压器的变比。

2. 一台单相变压器 $U_{1N}/U_{2N}=220\text{V}/110\text{V}$，但不知其线圈匝数。可在铁芯上临时绕 $N=100$匝的测量线圈，如检测题图 1.41 所示．当高压边加50Hz的额定电压时，测得测量线圈电压为11V，试求高、低压线圈的匝数和铁芯中的磁通 Φ_m 各是多少？

3. 一台单相变压器，额定容量 $S_N=250\text{kV}\cdot\text{A}$，额定电压 $U_{1N}/U_{2N}=10\text{kV}/0.4\text{kV}$，试求一次、二次测额定电流为 I_{1N}和 I_{2N}。

4. 有一台三相变压器，$S_N=250\text{kV}\cdot\text{A}$，$U_{1N}/U_{2N}=6\text{kV}/0.4\text{kV}$，Y，yn联结，求一次、二次绕组的额定电流 I_{1N}和 I_{2N}。

5. 有一台三相变压器，$S_N=5\ 000\text{kV}\cdot\text{A}$，$U_{1N}/U_{2N}=10.5\text{kV}/6.3\text{kV}$，联结组号 Y，d11，求一、二次绕组的额定电流 I_{1N}和 I_{2N}。

6. 如检测题图 1.42 为变压器出厂前的“极性”试验。在 U_1、U_2间加电压，将 U_2、u_2相连，测 U_1、u_1间的电压。设定电压比为 220V/110V，如果 U_1-u_1为同名端，电压表读数是多少？如 U_1-u_1为异名端，电压表读数又应为多少？

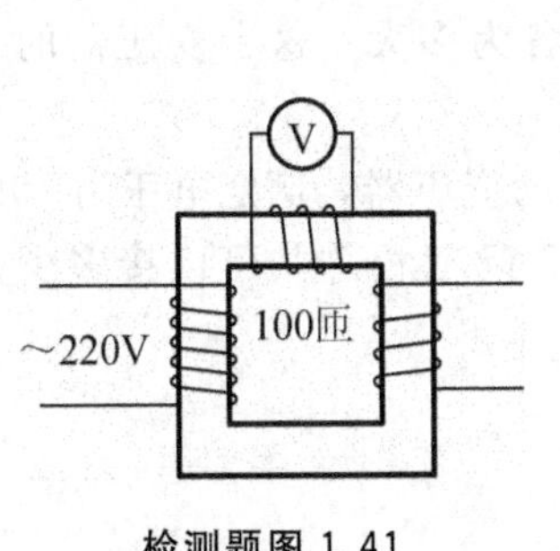

检测题图 1.41

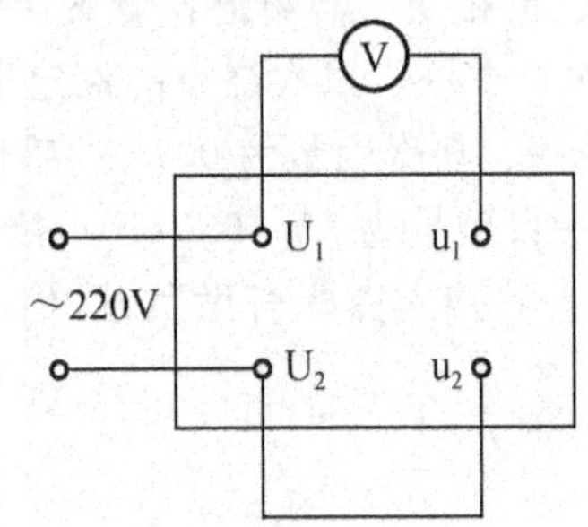

检测题图 1.42

7. 试用相量图判断如检测题图 1.43 所示电路的联结组号。

8. 为什么可以把变压器的空载损耗近似看成是铁耗，而把短路损耗看成是铜耗？变压器负载时实际的铁耗和铜耗与空载损耗和短路损耗有无区别？为什么？

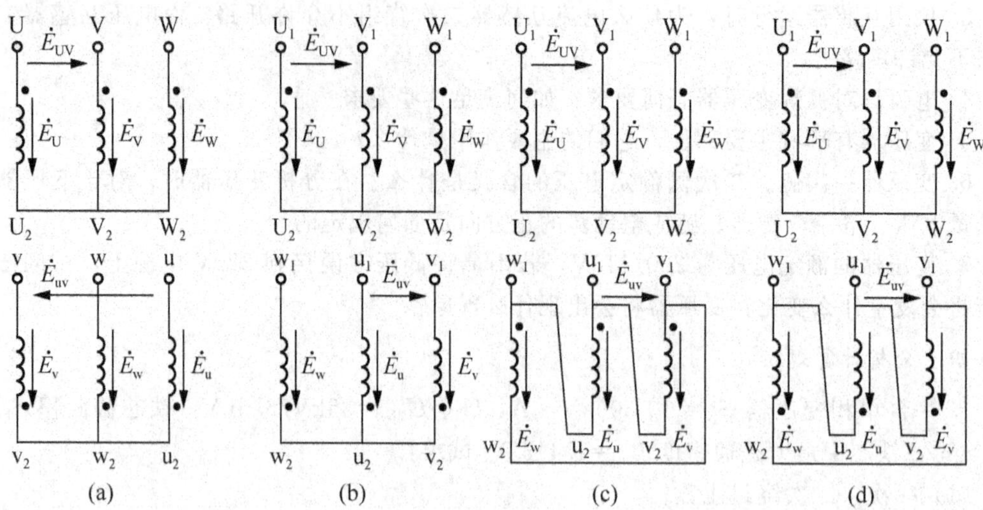

检测题图 1.43

9. 一台单相变压器，$S_N=1000\text{kV}\cdot\text{A}$，$U_{1N}/U_{2N}=60\text{kV}/6.3\text{kV}$，$f_N=50\text{Hz}$，空载及短路实验的结果见检测表 1-4。

检测表 1-4　习题 9

实验名称	电压/V	电流/A	功率/W	电源加在
空载	6300	10.1	5000	低压边
短路	3240	15.15	14000	高压边

试计算：(1) 折算到高压边的参数（假定 $r_1=r'_2=\dfrac{r_k}{2}$，$X_1=X'_2=\dfrac{X_k}{2}$）；

(2) 满载及 $\cos\varphi_2=0.8$ 滞后时的电压变化率及效率；

(3) 最大效率。

10. 一台单相变压器额定容量 $S_N=180\text{kV}\cdot\text{A}$，一、二次绕组的额定电压 $U_{1N}/U_{2N}=6000\text{V}/220\text{V}$，求一、二次绕组的额定电流 I_{1N}、I_{2N} 各为多大？这台变压器的二次绕组能否接入 150kW、功率因数为 0.75 的感性负载？

11. 有一台型号为 S9-630/10，接法为 Y，yn0 的变压器，额定电压为 10kV/0.4kV，供照明用电，若接入白炽灯做负载（100W，220V），问三相总共可以接多少盏灯而变压器不过载？

第 2 章

直流电机的基本原理与结构

教学目标

1. 掌握直流电动机、发电机的工作原理，直流电机的可逆原理。
2. 认识直流电机的外形和内部结构，熟悉各部件的作用。
3. 掌握直流电动机电动势、电磁转矩的产生过程及数值计算。
4. 了解直流电机铭牌中型号和额定值的含义，掌握额定值的简单计算。
5. 熟悉直流电动机电流换向过程，掌握改善换向的方法。

教学要求

能力目标	知识要点	权重	自测分数
使用电机拆装工具，拆卸、安装直流电动机	直流电动机的结构、原理，直流电动机电流换向，	50%	
处理电刷的电火花问题	电动机电流换向过程，改善换向的方法	25%	
正确使用直流电动机	直流电动机电动势、电磁转矩，直流电动机的额定值	25%	

引例

直流电机是实现直流电能和机械能相互转化的旋转电机，按照用途可以分为直流电动机和直流发电机两。类将机械能转换为电能的是直流发电机如图 2.1（a）所示。直流发电机主要用做各种直流电源，如直流电动机电源、化学工业中所需的低电压大电流的直流电源，直流电焊机电源等；将电能转换为机械能的是直流电动机如图 2.1（b）所示，直流电动机具有良好的启动和调速性能，常应用于对启动和调速有较高要求的场合，如大型可逆式轧钢机、矿井卷扬机、宾馆高速电梯、龙门刨床、电力机车、内燃机车、城市电车、地铁列车、电动自行车、造纸和印刷机械、船舶机械、大型精密机床和大型起重机等生产机械中。

作为一名电气控制技术人员必须熟悉直流电机的结构、工作原理和性能特点，掌握主要参数的分析计算，并能正确熟练地操作、使用直流电机。

(a) 直流发电机

（b）直流电动机

图 2.1 直流电机

2.1 直流电机的工作原理

2.1.1 直流电动机的基本工作原理

如图 2.2 所示最简单的直流电动机的物理模型，N 和 S 是一对固定的磁极（一般是电磁铁，也可以是永久磁铁）。磁极之间有一个可以转动的铁质圆柱体，称为电枢铁芯。铁芯表面固定一个用绝缘导体构成的电枢线圈 abcd，线圈的两端分别接到相互绝缘的两个圆弧形铜片上。弧形铜片称为换向片，它们的组合体称为换向器。在换向器上放置固定不动而与换向片滑动接触的电刷 A 和 B，线圈 abcd 通过换向器和电刷接通外电路。电枢铁芯、电枢线圈和换向器构成的整体叫做转子或称为电枢。

直流电动机运行时，将直流电源加于电刷 A 和 B。例如将电源正极加于电刷 A，电源负极加于电刷 B，则线圈 abcd 中流过电流，在导体 ab 中，电流由 a 流向 b，在导体 cd 中，电流由 c 流向 d。载流导体 ab 和 cd 均处于 N、S 极之间的磁场当中，受到电磁力的作用，其方向由左手定则确定，可知这一对电磁力形成一个转矩，称为电磁转矩，电磁转矩的方向为逆时针方向，使整个电枢逆时针方向旋转。当电枢旋转 180°，导体 cd 转到 N 极下，ab 转到 S 极如图 2.3 所示。由于电流仍从电刷 A 流入，使 cd 中的电流方向变为由 d 流向 c，而 ab 中的电流由 b 流向 a，从电刷 B 流出，用左手定则可判别，电磁转矩的方向仍是逆时针方向。

特别提示

- 加于直流电动机的直流电源，借助于换向器和电刷的作用，使直流电动机电枢线圈

中流过的电流，方向是交变的，从而使电枢产生的电磁转矩的方向恒定不变，确保直流电动机朝确定的方向连续旋转。这就是直流电动机的基本工作原理。

实际的直流电动机，电枢四周均匀地嵌放了许多线圈；相应的，换向器由许多换向片组成，使电枢线圈所产生的总电磁转矩足够大并且比较均匀，电动机的转速也就比较均匀。

2.1.2　直流发电机的工作原理

直流发电机的工作原理，是把电枢线圈中感应的交变电动势，靠换向器配合电刷的换向作用，使之从电刷端引出时变为直流电动势。

直流发电机的模型与直流电动机相同，不同的是电刷上不加直流电压，而是利用原动机拖动电枢朝某一方向（例如逆时针方向）旋转如图 2.3 所示。这时导体 *ab* 和 *cd* 分别切割 N 极和 S 极下的磁感线，感应产应电动势，电动势的方向用右手定则确定。图 2.3 中，导体 *ab* 中电动势的方向由 *b* 指向 *a*，导体 *cd* 中电动势的方向由 *d* 指向 *c*，所以电刷 *A* 为正极性，电刷 *B* 为负极性。电枢旋转 180°时，导体 *cd* 转至 N 极下，感应电动势的方向由 *c* 指向 *d*，电刷 *A* 与 *d* 所连换向片接触，仍为正极性；导体 *ab* 转至 S 极下，感应电动势的方向变为 *a* 指向 *b*，电刷 *B* 与 *a* 所连换向片接触，仍为负极性。

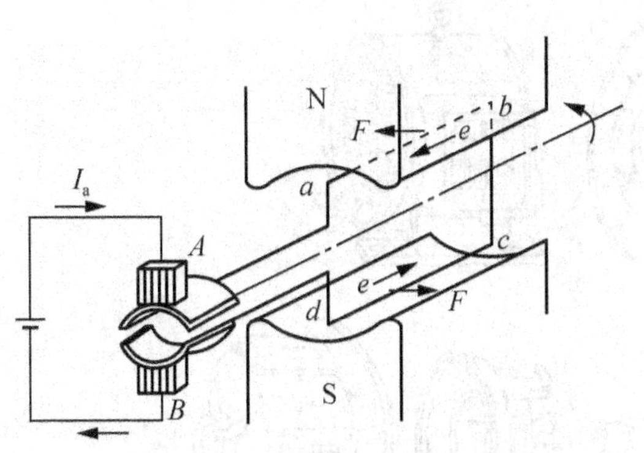

图 2.2　直流电动机的工作原理

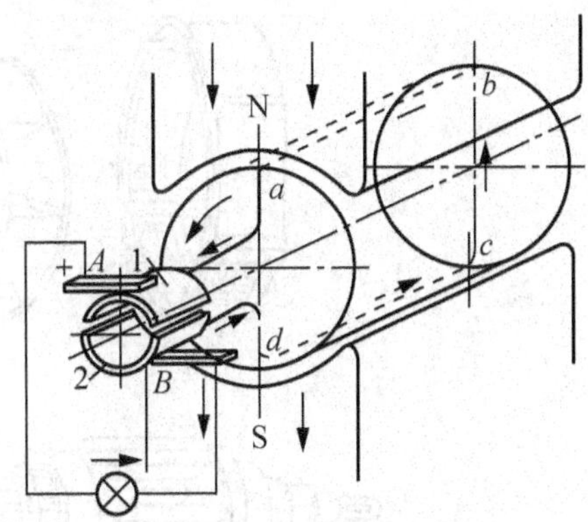

图 2.3　直流发电机的工作原理

特别提示

- 直流发电机电枢线圈中的感应电动势的方向是交变的，而通过换向器和电刷的作用，在电刷 *A*、*B* 两端输出的电动势是方向不变的直流电动势。若在电刷 *A*、*B* 之间接上负载，发电机就能向负载供给直流电能，这就是直流发电机的基本工作原理。

2.1.3　直流电机的可逆原理

在直流电动机中，通过电刷和换向器的作用，即时地将电刷两端直流电变换成线圈内部的交流电，从而产生单方向的电磁转矩 *T*，*T* 与旋转方向相同。同时旋转的线圈边 *ab*、*cd* 切割磁场，便产生一电动势（右手定则判断），其方向与电流方向相反，故称反电动势。

直流电动机与直流发电机在结构上并无本质区别，不同的是直流发电机必须由一个原动机拖动。产生感应电动势 *e*，接通负载便有电流 *i* 通过，*i* 与 *e* 方向相同。同时载流导体又受到电磁力的作用（左手定则判断），产生的转矩与转速方向相反，故称阻转矩。

从以上分析可见，无论是发电机还是电动机，由于电磁的相互作用，电动势和电磁转矩都是同时存在的，只是外界的条件不同而已。若在电刷端外加直流电压，则电机把电能转变成机械能，作为电动机运行；若用原动机拖动直流电机的电枢旋转，电机能将机械能转换为直流电能，作为发电机运行。这种同一台电机既能作电动机运行，又能作发电机运行的原理，在电机理论中称为可逆原理。

2.2 直流电机的结构和额定值

2.2.1 直流电机的结构

由直流电动机和直流发电机工作原理可以看出，直流电机的结构由定子和转子两大部分组成。直流电机运行时静止不动的部分称为定子，其主要作用是产生磁场，由机座、主磁极、换向极、端盖、轴承和电刷装置等组成。运行时转动的部分称为转子，其主要作用是产生电磁转矩和感应电动势，是直流电机进行能量转换的枢纽，通常又称电枢。它是由转轴、电枢铁芯、电枢绕组、换向器和风扇等组成如图 2.4 所示。

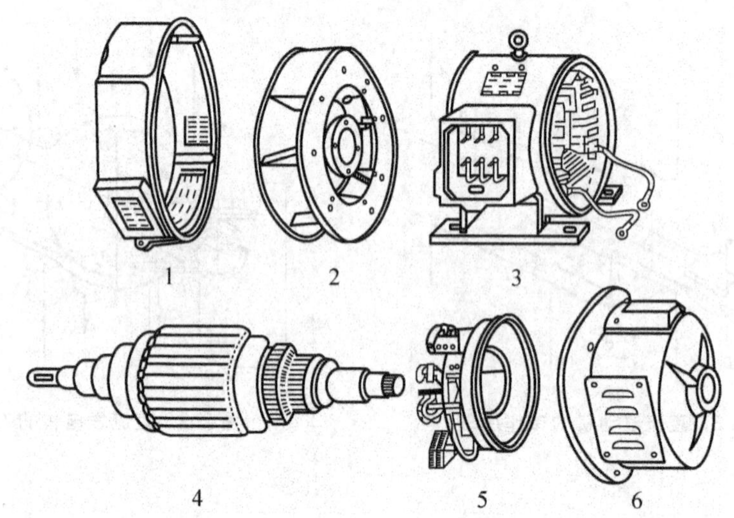

图 2.4 直流电机的结构图

1—前端盖；2—风扇；3—机座；4—电枢；5—电刷架；6—后端盖

1. 定子（静止部分）

定子的作用是产生磁场和作为电机的机械支撑。

1）主磁极

主磁极的作用是产生气隙磁场。主磁极由主磁极铁芯和励磁绕组两部分组成如图 2.5 所示。铁芯用 0.5～1.5mm 厚的低碳钢板冲片叠压铆紧而成，上面套励磁绕组的部分称为极身，下面扩宽的部分称为极靴，极靴宽于极身，既可使气隙中磁场分布比较理想，又便于固定励磁绕组。励磁绕组用绝缘铜线绕制而成，套在极身上，励磁绕组一般串联起来，通过励磁电流 i_f，以保证主磁极 N、S 交替分布，再将整个主磁极用螺钉固定在机座上。

2）换向磁极

两相邻主磁极之间的小磁极称为换向极，又称附加极或间极。换向极的作用是改善电机换向，减小电机运行时电刷与换向器之间可能产生的火花。换向极由换向极铁芯和换向极绕组构成，如图 2.6 所示。换向极铁芯一般用整块钢或厚钢板叠成。对换向性能要求较高的直流电机，换向极铁芯可用 1～1.5mm 厚的钢板冲制叠压而成。换向极绕组用绝缘导线绕制而成，套在换向极铁芯上，匝数少，且与电枢绕组串联。整个换向极用螺钉固定于机座上。换向极的数目一般与主磁极相等。

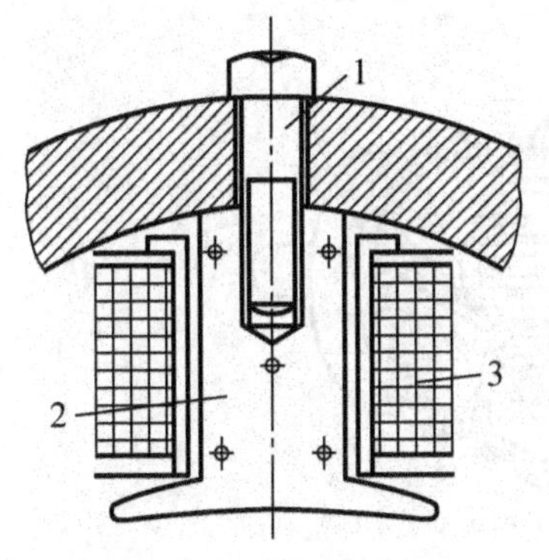

图 2.5 直流电机的主磁极

1—固定螺钉；2—主磁极铁芯；3—励磁绕组

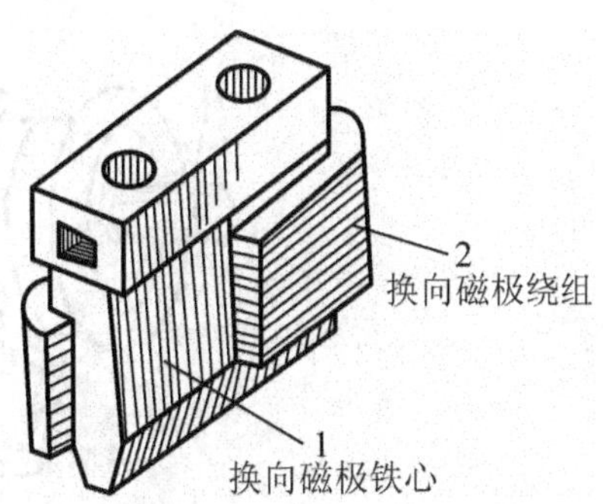

图 2.6 直流电机的换向极

3）机座

电机定子部分的外壳称为机座。机座一方面用来固定主磁极、换向极和端盖，并起到整个电机的支撑和固定作用；另一方面也是磁路的一部分，借以构成磁极之间的通路，磁通通过的部分称为磁轭。为保证机座具有足够的机械强度和良好的导磁性能，一般为低碳钢浇注而成或由钢板焊接而成。

4）电刷装置

电刷装置用以引入或引出直流电压和直流电流。电刷装置由电刷、刷握杆和刷杆座等组成。电刷放在刷握内，用弹簧压紧，使电刷与换向器之间有良好的滑动接触，如图 2.7 所示，刷握固定在刷杆上，刷杆装在圆环形的刷杆座上，相互之间必须绝缘。刷杆座装在端盖或轴承内盖上，圆周位置可以调整，调好以后加以固定。

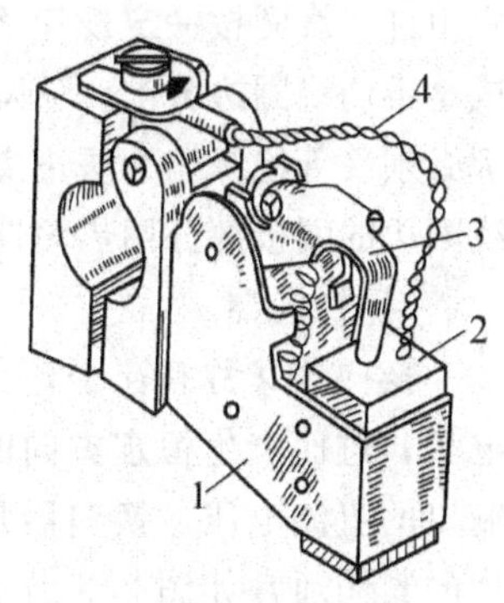

图 2.7 电刷装置

1—刷盒；2—电刷；3—压紧弹簧；4—铜丝辫

2. 转子或电枢（转动部分）

1）电枢铁芯

电枢铁芯是主磁通磁路的一部分，同时用以嵌放电枢绕组。为了降低电机运行时的电枢铁芯中产生的涡流损耗和磁滞损耗，电枢铁芯用 0.5mm 厚的硅钢片冲制的冲片叠压而成，冲片形状如图 2.8 所示。叠成的铁芯固定在转轴或转子支架上。电枢铁芯还有轴向通风孔，铁芯的外圆开有电枢槽，槽内嵌放电枢绕组。

2）电枢绕组

电枢绕组的作用是产生电磁转矩和感应电动势，是直流电机进行能量转换的关键部件。

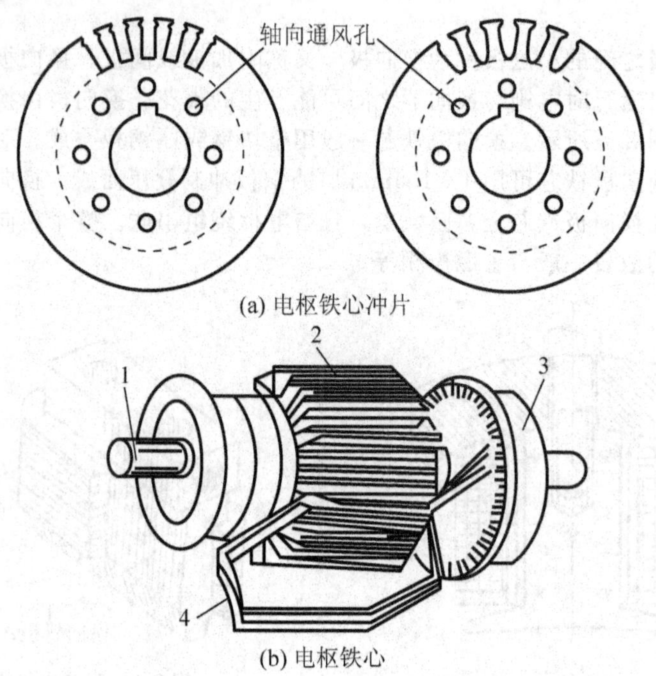

图 2.8　电枢铁芯冲片及电枢铁芯

1—转轴；2—电枢铁芯；3—换向器；4—电枢绕组

它由许多线圈按一定规律经换向片连接成整体。线圈用高强度漆包线或玻璃丝包扁铜线绕成。不同线圈边分上、下两层嵌放在电枢槽中，线圈与铁芯之间以及上、下两层线圈边之间都必须妥善绝缘。为防止离心力将线圈边甩出槽外，槽口用槽楔固定，如图 2.8（b）所示。线圈边的端接部分用热固性无纬玻璃带丝进行绑扎。

3）换向器

换向器又称整流子，其作用是将直流电动机输入的直流电流转换成电枢绕组内的交变电流，进而产生恒定方向的电磁转矩，或是将直流发电机电枢绕组中的交变电动势转换成输出的直流电压。换向器是由许多换向片组成的圆柱体，换向片之间用云母片绝缘。换向片的紧固通常如图 2.9 所示。换向片的下部做成鸽尾形，两端用钢制 V 形套筒和 V 形云母环固定，再加螺母锁紧。

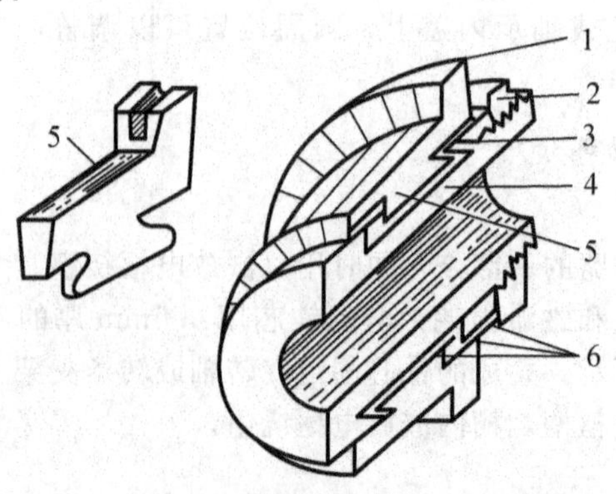

图 2.9　换向片及金属套筒式换向器结构

1—片向云母；2—螺帽；3—V 形环；4—套筒；5—换向片；6—云母

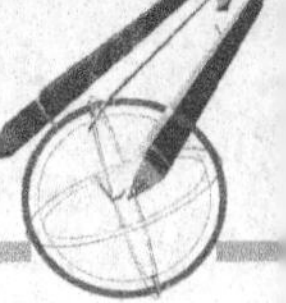

4）转轴

转轴起支撑转子旋转的作用，须有一定的机械强度和刚度，一般用圆钢加工而成。

3. 气隙 δ

气隙是电机磁路的重要部分。转子要旋转，定子与转子之间必须要有气隙，称为工作气隙。小容量直流电机定、转子之间气隙约0.5～5mm，大型电机约5～10mm，气隙大小对电机性能有很大影响，组装时要特别注意。

2.2.2　直流电机的额定值

电机制造厂按照国家标准，根据电机的设计和实验数据所规定的每台电机的主要数据称为电机的额定值。额定值一般标在电机的铭牌或产品说明书上见表2-1。

表2-1　直流电机的铭牌

型　　号	Z2-72	励磁方式	并励
额定功率	22kW	励磁电压	220V
额定电压	220V	励磁电流	2.06A
额定电流	110A	定　　额	连续
额定转速	1500r/min	温　　升	80℃
出品编号	××××××	出厂日期	××××年××月
×××电机厂			

1. 电机的额定值

1）额定功率 P_N

额定功率是指按照规定的工作方式运行时所能提供的输出功率。对发电机来说，额定功率是指电枢输出的电功率 $P_N=U_N I_N$；对电动机来说，额定功率是指轴上输出的机械功率 $P_N=U_N I_N \eta_N$。P_N 的单位为瓦（W）或千瓦（kW）。

2）额定电压 U_N：

额定电压是指在额定运行状态下，发电机允许输出的最高电压或加在电动机电枢两端的电源电压，单位为伏（V）。

3）额定电流 I_N

额定电流是指电机按规定的方式运行，电枢绕组允许流过的最大安全电流，单位为安（A）。

4）额定转速 n_N

额定转速是指电机在额定电压、额定电流和输出额定功率的情况下运行时，电机的旋转速度，单位为转/分（r/min）。

5）励磁方式

励磁方式指主极励磁绕组与电枢绕组的连接形式以及供电方式。

另外，还有额定励磁电压 U_{Nf}、额定励磁电流 I_{Nf}、额定温升 τ_N 额定效率 η_N。

直流电机运行时，如果各个物理量均为额定值，就称电机工作在额定运行状态，又称为满载运行。在额定运行状态下，电机利用充分，运行可靠，并具有良好的性能。如果电机的电流小于额定电流，称为欠载运行；电机的电流大于额定电流，称为过载运行。欠载运行，电机利用不充分，效率低；过载运行，易引起电机过热损坏。根据负载选择电机时，最好使电机接近于满载运行。

【例 2.1】 某台直流电动机的额定值为：$P_N=12\text{kW}$，$U_N=220\text{V}$，$n_N=1500\text{r/min}$，$\eta_N=89.2\%$，试求该电动机额定运行时的输入功率 P_1 及电流 I_N。

解： 额定输入功率

$$P_1=\frac{P_N}{\eta_N}=\frac{12}{0.892}\text{kW}=13.45\text{kW}$$

额定电流

$$I_N=\frac{P_N\times 10^3}{U_N\eta_N}=\frac{12\times 10^3}{220\times 0.892}\text{A}=61.15\text{A}$$

2. 直流电机的型号

这是电机所属系列及主要特点，它是由汉语拼音字母和数字组合而成如下。

3. 直流电机的主要系列

为满足生产机械的要求，将电机制造成结构基本相同、用途相似、容量按一定比例递增的一系列电机，我国目前生产的直流电机主要有以下系列。

1）Z4 系列

它是一般用途的中小型直流电机，容量为 0.4～200kW，转速为 600～3000r/min。Z4 系列直流电机是第 4 次统一设计的小型电机，其体积小、性能好、效率高，可与当今国际先进水平的电机较量，作为国家的标准产品正逐步取代 Z3、Z2 系列电机。

2）ZZJ－800 系列

它是起重、冶金用直流电动机系列，容量为 3.75～186kW，它启动迅速，过载能力大，调速性能优良，适用于晶闸管电源供电。

3）G 系列

它是单相串励电动机，交、直两用，又称通用电动机，用于全自动洗衣机、吹风机、吸尘器、手电钻等。

2.2.3 直流电机的电枢绕组

电枢绕组是由许多形状相同的线圈，通过换向片，按一定规律连接起来的总称。它是实现机电能量转化的枢纽，故称电枢绕组。

1. 直流电枢绕组的基本术语

1）电枢绕组元件

电枢绕组元件由绝缘铜线绕制而成，每个元件有两个嵌放在电枢槽中，与磁场作用产生转矩或电动势的有效边，称为元件边。元件的槽外部分亦即元件边以外的部分称为端接

部分。每个元件有两个出线端，称为首端和末端，分别与两个换向片相连。为便于嵌线，每个元件的一个元件边嵌放在某一槽的上层，称为上元件边，画图时以实线表示；另一个元件边则嵌放在另一槽的下层，称为下元件边，画图时以虚线表示如图 2.10所示。

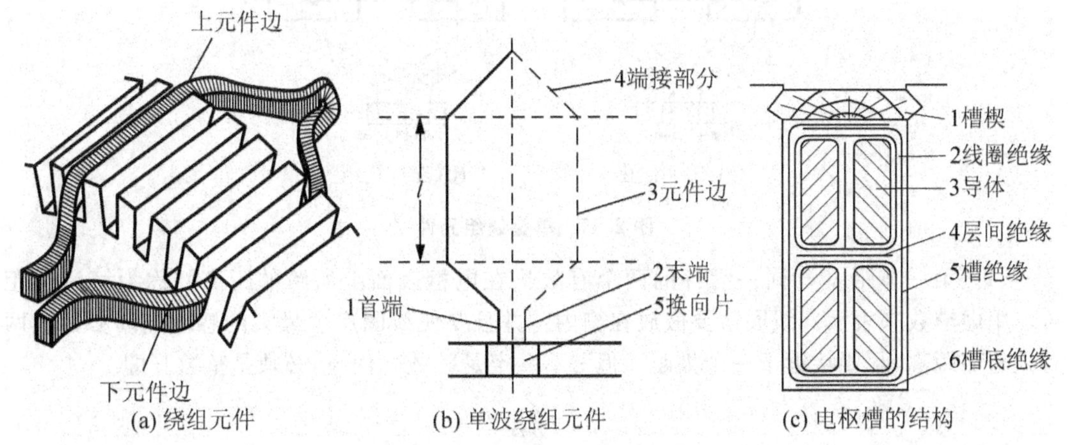

图 2.10　电枢绕组元件及元件在槽中的位置

2）元件数 S、换向片数 K、虚槽数 Z_u 三者之间的关系每一个元件有首、末两端，而每一个换向片又总是接一个元件的首端和另一元件的末端，所以元件数 S 总等于换向片数 K，即

$$S=K \tag{2-1}$$

电枢铁芯上的槽称为实槽，如每一个实槽内嵌放了上、下两个有效边，则称为一个单元槽或一个虚槽。但有些电机一个实槽内，上、下层并列嵌放多个元件边，如图 2.10（c）所示，这时电机总的虚槽数为

$$Z_u=uZ \tag{2-2}$$

式中：Z 为电枢铁芯总实槽数；Z_u 为电枢铁芯总虚槽数；u 为每个实槽内所包含的虚槽数。

于是，S，K、Z_u、Z 的关系，即

$$S=K=Z_u=uZ \tag{2-3}$$

3）极距 τ

极距它是指电枢表面相邻两主磁极之间的距离，可以用长度表示或虚槽数表示，即

$$\tau=\frac{\pi D_a}{2p}$$

或

$$\tau=\frac{Z_u}{2p} \tag{2-4}$$

式中：p 为电机的磁极对数；D_a 为电枢外径。

4）电枢绕组的基本类型

电枢绕组最基本的有单叠绕组和单波绕组两大类，各种绕组在电枢和换向器上的连接规律，由绕组节距决定，如图 2.11 所示。

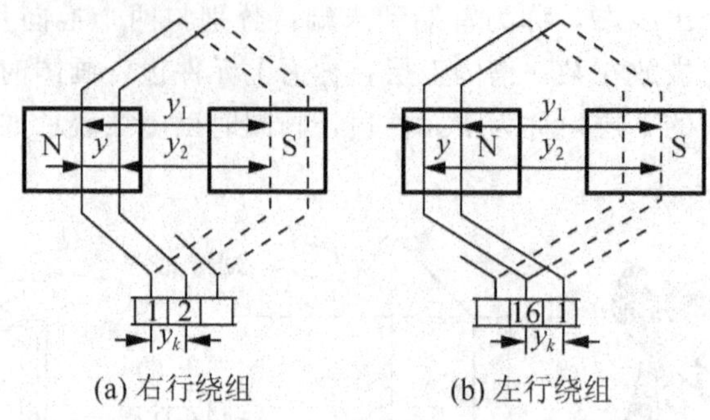

(a) 右行绕组　　(b) 左行绕组

图 2.11　单叠绕组元件

(1) 第一节距 y_1。同一元件的两个有效边在电枢表面上所跨的距离，称为第一节距 y_1，用虚槽数来表示。线圈边要嵌放在槽内，并且要使线圈产生最大的感应电动势，故两有效边的距离 y_1 要接近于一个极距，但 τ 不一定是整数，而 y_1 必须是整数。即

$$y_1=\frac{Z_u}{2P}\pm\varepsilon \tag{2-5}$$

式中：ε 是用来将 y_1 凑成整数的小数，当 $\varepsilon=0$ 时，$y_1=\tau$ 称为整距绕组；当取“＋”号时，即 $y_1>\tau$ 为长距绕组；当 ε 取“－”号时，即 $y_1<\tau$，为短距绕组。为节省铜线一般不采用长距绕组。

(2) 第二节距 y_2。第一个元件的下层边与直接相连的第二个元件的上层边之间在电枢表面所跨的距离，用虚槽数表示，称为第二节距 y_2。

(3) 合成节距 y。直接相连的两个元件的对应边在电枢表面所跨的距离，用虚槽数表示，称为合成节距 y，有

$$y=y_1\mp y_2 \tag{2-6}$$

式中：单叠绕组取“－”号；单波绕组取“＋”号。

(4) 换向器节距 y_k。每个元件的首、末两端所接的两片换向片在换向器圆周上所跨的距离，用换向片数表示，称为换向器节距 y_k。换向器节距 y_k 与合成节距 y 总是相等的，即

$$y_k=y \tag{2-7}$$

2. 单叠绕组

1) 单叠绕组的特点

电枢绕组同一元件首末端接在相邻的两个换向片上；后一元件的首端紧叠在前一元件的末端，称为叠绕组。单叠绕组的换间器节距 $y_k=1$（右行绕组），$y_k=-1$（左行绕组），如图 2.11 所示。为节省铜线，单叠绕组常采用右行绕组。现举例说明单叠绕组的连接方法和特点。

【例 2.2】 一台直流电机的有关数据为 $S=K=Z_u=Z=16$，$2p=4$，试绕制其单叠整距绕组。

解： 首先进行节距计算。第一节距为

$$y_1=\frac{Z}{2p}\pm\varepsilon=\frac{16}{4}=4$$

换向器节距与合成节距为

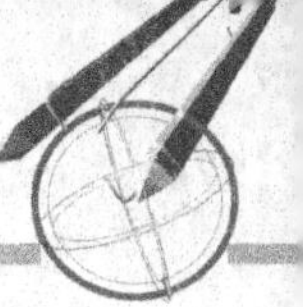

$$y_k = y = 1$$

第二节距，由式（2-6）可见，对于单叠绕组

$$y_2 = y_1 - y = 3$$

2）绘制绕组展开图

假设把电枢从某一齿的中间沿轴向切开展成平面，所得绕组连接图形称为绕组展开图，如图2.12所示。

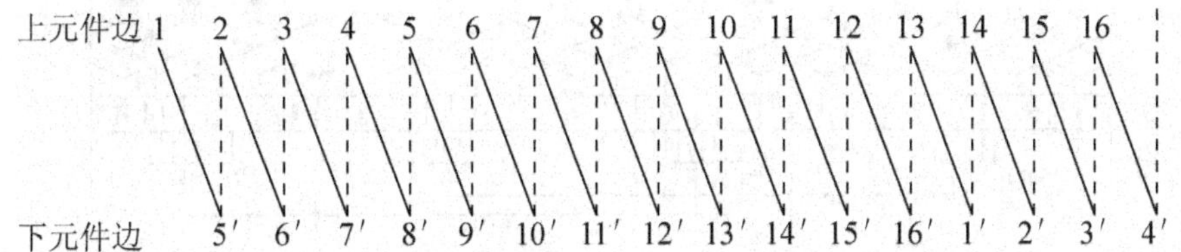

图2.12　单叠绕组连接顺序图

绘制直流电机单叠绕组展开图的步骤如下。

（1）画16根等长、等距的平行实线，代表16个槽的上层，在实线旁画16根平行虚线代表16个槽的下层。一根实线和一根虚线代表一个槽，编上槽号，如图2.11所示。

（2）画换向片。画16个小方块表示换向片，每个换向片宽与虚槽距离相对应，换向片的编号顺序应使元件对称，且槽的编号与换向片编号一致。

（3）连接绕组。1号元件的首端接在1号换向片，1号元件的上层边放在1号槽的上层，根据$y_1=4$，其下层边应放在$1+y_1=1+4=5$号槽的下层。由于一般情况下，元件是左右对称的，为此，可把1号槽的上层（实线）和5号槽的下层（虚线）用左右对称的端接部分连成1号元件。注意首端和末端之间相隔一片换向片宽度（$y_k=1$），末端接到2号换向片上，可以依次画出2～16号元件，从而将16个元件通过16片换向片连成一个闭合的回路。显然，元件号、上层边所在槽号和该元件首端所连换向片的编号相同，如图2.11和图2.12所示。

（4）主磁极的安放。主磁极N、S交替均匀分布与电枢表面，每个磁极宽度约为0.7τ。在对称元件中，可把任一元件轴线作为第一个磁极的轴线，然后均分。N极磁力线穿入纸面，S极磁力线穿出纸面。箭头v_a表示绕组的旋转方向，根据右手定则可判断电动势方向。由图2.11可见位于几何中性线上的元件感应电动势为零。

（5）电刷位置的安装。电刷安装的原则是使正负电刷间获得最大电动势来决定的，即被电刷短接的元件其电动势最小，在对称绕组中，电刷应放在主磁极轴线下的换向片上，且与几何中性线上的元件相连接，这样被电刷短接的元件1、5、9、13中的感应电动势为零。一般在展开图中，所画的电刷为一个换向片宽。可见在对称元件中电刷的轴线、主磁极的轴线、元件的轴线三者重合。

（6）保持图2.13中各元件的连接顺序不变，将此瞬间不与电刷接触的换向片省去不画，可以得到图2.14所示的并联电路。对照图2.14和图2.13可以看出，单叠绕组的连接规律是将同一磁极下的各个元件串联起来组成一条支路。因此，单叠绕组的并联支路对数a总等于极对数p，即

$$a = p$$

设每条支路电流为ia，则电枢总电流为$2aia$。

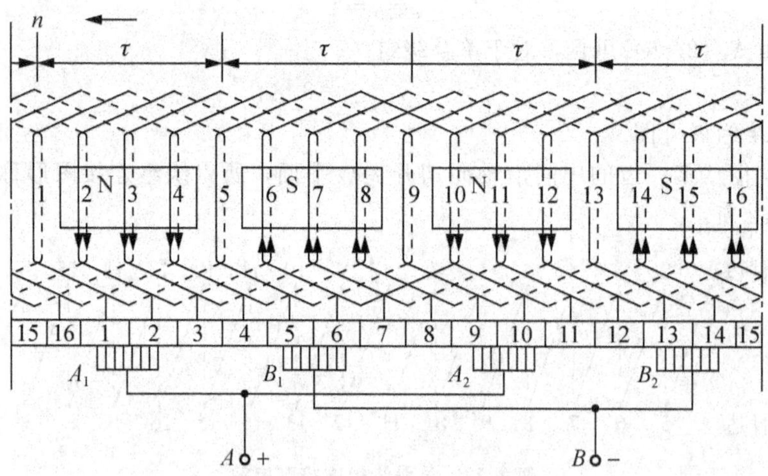

图 2.13　单叠绕组展开图

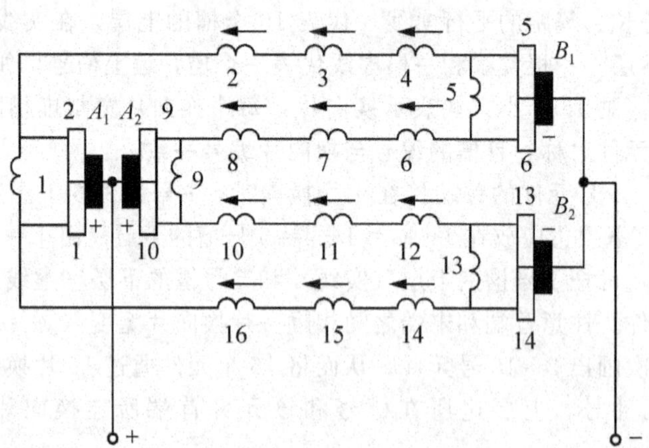

图 2.14　单叠绕组并联支路

3. 直流单波绕组

单波绕组是直流电机电枢绕组的另一种基本形式，其元件如图 2.15 所示。

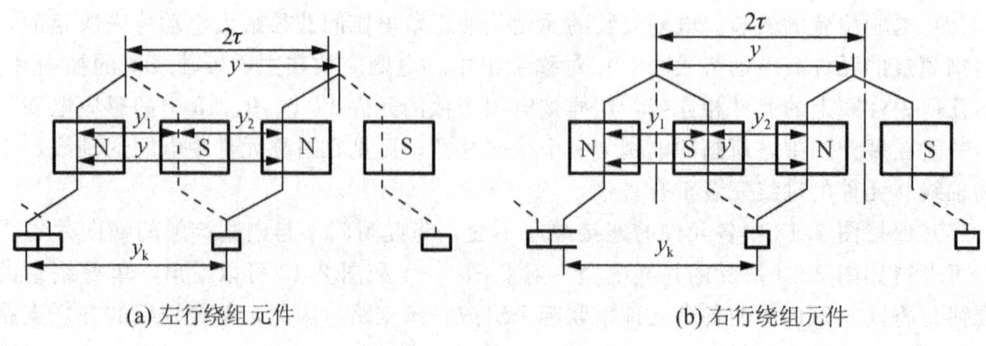

图 2.15　单波绕组元件

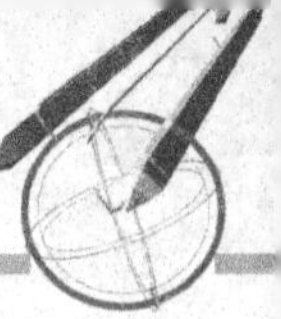

1）单波绕组的特点

同一元件首、尾端分别接到相距较远的换向片上，$y_k>y$，串联起来形成波浪形，故称为波绕组，如图 2.15 所示。y_1 与单叠绕组相同，只是相互串联的两只元件对应有效边在电枢表面所跨的距离约为 2τ。这样，p 对极电机，绕电枢一周，便串联了 p 只元件，为了继续连接下去，第 p 只元件的末端应接到起始换向片的相邻换向片上。因此要求换向器节距 y_k 值应满足，必须满足以下关系

$$p\cdot y_k=K\pm 1 \tag{2-8}$$

式中：取"＋"为右行绕组；取"－"为左行绕组，一般单波绕组采用左行绕组。

合成节距为

$$y=y_k \tag{2-9}$$

第一节距的确定原则与单叠绕组相同，则第二节距为

$$y_2=y-y_1 \tag{2-10}$$

下面举例说明单波绕组的连接规律和特征。

【例 2.3】 直流电机极数 $2p=4$，且 $Z=S=K=15$，试接成单波绕组。

解： 计算节距。单波绕组的合成节距为

$$y=y_k=\frac{K-1}{p}=\frac{15-1}{2}=7$$

第一节距

$$y_1=\frac{Z}{2p}\pm\varepsilon=\frac{15}{4}-\frac{3}{4}=3$$

第二节距

$$y_2=y-y_1=4$$

2）单波绕组的展开图

（1）绘制单波绕组展开图的步骤与单叠绕组相同，其连接顺序如图 2.16 所示。将 1 号元件的首端接到 1 号换向片上，元件上层边放 1 号槽上层（实线），根据 $y_1=3$，下层边放在 4（$1+y_1=1+3=4$）号槽下层边（虚线），根据 $y=7$，末端放到 8（$1+y=8$）号换向片上，第二只元件首端也接到第 8 只换向片上，上层边放在 8（$4+y_2=4+4=8$）号槽上层，下层边放在 11 号槽下层，末端放到 1 号换向片的左边 15 号换向片上，可见，串联 $p=2$ 只元件后，在电枢表面跨距接近 2τ，按此规律连接下去，最后回到 1 号换向片上，串联成一闭合绕组，如图 2.17 所示。

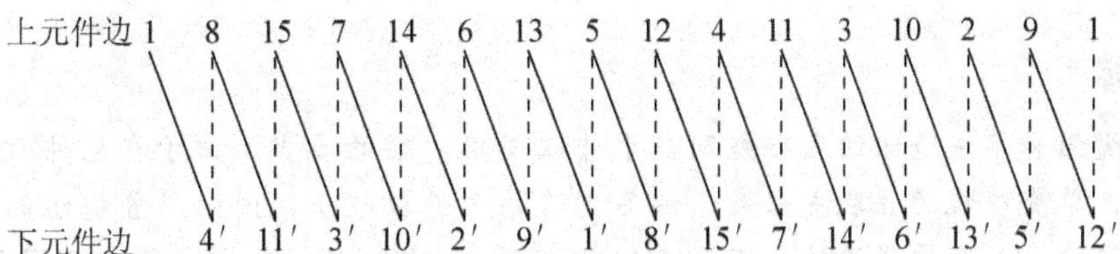

图 2.16　单波绕组连接顺序图

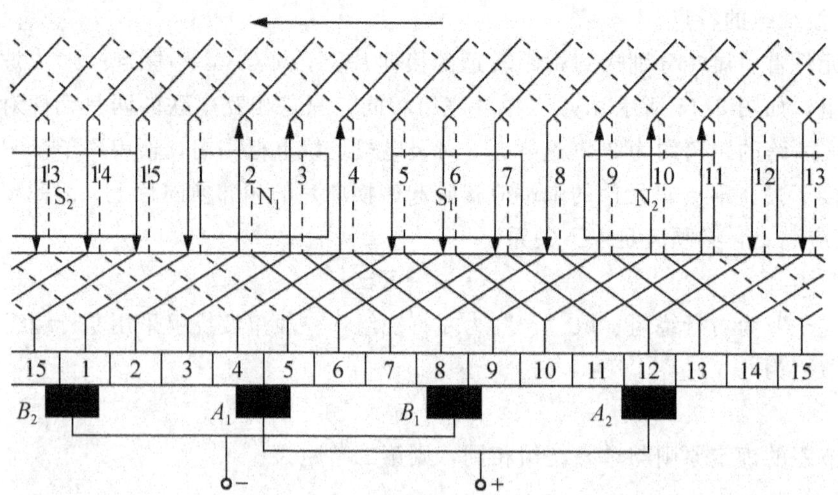

图 2.17　单波绕组展开图

(2) 单波绕组主磁极和电刷安放与单叠绕组相同。

3) 单波绕组的并联支路数

按照图 2.17 中各元件的连接顺序，将此刻不与电刷接触的换向片略去不画，可以得出此单波绕组的并联支路，如图 2.18 所示。可以看出，单波绕组将所有 N 极下的上层边所有绕组元件串联起来组成一条支路，将所有在 S 极下的上层边绕组元件串联起来组成另一条支路，因此单波绕组的并联支路数总是 2，并联支路对数恒等于 1。即

$$2a=2 \quad 或 \quad a=1$$

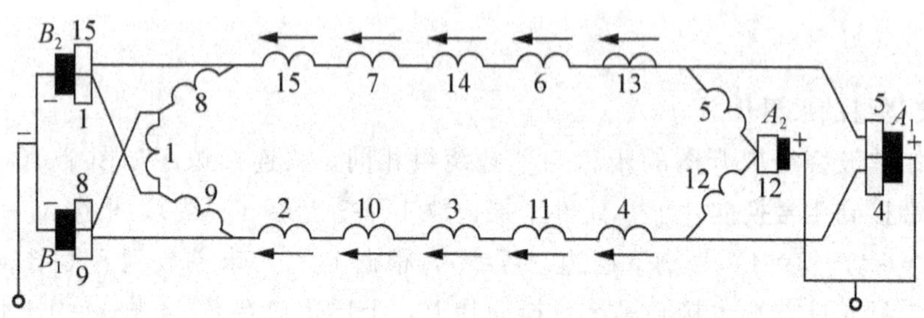

图 2.18　单波绕组并联支路

从图 2.18 可见，单波绕组只需安装正、负两组电刷，但为减小电刷电流密度，实际中仍安放 $2p$ 组电刷。

特别提示

- 单叠绕组和单波绕组的主要差别在于并联支路对数的多少。由于在元件数相同的情况下，单叠绕组的并联支路多，但各支路的元件数较少，因而单叠绕组的电压低于单波绕组，而允许通过的电枢电流却大于单波绕组。因此，单叠绕组适用于低电压、大电流的电机，单波绕组适用于高电压、小电流的电机。

2.3　直流电机的电动势、转矩和换向

2.3.1　电枢绕组的感应电动势

只要电枢绕组在磁场中旋转，必然要产生感应电动势。电枢电动势即为正、负电刷间电动势。电枢绕组的电动势等于并联支路每根导体电动势之和。

1. 每根导体的平均电动势

取每个磁极下的平均磁通密度为 B_{av}，从而得到每根导体平均电动势值为

$$e_{av}=B_{av}\cdot L\cdot v_{a} \tag{2-11}$$

式中：L 为导体有效边的长度；B_{av} 为一个磁极下平均气隙磁通密度；v_a 电枢表面线速度。设电机的极数为 $2p$，电枢周长为 $2p\tau$，电枢转速为 n 单位为（r/min）。因线速度 v_a 与转子的转速 n 成正比，即

$$v_{a}=2p\tau\cdot n/60 \tag{2-12}$$

每极平均气隙磁通密度为

$$B_{av}=\Phi/(\tau\cdot L) \tag{2-13}$$

则每根导体的平均电动势为

$$e_{av}=B_{av}\cdot L\cdot v_{a}=\frac{\Phi}{\tau\cdot L}\cdot L\cdot 2p\tau\cdot\frac{n}{60}=\frac{2p\Phi n}{60} \tag{2-14}$$

2. 电枢电动势

设电枢总导体数为 N，而每条支路导体数为 $N/(2a)$，则电枢绕组总电动势为

$$E_{av}=e_{av}\cdot\frac{N}{2a}=\frac{2p\Phi n}{60}\cdot\frac{N}{2a}=\frac{pN}{60a}\cdot\Phi\cdot n=C_{e}\Phi n \tag{2-15}$$

式中：$C_e=pN/(60a)$ 为电动势常数，仅与电动机结构有关。

式（2-15）表明，直流电机的感应电动势与每极磁通成正比，与转子转速成正比。

2.3.2　电磁转矩

在直流电机中，电磁转矩是由电枢电流与气隙磁场相互作用而产生的电磁力所形成的。根据安培力定律，作用在电枢绕组每一根导体上的电磁力为

$$f_{av}=B_{av}\cdot L\cdot i_{a} \tag{2-16}$$

f_{av} 产生的电磁转矩为

$$T_{av}=f_{av}\cdot\frac{D_{a}}{2}=B_{av}\cdot L\cdot\frac{I_{a}}{2a}\cdot\frac{p\tau}{\pi} \tag{2-17}$$

式中：D_a 为电枢外径（m）。

设电枢总导体数为 N，则电枢电磁转矩为

$$\begin{aligned}T&=T_{av}\cdot N\\&=\frac{\Phi}{\tau\cdot L}\cdot L\cdot\frac{I_{a}}{2a}\cdot\frac{p\tau}{\pi}\cdot N=\frac{pN}{2\pi a}\Phi I_{a}=C_{T}\Phi I_{a}\end{aligned} \tag{2-18}$$

式中：$C_T=\dfrac{pN}{2\pi a}$ 为转矩常数，取决于电机的结构。

式(2-18)表明，直流电机的电磁转矩与每极磁通成正比，与电枢电流成正比。同一电机，电动势常数 C_e 与转矩常数 C_T 之间的关系为

$$\frac{C_T}{C_e}=\frac{pN/(2\pi a)}{pN/(60a)}=\frac{60}{2\pi}=9.55 \qquad (2-19)$$

2.3.3 直流电机的换向

1. 直流电机的换向过程

从图 2.19 可知，直流电机运行时，电刷固定不动，旋转的电枢绕组元件从一条支路经过电刷短路进入另一条支路，元件中电流也随之改变方向这一过程，称为换向过程。图 2.19表示直流电机一个元件 K 的换向过程。图中以单叠绕组为例，且设电刷宽度等于一片换向片的宽度，电枢以恒速 v_a 从左向右运动。T_K 为一个换向周期，S_1 和 S_2 分别为电刷与换向片 1、2 的接触面积。

换向开始时，电刷正好与换向片 2 完全接触，$S_1=0$，S_2 最大，换向元件 K 位于电刷左边一条支路，设电流为 $i=+i_a$，方向为顺时针，由相邻两条支路而来的电流为 $2i_a$，经换向片流入电刷，如图 2.19 (a) 所示。

换向过程中，$t=T_K/2$，电刷同时与换向片 1 和 2 接触，$S_1=S_2$，元件 K 被短路；元件 K 中电流为 $i=0$，由相邻两条支路而来的电流为 $2i_a$，经换向片 1、2 流入电刷，如图 2.19 (b)所示。

换向结束瞬时，$t=T_K$，电枢转到电刷与换向片 1 完全接触时，S_1 最大，$S_2=0$，换向元件 K 从电刷左边的支路进入电刷右边的支路，电流变为逆时针方向，即为 $i=-i_a$，相邻两条支路电流 $2i_a$，经换向片 1 流入电刷，如图 2.19 (c) 所示。

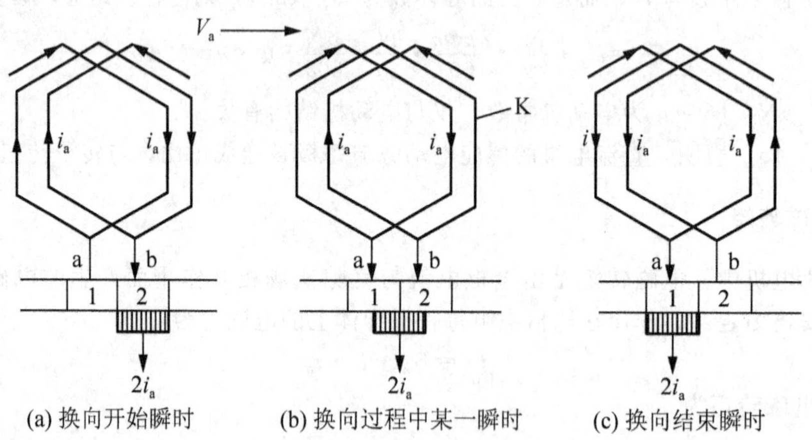

(a) 换向开始瞬时　(b) 换向过程中某一瞬时　(c) 换向结束瞬时

图 2.19　换向元件的换向过程

至此，元件 K 换向结束。处于换向过程中的元件称为换向元件。从换向开始到换向结束所经历的时间称为换向周期，直流电机的换向周期 T_K 一般只有千分之几秒甚至更短的时间，但换向的过程比较复杂，而且如果换向不良，会在电刷换向器之间产生较大的火花。微弱的火花，对直流电机的正常运行没有影响，如果火花超过一定限度，就会烧坏电刷和换向器，使电机不能正常工作。

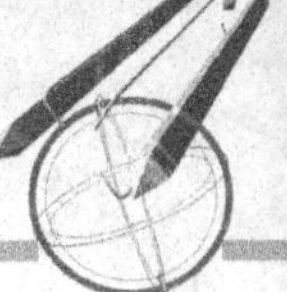

2. 影响换向的电磁原因

产生换向火花的原因有多种，最主要是电磁原因。为此，先分析电磁原因产生的电磁性火花。

1）理想换向（直线换向）

换向元件中的电流决定于该元件中的感应电动势和回路的电阻。假设换向元件中没有任何电动势，且将换向元件、引线与换向片的电阻均忽略不计，回路中只有电刷与换向片1的接触电阻 r_1 和电刷与换向片2的接触电阻 r_2，则换向元件中的电流只决定于回路中电阻 r_1 和 r_2 的大小，这种换向情况称为电阻换向。换向过程中，换向元件K中的电流 i 均匀地由 $+i_a$，变为 $-i_a$，变化过程为一条直线，如图2.20中曲线1所示，这种换向称为直线换向。直线换向时不产生火花，故又称理想换向。

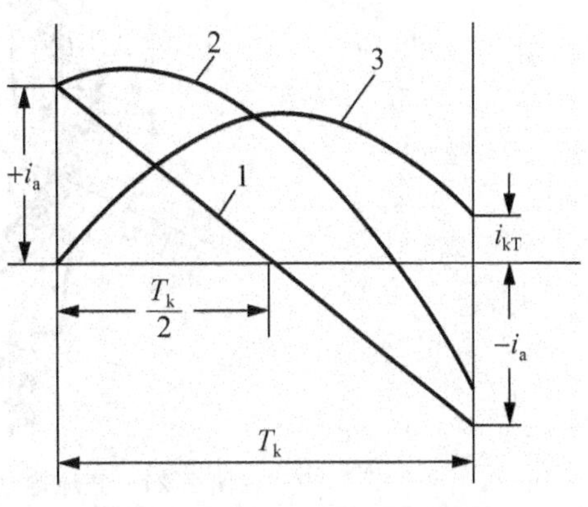

图2.20　直线换向与延迟换向

2）延迟换向

（1）电抗电动势 e_X。换向元件中的电流在换向周期 T_K 内，由 $+i_a$，变为 $-i_a$，必将在换向元件中产生自感电动势 e_L；另外，实际电机的电刷宽度通常为2～3片换向片宽，因而相邻2～3个元件同时进行换向，由于互感作用，换向元件中还会产生由于相邻元件电流变化时在本元件中引起的互感电动势，用 e_M 表示。通常将自感电动势 e_L 和互感电动势 e_M 合起来；称为电抗电动势，用 e_X 表示，故有

$$e_X = e_L + e_M = -(L+M)\frac{di}{dt} = L_X\frac{di}{dt} \tag{2-20}$$

式中：L_X 为换向元件的电感系数；L 为换向元件的自感系数；M 为换向元件的互感系数。

根据楞茨定律，电抗电动势 e_X 的作用总是阻碍电流变化的，因此，e_X 的方向与元件换向前的电流 $+i_a$ 的方向相同，即阻碍换向电流的变化。

（2）由于电枢反应使磁场发生畸变，使几何中性线附近存在电枢磁动势产生的磁场（马鞍形分布的凹部），如图2.21所示。换向元件K旋转时切割此电枢磁场所感应的电动势称为旋转电动势，也称电枢反应电动势 e_V。根据图2.21所示，在电动机中，物理中性线逆着电枢旋转方向偏离几何中性线一个角，按右手定则，可确定 e_V 的方向与换向前电流 i_a 方向相同，即阻碍换向电流变化。

无论是在电动机还是发电机运行状态，换向元件切割电枢磁场所产生的旋转电动势 e_V 总与元件换向前的电流 i_a 的方向相同。

电抗电动势 e_X 和旋转电动势 e_V 的方向相同，都企图阻碍换向元件中电流的变化，使换向电流的变化延迟，如图2.20中曲线2所示，这种情况称为延迟换向。显然，曲线2与曲线1的电流之差就是电动势 e_X+e_V 在换向元件中产生的电流，称为附加换向电流，用 i_K 表示

$$i_K = \frac{\sum e}{r_1+r_2} = \frac{e_X+e_V}{r_1+r_2} \tag{2-21}$$

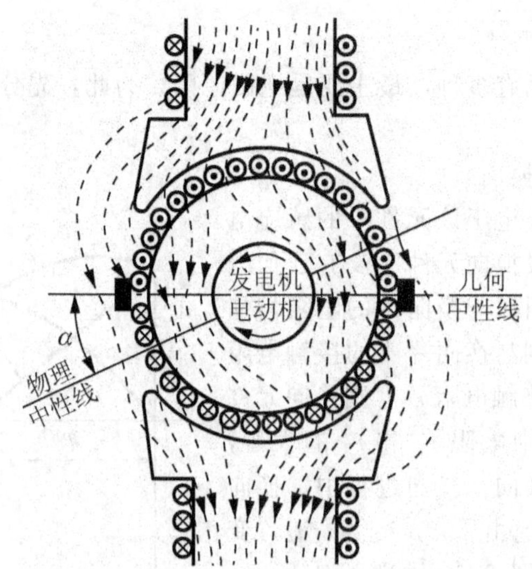

图 2.21 直流电动机电枢反应气隙磁场发生畸变

i_K 与 e_X+e_V 的方向一致，并且都阻碍换向电流的变化。i_K 的变化规律如图 2.20 中曲线 3 所示。

(3) 附加电流 i_K 对换向的影响。当 $\sum e$ 足够大时，元件 K 换向结束瞬间，即 $t=T_K$ 时，附加换向电流 $i_K \neq 0$。所以，换向元件中还存储了一部分磁场能量 $\frac{1}{2}L_K i_K^2$，由于能量不能突变，就会以弧光放电的形式释放出来，因而在电刷与换向片之间产生火花，这种由电磁原因产生的火花称为电磁性火花。当火花强烈时，将灼伤换向器和烧坏电刷，最终导致电机不能正常运行。

3. *改善换向的方法*

改善换向的目的在于消除或削弱电刷下的火花。产生火花的原因是多方面的，其中最主要的是电磁原因。为此，下面分析如何消除或削弱电磁原因引起的电磁性火花。

产生电磁性火花的直接原因是附加换向电流 i_K。为改善换向，必须限制附加换向电流 i_K。欲限制 i_K，应设法增大电刷与换向器之间的接触电阻 r_1 和 r_2，或者减小换向元件中的感应电动势 e_X+e_V。改善换向的方法一般有以下两种。

(1) 选用合适的电刷，增加电刷与换向片之间的接触电阻，如图 2.22 (a) 所示。电机用电刷的型号规格很多，其中碳-石墨电刷的接触电阻最大，石墨电刷和电化石墨电刷次之，铜-石墨电刷的接触电阻最小。

直流电机如果选用接触电阻大的电刷，则有利于换向，但接触压降较大，电能损耗大，发热严重，同时由于这种电刷允许的电流密度较小，电刷接触面积和换向器尺寸以及电刷的摩擦都将增大，因而设计制造电机时必须综合考虑两方面的因素，选择恰当的电刷。为此，在使用维修中欲更换电刷时，必须选用与原来牌号相同的电刷，如果实在配不到相同牌号的电刷，那就尽量选择特性与原来相近的电刷并全部进行更换。

(2) 装设换向极。换向极装设在相邻两主磁极之间的几何中性线上，如图 2.22 (b) 所示。几何中性线附近一个不大的区域称为换向区，是换向元件的元件边在换向过程中所

转过的区域。换向极的作用是在换向区产生换向极磁动势，首先抵消换向区内电枢磁动势的作用，从而消除换向元件中电枢反应电动势（旋转电动势）e_V 的影响，同时在换向区建立一个换向极磁场，其方向与电枢反应磁场方向相反，使换向元件切割该磁场时产生一个与电抗电动势 e_X 大小相等或近似相等、方向相反的附加电动势 e_K，以抵消或明显削弱电抗电动势，从而使换向元件回路中的合成电动势 $\sum e$ 为零或接近于零。换向过程为直线换向或接近于直线换向，火花小，换向良好。

为使附加电动势 e_K 的方向与电抗电动势 e_X 的方向相反，也就是使 e_K 的方向与旋转电动势 e_V 的方向相反，就必须使换向极磁动势 F_K 的方向与电枢磁动势 F_a 的方向相反。为此，发电机的换向极的极性应与顺电枢旋转方向下一个主磁极的极性相同；电动机的换向极的极性应与顺电枢旋转方向下一个主磁极的极性相反。换向极绕组应与电枢绕组串联，并使换向极磁路处于不饱和状态，从而保证负载变化时换向元件回路中的总电动势总接近于零。装设换向极是改善换向最有效的方法，容量在1kW以上的直流电机几乎都装有与主磁极数目相等的换向极。

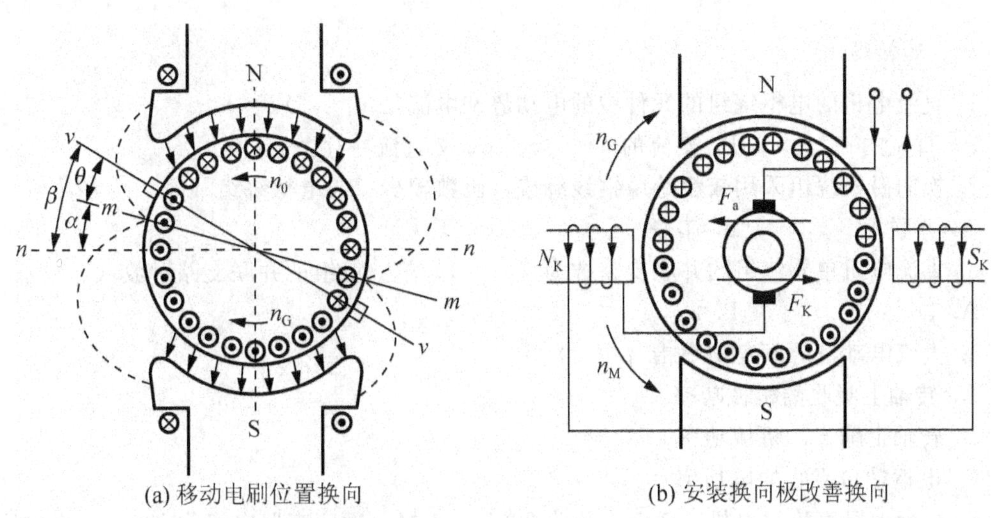

图 2.22　改善换向的方法

本 章 小 结

1. 直流电机的主要由定子和转子两大部分组成。定子部分包括机座、主磁极（包括励磁绕组）、换向极（包括换向绕组）和电刷装置。转子部分包括转子铁芯、电枢绕组、换向器、转轴和轴承等。

2. 直流电机的工作原理。直流发电机是根据电磁感应原理工作的。电枢元件的电动势是交变的，通过换向器和电刷的作用，即时的变换成电刷两端的直流电压。直流电动机是根据电磁力定律工作的。电刷两端外加一直流电压，通过换向器和电刷的作用，变换成电枢绕组中的交流电压，从而产生单向电磁转矩而旋转。

3. 直流电机的电枢绕组。直流电机的电枢绕组分为单叠绕组和单波绕组两大类。单叠绕组是将同一主磁极下的所有上层元件边串联起来构成一条支路，所以 $a=p$。而单波绕组是将电机同一极性下的所有上层元件边串联起来构成一条支路，所以 $a=1$，与磁极对数无关。

4. 电枢电动势和电磁转矩。在恒定磁场中，转动的电枢绕组产生感应电动势 $E_a=C_e\Phi n$；在恒定的磁场中，通电的电枢绕组产生电磁转矩 $T=C_T\Phi I_a$。

5. 直流电动机的换向。换向元件里合成电动势为零，电流随时间直线规律的变化，这种换向称为直线换向。直线换向时，电刷下的电流密度保持不变，电刷下不产生火花。直线换向是一种理想换向过程。在换向元件中由于有电抗电动势的存在，它们之间的换向不是直线换向，而是延迟换向。当电抗电动势大到一定程度时，电刷下就会产生火花，称为换向不良。改善换向的方法，一是正确选择电刷，二是安装换向极。后者是最有效最普遍的改善换向的方法。

检 测 习 题

一、选择题

1. 直流电机的电枢绕组的元件中的电动势和电流是（　　）。

A. 直流的　　B. 交流的　　C. 交直流并存

2. 换向磁极绕组采用较粗绝缘铜线绕成，匝数较少，与电枢绕组（　　）。

A. 并联　　B. 串联　　C. 无关联

3. 直流电机单叠绕组的并联支路数为（　　），单波绕组的并联支路对数（　　）。

A. 1　　B. $2p$　　C. 2

4. 直流电动机的额定功率指（　　）。

A. 转轴上吸收的机械功率

B. 转轴上输出的机械功率

C. 电枢端口吸收的电功率

5. 一台他励直流发电机，额定电压为200V，六极，额定支路电流为100A，当电枢为单叠绕组时，其额定功率为（　　）；当电枢为单波绕组时，其额定功率为（　　）。

A. 80kW　　B. 40kW　　C. 120kW

6. 在直流电机中，右行单叠绕组的合成节距 $y=y_k=$（　　）。

A. 2　　B. $\frac{Z_u}{2p}\pm\varepsilon$　　C. 1

7. 一台并励直流电动机将单叠绕组改接为单波绕组，保持其支路电流不变，电磁转矩将（　　）。

A. 变大　　B. 不变　　C. 变小

二、问答题

1. 描述直流电机工作原理，并说明换向器和电刷起什么作用。

2. 试判断在下列情况下，电刷两端的电压是交流还是直流。

(1) 磁极固定，电刷与电枢同时旋转；

(2) 电枢固定，电刷与磁极同时旋转。

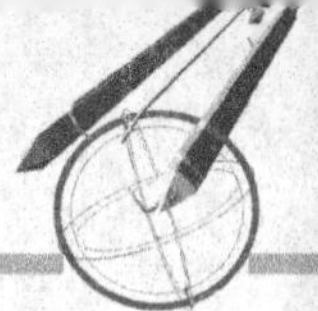

3. 什么是电机的可逆性？为什么说发电机作用和电动机作用同时存在于一台电机中？

4. 直流电机有哪些主要部件？试说明它们的作用和结构。

5. 直流电机电枢铁芯为什么必须用薄电工钢冲片叠成？磁极铁芯与其有何不同？

6. 试述直流发电机和直流电动机主要额定参数的异同。

7. 单叠绕组和单波绕组各有什么特点？其连接规律有何不同？

8. 有一台四极单叠绕组的直流电机，试问：

(1) 若分别取下一只电刷、相邻的两只电刷或相对的两只电刷，对电机的运行各有什么影响？

(2) 如有一绕组元件断线，电刷间的电压有何变化？电流有何变化？

(3) 若有一磁主极失磁，将产生什么后果？

9. 什么是电枢反应？电枢反应对气隙磁场有什么影响？

10. 换向元件在换向过程中可能产生哪些电动势？各是什么原因引起的？它们对换向器各有什么影响？

11. 换向极的作用是什么？装在什么位置？绕组如何连接？

三、分析计算题

1. 某直流电机，$P_N=4kW$，$U_N=110V$，$n_N=1000r/min$，$\eta_N=0.8$。若此直流电机是直流电动机，试计算额定电流 I_N；如果是直流发电机，再计算 I_N。

2. 一台直流电机，$p=3$，单叠绕组，电枢绕组总导体数 $N=398$，一极下磁通 $\Phi=2.1\times10^{-2}Wb$，当转速 $n=1500r/min$ 和转速 $n=500r/min$ 时，(1) 分别求电枢绕组的感应电动势 E_a；(2) 若该电动机是单波绕组，求转速 $n=500r/min$ 时的感应电动势 E_a。

第3章 直流电动机拖动及控制

教学目标

1. 了解生产机械的负载特性。
2. 熟悉直流电动机的机械特性，了解直流电动机稳定运行条件。
3. 重点掌握直流电动机的三种调速方法。
4. 了解直流电动机启动时存在的问题，掌握直流电动机常用的启动方法。
5. 学会直流电动机常用的调速、反转和制动控制的操作方法。

教学要求

能力目标	知识要点	权重	自测分数
了解拖动负载的转矩特性，掌握直流电动机工作特性、基本方程及在拖动系统中的应用	直流电动机的分类、基本方程式、工作特性、负载的转矩特性	20%	
掌握直流电动机的启动、调速、制动的机械特性，具备控制操作能力	直流电动机的机械特性及启动、调速、制动特性分析；直流电动机的拖动控制线路	55%	
对直流电动机及控制线路的常见故障能正确分析、维护	直流电动机的拖动控制线路，常见故障分析与维护	25%	

引例

直流电动机具有良好的启动性能和宽广的调速范围，因而在电力拖动系统中被广泛采用，例如电力牵引、轧钢机、起重设备等，如图3.1所示。使用一台电动机时，首先要解决的问题是怎样把它启动起来，要使电动机的启动过程达到最优，主要应考虑以下几个方面的问题：启动电流 I_{st} 的大小、启动转矩 T_{st} 的大小、启动设备是否简单等。电动机驱动的生产机械，常常需要改变运动方向，例如起重机、刨床、轧钢机等，这就需要电动机能快速正、反转；某些生产机械除了需要电动机提供驱动力矩外，还要电动机在制动时，提供制动的力矩，以便限制转速或快速停车，例如电车下坡和制动时，起重机下放重物时，机床反向运动开始时，都需要电动机的制动。因此掌握直流电动机启动、反转和制动的方法，对电气技术人员是很重要的。

(a) 起重机

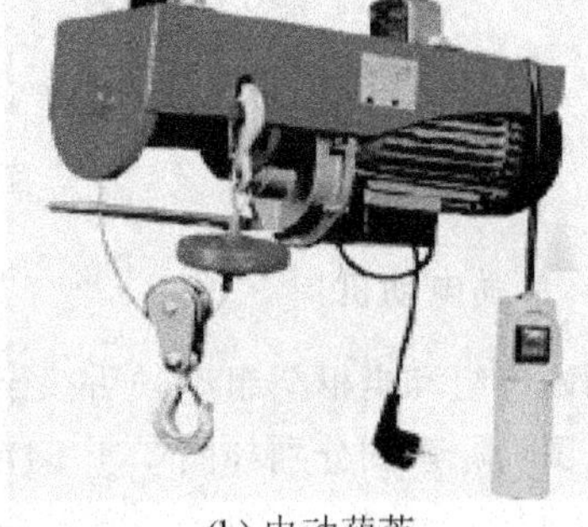

(b) 电动葫芦

图 3.1　直流电动机的应用

3.1　直流电动机的分类

直流电动机一般是根据励磁方式进行分类的，因为它的性能与励磁方式有密切关系，励磁方式不同，电动机的运行特性有很大差异。根据励磁绕组与电枢绕组连接的不同，它可以分为：他励、并励、串励和复励电动机。

3.1.1　他励电动机

励磁绕组和电枢绕组分别由不同的直流电源供电，即励磁电路与电枢电路没有电的连接。其接线图和原理图分别如图3.2 (a)、(b) 所示。其特点是电枢电流 I_a 等于负载电流 I，即 $I=I_a$。

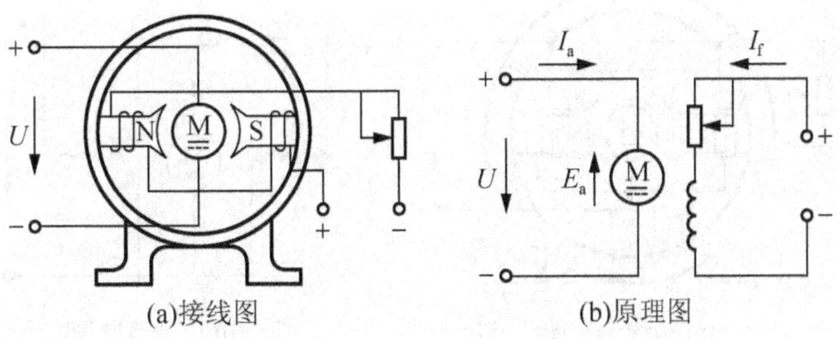

图 3.2　直流他励电动机

3.1.2 并励电动机

励磁绕组和电枢绕组并联，由同一直流电源供电。励磁电压等于电枢电压，励磁绕组匝数多，电阻较大。总电流等于电枢电流和励磁绕组电流之和，即 $I=I_a+I_f$。并励电机的接线图和原理图分别如图 3.3（a）、（b）所示。

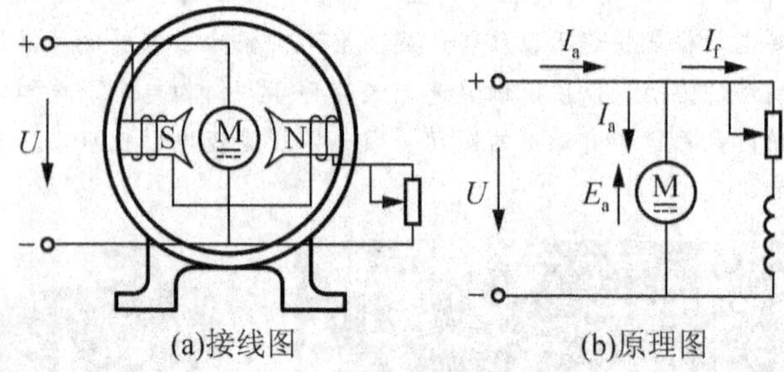

(a)接线图 (b)原理图

图 3.3 并励直流电动机

3.1.3 串励电动机

励磁绕组和电枢绕组串联后接于直流电源，励磁电流和电枢电流相等，即 $I=I_a=I_f$。其接线图和原理图分别如图 3.4（a）、（b）所示。

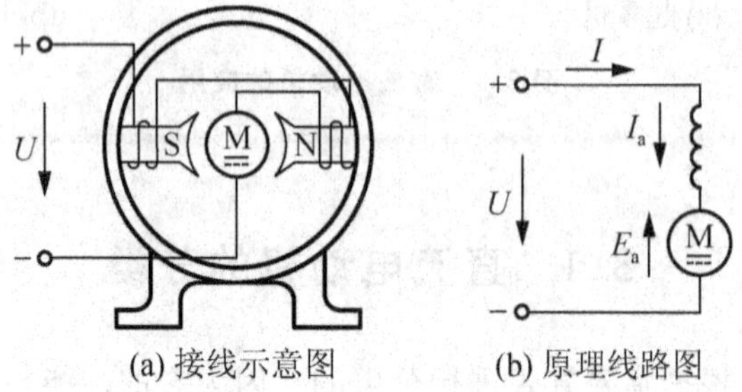

(a) 接线示意图 (b) 原理线路图

图 3.4 串励电机

3.1.4 复励电动机

有两个励磁绕组，一个与电枢并联，一个与电枢串联。并励绕组匝数多而线径细，串励绕组匝数少而线径粗，如图 3.5（a）、（b）所示。

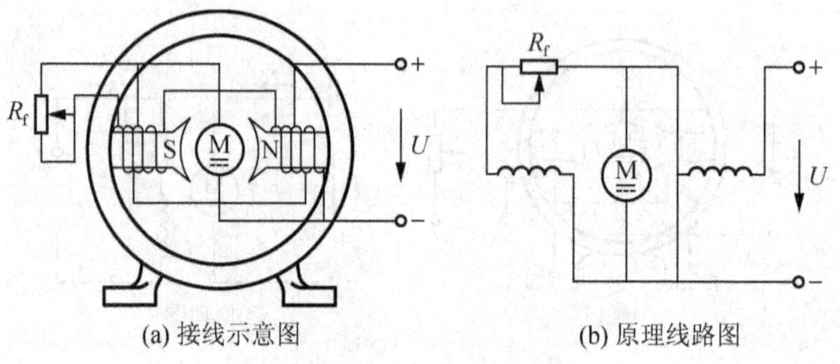

(a) 接线示意图 (b) 原理线路图

图 3.5 复励电动机

在一些小型直流电机中，也有用永久磁铁产生磁场的，这种电机称为永磁式电机。由于其体积小、结构简单、效率高、损耗低、可靠性高等特点，因而应用越来越广泛。例如，兆欧表中的手摇发电机和测速发电机、汽车用永磁电机等。

3.2　直流电动机的基本方程

直流电动机的基本方程式是指直流电动机稳定运行时，电路系统的电压平衡方程式，机械系统的转矩平衡方程式和能量转换过程中的功率平衡方程式。

如图 3.5 所示并励直流电动机。接通直流电源时，励磁绕组中流过励磁电流 I_f，建立主磁场，电枢绕组中流过电枢电流 I_a，电枢元件导体中流过的支路电流与磁场作用产生电磁转矩 T_{em}，使电枢沿 T_{em} 的方向以转速 n 旋转。电枢旋转时，电枢导体又切割气隙合成磁场，产生电枢电动势 E_a，在电动机中，此电动势的方向与电枢电流 I_a 的方向相反，称为反电动势。

3.2.1　直流电动机的电压平衡方程

根据图 3.6 所示，用电动机惯例所设各量的正方向，根据基尔霍夫电压定律，可以列出电压平衡方程式，即

$$U=E_a+I_aR_a \tag{3-1}$$

式中：R_a 为电枢回路电阻，其中包括电刷和换向器之间的接触电阻。

特别提示

- 式（3－1）表明：直流电机在电动机运行状态下的电枢电动势 E_a 总小于端电压 U，若电机为发电机运行，E_a 则大于 U。

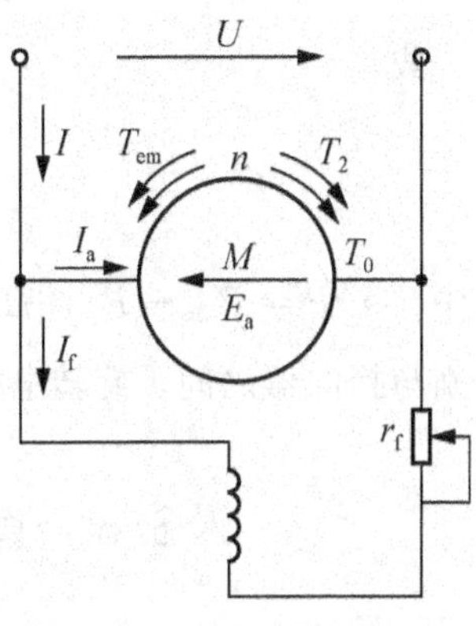

图 3.6　并励直流电动机

3.2.2　直流电动机的转矩平衡方程

稳态运行时，作用在电动机轴上的转矩有三个：一个是电磁转矩 T_{em}，方向与转速 n 相同，为拖动转矩；一个是电动机空载转矩 T_0，是电动机空载运行时的阻转矩，方向总与转速 n 相反，为制动转矩；还有一个是轴上电动机轴上的输出转矩 T_2，其值与电动机轴上所带生产机械的负载转矩 T_L 相等，$T_2=T_L$，T_L 与 n 方向相反，起制动作用。稳态运行时的转矩平衡关系式为拖动转矩等于总的制动转矩，即

$$T_{em}=T_2+T_0 \tag{3-2}$$

由于 T_0 很小，一般 $T_0\approx(2\%\sim6\%)T_N\approx0$，则

$$T_{em}\approx T_2=T_L \tag{3-3}$$

3.2.3　直流电动机的功率平衡方程

直流并励电动机稳定运行时，从电网输入给电动机的功率 $P_1=UI$，不可能全部转换成电动机轴上的机械功率，在能量转换中总有一些损耗。从 P_1 中首先扣除小部分励磁回

路的铜耗 P_{Cuf}（$P_{Cuf}=I_f^2R_f=U^2/R_f$），和电枢回路中的铜耗 P_{Cua}（$P_{Cua}=I_a^2R_a$），便得电磁功率 P_{em}（$P_{em}=E_aI_a$），电与磁相互作用全部转换成机械功率

$$P_{em}=E_aI_a=\frac{pN}{2\pi a}\cdot\Phi I_a\cdot\frac{2\pi n}{60}=T_{em}\omega \tag{3-4}$$

电动机运行时，还应从 P_{em} 中扣除机械损耗 P_j 和铁损耗 P_{Fe}，剩下的功率才为电动机轴上输出的机械功率 P_2，其能量流图如图 3.7 所示。

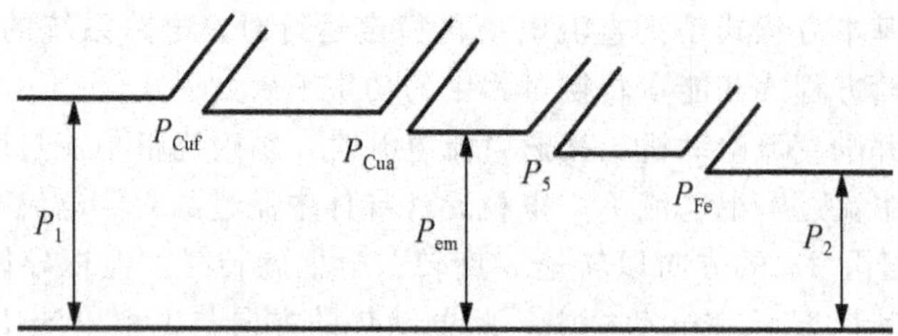

图 3.7　并励电动机的能量流程图

并励直流电动机的功率平衡方程为

$$P_1=P_2+P_{Cua}+P_{Cuf}+P_{Fe}+P_j=P_2+\sum P \tag{3-5}$$

或

$$P_2=P_1-\sum P$$

$$P_2=P_{em}-P_0 \tag{3-6}$$

式中：$\sum P=P_{Cua}+P_{Cuf}+P_j+P_{Fe}$ 为并励直流电动机的总损耗；机械损耗 P_j 指轴承之间，电刷与换向器之间，旋转电枢与空气之间产生的损耗；$P_0=P_j+P_{Fe}$，称为空载损耗。

3.3　直流并（他）励电动机的工作特性

直流并励电动机的励磁绕组与电枢绕组并接于同一电源上，但因电源电压恒定不变，这与励磁绕组单独接于另一电源上的效果完全一样，因此并励电动机与他励电动机性能完全一样。不同的是，他励电动机输入的电流就是电枢电流，而并励电动机应从输入电流中扣除励磁电流才是电枢电流。

并励直流电动机的工作特性是指当电动机的端电压 $U=U_N=$ 常数，励磁电流 $I_f=I_{fN}$，电枢不串外加电阻时，转速 n、电磁转矩 T_{em}、效率 η 分别与输出功率 P_2 之间的关系。

1. 转速特性

将电动势公式 $E_a=C_e\Phi n$ 代入电压平衡方程式，可得转速特性公式为

$$n=\frac{U_N}{C_e\Phi_N}-\frac{R_a}{C_e\Phi_N}I_a \tag{3-7}$$

可见，如果忽视电枢反应的去磁作用的影响，保持 $\Phi=\Phi_N$ 不变，则 I_a 增加时，转速 n 下降。但因 R_a 一般很小，所以转速 n 下降不多，$n=f(P_2)$ 为一条稍稍向下倾斜的直线，如图 3.8 中的曲线所示。如果考虑负载较重、I_a 较大时电枢反应去磁作用的影响，则随着 I_a 的增大，Φ 将减小，使转速特性出现上翘现象。

2. 特矩特性——$T_{em}=f(P_2)$

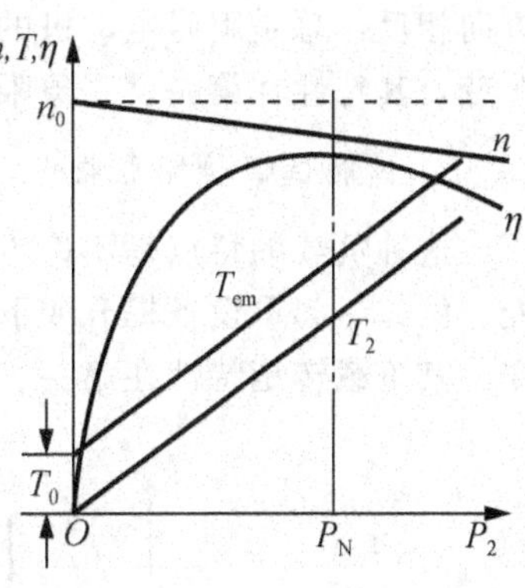

图 3.8　并励电动机工作特性

由转矩平衡方程式：$T_{em}=T_2+T_0$ 可知，T_0 一般为常数，则

$$T_2=\frac{P_2}{\omega}=\frac{P_2}{2\pi n/60}=9.55\frac{P_2}{n} \tag{3-8}$$

若 n 不变，则 $T_2=f(P_2)$ 为过原点的一条直线。但实际中，当负载增加，P_2 增加，n 略为下降，故如 $T_2=f(P_2)$ 为一条略为上翘的曲线。在 T_2 曲线上加上 T_0，便得 $T_{em}=f(P_2)$ 曲线，如图 3.8 所示。

3. 效率特性——$\eta=f(P_2)$

根据直流电动机能量流程图可得出

$$\begin{aligned}\eta&=\frac{P_2}{P_1}\times 100\%=\frac{P_1-\sum P}{P_1}\times 100\% \\ &=\left(1-\frac{P_{Fe}+P_j+P_{Cua}+P_{Cuf}}{UI}\right)\times 100\%\end{aligned} \tag{3-9}$$

特别提示

- 铁耗 P_{Fe} 和机械损耗 P_j 分别与电机外加电压和转速有关，未带负载时就已经存在了，而与电流无关。因电机正常工作时，n 及 U 变化不大，所以空载损耗 $P_0=P_{Fe}+P_j$ 又称不变损耗。励磁绕组的铜耗 $P_{Cuf}=UI_f$，每极磁通不变时，I_0 不变，P_{Cuf} 也不变，通常将这三种损耗之和称为不变损耗。电枢回路的铜耗 $P_{Cua}=I_aR_a$，与电枢电流的平方成正比，即随负载的变化明显变化，故称为可变损耗。

由 $d\eta/dI_a=0$（因为 $I_f\ll I_a$）求得，当 I_a 增大到电动机的不变损耗等于可变损耗，即当 $P_{Cuf}=P_{Fe}+P_j=I_aR_a$ 时，电动机的效率达到最高。I_a 再进一步增大时，可变损耗在总损耗中所占的比例增大，可变损耗和总损耗都将明显上升，使效率 η 反而略微下降。并励直流电动机的效率特性如图 3.8 所示。一般电动机在负载为额定值的 75%左右时效率最高。

3.4　生产机械的负载转矩特性

生产机械运行时常用负载转矩标志其负载的大小。不同的生产机械的转矩随转速变化规律不同，用负载转矩特性来表征，即生产机械的转速 n 与负载转矩 T_L 之间的关系 $n=f(T_L)$。各种生产机械特性大致可归纳为以下 3 种类型。

3.4.1　恒转矩负载

所谓恒转矩负载是指生产机械的负载转矩 T_L 的大小不随转速 n 而改变的负载。按负载转矩 T_L 与转速 n 之间的关系又分为反抗性恒转矩负载和位能性恒转矩负载两种。

1. 反抗性恒转矩负载

反抗性恒转矩负载的特点是负载转矩 T_L 的大小不变，但方向始终与生产机械运动的方向相反，总是阻碍电动机的运转。当电动机的旋转方向改变时，负载转矩的方向也随之改变，其特性在第一、三象限如图 3.9 所示。生产机械的摩擦转矩属于这类特性转矩。

2. 位能性恒转矩负载

这种负载的特点是不论生产机械运动的方向变化与否，负载转矩的大小和方向始终不变。例如，起重设备提升或下放重物时，由于重力所产生的负载转矩的大小和方向均不改变。其负载转矩特性在第一、四象限如图 3.10 所示。

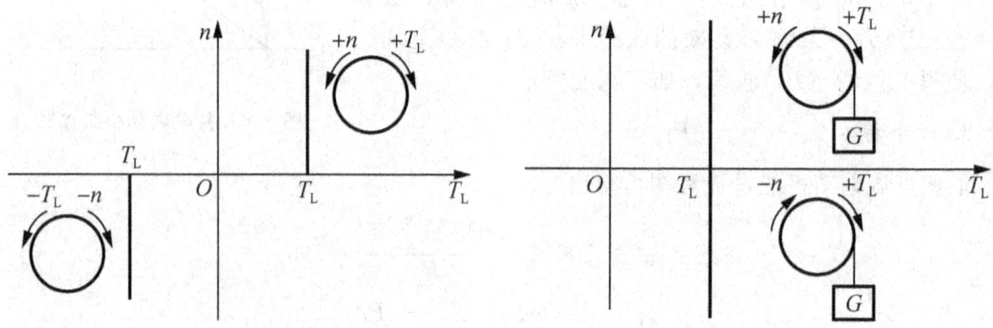

图 3.9　反抗性恒转矩负载特性　　图 3.10　位能性恒转矩负载特性

3.4.2　恒功率负载

恒功率负载的特点是当转速变化时，负载从电动机吸收的功率为恒定值，即负载转矩 T_L 与转速 n 成反比，公式如下

$$P_L = T_L\omega = T_L \cdot \frac{2\pi n}{60} = 0.105 T_L n \tag{3-10}$$

如机床切削加工工件，车床粗加工时，切削量大（T_L 大），阻力大，转速低；精加工时，切削量小（T_L 小），转速高。负载功率近似于一定值，恒功率负载特性曲线如图 3.11 所示。

3.4.3　通风机类负载

通风机型负载的特点是负载转矩 T_L 的大小与转速 n 的平方成正比，即 $T_L = Kn^2$（K 为比例常数）。常见的这类负载如风机、水泵、油泵叶片所受的阻转矩。负载特性曲线如图 3.12 所示。

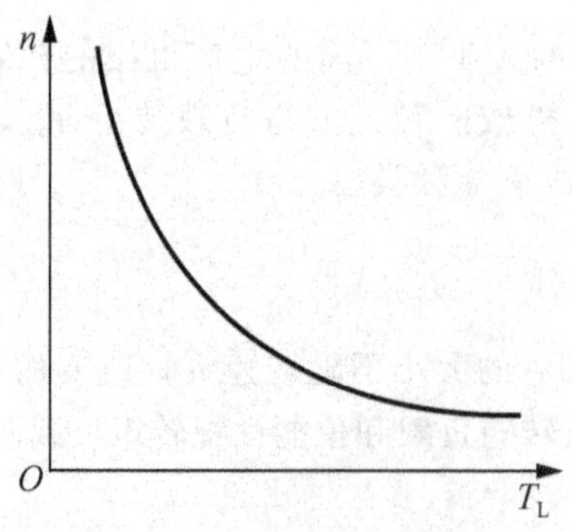

图 3.11　恒功率负载特性曲线

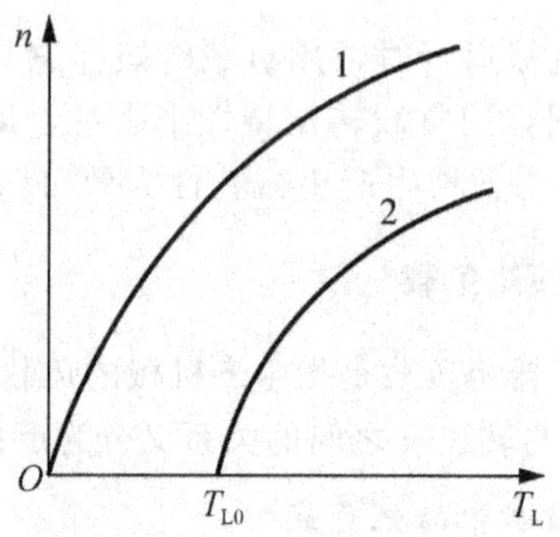

图 3.12　通风机负载特性曲线

特别提示

- 以上三类是典型的负载特性，实际生产的机械的负载特性常为几种类型负载的相近或综合。例如，起重机提升重物时，电动机所受到的除位能性负载转矩外，还要克服系统机械摩擦所造成的反抗性负载转矩，所以电动机轴的负载转矩应是上述两个转矩之和。

3.5　直流电动机的机械特性

当直流电动机稳定运行时，$T_{em}=T_2+T_0$，由于电动机输出转矩 T_2 与负载转矩 T_L 大小相等，方向相反（$T_L=T_2$），在忽略空载转矩 T_0 的情况下，电动机的电磁转矩 T_{em} 与负载转矩 T_L 平衡，即 $T_{em}=T_L$。当负载变化时，要求电磁转矩也随之变化，以达到新的平衡关系，电磁转矩的这一变化过程。其实质就是电动机内部达到新的平衡关系的过程，称为过渡过程，它将引起电动机转速的变化。

电动机的机械特性是指电动机稳定运行时，电动机转速 n 与电磁转矩 T_{em} 关系，$n=f(T_{em})$，是分析直流电动机启动、调速、制动和运行的基础。

3.5.1　电动机的机械特性方程式

直流他励电动机的接线如图 3.13 所示，电枢回路和励磁回路分别由独立的电源供电。电枢回路（包括电枢绕组和电刷等）的内阻为 R_a，附加电阻 r_k，则电枢回路电阻总值为 $R=r_k+R_a$。励磁回路励磁绕组的电阻为 r_f，此外也包括附加电阻 R_f。

电枢回路的电压平衡方程式为

$$U=E_a+I_aR_a \tag{3-11}$$

将 $E_a=C_e\Phi n$，$T_{em}=C_T\Phi I_a$，代入式（3-11），得

$$n=\frac{U}{C_e\Phi}-\frac{R}{C_e\Phi}I_a \tag{3-12}$$

将 $I_a=\frac{T_{em}}{C_T\Phi}$代入式（3-12）得

$$n=\frac{U}{C_e\Phi}-\frac{R}{C_eC_T\Phi^2}T_{em}=n_0-\beta T_{em}=n_0-\Delta n \tag{3-13}$$

图 3.13　直流他励电动机的接线

式中：n_0 为理想空载转速，即电动机没有任何制动转矩时的转速。$\beta=\frac{R}{C_eC_T\Phi^2}$ 为式（3-13）转速方程的斜率。

Δn 为电动机负载后的转速降。一般 $\Delta n=(3\%\sim8\%)\,n_N$。从式（3-13）可见，$\beta$ 越大，机械特性越软。

3.5.2　固有机械特性

当直流他励电动机端电压 $U=U_N$，磁通 $\Phi=\Phi_N$，电枢回路无附加电阻（$r_k=0$），只有电枢电阻 R_a 时的机械特性称为固有机械特性。

对照式（3-11），此时的机械特性方程式为

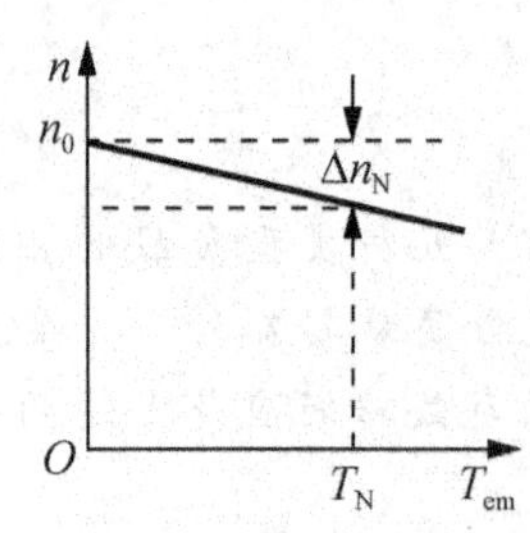

图 3.14 直流他励电动机的固有机械特性曲线

$$n=\frac{U_N}{C_e\Phi_N}-\frac{R_a}{C_eC_T\Phi_N^2}T_{em} \tag{3-14}$$

由此作出的特性曲线，称为固有机械特性曲线，如图 3.14 所示。其特点如下。

(1) 对于任何一台直流电动机，只有一条固有机械特性曲线。

(2) 由于电枢回路无外串电阻，R_a 很小，则 β 很小，那么 Δn 很小，因此，它是一条略微下降的直线，所以固有机械特性属于硬特性。

3.5.3 人为机械特性

将式 (3-12) 中的 R，U，Φ 三个参数中，保持两个参数不变，人为的改变其中一个参数所得到的机械特性，称为人为机械特性。

1. 电枢串接电阻时的人为机械特性

当 $U=U_N$，$\Phi=\Phi_N$，电枢回路串入调节电阻为 r_k 时，人为机械特性方程式为

$$n=\frac{U}{C_e\Phi}-\frac{R_a+r_k}{C_eC_T\Phi^2}T_{em} \tag{3-15}$$

电枢回路串电阻的人为机械特性如图 3.15 所示。

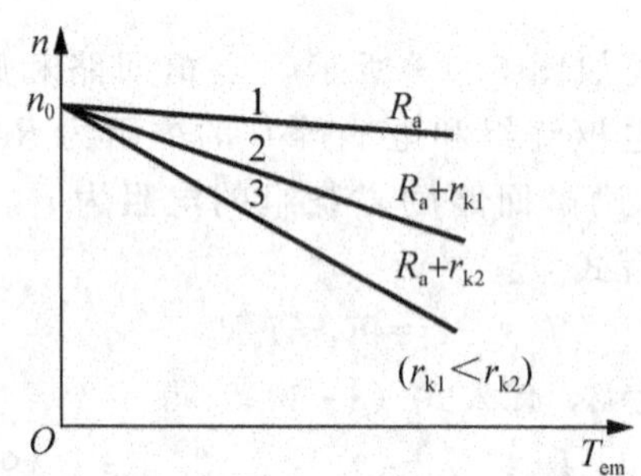

图 3.15 电枢回路串电阻的人为机械特性

与固有机械特性相比，电枢串接电阻时的人为机械特性具有如下一些特点。

(1) 理想空载转速 n_0 不变，且不随串接电阻 r_k 的变化而变化。

(2) 随着串接电阻 r_k 的加大，特性的斜率 β 加大，转速降落 Δn 加大，机械特性变软，稳定性变差。

(3) 串入的附加电阻 r_k 越大，电枢电流流过 r_k 所产生的损耗就越大。

2. 改变电源电压的人为机械特性

将 r_k 的值调节至零，当 $\Phi=\Phi_N$，$R=R_a$，由于电动机受绝缘强度的限制，电枢电压一般以额定电压为上限，因此只能从 U_N 往下进行降压，其机械特性方程为

$$n=\frac{U}{C_e\Phi_N}-\frac{R_a}{C_eC_T\Phi_N^2}T_{em} \tag{3-16}$$

当 U 做多次改变时，可得一组人为机械特性曲线如图 3.16 所示。

与固有机械特性相比，当电源电压降低时，其机械特性的特点如下。

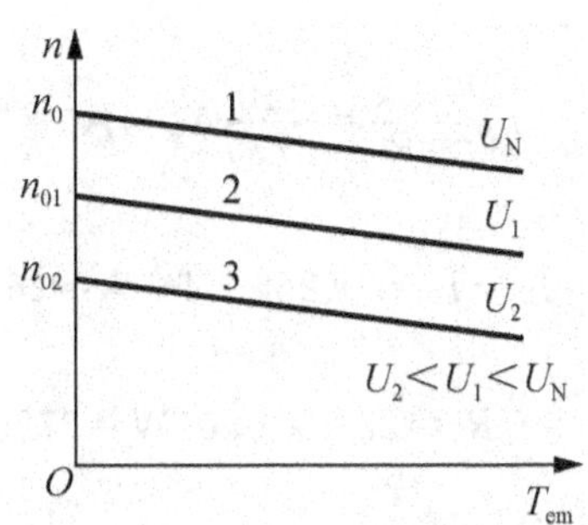

图 3.16　直流他励电动机改变电源电压时的人为机械特性

(1) 特性斜率 β 不变，转速降落 Δn 不变，但理想空载转速 n_0 降低。

(2) 机械特性由一组平行线组成。

(3) 由于 $r_k=0$，因此其特性较串联电阻时硬。

(4) 当 T 为常数时，降低电压，可使电动机转速 n 降低。

3. 减弱主磁通时的人为机械特性

在励磁回路内串联电阻 R_f，并改变其大小，即能改变励磁电流，从而使磁通改变。一般电动机在额定磁通下工作，磁路已接近饱和，所以改变电动机主磁通只能是减弱磁通。减弱磁通时，使附加电阻 $r_k=0$，$R=R_a$；电源电压 $U=U_N$。

根据式 (3-11) 可得出此时的人为机械特性方程式为

$$n=\frac{U_N}{C_e\Phi}-\frac{R_a}{C_eC_T\Phi^2}T_{em} \qquad (3-17)$$

Φ 为不同数值时的人为机械特性曲线如图 3.17 所示。

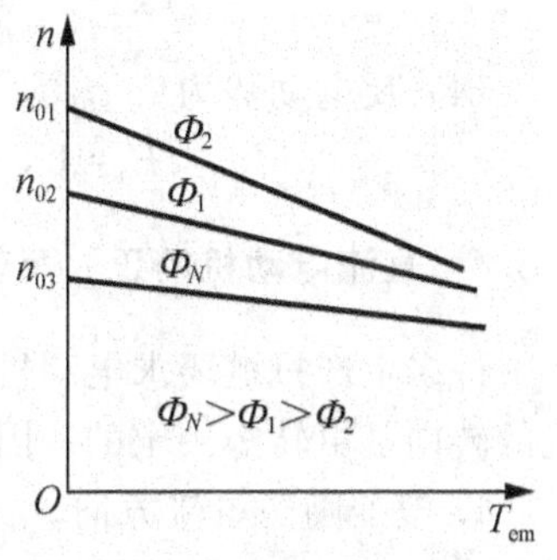

图 3.17　并励电动机不同磁通的人为机械特性

特别提示

- (1) 理想空载转速 n_0 与磁通 Φ 成反比，即当 Φ 下降时，n_0 上升。

(2) 磁通 Φ 下降，特性斜率 β 上升，且 β 与 Φ^2 成反比，变为软的机械特性。

(3) 一般 Φ 下降，n 上升，但由于受机械强度的限制，磁通 Φ 不能下降太多。

【例 3.1】 一台并励电动机，其额定数据如下：$P_N=25\text{kW}$，$U_N=110\text{V}$，$\eta=0.86$，$n_N=1\ 200\text{r/min}$，$R_a=0.04\Omega$，$R_f=27.5\Omega$，试求：(1) 额定电流 I_N，额定电枢电流 I_{aN}，额定励磁电流 I_{fN}；(2) 铜损耗，空载损耗；(3) 额定转矩 T_N；(4) 反电动势 E_a，以便正确使用该电动机。

解：(1) 额定功率 P_N 就是指输出的机械功率 P_2，输入电功率为

$$P_1=\frac{P_2}{\eta}=\frac{25}{0.86}\text{kW}=29.1\text{kW}$$

额定电流为

$$I_N=\frac{P_1}{U_N}=\frac{29.1\times10^3}{110}\text{A}=265\text{A}$$

额定励磁电流为

$$I_{fN}=\frac{U_N}{R_f}=\frac{110}{27.5}A=4A$$

额定电枢电流为

$$I_{aN}=I_N-I_{fN}=(265-4)\ A=261A$$

(2) 电枢绕组铜耗为

$$P_{Cu2}=I_a^2R_a=261^2\times0.04W=2725W$$

励磁绕组铜耗为

$$P_{Cu1}=I_{fN}^2R_f=4^2\times27.5W=440W$$

总损耗为

$$\sum P=P_1-P_2=(29100-25000)W=4100W$$

空载损耗为

$$P_0=\sum P-P_{Cu1}-P_{Cu2}=(4100-440-2725)W=935W$$

(3) 额定转矩为

$$T_N=\frac{P_2}{\omega}=9550\frac{P_N}{n_N}=9550\times\frac{25}{1200}N\cdot m=199N\cdot m$$

(4) 反电动势为

$$E_a=U_N-I_aR_a=(110-261\times0.04)\ V=99.6V$$

3.5.4 直流电动机的正、反转

许多生产机械要求电动机能正、反转，如龙门刨床工作台的往复运动。由于直流电动机的转向是由转矩决定的，因此直流电动机反转的方法有以下两种。

1. 改变励磁电流方向。保持电枢两端电压极性不变，将电动机励磁绕组反接，使励磁电流 I_f 反向，从而使磁通 Φ 方向改变。

2. 改变电枢电压极性。保持励磁绕组电压极性不变，将电动机电枢绕组反接，即改变电枢电流 I_a 的方向。

特别提示

- *若同时改变 Φ，I_a 的方向，电动机转向维持不变。*

在并励电动机中，励磁绕组匝数多，电感大，在励磁绕组反接时产生较大的感应电动势，同时建立反向磁通较缓慢，拖延了反转时间，故第一种方法较少采用。

3.6 直流电动机的启动控制

电动机的启动是指电动机接通电源后，由静止状态加速到稳定运行状态的过渡过程。

3.6.1 直流电动机启动性能的基本要求

电动机在启动瞬间（$n=0$）的电磁转矩称为启动转矩，启动瞬间的电枢电流称为启动电流，分别用 T_{st} 和 I_{st} 表示。启动转矩为

$$T_{st}=C_T\Phi I_{st} \tag{3-18}$$

如果他励直流电动机在额定电压下直接启动，由于启动瞬间转速 $n=0$，电枢电动势 $E_a=0$，故启动电流为

$$I_{st}=\frac{U_N}{R_a} \tag{3-19}$$

因为电枢电阻 R_a 很小，所以直接启动电流将达到很大的数值，通常可达到额定电流的 10～20 倍。过大的启动电流会引起电网电压下降，影响电网上其他用户的正常用电；使电动机的换向严重恶化，甚至会烧坏电动机；同时过大的冲击转矩会损坏电枢绕组和传动机构。因此，除了个别容量很小的电动机外，一般直流电动机是不允许直接启动的。

对直流电动机的启动性能一般有如下要求。

(1) 要有足够大的启动转矩 T_{st}（$T_{st}>T_L$，电动机方能迅速启动）。

(2) 启动电流 I_{st} 要限制在一定的范围内。

(3) 启动设备要简单、可靠、便于操作。

(4) 启动时间要短（实际启动时间只有几秒至几十秒）。

为了限制启动电流，他励直流电动机通常采用电枢回路串电阻启动或降低电枢电压启动的方式。

3.6.2　电枢回路串电阻启动

当励磁电流 $I_f=I_{fN}=$常数，外加电压 $U=U_N$（恒定）时，电枢回路串接启动电阻 R_{st} 以限制启动电流，$I_{st}=$（1.5～2.5）I_N，在额定电压下的启动电流为

$$I_{st}=\frac{U_N}{R_a+R_{st}} \tag{3-20}$$

在启动电流产生的启动转矩作用下，电动机开始转动并逐渐加速。随着转速的升高，电枢电动势（反电动势）E_a 逐渐增大，使电枢电流逐渐减小，电磁转矩也随之减小，这样转速的上升就逐渐缓慢下来。为了缩短启动时间，保持电动机在启动过程中的加速度不变，要求在启动过程中电枢电流维持不变，因此随着电动机转速的升高，应将启动电阻平滑地切除，最后使电动机转速达到运行值。

实际上，平滑地切除电阻是不可能的，一般是在电阻回路中串入多级（通常是 2～5 级）电阻，在启动过程中逐级加以切除。启动电阻的级数越多，启动过程就越快且越平稳，但所需要的控制设备也越多，投资也越大。下面对电枢串多级电阻的启动过程进行定性分析。如图 3.18 所示采用三级电阻启动时电动机的电路原理图及其机械特性。

启动开始时，接触器的触点 S 闭合，而 S_1、S_2、S_3 断开，如图 3.18 (a) 所示，额定电压加在电枢回路总电阻 R_3（$R_3=R_a+R_{st1}+R_{st2}+R_{st3}$）上，启动初电流为 $I_{st}=U_N/(R_a+R_{st1}+R_{st2}+R_{st3})$，此时启动电流 I_1 和启动转矩 T_1 均达到最大值（通常取额定值的 2 倍左右）。接入全部启动电阻时的人为特性如图 3.18 (b) 中的曲线 1 所示。启动瞬间对应于 a 点，启动转矩 $T_1>T_L$，电动机开始加速，电动势 E_a 逐渐增大，电枢电流和电磁转矩逐渐减小，工作点沿曲线 1 箭头方向移动。当转速升到 n_1、电流降至 I_2、转矩减至 T_2（图中 b 点）时，触点 S_3 闭合，切除电阻 R_{st3}，I_2 称为切换电流，一般取 $I_2=$（1.1～1.2）I_N，或 $T_2=$（1.1～1.2）T_N。切除 R_{st3} 后，电枢回路电阻减小为 $R_2=R_a+R_{st1}+R_{st2}$，与之对应的人为特性如图 3.18 (b) 中的曲线 2。

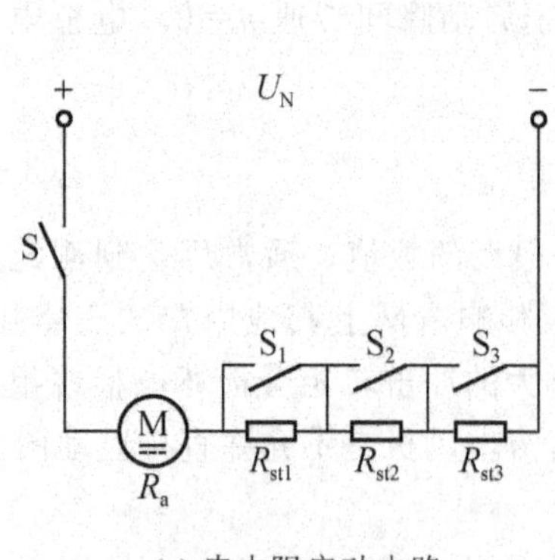

(a) 串电阻启动电路

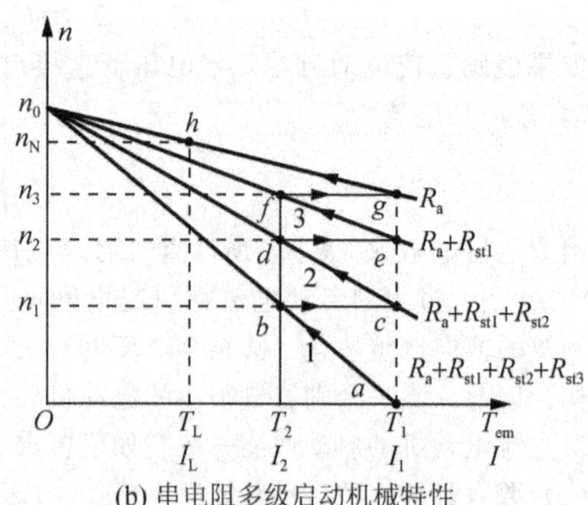

(b) 串电阻多级启动机械特性

图 3.18 他励电动机分级启动接线图和机械特性

在切除电阻瞬间，由于机械惯性，转速不能突变，所以电动机的工作点由 b 点沿水平方向跃变到曲线 2 上的 c 点。选择适当的各级启动电阻，可使 c 点的电流仍为 I_1，这样电动机又处在最大转矩 T_1 下进行加速，工作点沿曲线 2 箭头方向移动至 d 点。再依次切除启动电阻 R_{st2}、R_{st1}，电动机工作点将过渡到固有特性上，并加速到 h 点处于稳定运行，此时 $n=n_N$，$T_{em}=T_L$，启动过程结束。

特别提示

- 分级启动时，每一级的 T_1（或和 I_1）和 T_2（或 I_2）应分别相等，通常 $T_1=(1.5\sim2.5)T_N$，$T_2=(1.1\sim1.2)T_N$，才能使电动机有比较均匀的加速度。

3.6.3 降压启动

当直流电源电压可调时，可以采用降压启动。启动瞬时（$n=0$，$E_a=0$），将加于电动机电枢两端的电压降低，启动电流 $I_{st}=(U/R_a)\leqslant(1.5\sim2.5)I_N$，从而获得足够大的启动转矩（$T_{st}>T_L$）。

随着电动机转速 n 的上升，反电动势 E_a 逐渐增大，I_{st} 下降，T_{st} 下降，为保证 T_{st} 足够大，启动过程中，电压 U 必须随 n 的上升而逐渐加大，直到 $U=U_N$，电动机进入稳定运行状态，启动结束。

特别提示

- 这种启动方法需要可调压的直流电源，过去多采用直流发电机-电动机组，即每一台电动机专门由一台直流发电机供电，当调节发电机的励磁电流时，便可改变发电机的输出电压，从而改变加在电动机电枢两端的电压。随着晶闸管技术和计算机技术的发展，直流发电机逐步被晶闸管整流电源所取代。

3.7 他励直流电动机的调速

为了使生产机械以最合理的速度工作，从而提高生产效率和保证产品具有较高的质量，大量的生产机械（如各种机床，轧钢机、造纸机、纺织机械等）在不同的工艺要求下应以不同的速度工作。这就需求拖动生产机械的电动机的速度在一定的范围内可调。

调速可用机械方法、电气方法或机械电气相结合的方法。在用机械方法调速的设备上，速度的调节是用改变传动机构的速度比来实现的，但机械变速机构较复杂。用电气方法调速，电动机在一定负载情况下可获得多种转速，电动机可与工作机构同轴，或其间只用一套变速机构，机械较简单，但电气可能较复杂；在机械电气配合的调速设备上，用电动机获得几种转速，配合用几套（一般用3套左右）机械变速机构来调速。本节只讨论直流他励电动机的调速方法及其优缺点。

根据他励直流电动机的转速公式 $n=\frac{U}{C_e\Phi}-T\frac{R}{C_eC_T\Phi^2}$ 可知，当电枢电流 I_a 不变时（即在一定的负载下），只要改变电枢电压 U、R、Φ 中任意一个参数值，就可改变转速 n。因此，他励直流电动机具有三种调速方法：调压调速、电枢串电阻调速和调磁调速。为了评价各种调速方法的优缺点，对调速方法提出了一定的技术经济指标，称为调速指标。

3.7.1 调速指标

1. 调速范围

调速范围是指电动机在额定负载 $T_L=T_N$ 时，可能运行的最高转速 n_{max} 与最低转速 n_{min} 之比，通常用 D 表示，即

$$D=\frac{n_{max}}{n_{min}} \tag{3-21}$$

不同的生产机械对电动机的调速范围有不同的要求，如车床 $D\approx20\sim100$，龙门刨床 $D\approx10\sim40$，轧钢机 $D\approx3\sim10$。要扩大调速范围，必须尽可能地提高电动机的最高转速并降低电动机的最低转速。电动机的最高转速受电动机的机械强度、换向条件、电压等级等方面的限制，而最低转速则受低速运行时转速的相对稳定性的限制。

2. 静差率（相对稳定性）

转速的相对稳定性是指负载 T_L 变化时，转速变化的程度，转速变化小，其相对稳定性好。转速的相对稳定性用静差率 $\delta\%$ 表示。当电动机在某一机械特性上运行时，由理想空载 $T_L=0$ 增加到额定负载 $T_L=T_N$，电动机的转速降落 Δn 与理想空载转速 n_0 之比，就称为静差率，用百分数表示为

$$\delta\%=\frac{n_0-n_N}{n_0}\times100\%=\frac{\Delta n_N}{n_0}\times100\% \tag{3-22}$$

显然，电动机的机械特性越硬，其静差率越小，转速的相对稳定性就越高。

3. 调速的平滑性

调速的平滑性是指在一定的调速范围内，相邻两级速度变化的程度，用平滑系数 φ 表示，即

$$\varphi=\frac{n_i}{n_{i-1}} \tag{3-23}$$

在一定的调速范围内，调速的级数越多，就认为调速越平滑。当 $\varphi=1$ 时，称为无级调速，即转速可以连续调节。调速级数少，φ 值偏离1，转速只能跃变式变化，称为有级调速。

4. 调速的经济性

经济性包含两方面的内容：一是指调速设备的投资和调速过程中的能量损耗、运行效率及维修费用等；另一方面是指电动机在调速时能否得到充分利用，即调速方法是否与负载类型相匹配。

3.7.2 并（他）励直流电动机电枢回路串电阻调速控制

电枢回路串电阻调速的原理及调速过程如图 3.19 所示。

(1) 调速前，电枢回路电阻 $R=R_a$，电动机拖动恒转矩负载工作于 T_L 在固有特性曲线 1 的 A 点运行，$T_{em}=T_L$，其转速为 n_N。

(2) 若电枢回路串入电阻 R_{s1}，得到人为机械特性曲线 2，由于机械惯性的原因，串电阻瞬间转速来不及变化，而 I_a 和 T_{em} 突然减小，工作点平移到人为特性曲线 2 的 A'点，因为 $T_{em}<T_L$，则达到新的稳态后，所以电动机开始减速，随着 n 的减小，E_a 减小，I_a 及 T_{em} 增大，直至 $T_{em}=T_L$，电动机以较低的转速 n_1 稳定运行。从图 3.19 中可以看出，串入的电阻值越大，稳态转速就越低。负载 T_L 不变时，调速前后（稳定时）电动机的电磁转矩不变，电枢电流 $I_a=T_{em}/(C_T\Phi_N^2)$ 也保持不变。

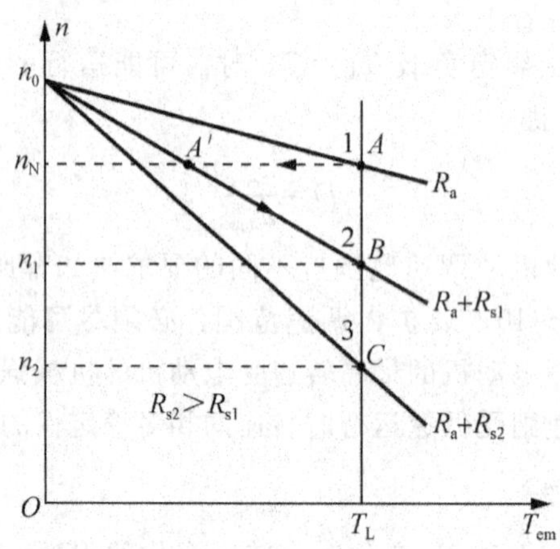

图 3.19 直流他励电动机电枢串电阻调速

(3) 电枢回路串电阻调速，转速只能从额定转速往下调，所以 $n_{max}=n_N$，其调速范围 $D=n_N/n_{min}$，一般来说 $D\leqslant 2$。

(4) 电枢串电阻调速的特点。

① 设备简单，操作方便。

② 串入电阻越大，机械特性越软，稳定性越差。

③ 空载或轻载时，几乎没有调速作用。

④ 低速时串入电阻 R_s 越大，损耗越大，不经济。

⑤ 串入电阻 R_s 中流过的电流大，只能分段有级变化，所以调速平滑性差。

特别提示

- 调速电阻 R_s 是按长期工作设计的，而启动电阻 R_{st} 是按短时工作设计的，启动电阻不能做调速电阻使用。

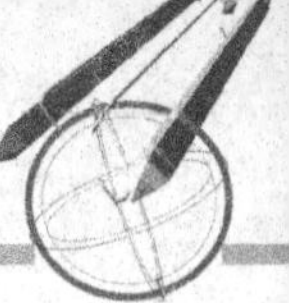

3.7.3　降低电源电压调速

电动机的工作电压不允许超过额定电压，因此电枢电压只能在额定电压以下进行调节。降低电源电压调速的原理及调速过程如图 3.20 所示。

保持 $\Phi=\Phi_N$，$R=R_a$，降低电源电压，从而调节电动机转速。

(1) 调速过程。设电动机拖动恒转矩负载 T_L 在固有特性线 1 上 A 点运行，其转速为 n_N。若电源电压由 U_N 下降至 U_1，由于机械惯性的原因，n 瞬时保持不变，E_a 不变，工作点将移到人为特性曲线 2 上的 A'点，此时 $I_a=\dfrac{U\downarrow-E_a}{R_a}\downarrow\rightarrow T_{em}$ ($T_{em}=C_T\Phi I_a$) $\downarrow$，其转速 $n\downarrow$。

(2) 随着 n 减小，$E_a\downarrow\rightarrow I_a\uparrow\rightarrow T_{em}\uparrow$，工作点沿 $A'B$ 方向移动，直至 $T_{em}=T_L=T_N$ 时，电动机以较低的速度 n_1 稳定运行于人为机械特性 2 的 B 点 ($n_1<n_N$)。

若电压升高，转速从额定转速向上调速，但受到电动机绝缘的限制，所以调压只宜从额定转速向下调速。

特别提示

- 降压调速的特点。

  (1) 电源电压能够平滑调节，可以实现无级调速。

  (2) 调速前后机械特性的斜率不变，硬度较高，负载变化时速度稳定性好。

  (3) 改变电源电压调速属于恒转矩调速。

  (4) 需要专用的电压可连续调节的直流电源，价格较贵。早期常采用发电机-电动机 (G-M) 系统。目前，G-M 系统已被晶闸管-电动机系统（简称 SCR-M 系统，如图 3.21 所示）取代。调压调速多用在对调速性能要求较高的生产机械上，如机床、轧钢机、造纸机等。

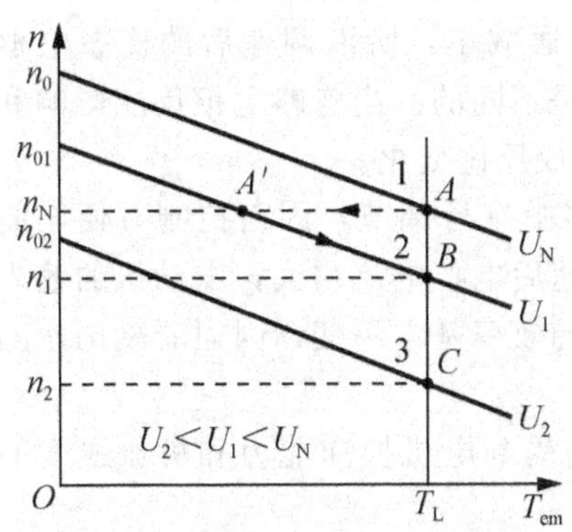

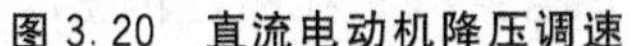

图 3.20　直流电动机降压调速

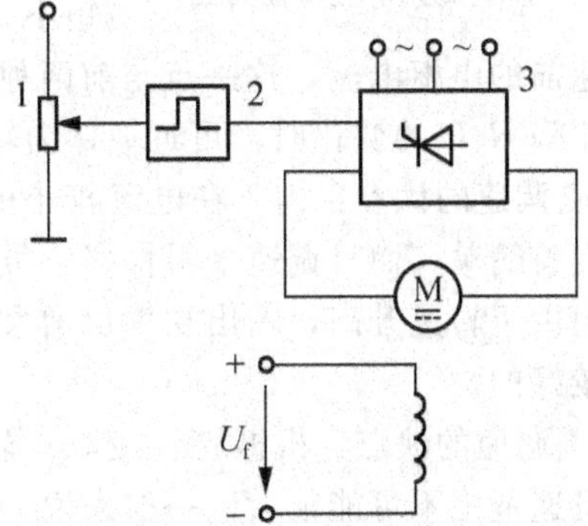

图 3.21　晶闸管整流装置供电的直流调速系统

【例 3.2】 一台他励电动机，其额定值如下：$U_N=220V$，$I_N=68.6A$，$n_N=1200r/min$，$R_a=0.225\Omega$。将电压调至额定电压的一半，进行调速，磁通不变，若负载转矩为恒定，求它的稳定转速。

解： 根据电动势平衡方程 $U=E_a+I_aR_a$ 可知，调速前的感应电动势为

$$E_{aN}=U_N-R_aI_N=220-68.6\times0.225V=204.6V$$

调速稳定后负载转矩未变，磁通未变，故电枢电流也未变，因此有

$$I_a = I_N = 68.6\text{A}$$

$$E_a = U - R_a I_a = \frac{220}{2} - 0.225 \times 68.6\text{V} = 94.6\text{V}$$

根据公式 $n = E_a / (C_e \Phi)$ 可知，电枢电动势与转速成正比，降低电压后的稳定转速为

$$n = \frac{E_a}{E_{aN}} n_N = \frac{94.6}{204.6} \times 1200\text{r/min} = 555\text{r/min}$$

3.7.4 改变磁通调速（改变励磁电流 I_f 调速）

额定运行的电动机，其磁路已基本饱和，即使励磁电流增加很大，磁通增加也很少。另外，从电机的性能考虑也不允许磁路过饱和，因此，改变磁通只能从额定值往下调，即进行弱磁调速。

（1）调速前，$U = U_N$，$R = R_a$，$\Phi = \Phi_N$，电动机拖动恒转矩负载 T_L 在固有机特性曲线 1 的 A 点上运行，其转速为 n_N，如图 3.22 示。

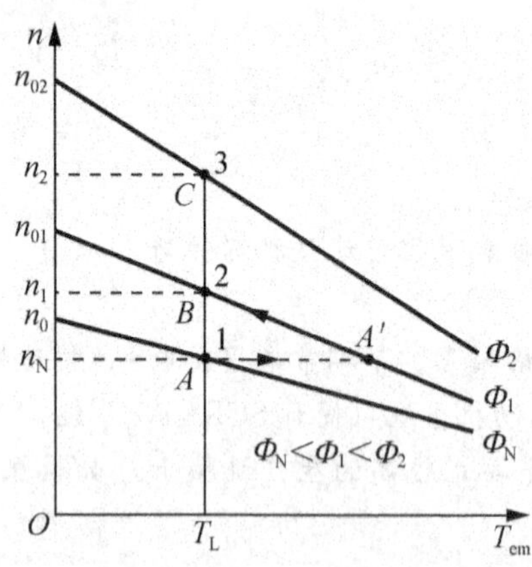

图 3.22 弱磁调速机械特性曲线

（2）当磁通从 Φ_N 减弱到 Φ_1 时，电动机的机械特性变为人为特性曲线 2。在磁通减弱的瞬间，转速 n 由于惯性不能突变，电动势 E_a 随 Φ 而减小，于是电枢电流 I_a 增大。尽管 Φ 减小，但 I_a 增大很多，所以电磁转矩 T_{em} 还是增大的，因此工作点移到人为特性曲线 2 的 A' 点。由于 $T_{em} > T_L$，电动机开始加速，随着 n 上升，E_a 增大，I_a 和 T_{em} 减小，当 $T_{em} = T_L$ 时，出现了新的平衡，此时电动机稳定运行于特性曲线 2 的 B 点。其转速 n_1 高于 n_N。

（3）弱磁调速的特点：

① 对于恒转矩负载，调速前后电动机的电磁转矩不变，因为磁通减小，所以调速后的稳态电枢电流大于调速前的电枢电流，这一点与前两种调速方法是不同的。当忽略电枢反应影响和较小的电阻压降 $R_a I_a$ 的变化时，可近似认为转速与磁通成反比变化。

② 弱磁调速的优点：由于在电流较小的励磁回路中进行调节，因而控制方便，能量损耗小，设备简单，而且调速平滑性好。虽然弱磁升速后电枢电流增大，电动机的输入功率增大。但由于转速升高，输出功率也增大，电动机的效率基本不变，因而弱磁调速的经济性是比较好的。

③ 弱磁调速的缺点：机械特性变软；转速的升高受到电机换向能力和机械强度的限制，因此升速范围不可能很大，一般来说 $D \leqslant 2$。

为了扩大调速范围，常常把降压和弱磁两种调速方法结合起来。在额定转速以下采用降压调速，在额定转速以上采用弱磁调速。

【例 3.3】 一台他励直流电动机的额定数据为 $U_N = 220\text{V}$，$I_N = 41.1\text{A}$，$n_N = 1500\text{r/min}$，$R_a = 0.4\Omega$，保持额定负载转矩不变，求：

（1）电枢回路串入 1.65Ω 电阻后的稳态转速。

（2）电源电压降为 110V 时的稳态转速。

（3）磁通减弱为 $90\%\Phi_N$ 时的稳态转速。

解：

$$C_e\Phi_N=\frac{U_N-I_aR_a}{n_N}=\frac{220-41.1\times0.4}{1500}=0.136$$

（1）因为负载转矩不变，磁通不变，所以 I_a 不变。

$$n=\frac{U_N-(R_a+R_S)I_a}{C_e\Phi_N}=\frac{220-(0.4+1.65)\times41.1}{0.136}\text{r/min}=998\text{r/min}$$

（2）因为负载转矩不变，磁通不变，所以 I_a 不变

$$n=\frac{U-R_aI_a}{C_e\Phi_N}=\frac{110-0.4\times41.1}{0.136}\text{r/min}=688\text{r/min}$$

（3）因为 $T_{em}=C_T\Phi_NI_N=C_T\Phi'I'_a=$常数，所以

$$I'_a=\frac{\Phi_N}{\Phi'}I_N=\frac{1}{0.9}\times41.1\text{A}=45.7\text{A}>I_N$$

即弱磁调速时，若负载转矩不变且等于额定转矩，则弱磁调速后电枢电流将超过额定电流，电机过载。此时转速为

$$n=\frac{U_N-R_aI'_a}{C_e\Phi'}=\frac{220-0.4\times45.7}{0.9\times0.136}\text{r/min}=1648\text{r/min}$$

3.8　直流并（他）励电动机的制动

根据电磁转矩 T_{em} 和转速 n 方向之间的关系，可以把电机分为两种运行状态。当 T_{em} 与 n 同方向时，称为电动运行状态，简称电动状态；当 T_{em} 与 n 反方向时，称为制动运行状态，简称制动状态。电动状态时，电磁转矩为驱动转矩；制动状态时，电磁转矩为制动转矩。

3.8.1　能耗制动

1. 实现能耗制动的方法

（1）如图 3.23（a）所示能耗制动接线图及机械特征。开关 S 接电源侧为电动状态运行，此时电枢电流 I_a、电枢电动势 E_a、转速 n 及电磁转矩 T_{em} 的方向。

（2）要制动时，保持励磁电流大小、方向均不变（$\Phi=\Phi_N$），将开关 S 从电源断开（$U=0$）投向制动电阻 R_B 上，电动机便进入能耗制动状态。

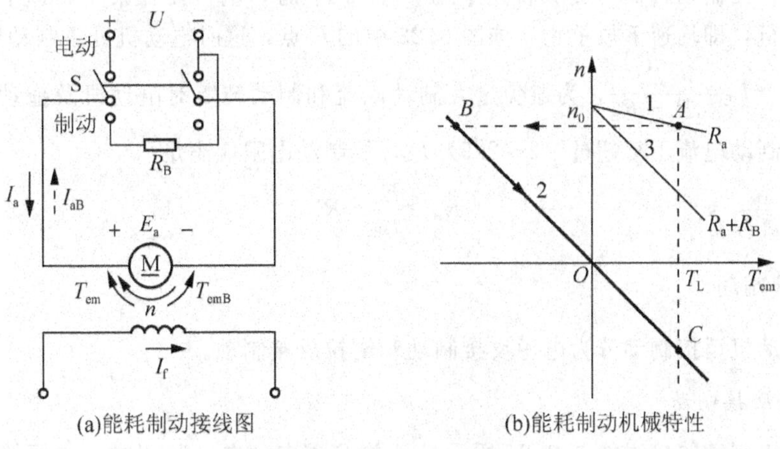

(a)能耗制动接线图　　(b)能耗制动机械特性

图 3.23　能耗制动接线图及机械特性

特别提示

● 初始制动时，电枢存在惯性，其转速 n 不能马上降为零，而是保持原来的方向旋转，于是 n 和 E_a 的方向均不改变。但是，由 E_a 在闭合的回路内产生的电枢电流 I_a 却与电动状态时电枢电流 I_a 的方向相反，即

$$I_a=\frac{U-E_a}{R_a+R_B}=\frac{-E_a}{R_a+R_B} \tag{3-24}$$

由此而产生的电磁转矩 T_{emB} 也与电动状态时 T_{em} 的方向相反，变为制动转矩，于是电机处于制动运行。制动运行时，电机靠生产机械惯性力的拖动而发电，将生产机械储存的动能转换成电能，并消耗在电阻（R_a 和 R_B）上，直到电机停止转动为止，所以这种制动方式称为能耗制动。

2. 能耗制动的机械特性

能耗制动是在 $U=0$、$\Phi=\Phi_N$、$R=R_a+R_B$ 的前提条件下，机械特性方程为

$$n=-\frac{R_a+R_B}{C_e C_T \Phi_N^2}T_{em} \tag{3-25}$$

由于 T_{em} 为负值，则 n 为正，即能耗制动的机械特性曲线是一条过坐标原点的直线，特性曲线如图 3.21 所示。其斜率为

$$\beta=-\frac{R_a+R_B}{C_e C_T \Phi_N} \tag{3-26}$$

制动前，电动机工作于固有机械特性曲线 1 的 A 点，$n=n_N$。制动开始瞬时，n 不能突变，工作点便从 A 点过渡到能耗制动特性曲线 2 的 B 点，在 T_{emB}（T_{emB} 与 n 方向相反）与 T_L 共同作用下，迫使电动机减速，工作点沿 BO 方向移动。$n\downarrow\rightarrow E_a\downarrow\rightarrow I_{aB}\downarrow\rightarrow T_{emB}\downarrow$，直至 O 点。这时电动机停转 $n=0$，制动结束。

若拖动的是位能负载，在 O 点虽 $T_{em}=0$，但在负载转矩 T_L 的作用下，电动机开始反转并沿机械特性加速至 C 点而进入稳定能耗制动。由于 n 反向，则 E_a、I_{aB}、T_{emB} 也随之反向，即 E_a 的方向与电动势相反，E_a 产生的电流 I_a 与电动状态时相同，T_{emB} 也与电动状态时相同，即 $n<0$，$T_{emB}>0$，电动机仍处于制动状态。随着反向转速的增加，制动转矩也不断增大，当制动转矩与负载转矩平衡 $T_{emB}=T_L$ 时，电机便在某一转速下处于稳定的制动状态运行，即均速下放重物，如图 3.23 中的 C 点，这时电动机处于制动运行状态。

由于 $I_a=I_{aB}=\frac{E_a}{R_a+R_B}$，为避免过大制动电流和制动转矩对电动机及拖动系统造成损伤，常要求制动电流不得超过（2～2.5）I_N，故制动电阻应满足

$$R_B\geqslant\frac{E_a}{I_{aB}}-R_a \tag{3-27}$$

3.8.2 反接制动

直流电动机反接制动分为电源反接制动和倒拉反接制动。

1. 电源反接制动

电源反接制动的接线如图 3.24 所示。开关 S 掷向“电动”侧时，电枢接正极性的电

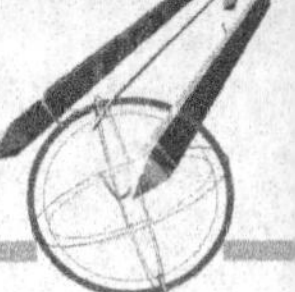

源电压，此时电机处于电动状态运行。制动时，开关S掷向“制动”侧，此时电枢回路串入制动电阻 R_B 后，接上极性相反的电源电压，即电枢电压由原来的正值变为负值。此时，在电枢回路内，U 与 E_a 顺向串联，共同产生很大的反向电流，即

$$I_{aB}=\frac{-U_N-E_a}{R_a+R_B}=-\frac{U_N+E}{R_a+R_B} \tag{3-28}$$

反向的电枢电流 I_{aB} 产生很大的反向电磁转矩 T_{emB}，从而产生很强的制动作用，这就是电源反接制动。

电动状态时，电枢电流的大小由 U_N 与 E_a 之差决定，而反接制动时，电枢电流的大小由 U_N 与 E_a 之和决定，因此反接制动时电枢电流非常大。为了限制过大的电枢电流，反接制动时必须在电枢回路中串接制动电阻 R_B。以限制制动电流 $I_a=I_{aB}\leqslant(2\sim2.5)I_N$，因此应串入的制动电阻值为

$$R_B\geqslant\frac{U_N+E_a}{(2\sim2.5)I_N}-R_a \tag{3-29}$$

比较式（3-27）和式（3-29）可知，反接制动电阻值要比能耗制动电阻值约大1倍。电压反接制动时的机械特性就是在 $U=-U_N$，$\Phi=\Phi_N$，$R=R_a+R_B$ 条件下的一条人为特性，即

$$n=-\frac{U_N}{C_e\Phi_N}-\frac{R_a+R_B}{C_eC_T\Phi_N^2}T_{em} \tag{3-30}$$

或

$$n=-\frac{U_N}{C_e\Phi_N}-\frac{R_a+R_B}{C_e\Phi_N}I_a \tag{3-31}$$

可见，其特性曲线是一条通过 $-n_0$ 点，斜率为 $-(R_a+R_B)/C_eC_T\Phi_N^2$ 的直线，如图3.25中特性曲线2所示。设电动机原来工作在固有特性曲线1的 A 点，反接制动时，由于惯性转速不能突变，工作点过渡到反接制动机械特性2的 B 点，B 点对应的电磁转矩为负值，与 n 方向相反为制动转矩，转速开始下降，工作点沿 BC 方向移动，当到达 C 点时，$n=0$ 制动过程结束。在 C 点，$n=0$，但制动的电磁转矩 $T_{emB}\neq0$，根据负载性质的不同，此后工作点的变化又分两种情况。

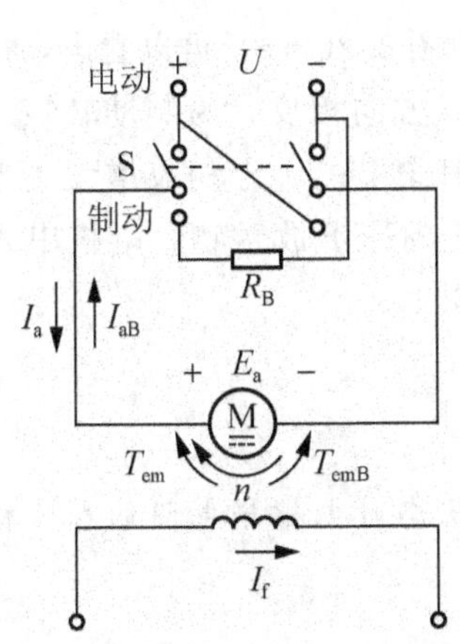

图3.24　电源反接制动的接线

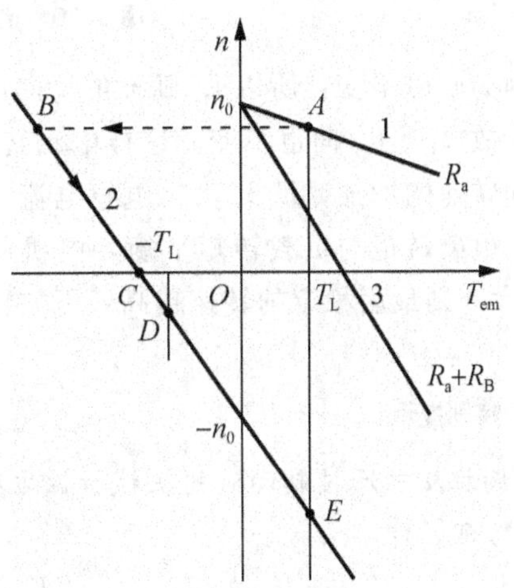

图3.25　电源反接制动时的机械特性

（1）电动机拖动反抗性负载，当 C 点处的电磁转矩大于负载转矩时，若为了制动停车，在电机转速接近于零时必须立即断开电源，否则电动机将在反向电磁转矩的作用下反向启动，并一直加速到 D 点，进入反向电动状态下稳定运行。

（2）若电动机拖动位能性负载，则过 C 点以后电动机将反向加速，一直到达 E 点，即电动机最终进入回馈制动（后面将要介绍）状态下稳定运行。为了避免电动机反转，在 $n=0$ 时应及时切断电源，并使机械抱闸动作。

2. 倒拉反转反接制动

倒拉反转反接制动只适用于位能性恒转矩负载，接线与电动状态相同，且在电枢回路中串入一个较大的电阻 R_B。以起重机下放重物为例来说明。正向电动状态（提升重物）时，电动机工作在固有机械特性如图 3.26（b）所示上的 A 点。制动时，如图 3.26 所示，电枢回路串入电阻 R_B。串电阻瞬间，因转速 n 不能突变，所以工作点由固有机械特性曲线 1 的 A 点过渡到人为机械特性曲线上 2 的 B 点，此时电磁转矩 T_B 小于负载转矩 T_L，电机开始减速，工作点沿人为机械特性曲线 2 由 B 点向 C 点变化。到达 C 点时，$n=0$，电磁转矩为堵转转矩 T_K，因 T_K 仍小位能性负载转矩 T_L，电动机在负载转矩 T_L 作用下，倒拉着反向旋转，电动机由提升重物变为下放重物。

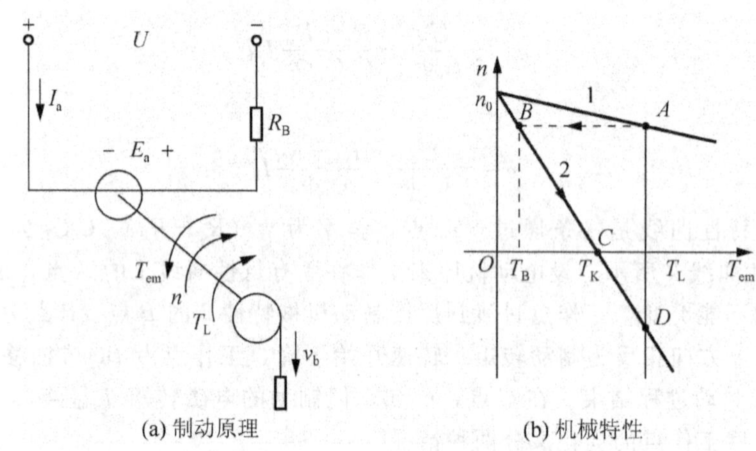

(a) 制动原理　　(b) 机械特性

图 3.26　倒拉反接制动机械特性

因为励磁不变，所以 E_a 随 n 的反向而改变方向，由图 3.26（a）可以看出，I_a 的方向不变，故 T_{em} 的方向也不变。这样电磁转矩 T_{em} 与转速 n 方向相反，为制动转矩，随着电机反向转速的增加，E_a 增大，电枢电流 I_a 和制动的电磁转矩 T_{em} 也相应增大。当到达 D 点时，电磁转矩与负载转矩平衡，电机便以稳定的转速匀速下放重物。电机串入的电阻 R_B 越大，则最后稳定的转速越高，下放重物的速度也越快。

特别提示

- 倒拉反转反接制动时的机械特性方程式就是电动状态时电枢串电阻的人为机械特性方程，即

$$n=\frac{U_N}{C_e\Phi_N}-\frac{R_a+R_B}{C_eC_T\Phi_N^2}T_{em}=n_0-\Delta n \tag{3-32}$$

只不过此时电枢串入的电阻值较大，使得 $\Delta n=\frac{R_a+R_B}{C_e C_T \Phi_N^2}T_{em}>n_0$，即 $n<0$，因此，倒拉反转反接制动特性曲线在第四象限。倒拉反转反接制动时的能量关系和电压反接制动时相同。

3.8.3 回馈制动（再生发电制动）

电动状态下运行的电动机，由于外界原因，如电车下坡时，在重力作用下加速运行，运行转速 n 也可能超过理想空载转速 n_0，即 $n>n_0$，电磁转矩也随之反向，由驱动转矩变为制动转矩。从能量传递方向看，电动机处于发电状态，将失去的位能转换为电能回馈给电网，这种状态称为回馈制动状态。

1. 正向回馈制动

正向回馈制动保持电动状态接线不变，由于外界原因，如电车下坡时，在重力作用下加速运行，运行转速 n 也可能超过理想空载转速 n_0，工作点运行于第二象限，如图 3.27 中的 A 点所示。$n>n_0$，$E_a\uparrow>U_N$，I_a 变为负值，电磁转矩也随之改变了方向变为制动转矩 T_{emB} 而抑制转速继续上升。当制动转矩 T_{emB} 等于负载与重物作用力矩 T'_L，这时电机处于正向回馈制动状态下稳定运行于特性曲线 1 的 A 点。如降低电枢电压的调速过程中，将在转速改变的瞬态发生回馈制动。

2. 反向回馈制动

当电压反接制动时，若电动机拖动位能性负载，则电动机经过制动减速、反向电动加速，最后在重物的重力作用下，工作点将沿特性曲线 2 通过 $-n_0$ 点进入第四象限，出现运行转速超过理想空载转速 n_0 的反向回馈制动状态。当制动的电磁转矩与重物作用力矩 T_L 相平衡，电力拖动系统便在回馈制动状态下稳定运行，即重物匀速下降。

回馈制动时，由于有功率回馈到电网，因而与能耗制动和反接制动相比，回馈制动是比较经济的。

从前面的分析可知，电动机的运行有电动和制动两种状态，这两种状态的机械特性曲线分布在 $T_{em}-n$ 坐标平面上的四个象限内，这就是所谓的电动机的四象限运行，如图 3.28所示。

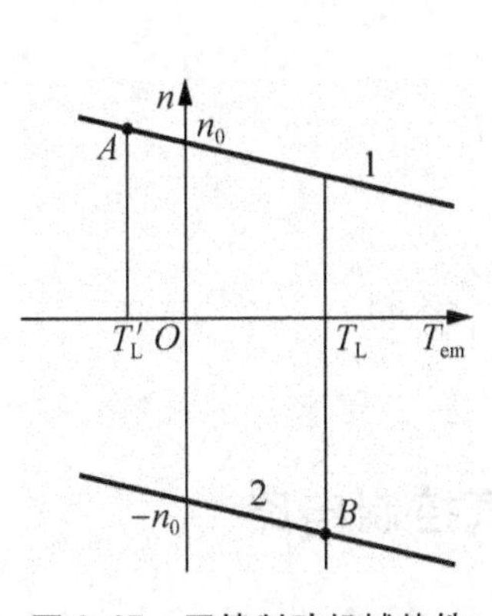

图 3.27 回馈制动机械特性

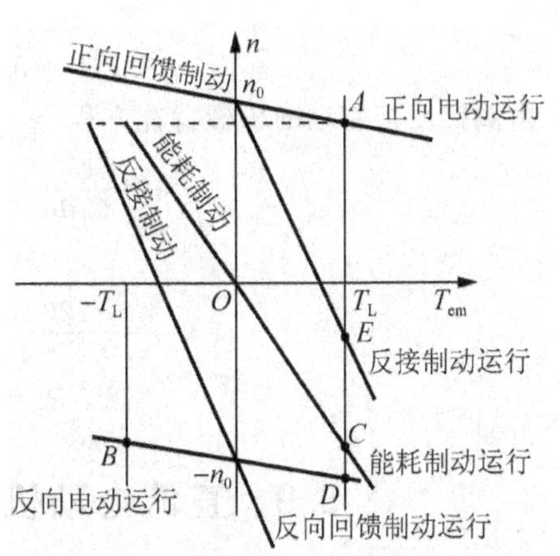

图 3.28 电动机的各种运行状态

在第一、三象限内，T_{em}与n_0同方向，为电动状态。其中，在第一象限内$n>0$，$T_{em}>0$，为正向电动状态；在第三象限内$n<0$，$T_{em}<0$，为反向电动状态；在第二、四象限内，T_{em}与n_0反方向，为制动状态。其中，在第二象限内$n>0$，$T_{em}<0$，对于能耗制动和反接制动来说，是对正向运行的电动机进行制动减速过程；对于回馈制动来说，是正向运行的电动机处于减速过程或处于稳定的回馈制动运行。在第四象限内$n<0$，$T_{em}>0$，在下放位能负载时出现这一情况。在第四象限内的工作点C、D、E等均是稳定制动运行工作点，此时位能性负载是匀速下降的。

【例 3.4】一台他励直流电动机数据为$P_N=10\text{kW}$，$U_N=220\text{V}$，$I_N=53\text{A}$，$n_N=1000\text{r/min}$，$R_a=0.3\Omega$，电枢电流最大允许值为$2I_N$。

(1) 在额定状态下进行能耗制动，求电枢回路应串入的制动电阻值。

(2) 用此电动机拖动起重机，在能耗制动下以 300r/min 的转速下放重物，电枢电流为额定值，求电枢回路应串入的制动电阻值。

(3) 在倒拉反接制动下以 300r/min 的转速下放重物，电枢电流为额定值，求电枢回路应串入的制动电阻值。

解 (1) 制动前电枢电动势为

$$E_a=U_N+R_aI_N$$
$$=(220-0.3\times53)\ \text{V}=204.1\text{V}$$

应串入的制动电阻值为

$$R_B=\frac{E_a}{2I_N}-R_a=\left(\frac{204.1}{2\times53}-0.3\right)\Omega=1.625\Omega$$

(2) 因为励磁保持不变，则有

$$C_e\Phi_N=\frac{E_a}{n_N}=\frac{204.1}{1000}=0.2041$$

下放重物时，转速为$n=-300\text{r/min}$，由能耗制动的机械特性为

$$n=-\frac{R_a+R_B}{C_e\Phi_N}I_a$$

得

$$-300=\frac{0.3+R_B}{0.2041}\times53$$

解得

$$R_B=0.855\Omega$$

(3) 由倒拉反接制动的机械特性方程

$$n=\frac{U_N}{C_e\Phi_N}-\frac{R_a+R_B}{C_e\Phi_N}I_a$$

得

$$-300=\frac{220}{0.2041}-\frac{0.3+R_B}{0.2041}\times53$$
$$R_B=5\Omega$$

3.9 直流电动机的电气控制电路

直流电动机具有启动转矩大，转速稳定，制动性能好，调速精度高、范围广，以及容

易实现无级调速和对运行状态进行自动控制等优点，因此直流电动机在直流电力拖动系统中的应用极为广泛。

3.9.1 直流电动机的启动控制电路

由于直流电动机的启动电流很大，(可达额定电流的10～20倍)，除小容量直流电动机外，一般不允许直接全压启动，而是把启动电流限制在额定电流的1.5～2.5倍。如图3.29所示直流电动机电枢串接二级电阻按时间原则启动的控制电路。图中，KM_1为启动接触器，KM_2、KM_3为短接启动电阻接触器。KT_1、KT_2为断电延时型时间继电器，KOC为过电流继电器，KUC为欠电流继电器，R_1、R_2为启动电阻，R_3为放电电阻。

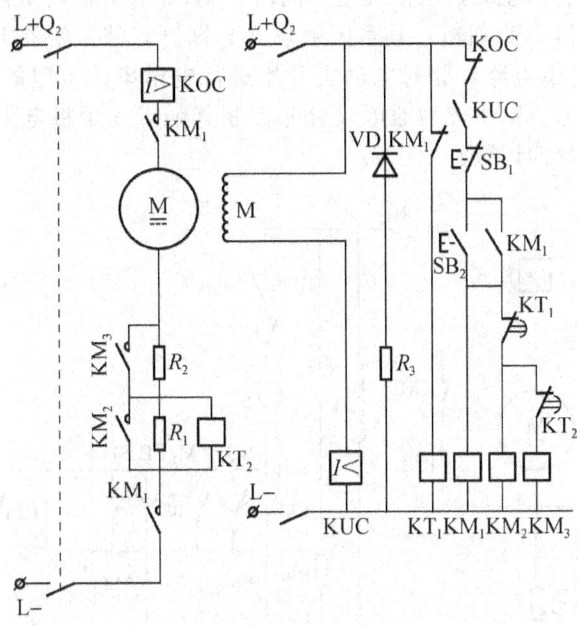

图3.29 直流电动机电枢串电阻启动的控制电路

如图3.29所示工作原理：闭合电源开关Q_1和控制开关Q_2，电动机励磁绕组M通电励磁；同时，时间继电器KT_1通电工作，其常闭触点KT1断开；切除接触器KM_2、KM_3电路，保证电动机启动时电枢回路串接二级启动电阻R_1和R_2。

按下启动按钮SB_2，接触器KM_1通电并自锁，主电路接通，电枢电路串入二级电阻启动，KT_2通电工作，其常闭触点KT_2断开，使KM_3线圈失电释放。同时接触器常闭触点KM1断开，时间继电器KT_1断电，延时开始。过一定时间常闭触点KT_1闭合，接触器KM_2通电吸合。其常开触点KM_2闭合，切除启动电阻R_1并使时间继电器KT_2断电，开始延时。过一定时间，时间继电器常闭触点KT_2闭合，使接触器KM_3通电吸合并将启动电阻R_2切除。电动机进入全压正常运行，启动过程结束。

在图3.29所示的控制电路中，实现了先给励磁加电压而后给电枢绕组加电压，其目的是保证启动时产生足够的反电动势以减小启动电流。保证有足够的启动转矩使加速启动过程平缓，避免空载时电动机旋转失控。

3.9.2 直流电动机正反转控制电路

直流电动机的转动方向是由电枢电流和励磁电流的磁场相互作用决定的。改变电动机方向的方法有改变电枢电流的方向和改变励磁电流的方向两种。由于励磁绕组的电感大，在改变励磁绕组电流方向的过程中会出现零磁场点，电动机容易出现失控现象，所以在一般情况下，直流电动机的反转都采用改变电枢电流的方法来实现。

如图 3.30 所示改变电枢电压极性的直流电动机正反转控制电路。图中 KM_1、KM_2为正、反转接触器，KM_3、KM_4为短接启动电阻接触器，KT_1、KT_2为时间继电器，KOC 为过电流继电器，KUC 为欠电流继电器，SQ_1和 SQ_2为位置开关。当电动机处于全压下的正常运行状态时，接触器 KM_1、KM_3、KM_4通电吸合，电枢电流从左向右流过电枢绕组，启动电阻 R_1、R_2分别被接触器 KM_3、KM_4的常开触点短接。若电动机拖动运动部件正向运行，当挡块压下位置开关 SQ_2，使 KM_1 断电释放，KM_2通电吸合。电枢回路接通，电枢电流方向改变为从右向左流过电枢绕组。同时在 KM_1常闭触点闭合及 KM_2常闭触点尚未动作时，时间继电器 KT_1通电，其常闭触点 KT_1断开，使接触器 KM_3、KM_4断电，保证电阻 R_1、R_2串入电枢电路，此时电动机开始进行电枢串入电阻的反向启动。当 KT_1、KT_2延时时间到，KM_3、KM_4先后通电吸合并控制其触点先后将电阻 R_1、R_2短接，使电动机逐步进入全压下反向运行。

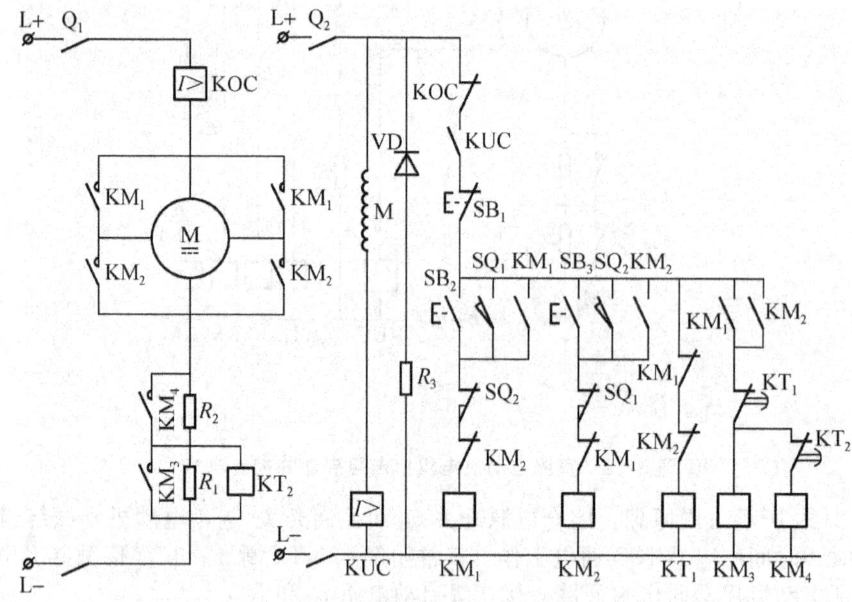

图 3.30　直流电动机正反转启动的控制电路

3.9.3　电动机能耗制动控制电路

直流电动机能耗制动是在维持电动机励磁不变的情况下，把正在通电且具有较高转速的电动机电枢绕组从电源断开，使电动机变为发电机，并与外加电阻连接成闭合回路，利用此电路产生的电流及转矩使电动机快速停车的方法。因为在制动过程中，是将拖动系统的动能转化为电能并以热形式消耗在电枢电路的电阻上，所以称为能耗制动。

如图 3.31 所示直流电动机能耗制动的控制电路。图中 KM_4为制动接触器；KV 为电压继电器。

当电动机正常运行时，KM_1、KM_2、KM_3、KV 均为通电吸合。KV 常开触点闭合，为在电动机制动过程中接通 KM_4做准备。制动时按下停止按钮 SB_1，接触器 KM_1断电释

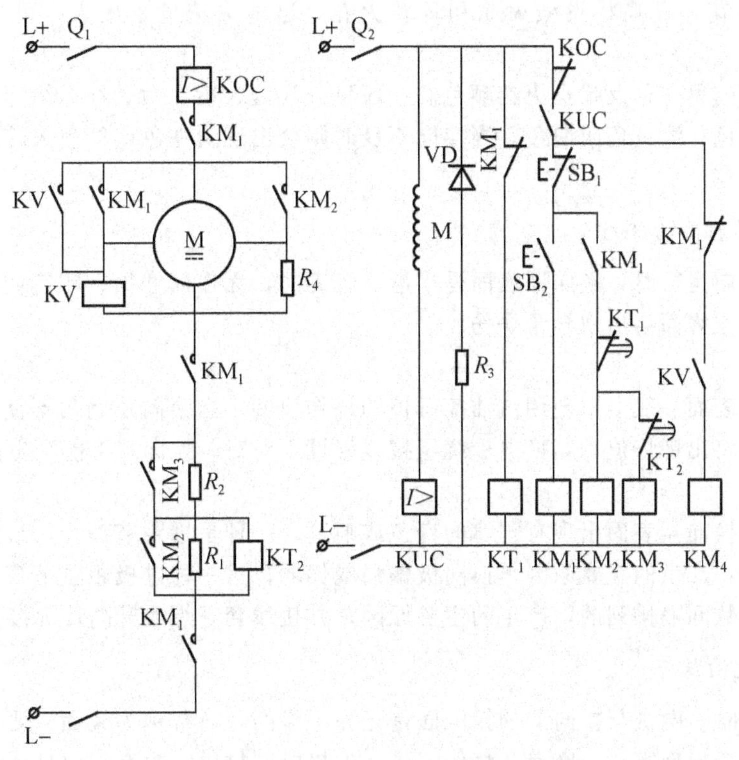

图 3.31　直流电动机能耗制动控制电路

放，切断电枢电源，由于惯性电枢仍高速旋转，此时电动机已变成发电机，输出电压使KV经自锁触头保持通电状态。KM_1常闭触点闭合，KM_4通电吸合，其常开触点KM_4闭合使电阻R_4接入电枢电路，电动机实现能耗制动。电动机转速迅速下降，当转速降到一定值时，电枢输出电压不足以使KV吸合，则KV和KM_4相继断电释放，电动机能耗制动结束。

3.10　直流电机换向故障分析与维护

直流电机的换向故障是直流电机拖动控制中经常遇到的重要故障。换向不良不但严重影响直流电机的正常工作，还会危及直流电机的安全，造成较大的经济损失。因此，对换向故障进行正确的分析、检测、维护，是现场技术人员必不可少的基本技能。

3.10.1　直流电机换向不良的主要征象

直流电机换向不良的征象很多，也很复杂，但主要表现为换向火花增大，换向器表面烧伤，换向器表面氧化膜被破坏，电刷镜面出现异常现象等。

1. 换向火花状态

换向火花是衡量换向优劣的主要标准。换向火花的形状，从直观现象可分为点状火花、粒状火花、球状火花、舌状火花、爆鸣状火花、飞溅火花和环状火花。在正常运行时，一般是在电刷边缘出现少量点状火花、粒状火花且分布均匀。当换向恶化、不良时，

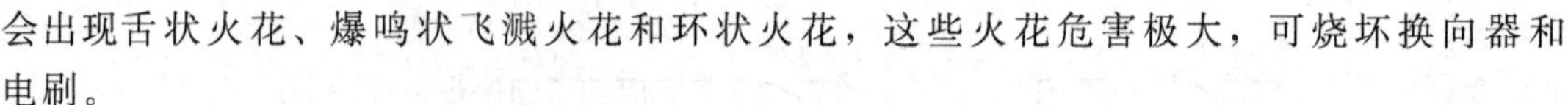

会出现舌状火花、爆鸣状飞溅火花和环状火花，这些火花危害极大，可烧坏换向器和电刷。

火花状态的另一种反映是火花颜色。一般可分为蓝、黄、白、红、绿等色。换向正常时，一般为蓝色、淡黄色或白色。当换向不良时则会出现明亮色或红色火花，严重情况是会出现绿色火花。

2. 换向器表面的状态

在正常换向运行时，换向器表面是平滑、光亮的，无任何磨损、印迹或斑点。当换向不良时，换向器表面会出现异常烧伤。

1）烧痕

在换向器表面一般会出现用汽油擦不掉的烧伤痕迹。当换向片倒角不良、云母片凸出时，换向片上将出现烧痕；当换向极绕组接线极性不对时，换向片可能全发黑。

2）节痕

节痕是指换向器表面出现有规律的变色或痕迹。一种是槽距节痕，其痕迹规律是按电枢槽间距出现，产生的主要原因是换向极偏强或偏弱；另一种是极距型节痕，伤痕是按磁极数或磁极对数间隔排列的，产生的主要原因是并接线套开焊或升高片焊接不良。

3. 电刷镜面状态

正常换向时，电刷与换向器的接触面是光亮平滑的，通常称为镜面。当电机换向不良时，电刷镜面会出现雾状、麻点和烧伤痕迹。如果电刷材质中含有碳化硅或金刚砂之类的物质，镜面上就会出现白色斑点或条痕。当空气湿度过大或空气含酸性气体时，电刷表面会沉积一些细微的铜粉末，这种现象为“镀铜”，当电机发生镀铜时，换向器氧化膜被破坏，使换向恶化。

3.10.2 直流电机换向故障原因及维护

直流电机的内部故障，大多数会引起换向出现有害的火花或火花增大，严重时灼伤换向器表面，甚至妨碍直流电机的正常运行。以下就机械方面和由机械引起的电气方面、电枢绕组、定子绕组、电源等故障，造成换向恶化的主要原因进行概要分析，并介绍一些基本的维护方法。

1. 机械原因及维护

直流电机的电刷和换向器的连接属于滑动接触，保持良好的滑动接触才可能保证良好的换向，但腐蚀性气体、空气湿度、电机振动、电刷和换向器装备质量及安装工艺等因素都会对电刷和换向器的滑动接触情况产生一定的影响。当电机振动时，电刷和换向器的机械原因使电刷和换向器的滑动接触不良，这时就会在电刷和换向器之间产生有害火花。

1）电机振动

电机振动对换向的影响是由电枢振动的振幅和频率高低所决定的。当电枢向某一方向振动时，就会造成电刷与换向器的接触面压力波动，从而使电刷在换向器表面跳动，随着电机转速的增高，振动加剧，电刷在换向器表面跳动幅度就越大。电机的振动过大，主要是由于电枢两端的平衡块脱落，造成电枢的不平衡，或是在电枢绕组修理后未进行平衡校正引起的。一般来说，对低速运行的电机，电枢应进行静平衡校验；对高速运行的电机，

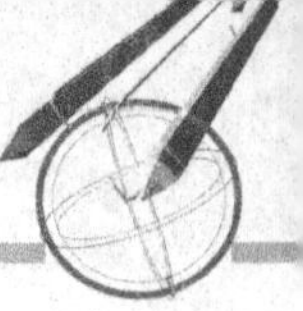

电枢必须进行动平衡校验，所加平衡块必须牢靠地固定在电枢上。

2）换向器

换向器是直流电机的关键部件，要求表面光洁圆整，没有局部变形。在换向良好的情况下，长期运转的换向器表面与电刷接触的部分将形成一层坚硬的褐色薄膜，这层薄膜有利于换向，并能减少换向器的磨损。当换向器因装备质量不良造成变形或换向片间云母凸出以及受到碰撞使个别换向片凸出或凹下，表面有撞击疤痕或毛刺时，电刷就不能在换向器上平稳地滑动，使火花增大。换向器表面粘有油腻污物也会使电刷因接触不良而产生火花。

换向器表面如有污物，应用蘸有酒精的抹布擦净。

换向器表面出现不规则情况时，用于换向片表面吻合的木块垫上细玻璃砂纸来磨换向器，若还不能满足要求，则必须车削换向器的外圆。

若换向片的绝缘云母凸起，应将云母片下刻，下刻深度以1.5mm左右为宜，过深的下刻，易在换向片之间堆积炭粉，造成换向片之间短路。下刻换向片之间填充云母后，应研磨换向器外圆，使换向器表面光滑。

3）电刷

为保证电刷和换向器的良好接触，电刷表面至少要有3/4与换向器接触，电刷压力要保持均匀，电刷间压力相差不超过10%，以保证各电刷的接触电阻基本相当，从而使各电刷的电流均衡。

电刷弹簧压力不合适、电刷材料不符合要求、电刷型号不一致、电刷与刷盒之间的配合太紧或太松、电刷伸出盒太长，都会影响电刷的受力，产生有害火花。

电刷压力弹簧应根据不同的电刷而定，一般电机用的D104或D172电刷，其压力可取1500～2500Pa。

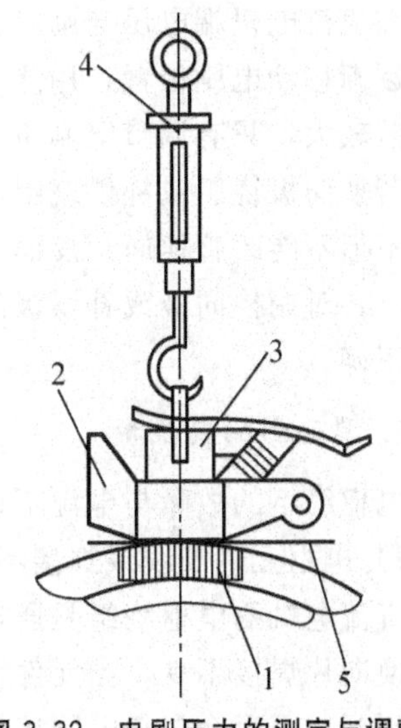

图3.32　电刷压力的测定与调整

1—换向器；2—刷握；3—电刷；4—弹簧秤；5—纸片

电刷压力的测定与调整如图3.32所示。若是双辫电刷，用弹簧秤挂住刷辫，若是单辫电刷，则用弹簧秤挂住电刷压指，然后将普通打印纸片垫入电刷下，放松并调整弹簧秤位置，使弹簧秤轴线与电刷轴线一致，然后使弹簧秤的拉力逐渐加大，当纸片能轻轻拉动时，弹簧秤读数即为电刷所受的压力。

2. 电气原因及维护

换向接触电势与电枢反应电势是直流电机换向不良的主要原因，一般在电机设计与制造时都作了较好的补偿与处理。电刷通过换向器与几何中心线的元件接触，使换向元件不切割主磁场，但是由于维修后换向绕组、补偿绕组安装不准确，磁极、刷盒装配偏差，造成各磁极间距离相差太大、各磁极下的气隙不均匀、电刷中心对齐不好、电刷沿换向器圆周等分不均（一般电机电刷沿换向器圆周等分差不超过±0.5mm）。因此上述原因都可以增大电枢反应电势，从而使换向恶化，产生有害火花。

因此，在检修时，应使各个磁极、电刷安装合适，分配均匀。换向极绕组、补偿绕组安装正确，就能起到改善换向的作用。

电刷中心位置测定一般有以下 3 种方法。

1）感应法

这是最常用的一种方法，如图 3.33 所示将毫伏表（或用万用表的电流表代替）接入相邻两组电刷上，接通励磁开关 S 的瞬间，指针会左右摆动。这样反复移动电刷位置测试，直到出现摆动最小或几乎不摆动时的位置，这就是要找的几何中心线位置。

2）正反转发电机法

采用他励方式，保持转速不变，使电机正反转，用万用表测电枢端电压，逐渐移动电刷的位置，在相同的电压下测出正反转时电机端电压读数，直到正转与反转时电枢端电压读数大小相等，这时电刷的位置就是几何中心位置。

3）正反转电动机法

在直流电机端电压与励磁保持恒定时，改变直流电机端电压极性，使直流电机正反转，逐渐移动电刷位置，用测速表测量正反向转速，若电刷不在几何中心上，正反转的转速相差较大，只有调节电刷位置到中心点时，正反转速相差最小或基本相等。

若换向极绕组或补偿绕组出现接线错误，不能保证其附加磁场抵消电枢反应磁场，其结果不但不能改善换向，反而会增加换向恶化，使火花急剧增大，换向片明显灼黑。这种情况下，对调换向极或补偿极的两个接线端子，若换向火花明显减小或消失，则表明接线极性正确。

3. 其他影响及维护

电枢绕组的故障与电源不良等因素造成的换向不良常出现在一般中小型直流电机中。

1）电枢元件断线或焊接不良

直流电机的电枢绕组是通过与相应换向片焊接相连的闭合回路。如果电枢绕组个别元件与换向片焊接不良，当元件转到电刷下时，电流就通过电刷接通，在离开电刷时也通过电刷断开，因而会在与电刷接触和断开的瞬间产生大量的火花，使短路元件两端的换向片灼黑。这时用电压表检测换向片间电压，如图 3.34 所示，断线元件或与换向器焊接不良的元件两侧的换向片之间的电压特别高。

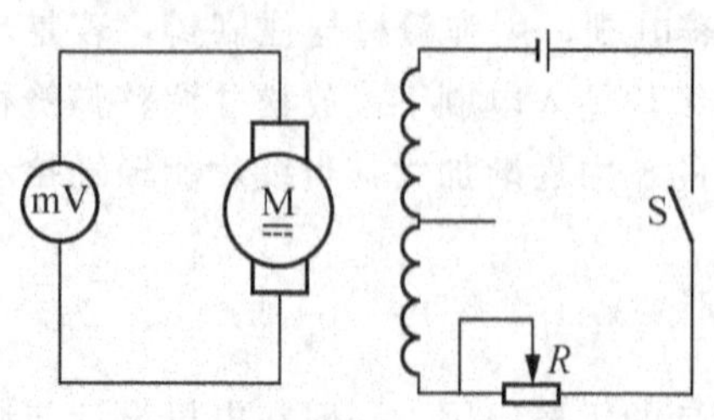

图 3.33　几何中心测试电路

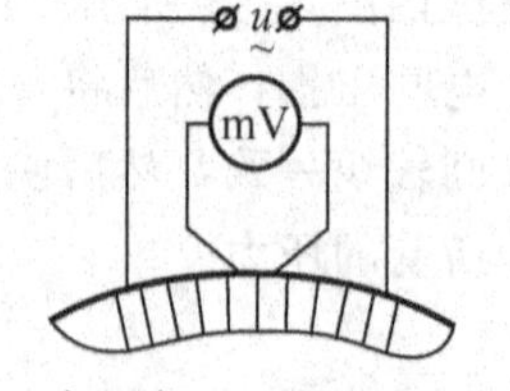

(a) 电源在近一个极距接入

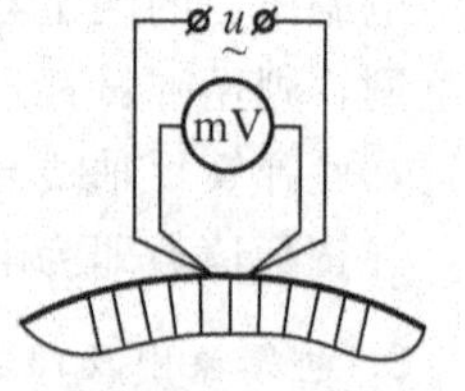

(b) 电源在两片间接入

图 3.34　换向片间电压测量

2）电枢绕组短路

电枢绕组有短路现象时，电机的空载和负载电流增大，短路元件中产生了较大的交变电流，使电枢局部发热，甚至烧伤绕组。在电枢绕组的个别处发生匝间短路时，破坏了并联支路电势的平衡，由短路元件中产生的交变环流会加剧换向恶化，使火花增大。

电枢元件由一点短路，就会通过短路点形成短路回路，用电压表检测时，就会发现短

路元件所接的两换向片之间电压为“0”或很小。电枢绕组短路可由这些情况引起：换向片间短路、电枢元件匝间短路、电枢绕组上下层间短路。短路的元件可用短路侦察器寻找。

3）电源对换向的影响

由于变流技术的进步，可变直流电源以其独特的效率高、控制维护方便等优点而快速发展，但这种电源带来的谐波电流和快速暂态变化对直流电动机有一定危害。

电源中的交流成分会使直流电机换向恶化，而且还增加了电机的噪声、振动、损耗、发热。改善的基本方法：一般采用平波电抗器来滤波，减少谐波的影响。

3.11 直流电机电枢绕组故障及维护

直流电机电枢绕组是电机产生感应电动势和电磁转矩的核心部件，输入的电压较高，电流较大。它的故障不但直接影响电机的正常运行，也随时危及电机和运行人员的安全。所以在直流电机运行维护过程中，必须随时监测，一旦发现电枢故障，应立即处理，以避免事故扩大造成更大损失。

3.11.1 直流电机过热及处理

当直流电机投入运行以后，整机温升超过规定标准，而无其他运行反常现象，属于直流电机过热。长期过热会加速绝缘老化，缩短电机使用寿命。对于设计、安装、维护等工艺上的缺陷而造成的过热，若不及时处理，则会造成过热加剧，故障扩大。所以对于整机过热也不能大意，要仔细观察、分析，找出原因，制定合理的处理办法，使电机恢复正常运行。

造成整机均匀过热的原因可以从以下几个方面考虑：电机的运行方式与电机的设计方案不符，例如将按短时运行或短时重复运行设计配置的电机用于连续运行；电机长期过载；电机的通风路道堵塞，铁芯和线圈表面被纤维绒毛或灰尘覆盖，造成散热恶化；对于维修后重装的电机，当散热风扇叶片曲面方向与电机旋转方向相反时，会降低冷却效率，在额定或重载工作下，电机会过热；空气过滤器堵塞、油腻污染；工作环境恶劣；设计的电机通风管道口径太小、曲度太大、弯头太多等造成的通风散热不畅。

针对具体问题，作相应处理，对于在高温、高湿、通风不畅等恶劣环境下工作的电机要适当降低容量使用或采用强力通风方式来加强散热。

对于设计参数不符合要求的要重新校核，重新选配拖动电机和运行方式，为了提高电机的使用效率，应尽可能地使电机调速性质与负载性质一致。

对于专用的电机通风通道堵塞，可采用压缩空气机吹扫清洁，在对电机绕组等结构部件进行吹风清洁时，要避免伤及电机绝缘。

随时保持电机的环境清洁，通风流畅。对于编织物过滤器，可用吸尘器清除污染物，对于喷油空气过滤器，先用汽油清洗，然后用热碱水清洗，再充以新油待用。

3.11.2 电枢绕组短路故障的分析与处理

电枢绕组由于短路故障而烧毁时，一般打开电机通过直接观察就可找到烧焦的故障点，为了准确，除了用短路测试器检查外，如图3.35所示简易方法进行确定。

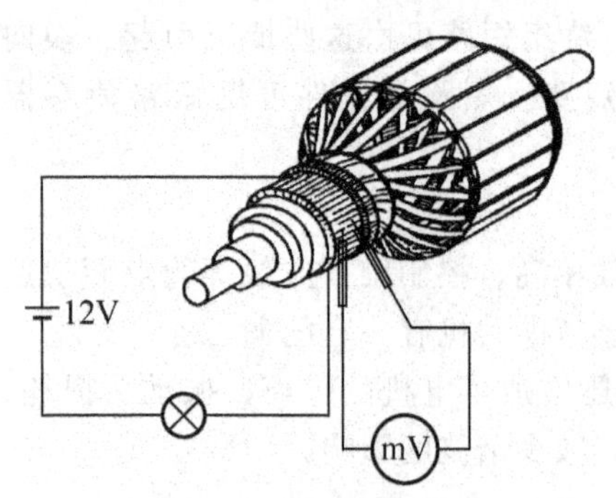

图 3.35　电枢短路检测

将 6～12V 直流电源接到电枢两侧的换向片上，用直流毫伏表依次测量各相邻的两个换向片间的电压值，由于电枢绕组非常有规律地重复排列，所以在正常换向片间的读数也是相等的或呈现规律的重复变化。如果出现在某两个测点的读数很小或近似为零的情况，则说明连接这两个换向片的电枢绕组存在短路故障，若是读数为零，则多为换向片间的短路。

电枢绕组短路的原因，往往是绝缘老化、机械磨损使同槽线圈间的匝间短路或上下层之间的层间短路。对于使用时间不长，绝缘并未老化的电机，当只有一两个线圈有短路时，可以切断短路线圈，在两个换向片接线处接以跨接线，做应急使用如图 3.36 所示。若短路线圈过多，则应送电机修理厂重绕。

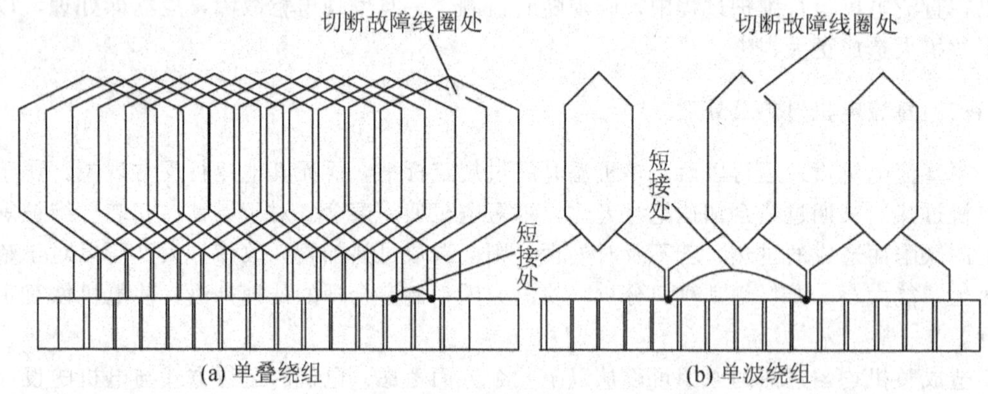

(a) 单叠绕组　　(b) 单波绕组

图 3.36　电枢线圈的短接

对于叠绕直流电机的电枢绕组线圈，其首尾正好在相邻的两片上，所以将对应的这两个换向片短接就可以了。而对于单波绕线，其短接线应跨越一个磁极矩。具体的位置应以准确的测量点来定，即被短接的两个换向片之间的电压测量读数最小为零。

3.11.3　电枢绕组断路及处理

电枢绕组断路的原因多是由于换向片与导线接头焊接不良，或电机的振动而造成导线接头脱焊，个别也有内部断线的，这时明显的故障现象是电刷下产生较大火花。具体要确定是哪一个线圈断路，检测方法如图 3.37 所示。

抽出电枢，将直流电源接于电枢换向器的两侧，由于断线，回路不会有电流，所以电压都加在断线的线圈两端，这时可通过毫伏表依次测换向片的电压。当毫伏表跨接在未断线圈换向片间测量时，没有读数。当毫伏表跨接在断路线圈时，就会有读数指示，且指针剧烈跳动。

应急处理方法是将断路线圈进行短接，对于单叠绕组，将有断路的绕组所接的两个换向片用短线跨接起来，而对于单波绕组，短接线跨过了一个极矩，接在有断路的两个换向片上。

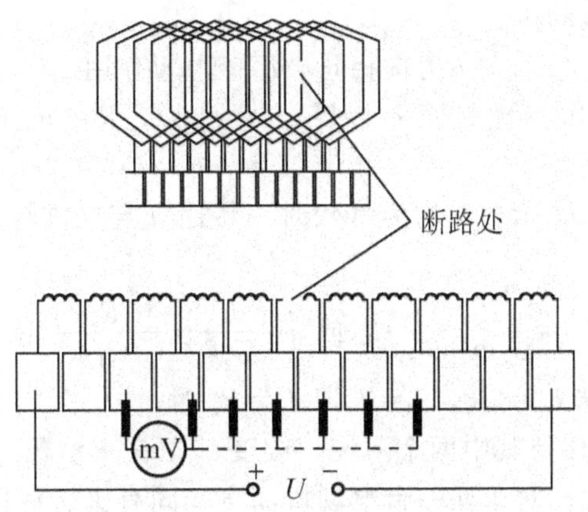

图 3.37　电枢线圈断路检测

3.11.4　电枢绕组接地及处理

电枢绕组接地的原因，多数是由于槽绝缘及绕组相间绝缘损坏，导体与硅钢片碰接所致，也有换向片接地，一般击穿点出现在槽口、换向片内和绕组端部。

检测电枢绕组是否有接地的方法是比较简单的，通常采用试验灯进行检测。先将电枢取出放在支架上，再将电源线串接一盏灯，一端接在换向片上，另一端接在轴上，如图 3.38 (a) 所示。若灯发亮，说明电枢线圈有接地。

若要确定是哪槽线圈接地，还要用毫伏表来测定，如图 3.38 (b) 所示。先将电源、灯串接，然后一端接换向器，另一端与轴相接，由于电枢绕组与轴形成短路，所以灯是亮的，将毫伏表的一个端接在轴上，另一端与换向片依次接触，毫伏表跨接的线圈是完好的，则毫伏表指针要摆动，若是接地的故障线圈，则指针不动。

若要判明是电枢线圈接地还是换向器接地，还需要进一步检测，就是将接地线圈从换向片上焊脱下来，分别测试，就可判断出是哪种接地故障。

应急处理的方法是：在接地处插垫上一块新的绝缘材料，将接地点断开，或将接地线从换向片上拆下来，再将这两个换向片短接起来即可。

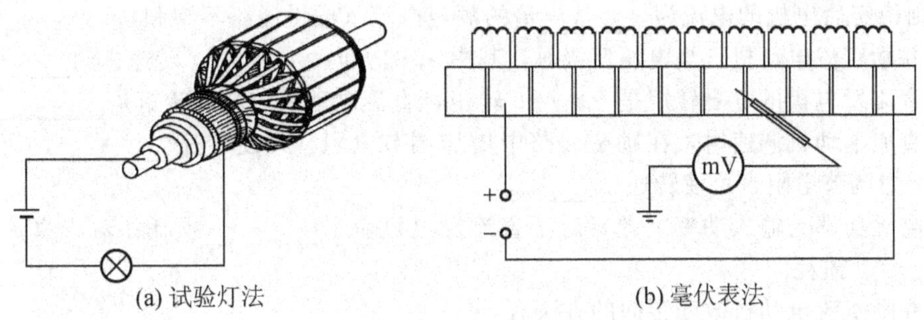

(a) 试验灯法　　(b) 毫伏表法

图 3.38　电枢绕组接地检查

本章小结

1. 直流电动机按励磁绕组与电枢绕组的连接方式不同可分为他励电动机、并励电动

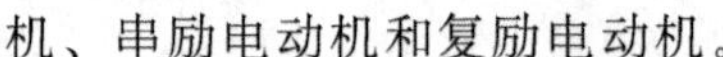

机、串励电动机和复励电动机。

2. 直流电动机运行时，T_{em}与n方向相同，T_{em}起拖动作用，I_a与E_a方向相反，$U>E_a$。

3. 并励电动机的工作特性是指$U=U_N$，$I_f=I_{fN}$，$R=R_a$时，$T_{em}=f(P_2)$ $\eta=f(P_2)$，$n=f(P_2)$的关系。

4. 机械特性是指当U、R、Φ均为常数时，转速n与电磁转矩T_{em}的关系。机械特性方程式为

$$n=\frac{U}{C_e\Phi}-\frac{R}{C_e\Phi}I_a \text{ 或 } n=\frac{U}{C_e\Phi}-\frac{R}{C_eC_T\Phi^2}T_{em}$$

5. 固有机械特性是指$U=U_N$，$I_f=I_{fN}$，$R=R_a$时，$n=f(T_{em})$的关系。人为机械特性指U、R、Φ三个参数保持其中两个不变，改变其中任一参数时，$n=f(T_{em})$的关系，所以有三种人为机械特性。对于任一台电动机而言，固有机械特性曲线只有一条，人为机械特性曲线则有无限多条。

6. 启动、调速和制动是直流电动机拖动的重要内容。启动的主要矛盾是启动电流和启动转矩的矛盾。从生产机械方面讲，需要产生足够大的启动转矩。从电网和电流方面讲，过大的启动电流将造成三大危害。因此，在保证一定启动转矩下，必须限制启动电流$I_{st}=(1.5\sim2.5)I_N$。常用的方法有降压启动和电枢回路串电阻启动，直接启动只有在小型（家用电器）特殊场合使用。

7. 调速的方法有：电枢回路串电阻调速、降压调速、弱磁调速三种。前两种是以额定转速为上限，往下调速，属于恒转矩调速；后一种是从额定转速往上调速，属于恒功率调速。

8. 制动与电动的本质区别是，T_{em}与n方向相同为电动运行状态，T_{em}与n方向相反为制动运行状态。

9. 直流电机最常见的故障是换向器故障和绕组故障。

检测习题

一、填空题

1. 一台并励直流电动机拖动恒定的负载转矩，做额定运行时，如果将电源电压降低20%，则稳定后电机的电流为________倍的额定电流（假设磁路不饱和）。

2. 并励直流电动机，当电源反接时，其中I_a的方向________，转速方向________。

3. 直流发电机的电磁转矩是________转矩，直流电动机的电磁转矩是________转矩。

4. 直流电动机调速时，在励磁回路中增加调节电阻，可使转速________，而在电枢回路中增加调节电阻，可使转速________。

5. 电磁功率与输入功率之差，对于直流发电机包括________损耗；对于直流电动机包括________损耗。

6. 并励直流电动机改变转向的方法有________和________。

7. 串励直流电动机在电源反接时，电枢电流方向________，磁通方向________，转速n的方向________。

8. 当保持并励直流电动机的负载转矩不变，在电枢回路中串入电阻后，则电机的转速将________。

9. 并励直流发电机的励磁回路电阻和转速同时增大一倍，则其空载电压________。

二、问答题

1. 他励直流电动机稳定运行时，其电枢电流与哪些因素有关？如果负载转矩不变，改变电枢回路电阻，或改变电源电压，或改变励磁电流，对电枢电流有何影响？

2. 他励直流电动机启动时，为什么一定要先加励磁电压？并将励磁回路电阻切除呢？如果未加励磁电压，而将电枢通电源，会出现什么现象？

3. 直流电动机为什么不能直接启动？如果直接启动会引起什么后果？

4. 启动电阻能否做调速电阻使用？为什么？

5. 直流电动机电动和制动有何本质区别？

6. 怎样实现他励直流电动机的能耗制动？试说明在反抗性恒转矩负载下，能耗制动过程中 n、E_a、I_a 及 T_{em} 的变化情况。

7. 采用能耗制动和电压反接制动进行系统停车时，为什么要在电枢回路中串入制动电阻？哪一种情况下串入的电阻大？为什么？

8. 当提升机下放重物时：(1) 若使他励电动机在低于理想空载转速下运行，应采用什么制动方法？(2) 若高于理想空载转速运行，又应采取什么制动方法？

9. 直流电动机有哪几种调速方法？各有什么特点？

10. 如何用简易方法检测电枢绕组的短路故障？如何检测电枢绕组的断路故障？

三、计算题

1. 一台直流电动机，$P_N=21kW$，$U_N=220V$，$I_N=110A$，$n_N=1200r/min$，$R_a=0.083\Omega$。

(1) 若采用全压启动，启动电流是额定电流的多少倍？

(2) 若启动电流限制在 $2I_N$，电枢应串入多大的电阻 R_{st}？

2. 一台 $P_N=15kW$，$U_N=220V$ 的并励直流电动机，额定效率 $\eta_N=85.3\%$，电枢回路总电阻 0.2Ω，并励回路电阻 $R_k=44\Omega$，今欲使所电枢启动电流限制为额定电流的 1.5 倍，试求启动变阻器电阻应为多少？其电流为多大？若启动时不接启动器则启动电流为额定电流的多少倍？

3. 一台直流他励电动机，$P_N=30kW$，$U_N=220V$，$I_N=158A$，$n_N=1000r/min$，$R_a=0.1\Omega$，试求额定负载时：(1) 电枢回路串入 0.2Ω 电阻时，求电动机的稳定转速。(2) 将电源电压调至 185 时，求电动机的稳定转速。(3) 将磁通减少到 $\Phi=0.8\Phi_N$ 时，电动机的稳定转速是多少？能否长期运行？

4. 一台并励电动机，$P_N=5.5kW$，$U_N=110V$，$I_N=58A$，$n_N=1470r/min$，$R_a=0.15\Omega$，$R_f=138\Omega$，额定负载时突然在电枢电路中串入 0.5Ω 的电阻，当不计电枢电路中的电感并略去电枢反应的影响时，试计算瞬间的：(1) 电枢反电势；(2) 电枢电流；(3) 电磁转矩；(4) 当总制动转矩不变时，试求达到稳定状态的转速。

5. 一台直流并励电动机，$P_N=17kW$，$U_N=110V$，$I_N=187A$，$n_N=1000r/min$，$R_a=0.36\Omega$，$R_f=55\Omega$，电动机的制动电流限制在 $1.8I_N$，若拖动额定负载进行制动，试求：(1) 若采用能耗制动停车，电枢应串联多大电阻？(2) 若采用反接制动停车，电枢回路应串联多大电阻？

第4章 三相异步电动机

教学目标

1. 掌握三相异步电动机的结构及各组成部分的作用、明确铭牌规定的额定数据的意义，掌握异步电动机的工作原理。会用万用表检测、判别三相定子绕组的首末端以及检测判别异步电动机的磁极数。

2. 掌握三相异步电动机的工作原理，定子绕组的基本知识，掌握定子绕组下线的基本操作要求和技能。

3. 三相异步电动机的功率及电磁转矩的分析计算，会正确选择异使用步电动机。

教学要求

能力目标	知识要点	权重	自测分数
使用拆装工具，拆卸和装配小功率三相异步电动	三相异步电动机的结构及各组成部分的作用	25%	
会用万用表检测判别三相定子绕组的首末端；判别异步电动机的磁极数	异步电动机工作原理，铭牌技术数据	35%	
能够正确选择使用电动机	定子绕组的基本常识，交流绕组的感应电动势功率和转矩平衡方程式，机械特性及参数的测定	40%	

引例

安装一台供暖用锅炉时，须安装三台循环水泵。水泵安装后须进行试运转，在水泵试运转时，其中有两台水泵能正常启动运转。一台水泵不能正常启动，水泵一启动磁力启动器就跳闸。由于该台水泵电动机没有铭牌，在技术人员做相关技术检测后确定。

(1) 机械部分没有故障。

(2) 电源电压正常、电动机功率符合要求、频率正确、绕组接线正确。

问题出在哪里？经检查电动机的极数原配套电动机是四极的，而不能启动的电动机是两极的，由于电动机的输出转矩 $T_{2N}=9.55P_N/n_N$，相同功率的三台电动机，两极电动机的输出转矩小于四极电动机的。启动相同的水泵（通风机负载：$T_L\propto n^2$），两极电动机的启动电流大于四极电动机的启动电流，也远大于本身两倍的额定启动电流，故电动机不能正常启动。

另外，在无法根据铭牌判断电动机的极数时，除了用转速表测试转速来确定极数外，还可以用万用表的 mA 挡或 μA 挡测试。具体方法如下。

(1) 用万用表的 Ω 挡检测，分辨出三相绕组。

(2) 取任一相绕组测试。将被测试绕组的两端接入万用表的两支表笔间，然后将转子慢速转动一周，观察万用表指针的往返摆动次数，每往返摆动一次，就是一对极。

4.1　三相异步电动机的结构和工作原理

4.1.1　三相异步电动机的结构

三相异步电动机的结构包括两大部分：固定不动的定子和可以旋转的转子。如图 4.1 所示三相笼形异步电动机的外形结构图。定子和转子之间有 0.2～1.5mm 的空气隙，转子的轴支承在两边端盖的轴承之中。

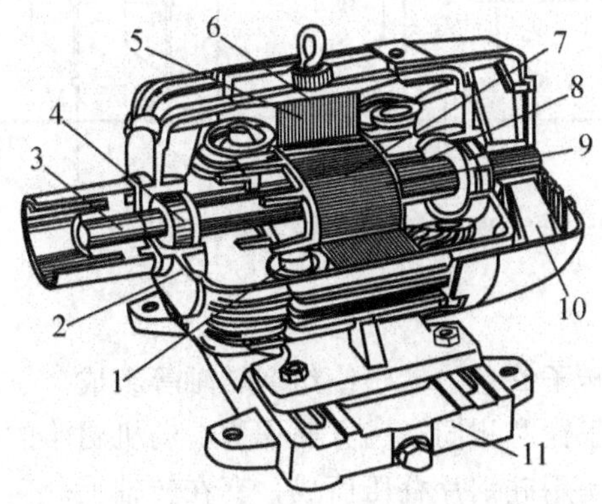

图 4.1　三相笼形异步电动机的外形结构图

1—定子绕组；2—轴承盖；3—轴；4—轴承；5—定子铁芯；6—定子外壳

7—转子铁芯；8—转子导体；9—端环；10—冷却风扇；11—机座

1. 定子

它是由机座（外壳）、定子铁芯和定子绕组组成。机座起固定与支撑定子铁芯的作用，一般用铸铁或铸钢制成。

（1）定子铁芯是磁路的组成部分，为了减少铁芯中的损耗，通常用 0.5mm 厚的两面涂有绝缘漆的硅钢片叠压而成。固定在机座内，铁芯内圆有均匀分布的与电动机转轴平行的槽，用来嵌放定子绕组，如图 4.2 所示。

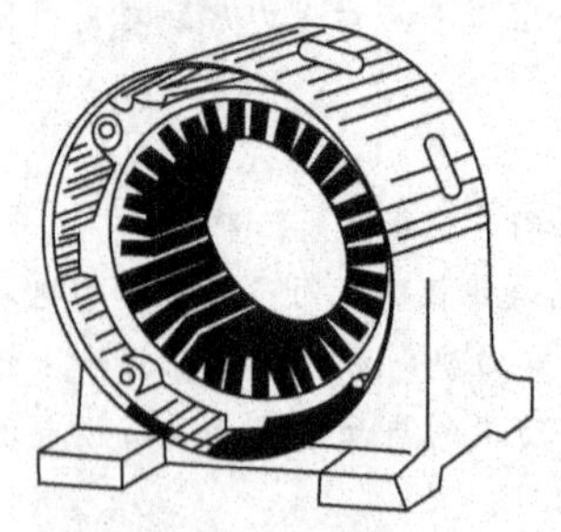
(a) 已装入机座内的定子铁心

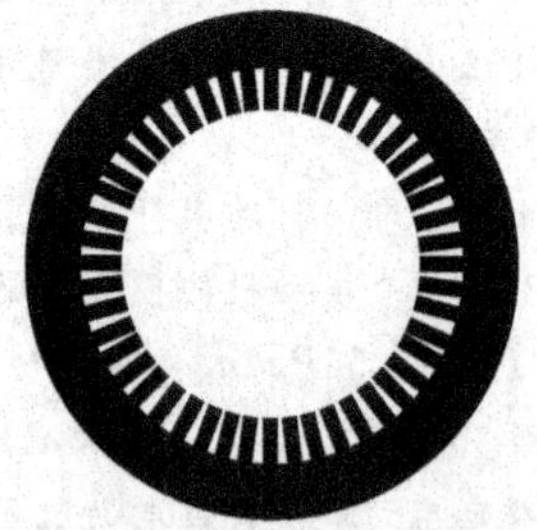
(b) 定子铁心硅钢片

图 4.2 定子铁芯

（2）定子绕组是电动机的电路部分，常用高强度漆包铜线绕制而成，按一定规律嵌入铁芯线槽内，用以建立旋转磁场，实现能量转换。三相异步电动机的定子绕组中每一相都有两个出线端，这些端子都从电动机机座上的接线盒中引出，它们在接线盒内端子板上的标记分别是 U_1、V_1、W_1 和 U_2、V_2、W_2。为了在实际接线时方便，将各相绕组的末端进行了错位引出，如图 4.3 所示通过联结板可以很方便地将定子绕组接成星形（Y形）和三角形（△形）。

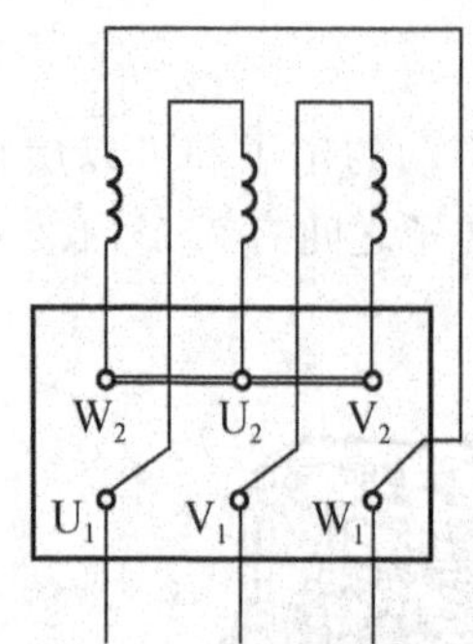

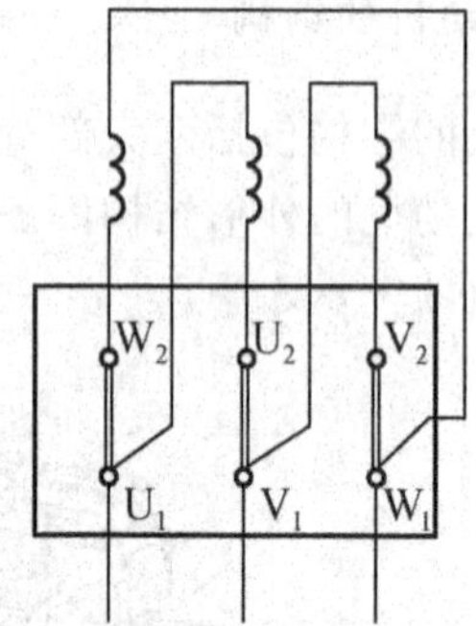

图 4.3 定子接线盒端子接线

2. 转子

异步电动机的转子由转子铁芯、转子绕组和转轴等组成。

转子铁芯的作用与定子铁芯相同，一方面作为电动机磁路的一部分，另一方面用来嵌放转子绕组。转子铁芯也是用硅钢片叠压而成，套在转轴上。

转子绕组分为笼形和绕线型两种。笼形转子是在转子铁芯的槽内压入铜条，铜条的两端分别焊接在两个铜环上，形状如鼠笼，如图 4.4（a）所示。中小型电动机的转子多为铸铝，如图 4.4（b）。绕线型转子绕组与定子绕组类似，采用绝缘漆包线绕制成三相绕组嵌入转子铁芯槽内，其末端接在一起成星形接法，首端分别接在转轴上，再经压在滑环上的三组电刷，与外电路的电阻相连，三电阻的另一端也接成星形，用于改变电动机的启动或调速性能如图 4.5 所示。

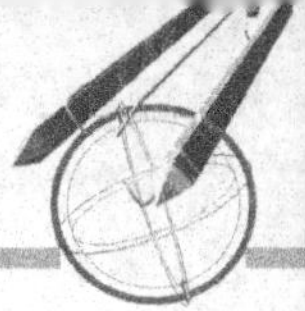

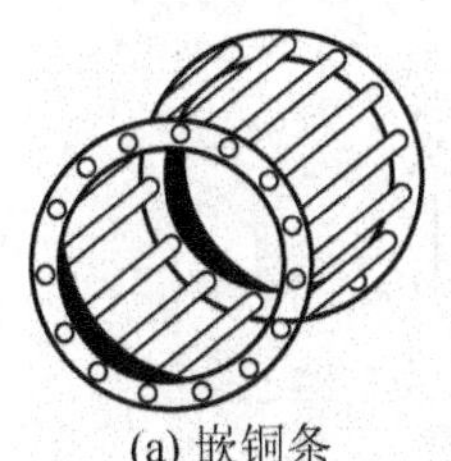

(a) 嵌铜条

(b) 铸铝

图 4.4　笼形转子

图 4.5　绕线式转子示意图

1—绕组；2—滑环；3—电刷；4—变阻器

3. 气隙（δ）

异步电动机定子、转子之间的气隙（δ）很小，中小型异步电动机一般为 0.2～1.5mm。气隙大小对电机性能影响很大，若气隙越大，磁阻也越大，产生同样大的磁通所需要的励磁电流也大，电动机的功率因数越低。但气隙过小，将给装配造成困难，运行时定、转子间发生摩擦，而使电机运行不可靠。

4. 其他部分

其他部分包括端盖、风扇、轴承等。端盖除了起保护作用外，在端盖上还装有轴承，用来支撑转子轴。风扇则是用于通风散热。

4.1.2　三相异步电动机的工作原理

三相异步电动机与直流电动机一样，也是根据磁场与载流导体相互作用而产生电磁力的原理工作的。不同的是直流电动机的磁场是静止的，而异步电动机磁场是旋转的。那么旋转磁场是怎么产生的？

1. 旋转磁场的产生

1）旋转磁场产生的条件

旋转磁场产生的条件是三相对称绕组通以三相对称电流。

三相对称绕组的特点如下。

（1）三相绕组相同（线圈数、匝数、线径分别相同）。

（2）三相绕组在空间按互差 120°电角度排列；如图 4.6(a)所示是绕组嵌放在定子铁芯槽里。图中只画出了各个绕组有效边，连接两个有效边的端部没有画出；③三相绕组可以接成星形或三角形。三相对称绕组的首端分别用 U_1、V_1、W_1，末端用 U_2、V_2、W_2 表示，如图 4.6(b)所示三相定子绕组星形接线。

三相对称电流可表示为

$$i_U = I_m \sin \omega t$$

$$i_V = I_m \sin (\omega t - 120°)$$

$$i_W = I_m \sin (\omega t + 120°)$$

电流波形如图 4.7 所示，可见三相电流在时间上相差 120°电角度。

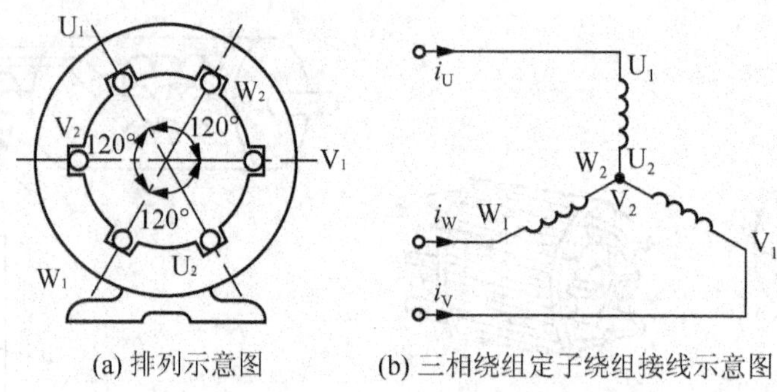

(a) 排列示意图　(b) 三相绕组定子绕组接线示意图

图 4.6　三相异步电动机（$p=1$）三相定子绕组

2）旋转磁场产生的过程

为了分析方便，以两极电机为例，将三相异步电动机定子绕组的结构简化成每相绕组只有一个线圈组成，各相在定子空间内彼此相隔 120°电角度（因为磁极对数 $p=1$，所以在图中空间角度与电角度是等同的）。若绕组采用星形接法，即各相的末端 U_2、V_2、W_2 接于一点，各相的首端 U_1、V_1、W_1 分别接在三相电源。如图 4.6 所示。

特别提示

- 我们选定：电流为正值时，电流从绕组的首端流进，末端流出；电流为负值时，则从末端流入，首端流出。

三相绕组通入三相电流后，每个绕组均产生各自的交变磁场，在定子空间形成合成磁场。为分析方便起见，分别选取 $\omega t=0$，$\omega t=120°$，$\omega t=240°$，$\omega t=360°$等瞬时来分析三相电流产生的合成磁场，如图 4.7 所示三相对称交流波形。

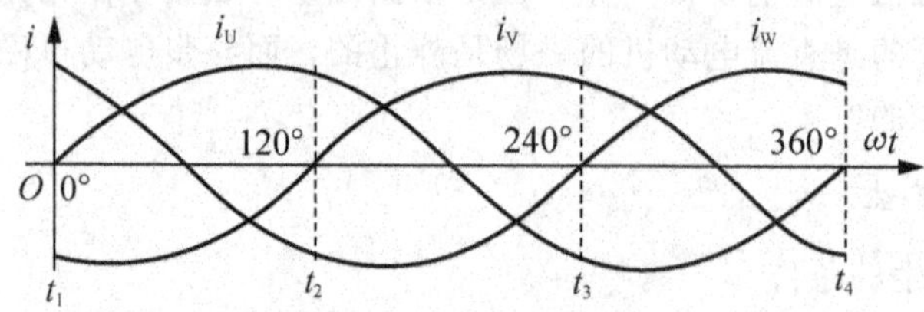

图 4.7　三相对称交流电波形

当 $\omega t=0$ 时，$i_U=0$ 时，$i_V<0$，即电流从末端 V_2 流进，而从首端 V_1 流出；$i_W>0$，即电流从 W_1 流进，由 W_2 流出。根据右手螺旋定则，确定三个线圈中电流产生的合成磁场方向如图 4.8（a）中所示。这是一对磁极的的磁场，磁感线自上而下，即上方相当于 N 极，下方相当于 S 极。

而当 $\omega t=120°$时，$i_U>0$，$i_V=0$，$i_W<0$，合成的磁场如图 4.8(b)所示。与 $\omega t=0$ 相比较，合成磁场在空间顺时针旋转了120°。

同理可作出 $\omega t=240°$与 $\omega t=360°$时的合成磁场如图 4.8（c）、（d）所示。它们依次较前转过120°。

由此可见，对于两极（$p=1$）异步电动机，通入定子绕组的三相电流变化一周期，合成磁场在空间旋转了一周。

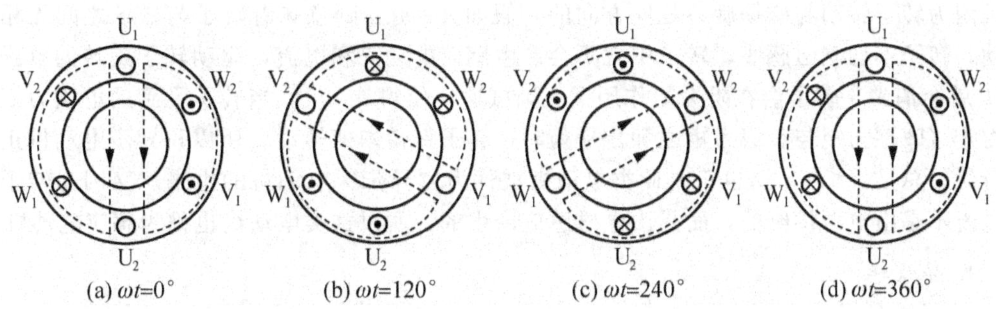

图 4.8　三相电流产生的旋转磁场（$p=1$）

2. 旋转磁场的转速和方向

由以上分析可以看出，异步电动机定子绕组中的三相电流所产生的合成磁场是随着电流的变化在空间不断旋转，形成一个具有一对磁极（磁极对数 $p=1$）的旋转磁场。三相电流变化一个周（即变化360°电角度），合成磁场在空间旋转一周（360°）；如果每相绕组是由串联的两个线圈组成，此时定子绕组通入三相电流，就会产生四极（磁极对数 $p=2$）旋转磁场。分析方法同前，可以得出结论：电源的相序不变，合成磁场的旋转方向也不变；正弦交流电变化一个周期即360°，合成磁场在空间旋转180°。以次类推当电动机具有 p 对磁极时，正弦交流电每变化一周，其旋转磁场在空间转过$\frac{1}{p}$转。因此，旋转磁场转速 n_1 与定子绕组的电流频率 f_1 机磁极对数 p 之间关系为

$$n_1=\frac{60f_1}{p}\ \text{(r/min)} \tag{4-1}$$

由此可知，旋转磁场的转速 n_1 取决于电源频率 f_1 和电动机的磁极对数 p，旋转磁场的转速也称为同步转速。

旋转磁场的旋转方向与三相绕组中的电流相序有关。其旋转的方向与三相电源接入定子绕组的相序是一致的。如果要改变旋转磁场的方向，只需改变通入三相定子绕组中电流的相序，即对调任意两相电源进线就可实现反转。

3. 转子转动原理

如图 4.9 所示两极三相异步电动机转动工作原理。设磁场以同步转速 n_1 顺时针方向旋转而切割不动的转子导体。即相当于磁场不动、转子导体以逆时针方向切割磁感线，于是在导体中产生感应电动势，其方向由右手定则确定。由于转子导体的两端由端环连通，形成闭合的转子电路，在转子电路中便产生了感应电流。载流的转子导体在磁场中受电磁力 f 的作用，f 对电动机的转轴形成一转矩 T，在此转矩的作用下，转子便沿旋转磁场的方向转动起来，其转速用 n 表示。

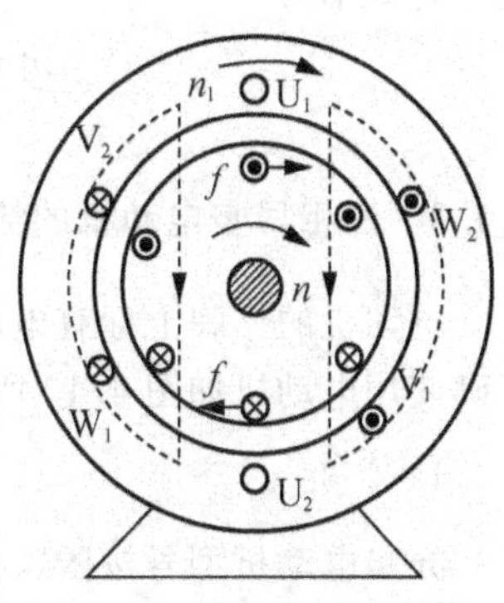

图 4.9　两极三相异步电动机转动工作原理

转子的旋转速度一般称为电动机的转速，用 n 表示。根据前面的分析可知，转子的转向与旋转磁场方向相同，在没有其他外力作用下，转子的转速 n 永远略小于同步转速 n_1，

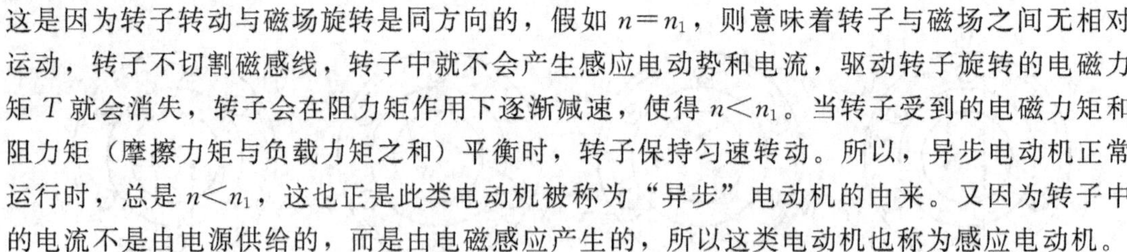

这是因为转子转动与磁场旋转是同方向的，假如 $n=n_1$，则意味着转子与磁场之间无相对运动，转子不切割磁感线，转子中就不会产生感应电动势和电流，驱动转子旋转的电磁力矩 T 就会消失，转子会在阻力矩作用下逐渐减速，使得 $n<n_1$。当转子受到的电磁力矩和阻力矩（摩擦力矩与负载力矩之和）平衡时，转子保持匀速转动。所以，异步电动机正常运行时，总是 $n<n_1$，这也正是此类电动机被称为“异步”电动机的由来。又因为转子中的电流不是由电源供给的，而是由电磁感应产生的，所以这类电动机也称为感应电动机。

4. *转差率*

异步电动机转速 n 总是低旋转磁场的转速 n_1，旋转磁场的转速 n_1 与转子转速 n 之差与同步转速之比定义为异步电动机的转差率 s，通常用百分数表示，即

$$s=\frac{n_1-n}{n_1}\times 100\% \tag{4-2}$$

转差率是分析和计算异步电动机运行状态的一个重要参数。在固有参数下运行，空载转差率在 0.5%以下，满载转差率在 5%左右。

对于转子而言，旋转磁场是以 (n_1-n) 的速度相对于转子旋转。如果旋转磁场的磁极对数为 p，则转子感应电动势的频率为

$$f_2=\frac{p\ (n_1-n)}{60}=\frac{n_1-n}{n_1}\cdot\frac{pn_1}{60}=sf_1 \tag{4-3}$$

可见转子电动势的频率 f_2 与转差率 s 有关，即与转子的转速 n 有关。

在电动机启动瞬间 $n=0$，即 $s=1$，此时，转子与旋转磁场间的相对转速最大，旋转磁场切割转子导体最快，所以此时 f_2 最大，即 $f_2=f_1$，转子电流 I_2 也最大。异步电动机在额定负载时，$s=1\%\sim5\%$，则 $f_2=0.5\sim2.5$Hz（$f_1=50$Hz 时），I_2 也随之下降为额定电流。

【例 4.1】 有一台 Y2-160M-4 异步电动机，电源频率 $f_1=50$Hz，额定转速 $n_N=1\,440$r/min，试求这台电动机的极对数和额定转差率。

解： 因为电动机的额定转速略低于同步转速 n_1，因此根据 $n_N=1\,440$r/min，可判断其同步转速 $n_1=1500$r/min，所以

$$p=60f_1/n_1=60\times50/1\,500=2$$

额定转差率为

$$s_N=\frac{n_1-n_N}{n_1}\times100\%=\frac{1\,500-1\,440}{1\,500}\times100\%=4\%$$

4.1.3 三相异步电动机的铭牌

电动机的铭牌上标有电动机在额定运行时的重要技术数据，以便使用者按照这些数据正确使用电动机如图 4.10 所示。

1. *型号*

异步电动机型号按国家标准规定，由汉语拼音大写字母和阿拉伯数字组成。按书写次序包括名称代号、规格代号以及特殊环境代号，无特殊环境代号者则表示该电动机适用于普通环境。

三相异步电动机					
型号	Y160M-4	功率	11kW	频率	50Hz
电压	380V	电流	22.6A	接法	△
转速	1 460r/min	温升	75℃	绝缘等级	B
防护等级	IP44	重量	120kg	工作方式	S1
××电机厂　　年　　月					

图 4.10　异步电动机的铭牌

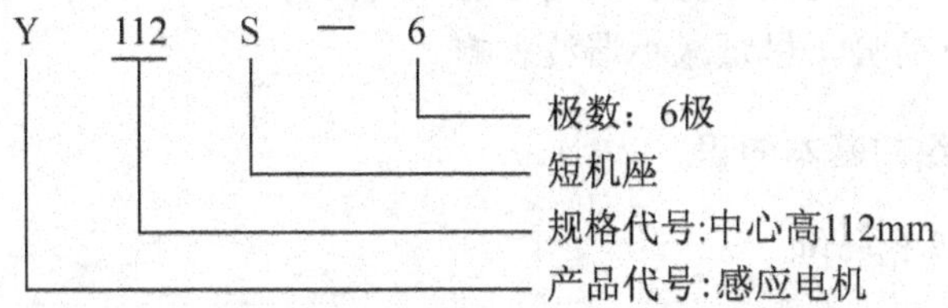

异步电动机还有Y2系列和YR系列，Y2系列电动机是我国20世纪90年代在Y系列的基础上更新设计的，作为一般用途，全封闭、自扇冷式鼠笼形三相异步电动机与Y系列电动机比较，具有效率高、启动转矩大、噪声低、结构合理、外形美观等特点。绝缘提高到F级，温升按B级考核。安装尺寸和功率等级符合IEC标准，与德国DIN42673标准一致，与Y系列（IP44）电动机相同。其外壳等级为IP54，冷却方法为IC411，连续工作制，绕组接法3kW以下为Y联结，其他为△联结。已达国外同类产品同期先进水平，是Y系列换代产品。

2. 三相异步电动机的额定值

(1) 额定电压 U_N。电动机在正常运行情况下，施加在定子绕组上的线电压，单位为V。

(2) 额定频率 f_N。电动机所用交流电源的频率。我国电力系统规定为50Hz。

(3) 额定功率 P_N。电动机在额定情况下运行，由轴端输出的机械功率，单位为W或kW。

$$P_N=\sqrt{3}U_N I_N \eta_N \cos\varphi_N \tag{4-4}$$

(4) 额定电流 I_N。电动机在额定电压、额定频率下轴端输出额定功率时，定子绕组的线电流，单位为A。

(5) 额定转速 n_N。电动机在额定电压、额定频率、额定负载下转子的转速，单位为r/min。

(6) 工作方式。异步电动机的工作方式主要分为连续（代号为S1）、短时（代号为S2）断续（代号为S3）。

(7) 接法。3kW以下的电动机为Y联结，其余为△联结。

(8) 温升。电动机在运行过程中会产生各种损耗，这些损耗转化成热量，导致电动机绕组温度升高。铭牌中的温升是指电动机运行时，其温度高出环境温度的允许值。环境温度规定为40℃。

(9) 绝缘等级。定子绕组所用材料的耐热等级，分为A、E、B、H、F级，极限工作温度：105℃、120℃、130℃、155℃、180℃。

（10）防护等级。指电动机外壳防护形式的分级，IP 是国际防护的英文缩写，封闭式（分别表示防尘，防水）。

4.2　三相交流电动机的定子绕组

三相交流电动机分为三相异步电动机和三相同步电动机，它们的定子绕组基本相同。定子绕组是交流电动机结构中的核心，是建立旋转磁场进行能量转换的关键部件。绕组材料需要可靠的绝缘性能、机械性能和工艺性能，用铜量少，散热好，维修方便。运行中力求获得较大的基波电动势，尽量减小谐波影响。

4.2.1　交流定子绕组的基本知识

1. 线圈、线圈组和绕组

线圈又称绕组元件，是构成绕组的基本单元，用绝缘导线（圆线或扁线）按一定形状绕制而成，可由一匝或多匝组成。再嵌入定子铁芯槽内，按一定规律连接成绕组。线圈嵌入铁芯槽内的直线部分称为有效边，槽外部分称为端部，如图 4.11 所示。

在不影响电磁性能和嵌线工艺允许的条件下，端部要尽量短。多个线圈连接成一组就称为线圈组。多个线圈或线圈组按照一定的规律连接在一起就形成了绕组。三相电动机有三个绕组，称为三相绕组。

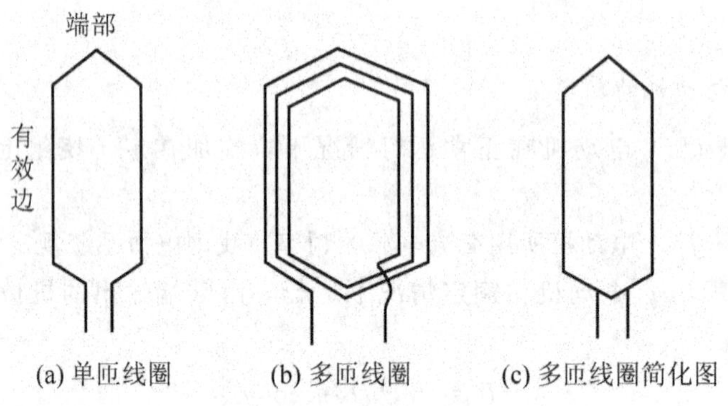

图 4.11　线圈示意图

2. 极距 τ

每个磁极沿定子铁芯内圆所占的范围称为极距。极距可用磁极所占范围的长度或定子槽数表示

$$\tau=\frac{\pi D}{2p} \tag{4-5}$$

$$\tau=\frac{z_1}{2p}$$

式中：D 为定子铁芯内径；z_1 为定子铁芯槽数。

3. 线圈节距 y

一个线圈的两个有效边所跨定子内圆周的距离称为节距，一般节距 y 用槽数计算。节

距应接近极距。$y=\tau$ 的绕组称为整距绕组，$y<\tau$ 的绕组称为短距绕组，$y>\tau$ 的绕组称为长距绕组。常用的是整距和短距绕组。

4. 电角度

一个圆周所对应的几何角度恒为360°，这称为机械角度。从电磁观点来看，若电动机的极对数为 p，则每经过一对磁极，磁场就变化一周，相当于360°电角度，故一对磁极便对应360°电角度。因此，若电动机有 p 对磁极，电角度计算为 $p\times360°$，即

$$\text{电角度}=p\times\text{机械角度}=p\times360°$$

5. 槽距角 α

相邻两槽之间的电角度称为槽距角，槽距角 α 可表示为

$$a=\frac{p\times360°}{z_1} \tag{4-6}$$

6. 每极每相槽数 q

每个极下每相绕组所占有的槽数称为每极每相槽数，每极每相槽数 q 可表示为

$$q=\frac{z_1}{2m_1p} \tag{4-7}$$

式中：m_1 定子绕组的相数。对三相电动机，$m_1=3$。

7. 相带

每个极距内每相绕组（q 个槽）所连续占有的区域称为相带。因为一个极距为180°电角度，而三相绕组在每个极距内均分，占有等分相同的区域，所以在每个极距内每相绕组占有的区域都是60°电角度，这样排列的三相对称绕组称为60°相带绕组，如图4.12所示。

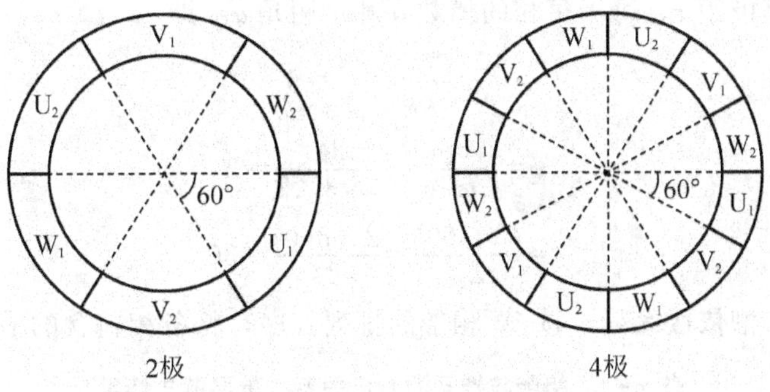

图4.12　三相绕组的60°相带图

8. 极相组

将一个磁极下的属于一个相带的 q 个线圈串联起来，便构成一个极相组。

4.2.2　三相交流绕组的构成原则

虽然交流电动机定子绕组的种类很多，但各种交流绕组的分布与连接的基本要求却是相同的。从设计制造和运行性能两个方面来考虑，三相定子绕组的构成须遵循以下原则。

(1) 根据三相定子绕组产生旋转磁场的条件，要求三相定子绕组是对称的三相绕组。因此，各相绕组在每个磁极下应均匀分布，以达到磁场对称。先将定子槽数 z_1 按极数均

分，每一等分表示一个极距 $z_1/2p$，每极下再把槽数分为三个相带。每个相带为 60°电角度。三相绕组在每极下的相带顺序：$U_1 \to W_2 \to V_1 \to U_2 \to W_1 \to V_2$。

(2) 同一相绕组的各有效边在同磁极下的电流方向应相同，在异性磁极下的电流方向应相反。为节约铜线，线圈两条边之间距离应尽可能短。

(3) 每相绕组在每极下的相带排列顺序按 $U_1 \to W_2 \to V_1 \to U_2 \to W_1 \to V_2$ 分布，这样各相绕组线圈所在的相带 U_1、V_1、W_1（或 U_2、V_2、W_2）的中心线恰好互差 120°。

(4) 从正弦交流电的波形图（见图 4.7）可见，除电流为零的任何瞬时，都是一相为正、两相为负，或两相为正、一相为负。

(5) 只要保持定子铁芯槽内电流分布情况不变，则产生的磁场也不会改变，因此，分别把属于各相导体顺着电流的方向联结起来，便得到三相对称绕组。

4.2.3 三相单层绕组

单层绕组的每一个槽内只有一个线圈边，整个绕组的线圈数等于槽数的一半。小型三相异步电动机常采用单层绕组，单层绕组可分为链式绕组、同心绕组和交叉绕组等几种形式。单层绕组嵌线比较方便，槽内没有层间绝缘，槽的利用率高，但它的磁动势和电动势波形比双层绕组稍差。下面以 4 极 24 槽电机为例说明三相单层绕组的排列和连接规律。

1. 链式绕组

单层链式绕组是由形状几何尺寸和节距都相同的线圈连接而成的，就整个外形看，形如长链，故称为链式绕组，其结构特点是一环套一环。举例说明如下。

【例 4.2】 设有一台极数 $2p=4$ 的电动机，定子槽数 $z_1=24$，三相单层链式绕组的电动机，说明单层绕组的构成原理并绘出绕组展开图。

解： (1) 计算极距 τ、每极每相的槽数 q 和槽距角 α，即

$$\tau=\frac{z_1}{2p}=\frac{24}{4}=6$$

$$q=\frac{z_1}{2m_1 p}=\frac{24}{2\times3\times2}=2$$

$$\alpha=\frac{p\times360^\circ}{Z_1}=\frac{2\times360^\circ}{24}=30^\circ$$

(2) 分相。将槽依次编号，按 60°相带的排列次序，将各相包含的槽填入表 4-1 中。

表 4-1 相带与槽号的对应关系（单层链式绕组）

槽号 \ 相带	U_1	W_2	V_1	U_2	W_1	V_2
第一对极	1，2	3，4	5，6	7，8	9，10	11，12
第二对极	13，14	15，16	17，18	19，20	21，22	23，24

(3) 构成一相绕组，绘制展开图。首先标出同一相中线圈有效边的电流方向：按相邻两个磁极下线圈边中的电流方向相反的原则进行，如 S 极下线圈边的电流方向向下，则 N 极下线圈边的电流方向向上。

将属于 U 相的导体 2 和 7，8 和 13，14 和 19，20 和 1 相连，构成四个节距相等的线圈。

当电动机中有旋转磁场时，槽内导体将切割磁力线而感应电动势，U 相绕组的总电动势将是导体 1、2、7、8、13、14、19、20 的电动势之和（相量和），按电动势相加的原则，将 4 四个线圈按“尾接尾”、“头接头”相连的原则构成 U 相绕组，其展开图如图 4.13（a）所示。

根据对称的原则，可以得到另外两相绕组的连接规律。

确定各相绕组的电源引出线。各相绕组的电源引出线应彼此相隔 120°电角度。由于相邻两槽间相隔的电角度为30°，则 120°电角度应相隔 4 个槽。将 U 相电源引出线的首端 U_1 定在第 2 槽，则 V 相的首端 V_1 应在第 6 槽，W 相的首端 W_1 应定在第 10 槽。图 4.13（b）所示为三相单层链式绕组的展开图。

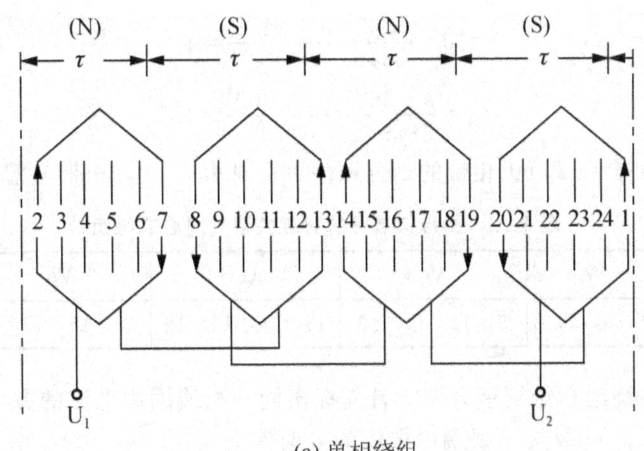

(a) 单相绕组

(b) 三相绕组

图 4.13　24 槽 4 极三相单层链式绕组的展开图

特别提示

● 链式绕组的每个线圈节距相等，制造方便，线圈端部连接较短，节省铜材。链式绕组主要用于 $q=2$ 的 4、6、8 极小型三相异步电动机中。

2. 单层同心式绕组

同心式绕组由几个几何尺寸和节距不等的线圈连成同心形状的线圈组所构成。这种绕组的端部较长，常用于2极电动机中。

【例4.3】一台三相交流电动机，极数 $2p=2$，定子槽数 $z_1=24$，说明三相单层同心式绕组的构成原理并绘出展开图。

解：(1) 计算极距 τ、每极每相的槽数 q 和槽距角 α，即

$$\tau=\frac{Z_1}{2p}=\frac{24}{2}=12$$

$$q=\frac{Z_1}{2m_1p}=\frac{24}{2\times3\times1}=4$$

$$\alpha=\frac{p\times360^\circ}{z_1}=\frac{1\times360^\circ}{24}=15^\circ$$

(2) 分相。由 $q=4$ 和 60° 相带的划分顺序可得见表4-2，相带与槽号的对应关系。

表4-2 相带与槽号的对应关系（同心式绕组）

相带	U_1	W_2	V_1	U_2	W_1	V_2
槽号	1，2，3，4	5，6，7，8	9，10，11，12	13，14，15，16	17，18，19，20	21，22，23，24

(3) 构成一相绕组，绘制展开图。首先标出同一相线圈中电流的方向。设S极下线圈中电流的方向向下，则N极下线圈中电流的方向向上。

按绕组节距要求将各线圈边依照电流方向连接成线圈。把属于U相的每一个相带内的槽分成两半，3和14槽内的导体构成一个节距为11的大线圈，4和13槽内的导体构成一个节距为9的小线圈，把两个线圈串联组成一个同心式的线圈组，再把15和2、16和1槽内的导体构成另一个同心式线圈组。两个线圈组之间按“头接头、尾接尾”的反串联规律相连，得到U相同心式绕组展开图，如图4.14(a)所示。

(4) 构成三相绕组。用同样的方法，可连接V相绕组的4个线圈为11-22、12-21、23-10、24-9，W相绕组的4个线圈为19-6、20-5、7-18、8-17。根据对称原则画出V、W相绕组展开图，可得U、V、W三相绕组展开图，如图4.14(b)所示。

确定电源各相绕组的电源引线。相邻两槽间的电角度为 15°，故各相引出线的首端应相隔8槽。如将U相绕组的首端 U_1 定在3槽，则V相和W相的首端 V_1、W_1 应分别定在第11槽和第19槽。

同心式绕组端部连接接线长，它适用 q 为4、6、8等偶数的2极小型三相异步电动机。

3. 单层交叉式绕组

交叉式绕组是由线圈个数和节距都不相等的两种线圈组合构成的，同一组线圈的各线圈的形状、几何尺寸和节距均相等，各线圈组的端部都互相交叉，主要用于 q 为奇数的4极或2极小型三相异步电动机的定子中，它是前两种情况的综合。

【例4.4】国产Y123S-4型交流异步电动机的定子绕组采用单层交叉式绕组，极数 $2p=4$，定子槽数 $z_1=36$，试绘出三相单层交叉式绕组的展开图。

解：(1) 计算极距 τ、每极每相的槽数 q 和槽距角 α，即

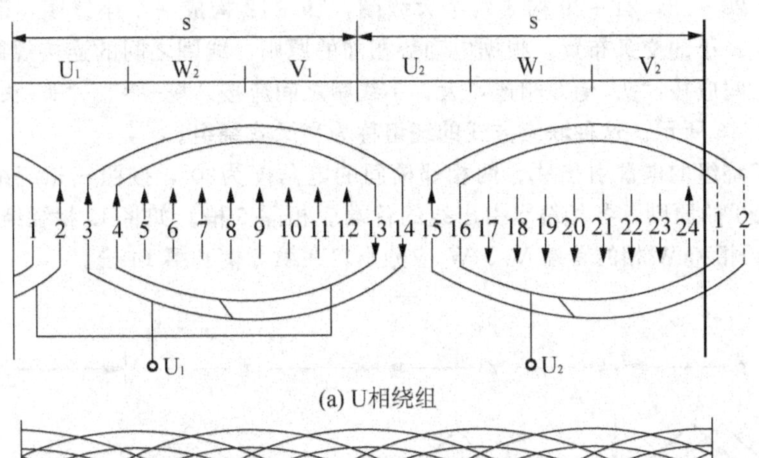

(a) U相绕组

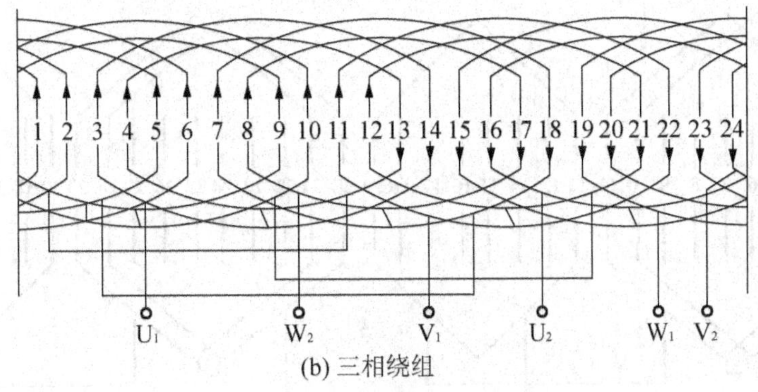

(b) 三相绕组

图 4.14　24 槽 2 极单层同心绕组展开图

$$\tau=\frac{z_1}{2p}=\frac{36}{4}=9$$

$$q=\frac{z_1}{2m_1 p}=\frac{36}{2\times 3\times 2}=3$$

$$\alpha=\frac{p\times 360^\circ}{z_1}=\frac{2\times 360^\circ}{36}=20^\circ$$

(2) 分相。将槽依次编号，绕组采用 60°相带，则每极每相包含三个槽，相带与槽号的对应关系列于表 4－3 中。

表 4－3　相带与槽号的对应关系（三相单层交叉式绕组）

槽号＼相带	U_1	W_2	V_1	U_2	W_1	V_2
第一对极	1，2，3	4，5，6	7，8，9	10，11，12	13，14，15	16，17，18
第二对极	19，20，21	22，23，24	25，26，27	28，29，30	31，32，33	34，35，36

(3) 构成一相绕组，绘出展开图。首先标出同一相中线圈边电流的方向：S 极下线圈边电流方向向上，N 极下线圈边电流方向向下。

按绕组节距要求将各线圈边依电流方向连接成线圈。如前所述，线圈端部的连接方式不会影响电磁性能，根据 U 相绕组所占槽数不变的原则，把 U 相所属的每个相带内的槽导体分成两部分 2－10，3－11 构成两个节距 $y_1=8$ 的大线圈；1－30 构成一个 $y_1=7$ 的小线圈。同理，20－28，21－29 构成两个大线圈，19－12 构成一个小线圈，形成两对极下依次出现两大一小的交叉布置。根据电动势相加的原则，线圈之间的连接规律是：两个相邻的大线圈之间应按“头-尾”相连，大、小线圈之间应按“尾-尾”、“头-头”规律相连。展开图如图 4.15 所示。这种联结方式的绕组称为交叉式绕组。

确定各相绕组的电源引出线。两相邻槽间的电角度为20°，按照三相绕组电源引出线首端应互差120°的原则，各相绕组引出线的首端应相隔 6 槽。如将 U 相绕组的首端 U_1 定在 2 槽，则 V 相和 W 相的首端 V_1、W_1 应分别定在第 8 槽和第 14 槽。

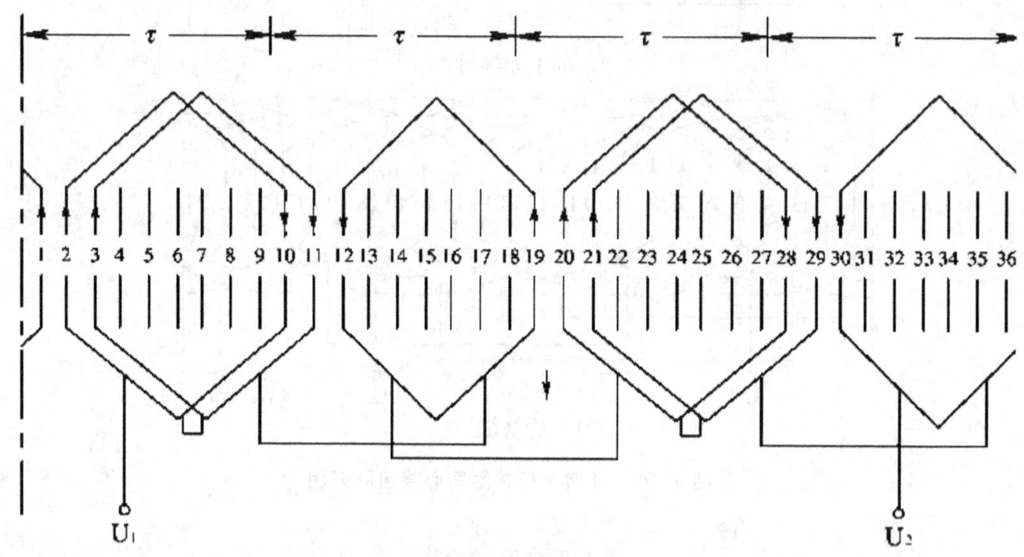

图 4.15　三相 36 槽 4 极单层交叉绕组展开图

特别提示

- 以上讨论的三种形式的单层绕组，它们从外部结构看虽各不相同，但从产生的电磁效果的角度看基本是一致的。因此到底选择哪种结构形式，主要从缩短端接部分的长度出发，同时要考虑嵌线工艺的可能性。同心式绕组因端部接线较长，一般只在嵌线比较困难的 2 极电机中采用，功率较小的 4 极、6 极、8 极电动机采用链式绕组，少部分的 2 极、4 极电动机采用交叉式绕组。

单层绕组的优点是结构简单，嵌线比较方便，由于无层间绝缘，所以槽的利用率很高。但产生的磁场和电势的波形较差，使电机的铁耗和噪声大，启动性能不良。多用于小容量电动机。大容量三相异步电动机则采用双层叠绕组。

双层叠绕组每个槽内导体分作上下两层，线圈的一个边在一个槽的上层，另一个边在另一个槽的下层，总的线圈数等于槽数。本处对此不再赘述。

4.3　交流绕组的感应电动势

异步电动机气隙中的磁场旋转时，定子绕组切割旋转磁场将产生感应电动势，经推导可得每相定子绕组基波感应电动势为

$$E_1 = 4.44 f_1 N_1 k_{w1} \Phi \qquad (4-8)$$

式中：f_1 为定子绕组的电流频率，即电源频率（Hz）；Φ_1 为每极基波磁通；N_1 为每相定子绕组的串联匝数；k_{w1}为定子绕组的基波绕组因数，它反映了集中整距绕组（如变压器绕组）变为分布、短距绕组后，基波电动势应打的折扣，一般来说 $0.9 < k_{w1} < 1$。

特别提示

- 式（4－8）不但是异步电动机每定子绕组电动势有效值的计算公式，也是交流绕组感应电动势有效值的普遍公式。该公式与变压器一次绕组的感应电动势公式 $E_1 = 4.44 f_1 N_1 \Phi_1$ 在形式上相似，只是多了一个绕组因数 k_{w1}，若 $k_{w1}=1$，两个公式就一致了。这说明变压器的绕组是集中绕组，其 $k_{w1}=1$；异步电动机的绕组是分布短距绕组，其 $k_{w1}<1$，故 $N_1 k_{w1}$ 也可以理解为每相定子绕组基波电动势的有效串联匝数。

同理可得转子转动时每相转子绕组的基波感应电动势为

$$E_{2s} = 4.44 f_2 \mathrm{N}_2 k_{w2} \Phi \qquad (4-9)$$

式中：f_2 为转子电流的频率（Hz）；N_2 为每相转子绕组的串联匝数；k_{w2}为转子绕组的基本绕组因数。

4.4　三相异步电动机的空载运行

三相异步电动机定子绕组接在对称的三相交流电源上，转子轴上不带机械负载时的运行状态称为空载运行。

4.4.1　转子不动时的空载运行

1. 主磁通与漏磁通

三相异步电动机定子绕组通入三相对称交流电时，将产生旋转磁通势，该磁通势产生的磁通绝大部分穿过气隙并同时交链于定子和转子绕组，这部分磁通称为主磁通，用 Φ 表示。其路径为定子铁芯→气隙→转子铁芯→气隙→定子铁芯，构成闭合磁路，如图 4.16（a）所示。

主磁通同时交链于定子、转子绕组而在其中分别产生感应电动势。另一小部分磁通仅与定子绕组交链，而不传递能量，这部分磁通称为漏磁通，用 Φ_{1s} 表示，如图 4.16（b）所示。主磁通 Φ 分别在定、转子绕组中感应出定子电动势 E_1 转子电动势 E_2；漏磁通只在定子绕组中感应出漏电动势 E_{1s}。

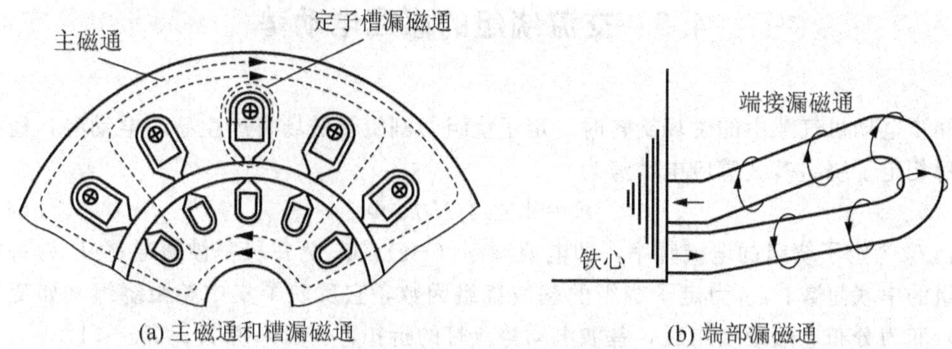

(a) 主磁通和槽漏磁通　　(b) 端部漏磁通

图 4.16　主磁通与漏磁通

2. 定、转子电压平衡方程式

空载时定、转子电压平衡关系与变压器空载运行相似，即

$$\dot{U}_1=-\dot{E}_1-\dot{E}_{1s}+\dot{I}_0 r_1=-\dot{E}_1+\mathrm{j}\dot{I}_0 X_1+\dot{I}_1 r_1=-\dot{E}_1+\dot{I}_0 Z_1 \tag{4-10}$$

式中：Z_1 为定子绕组的激磁阻抗，$Z_1=r_1+\mathrm{j}X_1$。

由于 I_0 相对额定电流很小，$I_0|Z_1|$ 仍远小于 E_1 因此在上式中将 $I_0|Z_1|$ 忽略，得

$$\dot{U}_1\approx\dot{E}_1$$

或

$$U_1\approx E_1=4.44fN_1k_{w1}\Phi \tag{4-11}$$

特别提示

● 若外加电压为定值，则 Φ 基本不变，这与变压器情况基本相同。

转子电动势平衡方程式为

$$\dot{U}_{20}=\dot{E}_2$$

定、转子感应电动势有效值为

$$U_1=4.44f_1N_1k_{w1}\Phi$$

$$U_{20}=E_2=4.44f_2N_2k_{w2}\Phi \tag{4-12}$$

4.4.2　转子转动（转子绕组短路）时的空载运行

1. 异步电动机空载运行时的电压平衡方程式和等值电路

当三相定子绕组通以三相对称电流，形成一旋转磁场切割定、转子绕组而产生感应电动势 E_1 和 E_2，由于转子绕组短路，$I_2\neq0$，I_2 便产生转矩 T_{em}，用以克服空载转矩 T_0，因转差 Δn 很小，$E_2\approx0$，$I_2\approx0$ 与转子开路时空载运行相似。

空载时等值电路与变压器空载时相似，如图 4.17 所示，异步电动机定子电动势也可像变压器那样用激磁阻抗上产生的压降来表示，即

$$\dot{E}_1=-\dot{I}_0\ (r_m+\mathrm{j}X_m)\ =-Z_m\dot{I}_0 \tag{4-13}$$

式中：$Z_m = r_m + jX_m$ 为励磁阻抗；r_m 为励磁电阻，是反映铁损耗的等效电阻；X_m 为励磁电抗，与主磁通 Φ 相对应。于是电压方程式可改写为

$$\dot{U}_1 = -\dot{E}_1 + (r_1 + jX_1)\dot{I}_0 = -\dot{E}_1 + Z_1\dot{I}_0 \quad (4-14)$$

2. 异步电动机空载电流 I_0

异步电动机空载运行时，空载电流 $\dot{I}_0$ 中有很小部分为有功分量 $\dot{I}_{0P}$，用以供给定子铜耗、铁耗和机械损耗，而绝大部分是无功分量 $\dot{I}_{0Q}$，用以产生旋转磁场。故

$$\dot{I}_0 = \dot{I}_{0P} + \dot{I}_{0Q} \quad (4-15)$$

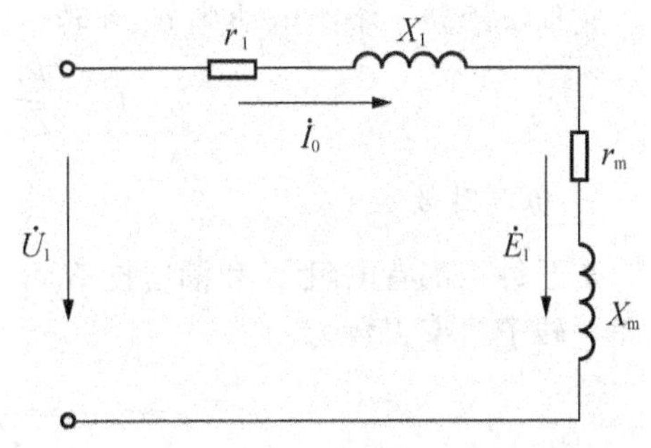

图 4.17　异步电动机空载时的等效电路

特别提示

- 异步电动机空载时功率因数很低，一般 $\cos\varphi_0 \approx 0.2$ 左右，所以应尽量避免电动机长期空载运行，以免浪费电能。

4.5　三相异步电动机的负载运行

4.5.1　转子各物理量与 s 的关系

负载运行时，电动机将以低于同步转速 n_1 的速度 n 旋转，其转向仍与气隙旋转磁场的转向相同。因此，气隙磁场与转子的相对转速为 $n_2 = n_1 - n = sn_1$，n_2 也就是气隙旋转磁场切割转子绕组的速度。于是在转子绕组中就感应出电动势 E_{2s}，其大小、频率以及转子电抗都随转差率变化。

1. 转子电动势的频率 f_2

转子旋转时，转子电动势的频率 f_2 的大小取决于磁场的相对转速，即

$$f_2 = \frac{p(n_1 - n)}{60} = \frac{n_1 - n}{n_1} \cdot \frac{pn_1}{60} = sf_1$$

对感应电动机，一般 $s = 0.02 \sim 0.06$，当 $f = 50\text{Hz}$ 时，f_2 仅为 $1 \sim 3\text{Hz}$。

2. 转子旋转时每相电动势 E_{2s}

转子旋转时，每相电动势的有效值为

$$E_{2s} = 4.44sf_1N_2k_{w2}\Phi = sE_2 \quad (4-16)$$

转子静止时，$s=1$，转子电动势达到最大值；当转子旋转时，E_{2s}随 s 的减小而减小。

3. 转子转动时的漏电抗 X_{2s}

由于转子绕组流过电流 I_2，产生转子漏磁通 Φ_{2s}，故它的磁导 Λ_{2s}为常数，则转子转动时的漏电抗 X_{2s}与转子静止时的电抗 X_2 有以下关系：

$$X_{2s} = 2\pi f_2 N_2^2 \Lambda_{2s} = 2\pi s f_1 N_2^2 \Lambda_{2s} = sX_2 \quad (4-17)$$

与变压器一样，对于已制成的异步电动机而言，r_1、X_1、r_2、X_2 都是常量，所以由

上式可知，转子转动时的漏电抗 X_{2s} 与转差率 s 成正比。则转子阻抗为

$$Z_{2s}=\sqrt{r_2^2+(sX_2)^2} \tag{4-18}$$

4. 转子电流 I_{2s}

它取决于转子绕组电动势 E_{2s} 和转子阻抗 Z_{2s}，即

$$I_{2s}=\frac{E_{2s}}{Z_{2s}}=\frac{sE_2}{\sqrt{r_2^2+(sX_2)^2}} \tag{4-19}$$

5. 功率因数 $\cos\varphi_2$

转子每相都有电阻 r_2 和漏电抗 X_{2s}，是感性电路，所以转子电流滞后于转子电动势一个角，转子功率因数为

$$\cos\varphi_2=\frac{r_2}{Z_{2s}}=\frac{r_2}{\sqrt{r_2^2+(sX_2)^2}} \tag{4-20}$$

由式可见，s 增大时，$\cos\varphi_2$ 减小。

4.5.2 电压平衡方程式

异步电动机从空载到负载，定子电流从 I_0 增加到 I_1，仿照式（4-14）可列出负载时定子电压平衡方程式为

$$\dot{U}_1=-\dot{E}_1+Z_1\dot{I}_1 \tag{4-21}$$

由于转子电路自成闭路，处于短路状态 $U_2=0$，所以转子电动势平衡方程式为

$$\dot{E}_{2s}=\dot{I}_{2s}(r_2+\mathrm{j}X_{2s})=\dot{I}_{2s}Z_{2s} \tag{4-22}$$

式中：I_{2s} 为转子旋转时每相电流（A）；r_2 为转子每相电阻（Ω）；X_{2s} 为转子旋转时每相漏电抗（Ω）；Z_{2s} 为转子旋转时每相阻抗（Ω）。

4.5.3 等值电路

当异步电动机静止时，定、转子电路的频率相同，即 $f_1=f_2$，当转子旋转时，两电路的频率不同，即 $f_1>f_2$。为研究定子、转子电路直接的电路联系，除进行绕组归算外，还须对频率进行归算。

1. 频率归算

频率归算实质就是用一个等效不动的转子代替实际转动的转子。等效有两层含义如下。

(1) 等效以后，转子电路对定子电路的电磁效应不变，即归算前后，转子电流 $\dot{I}_2$ 大小和相位不变。

(2) 等效转子电路的各种功率必须和实际转子电路一样。转子旋转时转子电流为

$$\dot{I}_{2s}=\frac{\dot{E}_{2s}}{r_2+\mathrm{j}X_{2s}}=\frac{s\dot{E}_2}{r_2+\mathrm{j}sX_2} \tag{4-23}$$

如果将式（4-23）分子、分母同除以 s 得

$$\dot{I}_2=\frac{\dot{E}_{2s}}{r_2+\mathrm{j}X_{2s}}=\frac{\dot{E}_2}{\frac{r_2}{s}+\mathrm{j}X_2} \tag{4-24}$$

式（4-23）对应转子旋转时的电流，频率 $f_2=sf_1$；式（4-24）对应转子静止时时的电流，频率 $f_2=f_1$。转子中电流的大小和相位没有变化，保证了归算前后转子对定子的影响不变。因为 $r_2/s=r_2+(1-s)r_2/s$，说明频率归算时，转子电路应串入一个附加电阻 $(1-s)r_2/s$，以满足频率归算前后能量不变的原则。

如图4.18所示频率归算后，异步电动机定、转子的等效电路图，图中定子和转子的频率均为 f_1，转子电路中出现了一个表征机械负载的等效电阻 $(1-s)r_2/s$。

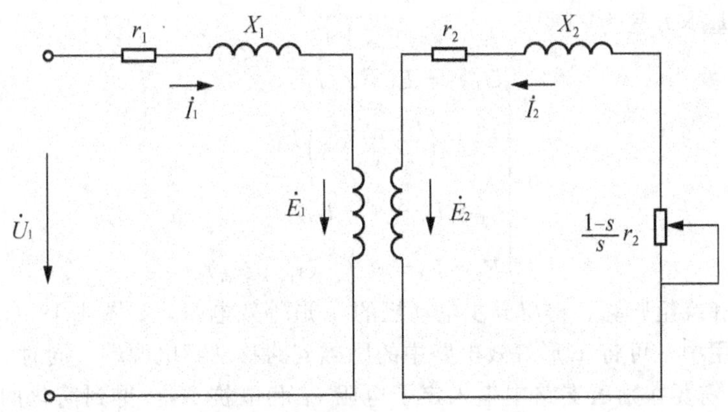

图 4.18　异步电动机频率归算后（转子静止）电路图

2. 绕组归算

所谓绕组归算，就是用一个与定子绕组的相数 $m'_2=m_1$，匝数 $N'=N_1$，绕组系数 $k'_{w2}=k_{w1}$ 的完全相同的等效转子绕组，去代替相数为 m_2、匝数为 N_2、绕组系数 k_{w2} 的实际转子绕组。绕组归算时，同样应当保持磁动势和功率不变的原则。归算后转子各值用加“′”的量来表示。

(1) 电流的归算。设 I'_2 为归算后的转子电流，为使绕组归算前、后转子磁动势的幅值和相位不变，应有

$$m'_2 I'_2 N'_2 k'_{w2}=m_2 I_2 N_2 k_{w2} \tag{4-25}$$

于是

$$I'_2=\frac{m_2 N_2 k_{w2}}{m_1 N_1 k_{w1}} I_2=\frac{I_2}{k_i} \tag{4-26}$$

式中：$k_i=\dfrac{m_1 N_1 k_{w1}}{m_2 N_2 k_{w2}}$为异步电动机的电流变比。

(2) 电动势归算 E'_2。因归算前后，磁动势不变，则主磁通 Φ 不变，即

$$\begin{cases} E_2=4.44 f_2 N_2 k_{w2}\Phi \\ E'_2=4.44 f_1 N'_2 k'_{w2}\Phi=4.44 f_1 N_1 k_{w1}\Phi=E_1 \\ E_1/E_2=E'_2/E_2=N_1 k_{w1}/N_2 k_{w2}=k_u \\ E'_2=k_u E_2 \end{cases} \tag{4-27}$$

3. 阻抗的归算

若折算后转子的每相电阻为 r'_2、X'_2。根据折算前后功率不变的原则有

$$m_1 I'^2_2 r^1_2=m_2 I^2_2 r_2$$

归算后

$$r'_2=\frac{m_2}{m_1}r_2\left(\frac{I_2}{I'_2}\right)^2=\frac{m_1}{m_2}\left(\frac{N_1k_{w1}}{N_2k_{w2}}\right)^2r_2=k_uk_ir_2 \tag{4-28}$$

同理

$$X'_2=k_uk_iX_2 \tag{4-29}$$

4. 等值电路

归算后的基本方程为

$$\begin{cases}\dot{U}_1=-\dot{E}_1+Z_1\dot{I}_1\\ \dot{E}'_2=\left(\frac{r'_2}{s}+\mathrm{j}X'_2\right)\dot{I}'_2\\ \dot{I}_1=\dot{I}_0+(-\dot{I}'_2)\\ \dot{E}_1=\dot{E}_2=-\dot{I}_0(r_m+X_m)\end{cases} \tag{4-30}$$

经过频率和绕组归算，得出异步电动机的T形等效电路，如图4.19(a)所示。

在实际应用中，可将T形等效电路中的励磁支路移动到电源端，同时为保证励磁支路电流 I_0 不变，需要在励磁支路中串入定子电阻 r_1 和电抗 X_1，得到简化的等效电路如图4.19(b)所示。

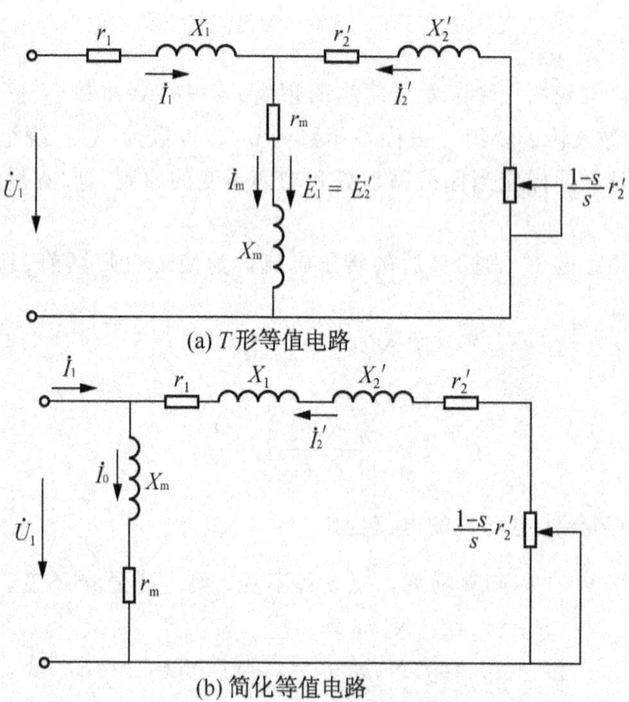

(a) T形等值电路

(b) 简化等值电路

图 4.19 异步电动机的等效电路

4.6 三相异步电动机的功率和电磁转矩

4.6.1 功率平衡关系

1. 异步电动机的功率

异步电动机运行时，把输入到定子绕组中的电功率转换成转子转轴上输出的机械功率。在能量变换过程中，不可避免地会产生一些损耗。

（1）电动机输入的电功率为

$$P_1 = m_1 U_1 I_1 \cos\varphi_1 = \sqrt{3} U_{11} I_{11} \cos\varphi_1 \tag{4-31}$$

（2）定子铜耗为

$$p_{\mathrm{Cu1}} = m_1 I_1^2 r_1$$

（3）定子铁耗为

$$p_{\mathrm{Fe}} = m_1 I_0^2 r_m$$

正常运行时，转子频率很小，转子铁耗常忽略不计。

（4）电磁功率为

$$P_{\mathrm{em}} = P_1 - p_{\mathrm{Cu1}} - p_{\mathrm{Fe}} = m_1 I_2'^2 \frac{r_2'}{s} = m_1 E_2' I_2' \cos\varphi_2 \tag{4-32}$$

（5）转子铜耗为

$$p_{\mathrm{Cu2}} = m_2 I_2^2 r_2 = m_1 I_2'^2 r_2'$$

（6）转轴上总的机械功率为

$$P_{\mathrm{mec}} = m_2 I_2^2 \frac{1-s}{s} r_2 = m_1 I_2'^2 \frac{1-s}{s} r_2' \tag{4-33}$$

（7）电动机轴上输出的功率为

$$P_2 = P_{\mathrm{mec}} - p_0 = \eta \sqrt{3} U_{11} I_{11} \cos\varphi_1 \tag{4-34}$$

（8）空载损耗为

$$p_0 = p_{\mathrm{j}} + p_{\mathrm{s}}$$

式中：φ_1 为定子相电压与相电流的相位差；η 为电动机的效率；p_{j} 为机械损耗，指电动机旋转时轴承的摩擦和空气的阻力产生的损耗；p_{s} 为附加损耗。

2. 功率平衡关系

借助异步电动机的T形等值电路和功率流程如图4.20所示，来描述功率之间的关系。功率损耗分布图如图4.21所示。

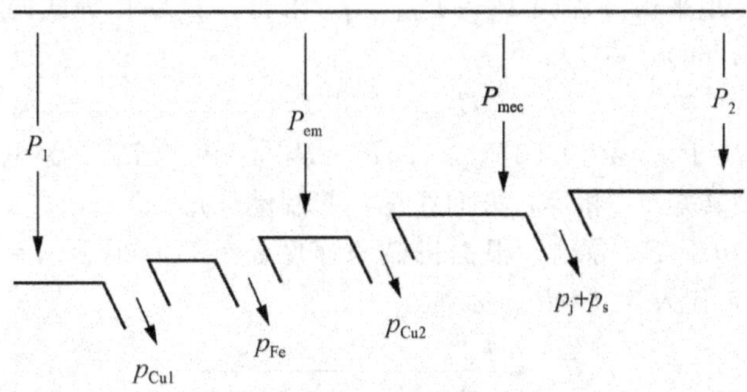

图4.20 功率流程

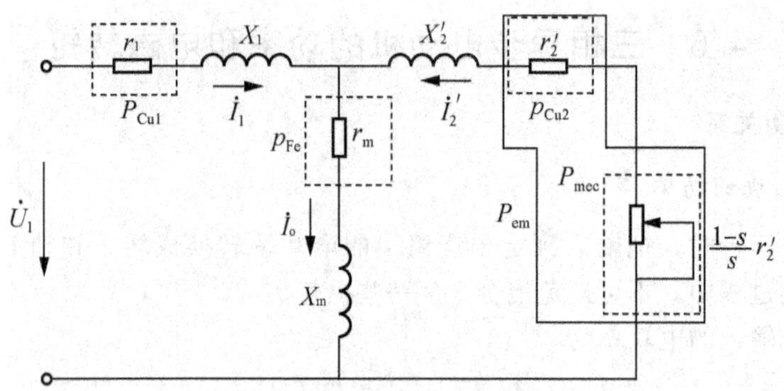

图 4.21 功率损耗分布图

$$\begin{cases} P_{em} = P_1 - p_{Cu1} - p_{Fe} \\ P_{mec} = P_{em} - p_{Cu2} \\ P_2 = P_{mec} - p_0 \end{cases} \tag{4-35}$$

3. 功率之间关系

功率之间的关系如下

$$\begin{cases} \dfrac{p_{Cu2}}{P_{em}} = \dfrac{r'_2}{(r'_2/s)} = s \\ \dfrac{P_{mec}}{P_{em}} = \dfrac{1-s}{s} \cdot \dfrac{r'_2}{r'_2/s} = 1-s \end{cases}$$

即

$$\begin{cases} p_{Cu2} = sP_{em} \\ P_{mec} = (1-s)\ P_{em} \end{cases} \tag{4-36}$$

上式表明：通过气隙传递给转子的电磁功率 P_{em}，一部分（$1-s$）P_{em}转变为机械功率 P_{mec}，另一部分 sP_{em}转变为转子铜耗 p_{Cu2}，又称转差功率，故正常工作时 s（$s_N=0.02\sim0.06$）较小，p_{Cu2}小，效率高。

4.6.2 异步电动机转矩平衡关系

当电动机稳定运行时，作用在电动机转子上的转矩有 3 个。

（1）使电动机旋转的电磁转矩 T_{em}。

（2）由电动机的机械损耗和附加损耗所引起的空载制动转矩 T_0。

（3）电动机的输出转矩 T_2，与电动机所拖动的负载 T_L 的大小相等，方向相反。

根据电动机的转矩平衡方程式 $P_2=P_{mec}-p_0$ 求得，只要在等式两边各除以转子的机械角速度 ω（$\omega=2\pi n/60$），有

$$T_{em} = T_2 + T_0 \tag{4-37}$$

式中：电磁转矩 $T_{em}=P_{mec}/\omega=9.55P_{mec}/n$；$T_2=P_2/\omega=9.55P_2/n$ 为电动机输出的机械转矩，它的大小与负载转矩 T_L 相等，方向相反，起制动作用。

T_{em}也可从电磁功率 P_{em} 导出，根据机械角速度 $\omega=2\pi n/60$ 及 $n=$（$1-s$）n_1，则有 $\omega=$（$1-s$）ω_1，将其代入 $T_{em}=P_{mec}/\omega$ 得

$$T_{em} = \frac{P_{mec}}{\omega} = \frac{P_{mec}}{(1-s)\ \omega_1} = \frac{P_{em}}{\omega_1} \tag{4-38}$$

可见，电磁转矩等于机械功率除以机械角速度，也等于电磁功率除以同步角速度。

【例 4.5】有一台三相四极异步电动机，$f=50\text{Hz}$，$U_N=380\text{V}$，Y接法，$\cos\varphi_N=0.83$，$r_1=0.35\Omega$，$r'_2=0.34\Omega$，$s_N=0.04$，机械损耗与附加损耗之和 $p_0=288\text{W}$。设 $I_{1N}=I'_{2N}=20.5\text{A}$，求此电动机额定运行时的输出功率 P_2、电磁功率 P_{em}、电磁转矩 T_{em} 和负载转矩 T_L。

解：全机械功率为 $P_{mec}=m_1 I'^2_{2N}\dfrac{1-s}{s}r'_2=3\times20.5^2\times\dfrac{1-0.04}{0.04}\times0.34\text{W}=10\ 288\text{W}$

输出功率为

$$P_2=P_{mec}-p_0=(10\ 288-288)\ \text{W}=10\ 000\text{W}$$

电磁功率为

$$P_{em}=\frac{P_{mec}}{1-s}=\frac{10\ 288}{1-0.04}\text{W}=10\ 716\text{W}$$

额定转速为

$$n_N=(1-s_N)\ n_1=(1-0.04)\ \times1\ 500\text{r/min}=1\ 440\text{r/min}$$

电磁转矩为

$$T_{em}=\frac{P_{em}}{\omega_1}=9.55\ \frac{P_{em}}{n_1}=9.55\times\frac{10\ 716}{1\ 500}\text{N}\cdot\text{m}=68.23\text{N}\cdot\text{m}$$

或

$$T_{em}=\frac{P_{mec}}{\omega}=9.55\times\frac{10\ 288}{1\ 440}\text{N}\cdot\text{m}=68.23\text{N}\cdot\text{m}$$

负载转矩为

$$T_L=T_2=\frac{P_2}{\omega}=9.55\times\frac{10\ 000}{1\ 440}\text{N}\cdot\text{m}=66.32\text{N}\cdot\text{m}$$

4.6.3　三相异步电动机的工作特性

三相异步电动工作特性是指 $U=U_N$，$f_1=f_N$ 时，n、I_1、$\cos\varphi_1$、T_{em}、η 与输出功率 P_2 之间的关系如图 4.22 所示。

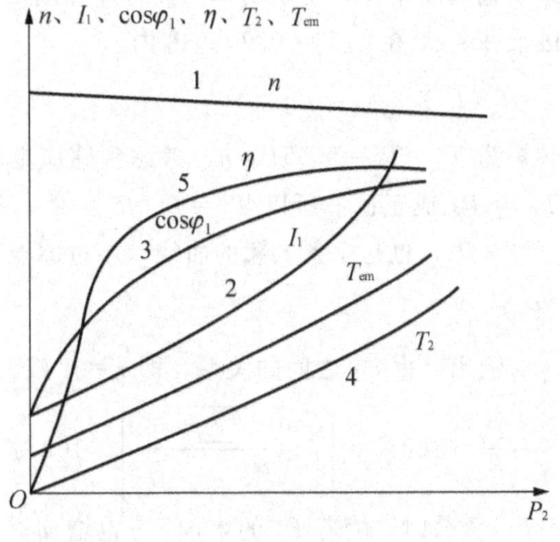

图 4.22　异步电动机工作特性曲线

1. 转速特性 $n=f(P_2)$

转速特性是指转速 n 与输出功率 P_2 之间的关系 $n=f(P_2)$ [或 $s=f(P_2)$]。

因为 $p_{Cu2}=sP_{em}$，所以

$$s=\frac{p_{Cu2}}{P_{em}}=\frac{m_1 r'_2 I'^2_2}{m_1 E'_2 I'_2 \cos\varphi_2}=\frac{r'_2 I'_2}{E'_2 \cos\varphi_2} \tag{4-39}$$

理想空载时，$P_2=0$、$I'_2\approx 0$，$s\approx 0$，故 $n=n_1$。随着负载的增加，转子电流 I'_2 增大，p_{Cu2}和 P_{em} 也随之增大，因为 p_{Cu2} 与 I'_2 的平方成正比，因此，随着负载的增大，s 也增大，转速 n 就降低，特性如图 4.22 中的曲线 1。为了保证电动机有较高的效率，负载时的转子铜耗不能太大，因此负载时的转差率限制在一个比较小的数值。如前所述，一般在额定负载时的转差率 $s_N=0.02\sim0.06$，相应的额定负载时的转速 $n_N=(1-s_N)\ n_1=(0.98\sim0.94)\ n_1$，与同步速度十分接近。由此可见，异步电动机的转速特性曲线是一条对横轴稍微下降的曲线，与并励直流电动机的转速调整特性曲线相似。

2. 定子电流特性 $I_1=f(P_2)$

定子电流特性是指定子电流 I_1 与输出功率 P_2 之间的关系式 $I_1=f(P_2)$。由磁动势平衡方程式 $\dot{I}_1=\dot{I}_0+(-\dot{I}'_2)$ 可知，理想空载时，$\dot{I}_2\approx 0$，$\dot{I}_1\approx\dot{I}_0$。随着负载的增加，$P_2$ 增加，n 减小，s 增加，转子电流 I'_2 增大，为维持平衡，I_1 也增加，于是定子电流的负载分量也随着 P_2 的增大而增大，电流特性曲线如图 4.22 中的曲线 2。

3. 定子功率因数特性 $\cos\varphi_1=f(P_2)$

定子功率因数特性是指功率因数与输出功率之间的关系 $\cos\varphi_1=f(P_2)$。空载时，$P_2=0$，$I'_2=0$，定子电流 $I_1=I_0$，基本上是励磁电流，功率因数 $\cos\varphi_1$ 很低，$\cos\varphi_1=\cos\varphi_0<0.2$。随着负载的增加，$P_2$ 增加，I'_2 增加，定子电流的有功分量增加，功率因数 $\cos\varphi_1$ 逐渐上升，在额定负载附近，功率因数 $\cos\varphi_1$ 达到最大值。超过额定负载后，由于转速降低，转差增大，转子功率因数 $\cos\varphi_2$ 下降较多，使定子电流 I_1 中与之平衡的无功分量也增大，功率因数 $\cos\varphi_1$ 反而有所下降，定子功率因数特性如图 4.22 中的曲线 3。对小型异步电动机，额定功率因数 $\cos\varphi_N$ 在 0.76～0.90 范围内。

4. 输出转矩特性 $T_2=f(P_2)$

异步电动机的输出转矩为 $T_2=T_L=9.55P_2/n$，考虑到感应电动机从空载到满载转速 n 变化不大，可以认为 T_2 与 P_2 成正比，所以 $T_2=f(P_2)$ 是一条过原点稍向上翘的曲线。$T_{em}=T_0+T_2$，$T_{em}=f(P_2)$ 也是一条上翘的曲线（不过原点）。

5. 效率特性 $\eta=f(P_2)$

效率特性是指效率 η 与输出功率 P_2 之间的关系，即 $\eta=f(P_2)$，有

$$\eta=\frac{P_2}{P_1}\times 100\%=\left(1-\frac{\sum p}{P_2+\sum p}\right)\times 100\% \tag{4-40}$$

空载时，$P_2=0$，$\eta=0$。负载时，随着 P_2 的增加，η 也增加；当负载增大到可变损耗与不变损耗相等时，η 最大。

4.7　三相异步电动机的机械特性

4.7.1　电磁转矩表达式

1. 物理表达式

异步电动机的电磁转矩 T_{em} 是由转子电流 I_2 在旋转磁场中受到电磁力的作用而产生的。利用以下3个式子，即

同步角速度

$$\omega_1=\frac{2\pi n_1}{60}=\frac{2\pi f_1}{p}$$

电磁功率（式4-32）

$$P_{em}=m_1 E'_2 I'_2 \cos\varphi_2$$

电动势（式4—27）

$$E'_2=4.44 f_1 N_1 k_{w1}\Phi$$

代入式（4-38）得

$$T_{em}=K_T\Phi I'_2\cos\varphi_2 \tag{4-41}$$

特别提示

- $K_T=4.44m_1pN_1k'_{w1}/(2\pi)$ 为转矩常数，仅与电动机结构有关。上式表明，异步电动机的转矩与主磁通 Φ 成正比，与转子电流 I_2 的有功分量成正比。该式物理意义明确，称为电磁转矩的物理表达式。

2. 参数表达式

为了进一步对电磁转矩进行分析，通过理论分析可以推导出电磁转矩与某些可变参数有关的表达式（推导过程可参看电机学，此处略），即

$$T_{em}=\frac{P_{em}}{\omega_1}=\frac{m_1 I'^2_2\frac{r'_2}{s}}{\frac{2\pi f_1}{p}}=\frac{m_1 p U_1^2\frac{r'_2}{s}}{2\pi f_1\left[\left(r_1+\frac{r'_2}{s}\right)^2+(X_1+X'_2)^2\right]} \tag{4-42}$$

式中：U_1 为电动机定子相电压有效值；s 为电动机的转差率；r_1 和 X_1 为定子每相绕组的电阻和电抗值；r'_2 和 X'_2 为折算后的转子每相电阻和电抗值。

可见电磁转矩 T_{em} 也与转差率 s 有关，并且与定子绕组每相电压 U_1^2 成正比，电源电压对转矩影响较大。同时，电磁转矩 T_{em} 还受到转子电阻 r_2 的影响。

4.7.2　三相异步电动机的机械特性

1. 固有机械特性

三相异步电动机的机械特性是指转速与电磁转矩之间的关系，即 $n=f(T_{em})$ 曲线[或转矩与转差率的关系 $T_{em}=f(s)$]，当异步电动机的外加电压 $U_1=U_N$、$f_1=f_N$ 及转子电阻 r_2 一定时的机械特性，称为固有机械特性，如图4.23所示。

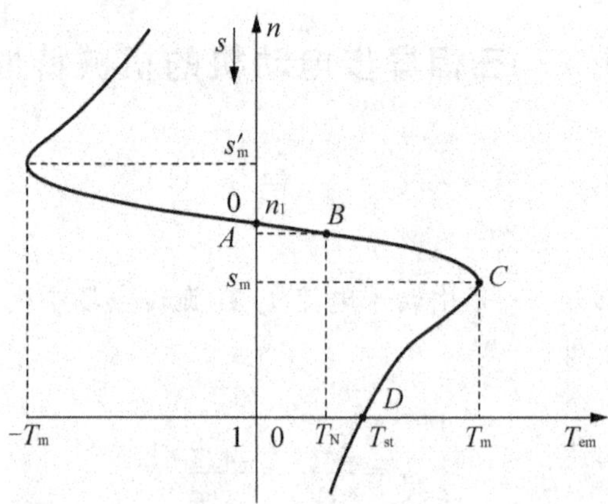

图 4.23　异步电动机的机械特性 $T_{em}-n$（s）曲线

由图 4.23 可以看到机械特性曲线有两部分 4 个特殊点，分析如下。

(1) $n=n_1$ ($s=0$)，$T_{em}=0$，转子电流 $I'_2=0$，定子电流 $I_1=I_0$，对应曲线时的 A 点，由于电动机的转速 n 事实上不可能等于旋转磁场的同步转速 n_1，所以该点称为理想空载点。

(2) $n=n_N$ ($s=s_N$)，$T_{em}=T_N$，对应曲线上的 B 点，此时电动机轴上输出的转矩为额定转矩 T_N，其转速为额定转速 n_N，该点称为额定工作点。假如负载从 $T_L=T_N$ 增加 T_{L1}，这时，$T_{em}<T_{L1}$ 破坏了原有的平衡状态，电动机转速 $n\downarrow$，$s\uparrow$，$E_{2s}\uparrow$ ($E_{2s}=sE_2$)，$I_{2s}\uparrow$，$T_{em}\uparrow$，至 $T_{em}=T_{L1}$，电动机稳定运行于新的工作点。机械特性曲线的 AC 段称为稳定运行区。

(3) $n=n_m$ ($s=s_m$)、T_{em}，对应于特性曲线上的 C 点，称为临界工作点。此时异步电动机的电磁转矩具有最大值 T_m，该转矩称为最大转矩。

将式 (4-43) 对 s 求导，并且令 $\frac{dT_{em}}{ds}=0$，可求得 T_m 对应的转差率 s_m 为

$$s_m=\frac{r'_2}{\sqrt{r'_2+(X_1+X'_2)^2}} \tag{4-43}$$

最大转矩 T_m 为

$$T_m=\frac{m_1 pU_1}{4\pi f_1\left[r_1+\sqrt{r_1+(X_1+X'_2)^2}\right]} \tag{4-44}$$

工程上常采用近似表达式为

$$s_m\approx\frac{r'_2}{X_1+X'}$$

$$T_m\approx\frac{m_1 pU_1}{4\pi f_1\ (X_1+X'_2)} \tag{4-45}$$

如果负载转矩 $T_L>T_m$，电动机将发生堵转事故，为保证电动机稳定运行，要求电动机有一定的过载能力 λ，即

$$\lambda=\frac{T_m}{T_N} \tag{4-46}$$

最大转矩与 U_1 的平方成正比，电源电压下降，将使最大转矩减小，影响电动机的过载能力。电动机的最大过载可以接近最大转矩，若电动机的发热不超过允许温升，这样的

过载是允许的。而堵转时电动机电流很大，一般达到额定电流的4～7倍，这样大的电流如果长时间通过定子绕组，会使电动机过热，甚至烧毁。因此，一旦出现堵转，应立即切断电源，并卸掉过重的负载。

一般Y系列的异步电动机的λ=2.0～2.2，某些特殊用途的电动机的λ可达3以上。

(4) $n=0$ ($s=1$)，$T_{em}=T_{st}$，对应于曲线上的D点，称为启动工作点。T_{st}称为启动转矩。将$s=1$代入式(4-44)得启动转矩

$$T_{st}=\frac{m_1 pU_1^2 r'_2}{2\pi f_1\left[(r_1+r'_2)^2+(X_1+X'_2)^2\right]} \tag{4-47}$$

当U_1、f_1及其他参数不变，而使转子回路电阻适当增大时，T_{st}也增大。如果要求启动时转子回路串电阻R'_s而使启动转矩T_{st}增大到等于最大转矩T_m，这时临界转差率s_m为1，即

$$s_m=\frac{r'_2+R'_s}{X_1+X'_2}=1$$

则

$$R'_s=X_1+X'_2-r'_2$$

为了保证电动机能够启动，启动转矩T_{st}必须大于电动机静止时的负载转矩。电动机一旦启动，会迅速进入机械特性的稳定区运行。异步电动机的启动转矩与额定转矩的比值，称为启动能力，用K_{st}表示，即

$$K_{st}=\frac{T_{st}}{T_N} \tag{4-48}$$

特别提示

- K_{st}是衡量电动机启动性能的一个重要指标，一般异步电动机的启动能力为1.4～2.2，小容量电动机起动转矩大。

机械特性曲线的CD部分，电磁转矩T_{em}由$T_{max}\to T_{st}$，转差率由$s_m\to 1$。电动机的转速n随着转矩T_{em}的减小而减小，对于恒转矩或恒功率负载，这一部分是不能稳定运行的。

2. 人为机械特性

人为改变异步电动机的一个或多个参数(如U_1、f_1、r_1、X_1、r_2、X_2)等，就可以得到不同的机械特性。综上所述，电源电压U_1和转子电阻r_2对异步电动机的机械特性影响较大。以下介绍改变电源电压和转子电阻改变时的人为机械特性。

1) 降低电源电压时的人为机械特性

当定子电压U_1降低时，由式(4-42)、式(4-43)和式(4-46)可见，电动机的电磁转矩T_{em}、最大转矩T_m和启动转矩T_{st}因与U_1^2成正比而降低，但产生最大转矩的临界转差率s_m因与电压无关，保持不变；由于电动机的同步转速n_1也与电压无关，因此同步点也不变。可见降低定子电压的人为机械特性为一组通过同步点的曲线族。如图4.24所示$U_1=U_N$时的固有特性曲线和$U_1=0.8U_N$、$U_1=0.5U_N$时的人为机械特性。

由图4.24中的特性曲线可见，当电动机在某一负载下运行时，若降低电源电压，则电动机转速下降，转差率增大，转子电流将因此而增大，从而引起定子电流的增大。若电动机电流超过额定值，则电动机最终温升将超过允许值，导致电动机寿命缩短，甚至使电

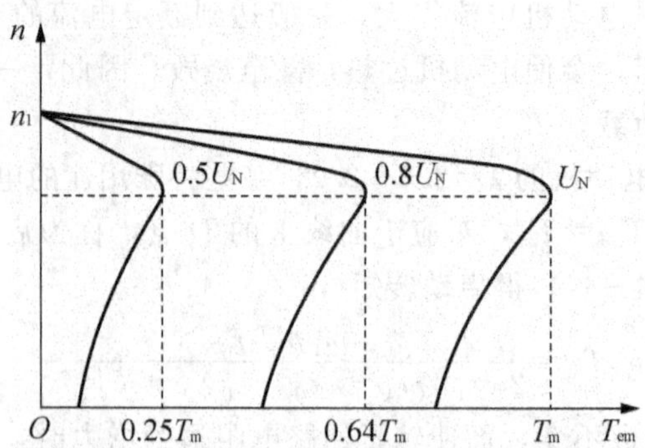

图 4.24 异步电动机降低电源电压的机械特性

动机烧坏。当电压降低致使最大电磁转矩 $T_m < T_L$ 时，就会发生电动机的停转事故。

2）转子电路串接对称电阻时的人为机械特性

它只适用于绕线式异步电动机。在绕线式异步电动机的转子电路内，三相分别串接大小相等的电阻 R_s。由前面的分析可知，此时电动机的同步转速 n_1 不变，最大转矩 T_m 不变，而临界转差率 s_m 则随 R_s 的增大而增大。人为特性曲线为一组通过同步点的曲线族，如图 4.25 所示。显然在一定范围内增加转子电阻可以增大电动机的起动转矩 T_{st}。如果串接某一数值的电阻后使 $T_{st}=T_m$，这时若再增大转子电阻，启动转矩将开始减小。

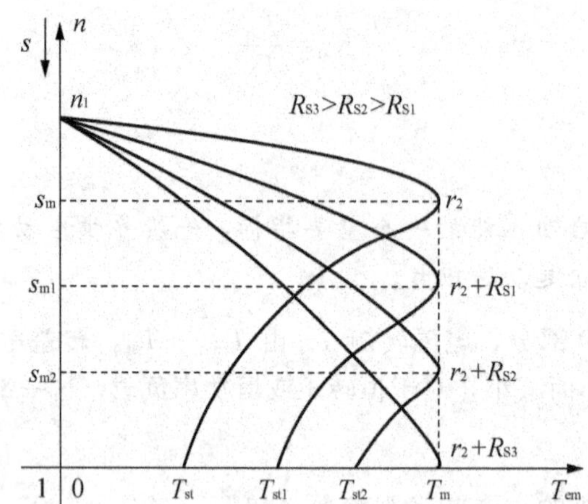

图 4.25 绕线式异步电动机转子串电阻的机械特性

【例 4.6】有一台三相六极绕线形异步电动机，$U_{1N}=380\text{V}$，Y接法，$f_1=50\text{Hz}$。已知 $n_N=975\text{r/min}$，$r_1=r'_2=1.53\Omega$，$X_1=3.12\Omega$，$X'_2=4.25\Omega$，不计 T_0，试求：

（1）额定转矩 T_N；

（2）临界转差率、最大转矩及过载能力；

（3）欲使启动时产生最大转矩，在转子回路中所串联的电阻值（归算到定子侧）。

解：由 $n_N=975\text{r/min}$，该电机的同步转速是 $n_1=1000\text{r/min}$

额定转差率
$$s_N=\frac{n_1-n_N}{n_1}=\frac{1\,000-975}{1\,000}=0.043$$

（1）忽略 T_0，以 $s_N=0.043$ 代入式（4-44），额定转矩时的电磁转矩得

$$T_N=\frac{m_1 pU_1^2\frac{r'_2}{s}}{2\pi f_1\left[(r_1+\frac{r'_2}{s})^2+(X_1+X'_2)^2\right]}$$

$$=\frac{3\times3\times\left(\frac{380}{\sqrt{3}}\right)^2\times\frac{1.53}{0.043}}{2\times3.14\times50\left[\left(1.53+\frac{1.53}{0.043}\right)^2+(3.12+4.25)^2\right]}=34.48\text{N}\cdot\text{m}$$

(2) 临界转差率、最大转矩及过载能力为

$$s_m\approx\frac{r'_2}{X_1+X'}==\frac{1.53}{3.12+4.25}=0.21$$

$$T_m\approx\frac{m_1 pU_1}{4\pi f_1\ (X_1+X'_2)}=\frac{3\times3\times220^2}{4\times3.14\times50\times\ (3.12+4.25)}=76.54\text{N}\cdot\text{m}$$

$$\lambda=\frac{T_m}{T_N}=\frac{76.54}{34.48}=2.22$$

(3) 欲使启动时产生最大转矩，在转子回路中所串联的电阻值（归算到定子侧）

$$R'_s=X_1+X'_2-r'_2=\ (3.12+4.25-1.53)\ \Omega=5.84\Omega$$

4.7.3　机械特性的实用表达式

用电动机参数表示的机械特性曲线方程清楚地表达了转矩、转差率与电动机参数之间的关系。但是电动机定子和转子参数在电动机的产品目录或铭牌上是查不到的。因此，对于某一台具体电动机，要利用参数表达式来绘制它的机械特性并进行分析计算是很不方便的。于是人们希望能利用电动机的一些技术数据和额定数据来绘制机械特性，将式（4-44）简化为式（4-49）所示的实用表达式（推导过程略）。

$$T_{em}=\frac{2T_m}{\frac{s}{s_m}+\frac{s_m}{s}}\qquad(4-49)$$

上式中 T_m 及 s_m 按下列方法求出：

$$T_N=9.55P_N/n_N$$
$$T=\lambda T_N$$

忽略 T_0，将 $T_{em}\approx T_N$，$s=s_N$ 代入（4-48），可得

$$s_m=s_N\ (\lambda+\sqrt{\lambda^2-1})\qquad(4-50)$$

特别提示

- 实际使用时，先根据已知数据计算出 T_m 和 s_m，再把它们代入式（4-49）取不同的 s 值即可得到不同的 T_{em} 了。

本章小结

1. 三相异步电动机按转子结构不同，分为笼形和绕线形两种，它们的定子结构相同，而转子结构不同。

2. 三相对称的定子绕组通入三相对称交流电，产生旋转磁场，旋转磁场的转速 $n_1=60f/p$ (r/min)，转子的旋转方向与旋转磁场的方向相同，速度 n 略低于同步转速 n_1，转差 $\Delta n=n_1-n$ 是异步电动机旋转的必要条件。

3. 绕组是电动机的电路。三相定子绕组分为单层和双层的。单层绕组分为链式、同心式和组合式。单层绕组线圈数等于槽数的 1/2。

4. 异步电动机绕组电动势 $E_1=4.44f_1N_1k_{w1}\Phi$，转子转动时每相转子绕组的基波感应电动势为 $E_{2s}=4.44f_2N_2k_{w2}\Phi$，$f_2=sf_1$。

5. 异步电动机与变压器均是通过电磁感应实现能量转换的。异步电动机的等值电路是通过转子绕组的频率归算，将旋转的转子归算为不动的转子，相当于在转子回路中串入一个可变电阻 $(1-s)\ r_2/s$，用这个电阻上消耗功率表示电动机总的机械功率；然后进行绕组归算得出异步电动机的等值电路。

6. 电动机输入的电功率：$P_1=m_1U_1I_1\cos\varphi_1=\sqrt{3}U_{11}I_{11}\cos\varphi_1$。电磁功率：$P_{em}=P_1-p_{Cu1}-p_{Fe}=m_1I_2'^2\dfrac{r_2'}{s}=m_1E_2'I_2'\cos\varphi_2$。电动机轴上输出的机械功率：$P_2=P_{mec}-p_0=\eta\sqrt{3}U_{11}I_{11}\cos\varphi_1$。

转矩平衡关系是：$T_{em}=T_2+T_0$。

7. 异步电动机电磁转矩有 3 种如下。

(1) 物理表达式。

$$T_{em}=K_T\Phi I_2'\cos\varphi_2$$

(2) 参数表达式。

$$T_{em}=\frac{P_{em}}{\omega_1}=\frac{m_1I_2'^2\frac{r_2'}{s}}{\frac{2\pi f_1}{p}}=\frac{m_1pU_1^2\frac{r_2'}{s}}{2\pi f_1\left[\left(r_1+\frac{r_2'}{s}\right)^2+(X_1+X_2')^2\right]}$$

(3) 实用表达式。

$$T_{em}=\frac{2T_m}{\frac{s}{s_m}+\frac{s_m}{s}}$$

8. 电动机机械特性是分析电动机运行性能的基础，以异步电动机的临界转差率 s_m 为界线。在 $0\sim s_m$ 的区域，为稳定运行区。在 $s_m\sim1$ 的区域，机械特性为非线性区域，是不稳定运行区。

检 测 习 题

一、填空题

1. 三相异步电动机的定子主要由________、________和________构成。转子主要由________、________和________构成。根据转子结构不同可分为________异步电动机和________异步电动机。

2. 三相异步电动机定子、转子之间的气隙 δ 一般为________mm，气隙越小，空载电流 I_0________，可提高________。

3. 三相对称绕组通入电流 $i_U=\sqrt{2}I\sin\omega t$，$i_V=\sqrt{2}I\sin(\omega t-120°)$，$i_W=\sqrt{2}I\sin(\omega t+120°)$，合成磁场的性质是________，转向是从绕组轴线________转向________转向________。

4. 每极每相槽数 q 是指________，q 个槽所占的区域称为一个________，用电角度表示为________。

5. 三相异步电动机的转差率是指________与________之比率，范围在________。三相异步电动机运行时，$s<0$ 为________状态，$s>1$ 为________状态。

6. 三相异步电动机的过载能力 λ 是指__________与__________之比，对于 Y_2 系列电机这个比值约在__________之间。

7. 三相异步电动机的启动转矩倍数 λ_s 是指________与________之比值，对于 Y_2 系列电动机系列，这个比值约为________。

8. 一台三相八极异步电动机的接于频率为50Hz的电源，空载运行时转速为735r/min，此时转差率为________，转子电势的频率为________。当转差率为0.04时，转子的转速为________，转子的电势频率为________。

9. 三相感应电动机空载时运行时，电机内损耗包括________，________，________，和________，电动机空载输入功率 P_0 与这些损耗相平衡。

10. 增加绕线式异步电动机启动转矩方法有____________，____________。

二、选择题

1. 三相异步电动机在电动状态时，其转子转速永远（　　）旋转磁场的转速。

A. 等于　　B. 高于　　C. 低于

2. 三相异步电动机的转子绕组与定子绕组基本相同，绕组的末端做（　　）形连接。

A. 三角形　　B. 星形　　C. 延边三角形

3. 一台三相异步电动机名牌上标明额定电压为220/380V，其接法应为（　　）。

A. Y/d　　B. D/y　　C. Y/y

4. 若电源电压为380V，而电动机每相绕组的额定电压为220V，则绕组应接成（　　）。

A. 三角形或星形均可

B. 只能接成星形

C. 只能接成三角形

5. 绕线式异步电动机转子回路传入电阻后，其同步转速（　　）。

A. 增大　　B. 减小　　C. 不变

三、分析及计算

1. 三相对称交流绕组的特点是什么？旋转磁场产生的条件是什么？转速与哪些因素有关？转向取决于什么？

2. 三相异步电动机的转子绕组开路，定子绕组通以三相对称电流，会产生旋转磁场吗？转子是否会转动？为什么？

3. 什么是转差率？异步电动机的转差率范围是多少？异步电动机启动瞬间的转差率是多少？

4. 一台三相异步电动机，额定转速 $n_N=2960\text{r/min}$，试求异步电动机的额定转差率和磁极对数。

5. 画出6极36槽三相异步电动机的单层链式绕组展开图。

6. 有一台三相异步电动机，$2p=4$，$z_1=36$，采用单层绕组，确定绕组形式，画出展开图。

7. 一台三相异步电动机的输入功率为8.6kW，定子铜耗 $p_{Cu1}=425W$，铁耗为 $p_{Fe}=210W$，转差率 $s=0.034$，求电动机的电磁功率 P_{em}、转子铜耗 p_{Cu2} 及机械功率 P_{mec}。

8. 一台三相感应电动机，$P_N=7.5kW$，额定电压 $U_N=380V$，定子△接法，频率为50Hz。额定负载运行时，定子铜耗为474W，铁耗为231W，机械损耗45W，附加损耗37.5W，已知 $n_N=960r/min$，$\cos\varphi_N=0.824$，试计算转子电流频率、转子铜耗、定子电流和电机效率。

9. 一台三相四极50Hz感应电动机，$P_N=75kW$，$n_N=1450r/min$，$U_N=380V$，$I_N=160A$，定子Y接法。已知额定运行时，输出转矩为电磁转矩的90%，$p_{Cu1}=p_{Cu2}$，$p_{Fe}=2.1kW$。试计算额定运行时的电磁功率、输入功率和功率因数。

10. 异步电动机的T形等值电路与变压器的等值电路有无差别？异步电动机中的等值电路中（$1-s$）rI'_2/s 代表什么？能不能将它换成电抗或容抗或阻抗？为什么？

11. 某台笼形三相异步电动机，额定功率 $P_N=20kW$，额定转速 $n_N=970r/min$，过载系数 $\lambda=2.0$，启动转矩倍数 $K_{st}=1.8$，求电动机的额定转矩 T_N、最大转矩 T_m 和启动转矩 T_{st}。

第5章

三相异步电动机的电力拖动

教学目标

1. 熟悉三相异步电动机的启动性能，掌握直接启动和降压启动的条件、原理和方法。
2. 理解调速的原理，掌握变频调速、变极调速和改变转差率调速的实现方法。
3. 理解电动机制动原理，掌握能耗制动、反接制动和回馈制动的实现方法。
4. 掌握电动机常见故障的排除方法，能正确选择使用电动机。

教学要求

能力目标	知识要点	权重	自测分数
确定电动机的启动方法	异步电动机的启动性能，三相笼形异步电动机、三相绕线型异步电动机的启动	20%	
掌握变频调速、变极调速、改变转差率调速的实现方法	三相异步电动机的调速	30%	
掌握异步电动机电气制动的实现方法	三相异步电动机的制动	30%	
会正确选择使用异步电动机，并能够进行维护	异步电动机的选择，电动机的维护及故障处理	20%	

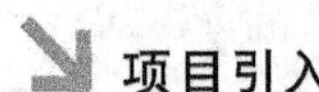

项目引入

在现代机械化电气化生产中，电动机用做各种生产机械的原动机。在要求调速和制动性能好的机械设备中，除采用直流电动机拖动外，也常采用绕线式异步电动机拖动，如钢厂中小型轧钢机、输送钢材辊道的拖动电机；在机加工方面，笼形异步电动机被广泛用于机床进行机械加工；在起重设备上，需要安装几台异步电动机拖动大小车行走和提升重物；在轻纺、农业、海洋运输、日常生活中也都离不开异步电动机。

5.1 三相异步电动机的启动性能

异步电动机转子从静止状态加速到稳定转速的过程，称为启动过程。电动机带动生产机械的启动过程中，不同的生产机械有不同的启动情况。鼓风机负载，在启动时负载转矩很小，但负载转矩与转速的平方近似成正比，随着转速的增加而增加；电梯、起重机和皮带运输机等生产机械在启动时的负载转矩与正常运行时一样大；机床、破碎机等生产机械在启动时接近空载，待转速上升至接近稳定转速时，才加负载；此外，还有频繁启动的机械设备。以上因素对电动机的启动性能提出了要求。

1. 电动机应有足够大的启动转矩。

2. 在保证启动转矩一定的前提下，启动电流越小越好。异步电动机在刚启动时 $s=1$，则启动电流，即

$$I_{st}=U_1/\sqrt{(r_1+r'_2)^2+(X_1+X'_2)^2}=U_1/Z_K \tag{5-1}$$

启动电流即堵转电流，数值一般可达额定电流的 4～7 倍。对于容量较大的电动机，这样大的启动电流，一方面使电源和线路上产生很大的压降，影响其他用电设备的运行；另一方面电流大将引起电动机发热，特别对于频繁启动的电动机，发热现象更为严重。

启动时电流虽然很大，但定子绕组阻抗压降变大，外加电压为定值，则感应电动势减小，主磁通减小；又因启动时功率因数 $\cos\varphi=r'_2/\sqrt{r'^2_2+X'^2_2}$ 很小，从转矩表达式 $T_{em}=K_T\Phi I'_2\cos\varphi_2$ 可以看出，此时启动转矩并不大。

根据以上分析，要限制启动电流，可以采取降压或增大电动机参数的方法；要增大启动转矩，可适当加大转子电阻。

5.2 三相笼形异步电动机的启动

三相笼形异步电动机有直接启动和降压启动两种方法。

5.2.1 直接启动

直接启动就是将额定电压直接加到定子绕组上使电动机启动，又称全压启动。启动时可以用刀开关、电磁启动器或接触器等电器将电动机定子绕组直接接到电源，如图 5.1 所示。直接启动设备简单，操作方便，启动过程短。只要电网容量允许，应尽量采取直接启动，如功率在 10kW 以下的三相异步电动机一般采取直接启动。

一台电动机是否允许直接启动，各地电力部门分别有规定，电力部门的规定见表5-1。

表5-1　三相鼠笼式异步电动机全压启动参考数据

供电方式	启动情况	电网允许压降	电动机额定功率占供电变压器额定容量的比例
动力与照明混合	经常启动	2%	4%
	不经常启动	4%	8%
动力专用	经常启动	10%	20%

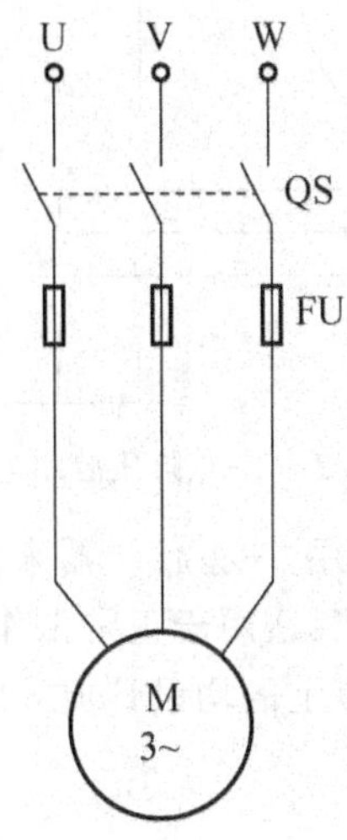

图5.1　异步电动机直接启动电路

5.2.2　降压启动

降压启动并不是降低电源电压，而是采用某种方法，使加在电动机定子绕组上的电压降低。降压启动的目的是限制启动电流，通过启动设备使定子绕组所承受的电压小于额定电压，待电动机转速升高到接近稳定值时，再使定子绕组承受全压，从而使电动机在额定电压下稳定运行。

1. 星-三角（Y-△）启动

采用这种方法启动的异步电动机，必须是正常运行时定子绕组为△联结的电动机。在启动时，先将三相定子绕组联结成星形，待转速接近稳定时，再改成三角形联结，如图5.2所示。这样，在启动时就把定子每相绕组的电压降到正常工作电压的$1/\sqrt{3}$。

降压启动时定子绕组联结成星形，定子绕组的线电流$I_{lY}=I_{pY}=\dfrac{U_1}{\sqrt{3}|Z|}$。

直接启动时定子绕组联结成三角形，定子绕组的线电流$I_{l\triangle}=\sqrt{3}I_{p\triangle}=\sqrt{3}\dfrac{U_1}{|Z|}$。

因此，用Y-△降压启动时的电流为直接启动时的1/3，由于电磁转矩与定子绕组电压的平方成正比，所以用Y-△启动时的启动转矩也减小为直接启动时的1/3，即$T_{stY}=\dfrac{1}{3}T_{st\triangle}$。

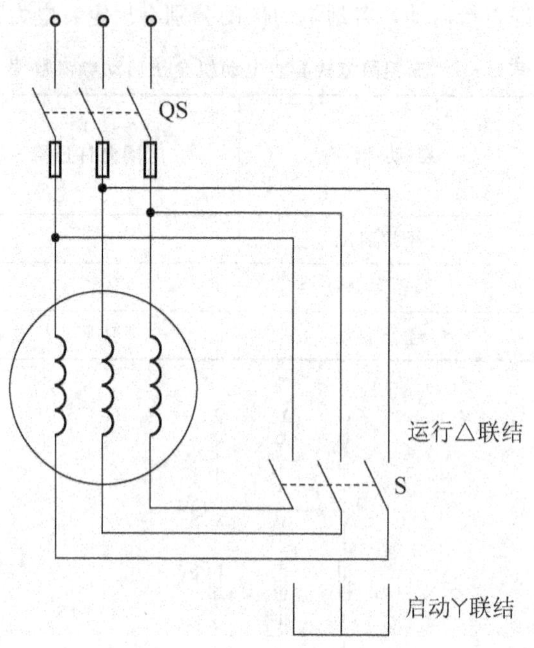

图 5.2 Y-△降压启动电路

定子绕组改变联结形式启动可采用Y-△启动器来实现。Y-△启动器设备简单，体积小，成本低，寿命长，工作可靠，但只适用于正常工作时为三角形联结的电动机，目前 Y 系列异步电动机额定功率在 4kW 及以上的均设计成 380V 三角形联结。

2. 自耦变压器降压启动

它是利用自耦变压器降低加到定子绕组的电压以减小启动电流的。启动时电源接到自耦变压器的一次绕组，二次绕组接电动机定子绕组。启动结束时，切除自耦变压器，电源直接接到电动机定子绕组。

三相笼形异步电动机采用自耦变压器降压启动，接线图如图 5.3 所示。

设自耦变压器的变比为 K，经过自耦变压器降压后，加在电动机定子绕组的电压为 U_1/K，此时电动机最初启动电流 I'_{2st} 便与电压正比例地减小，为额定电压下直接启动电流 I_{st} 的 $\frac{1}{K}$，即 $I'_{2st}=\frac{1}{K}I_{st}$。由于电动机接在变压器的低压侧，则自耦变压器高压侧供给的最初启动电流 I'_{1st} 为

$$I'_{1st}=\frac{1}{K}I'_{2st}=\frac{1}{K^2}I_{st} \tag{5-2}$$

由于电磁转矩与外加电压的平方成正比，故启动转矩也将为直接启动转矩 T_{st} 的 $\frac{1}{K^2}$，即

$$T'_{st}=\frac{1}{K^2}T_{st} \tag{5-3}$$

自耦变压器一般有 2～3 组抽头，常用的有 QJ_2 和 QJ_3 两个系列，QJ_2 系列抽头比有 73%、64%和 55%；QJ_3 系列抽头比有 40%、60%、80%，使用时要根据电动机启动转矩的要求具体选择。

自耦变压器降压启动的优点是启动电压可根据需要选择，但设备较笨重，一般只用于功率较大和不能用Y-△启动的电动机。

3. 定子串电阻或电抗器的降压启动

启动时，电阻或电抗器串入定子电路；启动结束后，切除电抗器或电阻，进入正常运行。定子串电阻的降压启动如图 5.4 所示。

三相异步电动机定子串电阻或电抗器启动时，定子绕组实际加的电压降低，从而降低了启动电流。但是，定子串电阻启动时，能耗较大，实际应用不多。

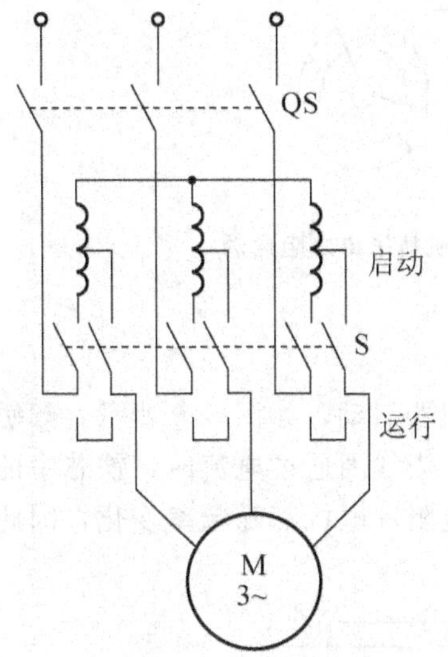

图 5.3　自耦变压器降压启动电路

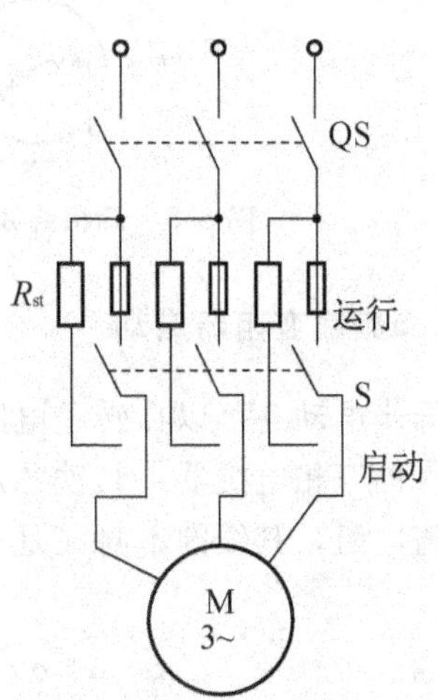

图 5.4　电动机定子串电阻降压启动原理图

4. 软启动

软启动时近年来电力电子技术发展而出现的新技术，启动时通过软启动器（一种晶闸管调压装置），使电压从某一较低值逐渐上升至额定值；启动完毕再用旁路接触器（一种电磁开关），使电动机正常运行。

在软启动的过程中，电压平稳上升的同时，启动电流被限制在（150%～200%）I_N 以下，这样就减小甚至消除了电动机启动时对电网电压的影响。

5.3　绕线形转子异步电动机的启动方法

上述分析机械特性时已经说明，适当增加转子电路的电阻可以提高启动转矩。绕线转子异步电动机正是利用这一特性，启动时在转子回路中串入电阻或频敏变阻器来改善启动性能的。

5.3.1　转子回路串电阻启动

绕线形异步电动机可以通过滑环与电刷在转子电路接入启动变阻器的方法启动。电路如图 5.5 所示。启动时先将启动变阻器的阻值调至最大值，转子开始旋转后，随着转速的升高，逐渐减小电阻，待转速达到稳定值时，把启动变阻器短接，使电动机正常运行。

在转子回路中增加电阻，不但可以限制启动电流，同时又可提高电动机的启动转矩。这是降压启动所不具备的优点。

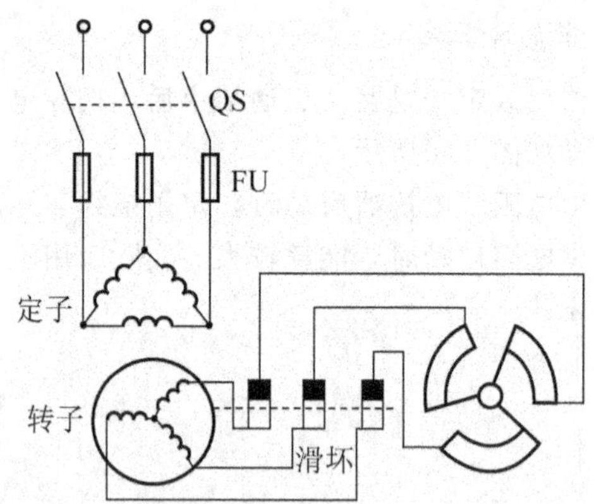

图 5.5　三相绕线形转子异步电动机转子串电阻启动

5.3.2　转子串频敏变阻器启动

绕线形异步电动还可以在转子电路串接频敏变阻器启动，如图 5.6 所示。频敏变阻器是铁损耗很大的三相电抗器，其铁芯用厚钢板叠成。当线圈通过电流时，铁芯中的损耗相当于一个等值电阻，其线圈本身又是一个电抗，故电阻和电抗都随频率变化，因此称频敏变阻器。

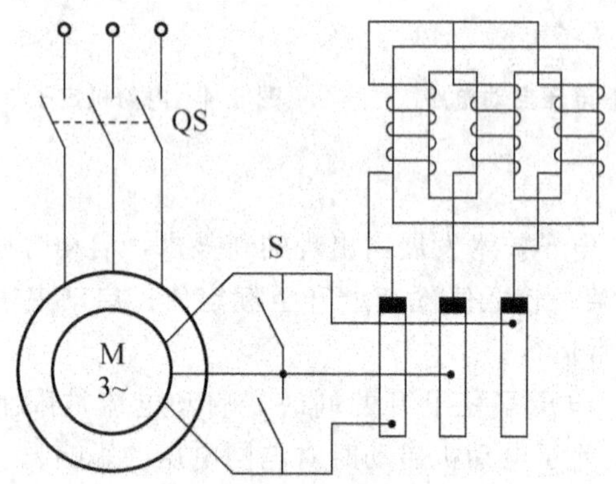

图 5.6　绕线形异步电动机转子串频敏变阻器启动

启动时，$s=1$，$f_2=sf_1=50\text{Hz}$，频敏变阻器的铁芯损耗大，等效电阻大，既限制了启动电流，增大了启动转矩，又提高了转子回路的功率因数。

随着转速的 n 升高，s 下降，f_2 减小，铁芯损耗、等效电阻、电抗也随之减小，相当于逐渐切除转子电路所串的电阻。

特别提示

- 启动结束时，$n=n_N$，$f_2=s_N f_1=$（1～3）Hz，此时频敏变阻器基本不起作用，可以闭合 S，将其切除。

转子串频敏变阻器启动具有等效启动电阻随转速升高自动连续减小的优点，所以其启

动的平滑性优于转子串电阻启动。此外，频敏变阻器具有结构简单、价格便宜、运行可靠、维护方便等优点。

【例 5.1】 已知一台Y形异步电动机的铭牌数据为：额定功率为 45kW，额定转速为 1480r/min，额定电压为 380V，额定效率为 92.3%，额定功率因数 $\cos\varphi_N=0.88$，过载系数为 2.2，启动系数为 1.9，$I_{st}/I_N=7$。求

（1）额定电流和额定转差率。

（2）额定转矩、最大转矩和启动转矩。

（3）采用Y-△启动时的启动转矩和启动电流，若此时负载转矩为额定转矩的 80% 和 50%，电动机能否启动？若采用自耦变压器启动，且启动时电动机的端电压降为电源电压的 64%时，求线路的启动电流和电动机的启动转矩。

解：（1）输入功率

$$P_1=\sqrt{3}U_N I_N\cos\varphi_N=\frac{P_N}{\eta_N}$$

$$I_N=\frac{P_N}{\sqrt{3}U_N\eta_N\cos\varphi_N}=\frac{45\ 000\text{A}}{\sqrt{3}\times 380\times 0.88\times 0.923}=84.2\text{A}$$

因为 $n_N=1480\text{r/min}$，所以 $n_1=1500\text{r/min}$，即

$$s_N=\frac{n_1-n_N}{n_1}\times 100\%=\frac{1\ 500-1\ 480}{1\ 500}\times 100\%=1.3\%$$

（2）$T_N=9\ 550\dfrac{P_N}{n_N}=9\ 550\times\dfrac{45}{1\ 480}\text{N}\cdot\text{m}=290.4\text{N}\cdot\text{m}$

$T_{max}=\lambda T_N=2.2\times 290.4\text{N}\cdot\text{m}=638.9\text{N}\cdot\text{m}$

$T_{st}=K_{st}T_N=1.9\times 290.4\text{N}\cdot\text{m}=551.8\text{N}\cdot\text{m}$

（3）$I_{st}=7I_N=7\times 84.2\text{A}=569.4\text{A}$

$I_{stY}=\dfrac{1}{3}I_{st\triangle}=\dfrac{1}{3}\times 589.4\text{A}=196.5\text{A}$

$T_{stY}=\dfrac{1}{3}T_{st\triangle}=\dfrac{1}{3}\times 551.8\text{N}\cdot\text{m}=183.9\text{N}\cdot\text{m}$

在 80%额定转矩时，$T_L=290.4\text{N}\cdot\text{m}\times 80\%=232.3\text{N}\cdot\text{m}>T_{stY}$，不能启动。

在 50%额定转矩时，$T_L=290.4\text{N}\cdot\text{m}\times 50\%=145.2\text{N}\cdot\text{m}<T_{stY}$，能启动。

启动电流 $I'_{st}=0.64^2\times 589.4\text{A}=241.4\text{A}$

启动转矩 $T'_{st}=0.64^2\times T_{st}=0.64^2\times 551.8\text{N}\cdot\text{m}=226\text{N}\cdot\text{m}$

5.4　三相异步电动机的调速

调速就是在同一负载下人为地改变电动机的转速，以满足生产过程的要求。由于异步电动机的转速关系式为

$$n=n_1\ (1-s)\ =60f_1\ (1-s)\ /p$$

可见，若要改变电动机的转速，可以通过改变电源频率 f_1、改变电动机的磁极对数 p、改变电动机的转差率 s 调速三种方法实现。

5.4.1　变频调速

因为三相异步电动机的同步转速 $n_1=60f_1/p$ 与电源频率 f_1 成正比，因此，改变三相

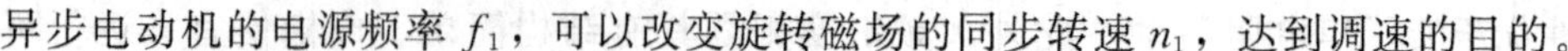

异步电动机的电源频率 f_1，可以改变旋转磁场的同步转速 n_1，达到调速的目的。

1. 变频调速的条件

三相异步电动机的定子相电压 $U_1 \approx E_1 = 4.44 f N_1 k_{w1} \Phi$，若电源电压 U_1 不变，当降低电源频率 f_1 调速时，则磁通 Φ 将增加，使铁芯饱和，从而导致励磁电流和铁损耗的大量增加、电动机温升过高等，这是不允许的。因此在变频调速的同时，为保证 Φ 不变，必须降低电源电压，使 U_1/f_1 或 E_1/f_1 为常数。

2. 从基频向下变频调速

降低电源频率时，必须同时降低电源电压。降低电源电压 U_1 有两种方法。

(1) 保持 E_1/f_1 为常数。降低电源频率 f_1 时，保持 E_1/f_1 为常数，则 Φ 为常数，是恒磁通控制方式。也称恒转矩调速方式。降低电源频率的调速的人为机械特性如图 5.7所示。特点：同步转速 n_1 与频率 f_1 成正比；最大转矩 T_m 不变；转速降落 Δn=常数，特性曲线斜率不变。这种变频调速方法与他励直流电动机降低电源电压调速相似，机械特性较硬，在一定静差率的要求下，调速范围宽，而且稳定性好。由于频率可以连续调节，因此变频调速为无级调速，平滑性好，另外，转差功率 sP_{em} 较小，效率较高。

(2) 保持 U_1/f_1 为常数。降低电源频率 f_1，保持 U_1/f_1 为常数，则 Φ 近似为常数，在这种情况下，当降低频率 f_1 时，Δn 不变。但最大转矩 T_m 会变小，特别在低频低速时的机械特性会变差，如图 5.8 所示。其中虚线是恒磁通调速时 T_m 为常数的机械特性，以示比较。保持 U_1/f_1 为常数，则低频率调速近似为恒转矩调速方式。

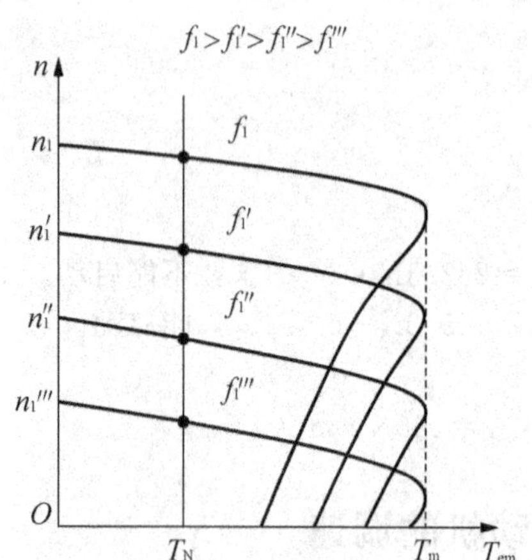

图 5.7 保持 E_1/f_1 为常数，变频调速机械特性

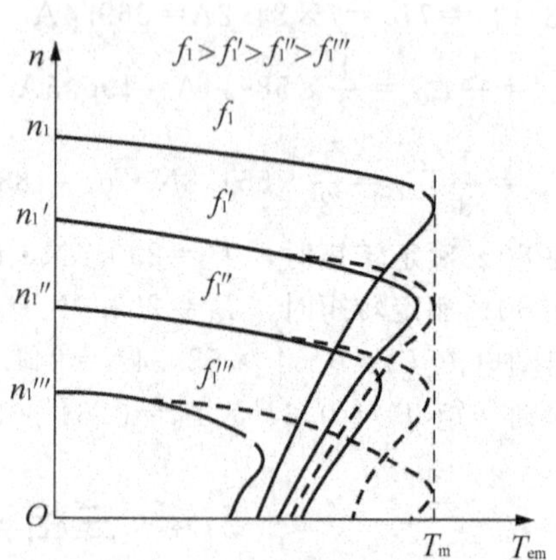

图 5.8 保持 U_1/f_1 = 常数，变频调速机械特性

3. 从基频向上变频调速

在高于额定频率向上调速时，应保持 $U_1 = U_N$，此时 Φ 和 T_m 都将减小。转速增大，转矩减小，使功率近于保持不变，即恒功率调速，类似直流电动机的弱磁升速情况。其机械特性如图 5.9 所示。

4. 变频电源

随着电力电子技术的发展，变频调速广泛应用于高速传动、车辆传动、风机、泵类负

载和各种恒转矩传动系统中。变频电源是异步电动机实现变频调速的变频调压装置。经济、可靠的变频电源，是实现异步电动机变频调速的关键，也是目前电力拖动系统的一个重要发展方向。目前，多采用由晶闸管或自关断功率晶体管器件组成的变频器。

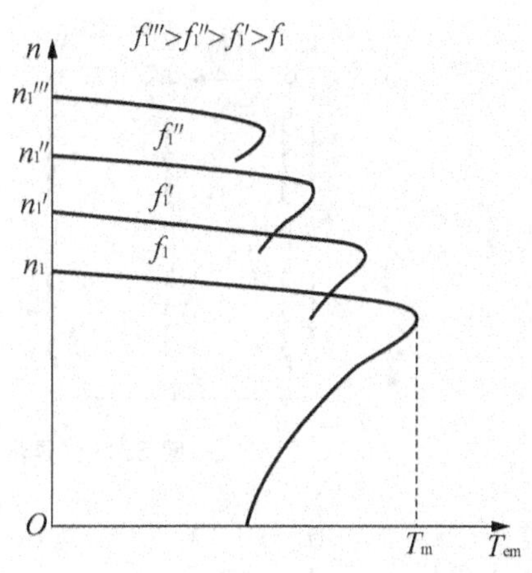

图 5.9 保持 U_N 不变，升频调速的机械特性

知识链接

变频器的作用是将直流电（可由交流经整流获得）变成频率可调的交流电（称交-直-交变频器）或是将交流电源直接转换成频率可调的交流电（称交-交变频器），以供给交流负载使用。交-交变频器将工频交流电直接变换成所需频率的交流电能，不经中间环节，也称为直接变频器。

5.4.2 变极调速

在电源频率 f_1 不变的条件下，通常利用改变定子绕组的接法来改变极对数，从而得到不同的转速。例如，电动机的极数增加一倍，同步转速就降低一半，电动机的转速也几乎下降一半，从而使转速得到调节。

定子绕组通过改变接法达到变极的原理是：三相绕组中的一相绕组如图 5.10 所示，每相绕组都可以看成是由 1 和 2 两个半绕组所组成的。图 5.10（a）表示两个半绕组首尾顺向串联，观察电流的流向可知，可形成 4 极磁场。在图 5.10（b）中，两个半相绕组首与首或尾与尾反向串联，则形成 2 极磁场。图 5.10（c）中两个半相绕组首尾并联，也形成 2 极磁场。所以，只要将两个半相绕组中的任一个半相绕组电流反向，极数就可以成倍增加或减少。为了得到更多的转速，可在定子安装两套三相绕组，每套都可以改变磁极对数，采用不同的接线方式，就可有 3～4 种不同的转速。

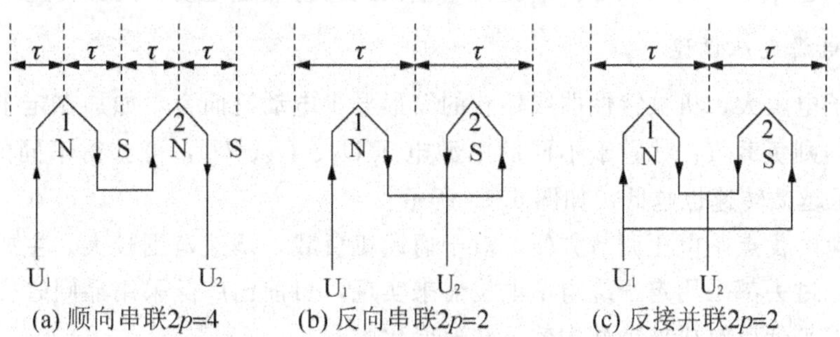

图 5.10 变极原理示意图

目前，在我国多极电动机定子绕组连接方式最多有三种，常用的有两种：一种是从星形改成双星形，写作Y/YY，如图 5.11 所示；另一种是从三角形改成双星形，写作△/YY，如图 5.12 所示。这两种接法可使电动机极对数减少一半。在改接绕组时，为了使电动机转向不变，应把绕组的相序改接一下。

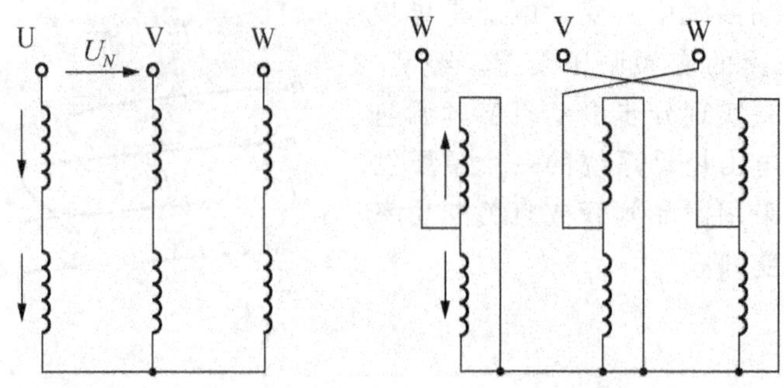

图 5.11　异步电动机Y/YY变极调速接线

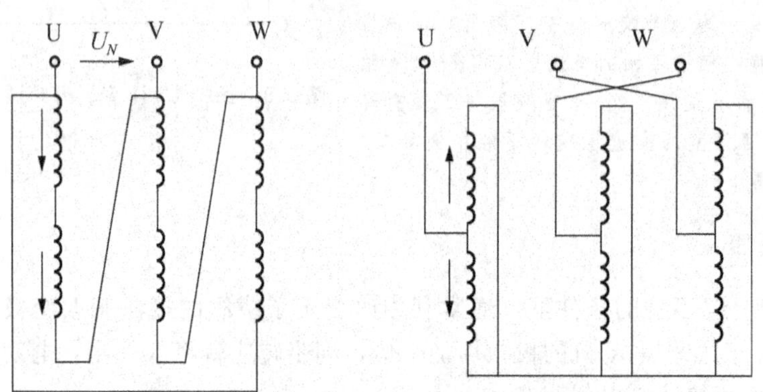

图 5.12　异步电动机△/YY变极调速接线

变极调速主要用于各种机床及其他设备上。它所需设备简单、体积小、质量小，但电动机绕组引出头较多，调速级数少，级差大，不能实现无级调速。

5.4.3　改变转差率 s 调速

改变转差率调速方法很多，定子调压调速、绕线异步电动机转子串电阻调速、转子串附加电动势调速（串级调速）等。改变转差率调速的特点是电动机同步转速不变。

1. 改变电源电压调速

对于转子电阻大、机械特性曲线较软的笼形异步电动机而言，如加在定子绕组上的电压发生改变，则负载 T_L 对应于不同的电源电压 U_1、U_2、U_3，可获得不同的工作点 a_1、a_2、a_3，电压越低转速也越低，如图 5.13 所示。

降压调速的优点是电压调节方便，对于通风机负载，调速范围较大。主要应用于笼形异步电动机，过去都采用定子绕组串电抗器来实现，目前已广泛采用晶闸管交流调压线路来实现。缺点是低压时机械特性太软，转速变化大。

2. 转子串电阻调速

如图 5.14 所示绕线转子异步电动机转子串电阻调速机械特性曲线。当电动机拖动恒转矩负载，且 $T_L=T_N$ 时，转子回路不串附加电阻时，电动机稳定运行在 a 点，转速为 n_a。当转子串入 R_{P1} 时，转子电流 I_2 减小，电磁转矩 T_{em} 减小，电动机减速，转差率 s 增大，转子电动势、转子电流和电磁转矩均增大（最大转矩 T_m 不变），直到 b 点，$T_b=T_L$

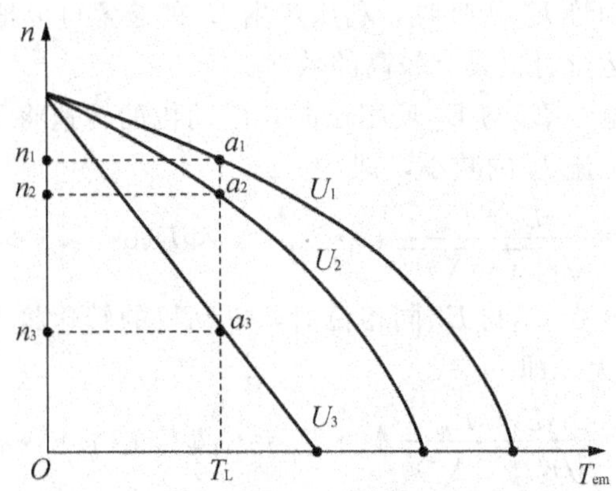

图 5.13　大转子电阻的笼形电动机调压调速

为止，电动机将稳定运行在 b 点，转速为 n_b，显然 $n_b<n_a$。当串入转子回路电阻为 R_{P2}、R_{P3} 时，电动机最后将分别稳定运行于 c 点与 d 点，获得 n_c 和 n_d 转速。所串附加电阻越大，转速越低，机械特性越软。

根据电磁转矩参数表达式，当 T_{em} 为常数且电压不变时，有

$$r_2/s_a=(r_2+R_{P1})/s_b\approx\text{常数} \tag{5-4}$$

因而绕线转子异步电动机转子串电阻调速时调速电阻的计算公式为

$$R_{P1}=(s_b/s_a-1)\ r_2 \tag{5-5}$$

式中：s_a 为转子串电阻前电动机运行的转差率；s_b 为转子串入电阻 R_{P1} 后新稳态运行时电动机的转差率；r_2 为转子每相绕组电阻，$r_2=s_N E_{2N}/\sqrt{3}I_{2N}$。

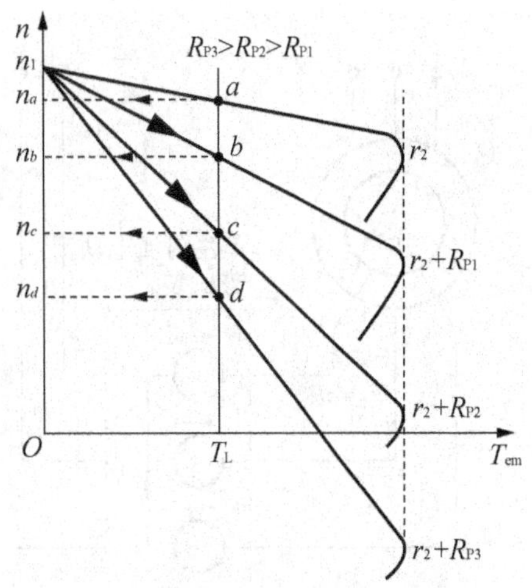

图 5.14　绕线转子串电阻调速机械特性

假如已知转子串入的电阻，求调速后的电动机转速，则只要将式（5-4）稍加变换，先求 s_b，再求转速 n_b。

由于异步电动机的电磁功率 P_{em}、机械功率 P_{mec} 与转子铜耗 p_{Cu2} 之间的关系为

$$P_{em}:P_{mec}:p_{Cu2}=1:(1-s):s \tag{5-6}$$

由式（5-6）可见，转速越低，转差率 s 越大，转子铜耗 p_{Cu2} 越大，效率就越低。

转子串电阻调速的优点是方法简单，调速平滑性差，一部分功率消耗在变阻器内，使电动机的效率降低。这些问题已通过晶闸管串级调速系统得到解决，并应用于大型起重机等设备中。

3. 串级调速

如果在转子回路中不串接电阻，而是串接一个与转子电动势 E_{2s} 同频率的附加电动势 E_{ad}，如图 5.15 所示，通过改变 E_{ad} 幅值大小和相位，同样也可实现调速，称为串级调速。这样，电动机在低速运行时，转子中的转差功率只有小部分被转子绕组本身电阻所消耗，

而其余大部分被附加电动势 E_{ad} 所吸收，利用产生 E_{ad} 的装置可以把这部分转差功率回馈到电网，使电动机在低速运行时仍具有较高的效率。

(1) 当转子串人的电势 E_{ad} 与 E_{2s} 反相位时，电动机的转速将下降。因为反相位的 E_{ad} 串人后，立即引起转子电流 I_2 的减小，即

$$I_2=\frac{sE_2-E_{ad}}{\sqrt{r_2^2+(sX_2)^2}}\downarrow\rightarrow T_{em}=C_T\Phi I_2\cos\varphi\downarrow\rightarrow n\downarrow$$

(2) 当转子串人的电势 E_{ad} 与 E_{2s} 同相位时，电动机的转速将上升。因为同相位的 E_{ad} 串入后，转子电流 I_2 增大，即

$$I_2=\frac{sE_2+E_{ad}}{\sqrt{r_2^2+(sX_2)^2}}\uparrow\rightarrow T_{em}=C_T\Phi I_2\cos\varphi\uparrow\rightarrow n\uparrow$$

串级调速的机械特性如图 5.16 所示，串级调速时理想空载转速不再等于同步转速。这种调速方式，若串入的附加电势 E_{ad} 不是直流电势，而是频率、幅值、相位和相序均可调的三相交流电源，且当转子串入的电势 E_{ad} 与 E_{2s} 同相位时，相当于附加电势 E_{ad} 通过转子向电机供电，定、转子均从各自的电源吸收电功率，转变为机械功率，所以这种调速也称为“双馈调速”。

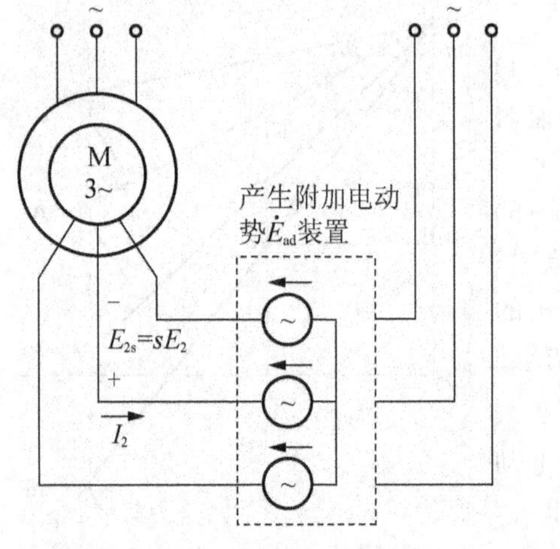

图 5.15　串级调速原理

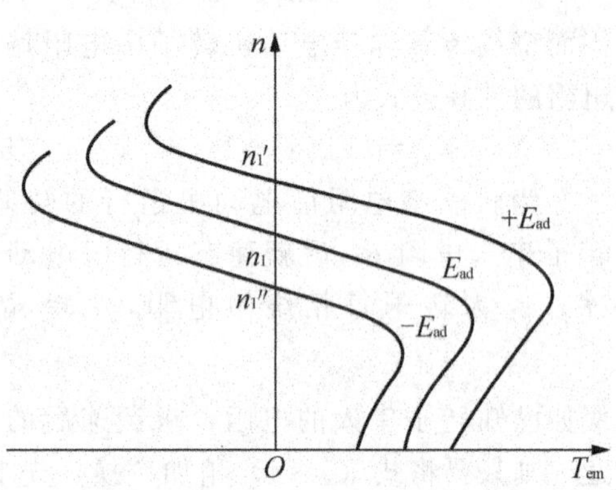

图 5.16　串级调速的机械特性

串级调速性能比较好，随着可控硅技术的发展，串级调速技术已广泛应用于水泵和风机的节能调速，应用于不可逆轧钢机、压缩机等诸多生产机械。

5.5　三相异步电动机的制动

三相异步电动机切断电源后，由于惯性需要经过一段时间才会停下来。有的生产机械要求迅速停车或准确停车，这就要求对电动机进行制动。当电磁转矩 T_{em} 与转子的旋转方向 n 相反，即为制动转矩。

异步电动机的制动有机械制动和电气制动两大类。

5.5.1　机械制动

机械制动通常用电磁铁制成的电磁抱闸实现。电动机正常运行时，电磁抱闸的线圈通电，电磁铁吸合，使闸瓦松开，电动机断电时，电磁线圈也同时断电，电磁铁释放，在弹簧作用下，立即抱紧闸轮，使电动机在极短时间内停止转动，实现制动。电磁抱闸结构如图5.17所示。起重机械常采用这种方式制动，不但提高了生产效率，还可以防止在工作过程中因突然断电致使重物落下而造成的事故。

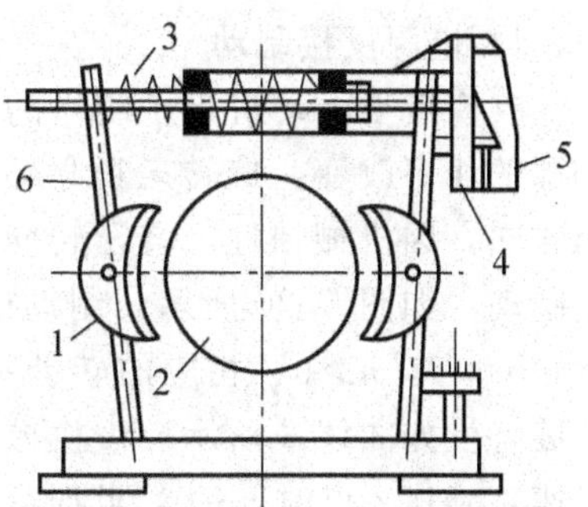

图5.17　电磁抱闸结构示意图

1—闸瓦；2—闸轮；3—弹簧；4—铁芯线圈；5—衔铁；6—杠杆

5.5.2　电气制动

电气制动是指电动机需要快速停止时，使转子获得一个和转子旋转方向相反的制动转矩，从而使电动机能迅速减速和停止。常用电气制动方法有能耗制动、反接制动和回馈制动等。

1. 能耗制动

能耗制动的方法是：将运行的电动机脱离电源后，立即将定子绕组接通直流电源，如图5.18所示。这时在定子与转子之间形成固定的磁场，此时转子由于机械惯性继续旋转，根据右手定则和左手定则可知，此时转子内的感应电流与恒定磁场相互作用所产生的电磁转矩的方向与转子转动方向相反，是一个制动转矩。在此制动转矩作用下，电动机转速迅速下降，当$n=0$时，$T_{em}=0$，制动过程结束。这种制动方法是将转子的动能变为电能，消耗在转子电阻上，所以称为能耗制动。

对于采用能耗制动的异步电动机，既要求有较大的制动转矩，又要求定、转子回路中电流不能太大而使绕组过热。根据经验，笼式异步电动机能耗制动，直流励磁电流取（4～5）I_0；绕线式异步电动机取（2～3）I_0，制动所串电阻$r_b=$（0.2～0.4）$E_{2N}/\sqrt{3}I_{2N}$。

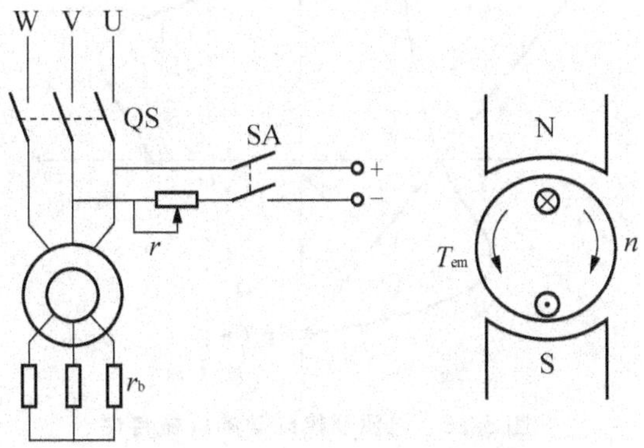

图5.18　能耗制动电路及原理

能耗制动的优点是制动平稳，消耗电能少，但需要有整流设备和限流电阻。目前在一些金属切削机床中常采用这种制动方法。

2. 反接制动

反接制动分为电源反接制动和倒拉反接制动。

1）电源反接制动

改变接于电动机定子绕组的电源相序，如图 5.19 所示，断开 QS_1，接通 QS_2 即可。电源的相序改变，旋转磁场立即反转，而使转子绕组中感应电势、电流和电磁转矩都改变方向，因机械惯性，转子转向未变，电磁转矩 T_{em} 与转子的转向 n 相反，实现电源反接制动。如图 5.20 所示，制动前，电动机工作在曲线 1 的 a 点，电源反接制动时，$nI'_1=-n_1<0$，$n>0$，相应的转差率 $s=(-n_1-n)/(-n_1)>1$，且电磁转矩 $T_{em}<0$，机械特性如曲线 2 所示。因机械惯性，转速瞬时不变，工作点由 a 点移至 b 点，并逐渐减速，到达 c 点时 $n=0$，此时切断电源并停车，如果是位能性负载需使用抱闸，否则电动机会反向启动旋转。一般为了限制制动电流和增大制动转矩，绕线转子异步电动机可在转子回路串入制动电阻 r_b，特性如曲其线 3 所示。

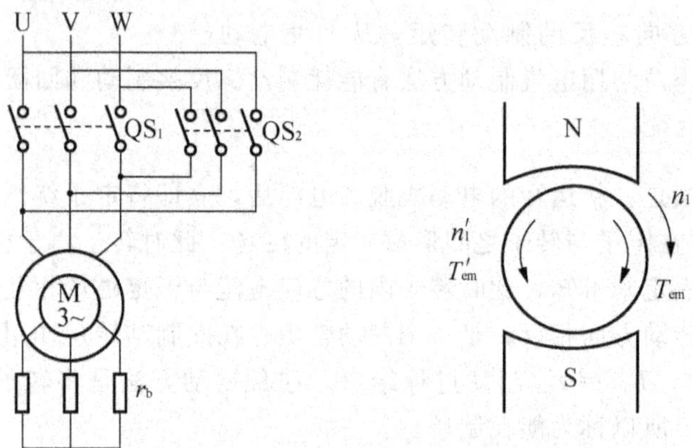

图 5.19 绕线式异步电动机电源反接制动原理图

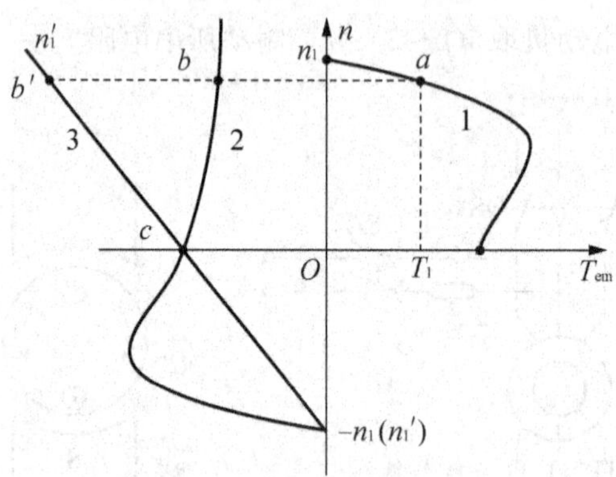

图 5.20 电源反接制动的机械特性

制动电阻 r_b 的大小可用下列公式计算

$$\frac{r_2}{s'}=\frac{r_2+r_b}{s} \tag{5-7}$$

由上式（5-7）可推出求制动电阻 r_b 的公式，即

$$r_b = (s'/s - 1)\ r_2 \tag{5-8}$$

式中：s'为对应固有机械特性线性段上任意给定转矩 T 的转差率 $s' = \frac{T}{T_N} s_N$；s 为转子串电阻 r_b 后的人为机械特性线性段上与 s'对应相同转矩 T 的转差率。

2）倒拉反接制动

当绕线转子异步电动机拖动位能性负载时，在其转子回路串入很大的电阻。其机械特性如图 5.21 所示。当异步电动机提升重物时，工作点满足特性曲线 1 上的 a 点。如果在转子回路串入很大的电阻，机械特性为斜率很大的曲线 2，因转速不能突变，工作点由 a 点过渡到 b 点，因此时电磁转矩 T_{em}小于负载转矩 T_L，转速 n 下降。当电动机减速至 $n=0$ 时，电磁转矩仍小于负载转矩，此时电动机被位能负载倒拉着反转，处于制动状态，直至 $T_{em}=T_L$，电动机才稳定运行于 c 点。因这是由于重物倒拉引起的，所以称为倒拉反接制动（或称倒拉反接运行），其转差率

$$s = [n_1 - (-n)]/n_1 = (n_1 + n)/n_1 > 1$$

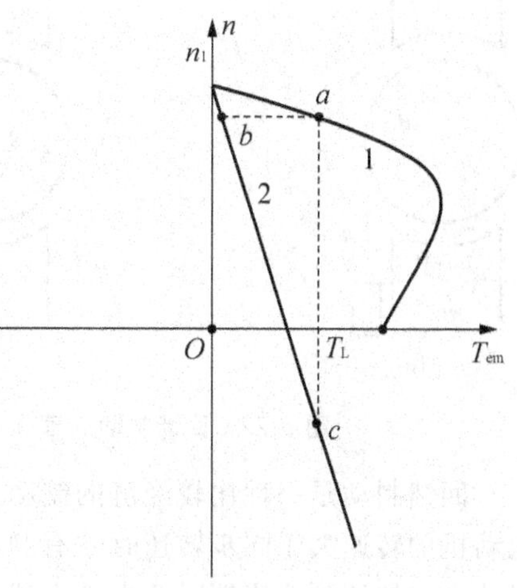

图 5.21　倒拉反接制动机械特性

特别提示

- 与电源反接制动一样，s 都大于 1，绕线形异步电动机的倒拉反接制动，常用于起重机低速下放重物。

3. 回馈制动

异步电动机在运行中，当转速 n 大于同步转速 n_1 时，此时电动机犹如一个感应发电机，由于旋转磁场方向未变，而 $n>n_1$，所以转子切割磁场的方向改变了，转子感应电动势、感应电流、电磁转矩的方向都发生了变化，相应的电磁转矩也变成了制动转矩。如图 5.22 (a)所示，起重机下放重物，在下放开始时，$n<n_1$，电动机处于电动状态；在位能转矩作用下，电动机的转速大于同步转速，如图 5.22（b）所示，转矩方向与转子转向相反，成为制动转矩。此时电动机将机械能转化为电能馈送电网，所以称回馈制动。

在图 5.23 中，设 a 点是电动状态提升重物工作点，d 点是回馈制动状态下放重物工作点。电动机从提升重物工作点 a 过渡到下放重物工作点 d 的过程如下。

首先，将电动机定子绕组两相反接，这时定子旋转磁场的同步转速为$-n_1$，机械特性如图 5.23 中的曲线 2。反接瞬间，转速不能突变，工作点由 a 平移到 b，然后电动机经过反接制动过程（工作点沿曲线 2 由 b 变到 c）、反向电动加速过程（工作点由 c 向同步点$-n_1$ 变化），最后在位能负载作用下反向加速并超过同步速，直到 d 点保持稳定运行，即匀速下放重物。如果在转子电路中串入制动电阻，对应的机械特性如图 5.23 中的曲线 3，这时的回馈制动工作点为 d'，其转速增加，重物下放的速度增大。为了限制电动机的转速，回馈制动时在转子电路中串入的电阻值不应太大。

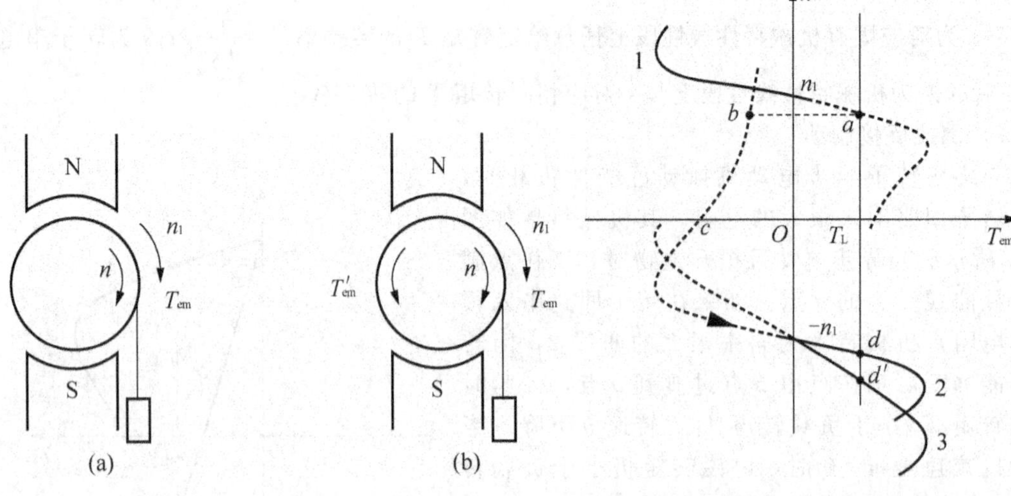

图 5.22 回馈制动原理　　　　图 5.23 下放重物时的回馈制动机械特性

回馈制动是一种比较经济的制动方法，且制动节能效果好，但使用范围较窄，只有当电动机的转速大于同步转速时才有制动转矩出现。起重机快速下放重物时及变速多极电动机从高速挡调到低速挡时会出现上述情况，这时会发生回馈制动。

5.5.3 三相异步电动机的反转

三相异步电动机的旋转方向取决于定子绕组产生的旋转磁场的方向，而旋转磁场的方向又取决于与定子绕组相连的三相电源的相序。因此只要改变三相电源的相序，即改变了旋转磁场的旋转方向，三相异步电动机反转。图 5.24 所示利用控制开关 QS 来实现电动机正、反转的原理线路图。

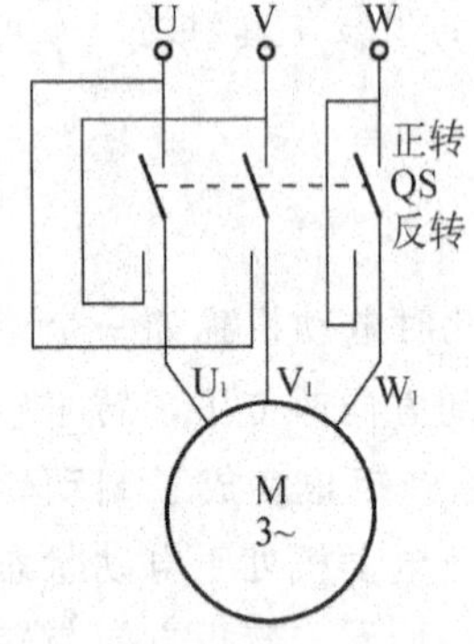

图 5.24 异步电动机正、反转原理图

当 QS 向上合闸时，U_1 接 U 相，V_1 接 V 相，W_1 接 W 相，电动机正转。当 QS 向下合闸时，U_1 接 V 相，V_1 接 U 相，W_1 接 W 相，即将电动机任意两相绕组与电源接线互调，则旋转磁场反向，电动机随之反转。

5.6 异步电动机的选择

合理选择电动机关系到生产机械的安全运行和投资效益。可根据生产机械所需功率选择电动机的容量；根据工作环境选择电动机的结构形式；根据生产机械对调速、启动的要求选择电动机的类型；根据生产机械的转速选择电动机的转速。

1. 类型的选择

选择电动机的原则是电动机性能在满足生产机械要求的前提下，优先选用结构简单、

价格便宜、工作可靠、维护方便的电动机。在这方面交流电动机优于直流电动机，交流异步电动机优于交流同步电动机，笼形异步电动机优于绕线式异步电动机。

负载平稳，对启动、制动无特殊要求的连续运行的生产机械，宜优先选用普通笼形异步电动机，普通的笼形异步电动机广泛用于机械、水泵、风机等。深槽式和双笼形是异步电动机用于大中功率，要求启动转矩较大的生产机械、如空压机、皮带运输机等。

启动、制动比较频繁，要求有较大的启动、制动转矩的生产机械，如桥式起重机、矿井提升机、空气压缩机、不可逆轧钢机等，应采用绕线式异步电动机。

无调速要求，需要转速恒定或要求改善功率因数的场合，应采用同步电动机，如中、大容量的水泵，空气压缩机等。

只要求几种转速的小功率机械，可采用变极多速（双速、三速、四速）笼形异步电动机，例如电梯、锅炉引风机和机床等。

调速范围要求在1∶3以上，且需要连续稳定平滑调速的生产机械，宜采用他励直流电动机或用变频调速的笼形异步电动机，如大型精密机床、龙门刨床、轧钢机、造纸机等。

要求启动转矩大，机械特性软的生产机械，使用串励或复励直流电动机，例如电车、电机车、重型起重机等。

2. 转速的选择

电动机的转速应视生产机械的要求而定。但是，通常异步电动的同步转速不低于500r/min，因此转速低的生产机械还须配减速装置。

异步电动机在功率相同的条件下，其同步转速越低，它的电磁转矩越大，体积就越大，质量越大，价格也越贵，所以一般情况下选用高转速异步电动机，如$p=1$，$p=2$等。

3. 额定功率（容量）选择

电动机的功率是由生产机械的需要而定的。合理选择电动机的功率有很大的经济意义，如果认为把电动机的功率选大一些保险，这种想法是不对的，因为这不仅使投资费用增加，而且异步电动机在低于额定负载情况下运行，其功率因数和效率都较低，使运行费用增加。如果电动机功率选小了，则电动机在运行时电流较长时间超过额定值，结果由于过热致使电动机寿命降低甚至损坏。因此，根据生产机械的需要，科学地选择电动机的功率才是正确的途径。

电动机的功率选择应按照电动机的工作方式采用不同的方法。

1）连续工作方式

对于连续工作方式的电动机，只要选择电动机的功率略大于生产机械的所需功率即可。电动机的功率应满足

$$P_N \geqslant \frac{P_L}{\eta_1 \eta_2} \tag{5-9}$$

式中：P_L为生产机械的负载功率；η_1、η_2分别表示传动机构和生产机械本身的效率。

【例5.2】 今有一离心水泵，其流量$Q=0.1\text{m}^3/\text{s}$，扬程$H=10\text{m}$，电动机与水泵直接连接，即$\eta_1=1$，水泵效率$\eta_2=0.6$，水泵转速为1 470r/min。若用一台笼形电动机拖动，作长时间连续运行，试选择电动机。

解： 泵类机械负载功率计算公式从设计手册上查出为

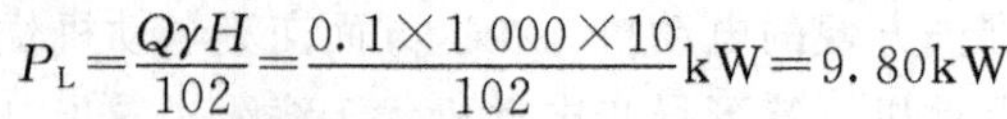

$$P_L=\frac{Q\gamma H}{102}=\frac{0.1\times1\,000\times10}{102}\text{kW}=9.80\text{kW}$$

式中：γ 为水的密度，为 $1\times10^3\text{kg/m}^3$。

所选电动机的功率

$$P_N\geqslant\frac{P_L}{\eta_1\eta_2}=\frac{9.80}{1\times0.6}\text{kW}=16.3\text{kW}$$

可选 Y180M－4 型的普通笼形电动机，其额定功率为 18.5kW，转速为 1500r/min.

2）断续工作方式

这类电动机工作时间 t 和停止时间 t_0 是交替的，我们称工作时间和一个周期（$t+t_0$）之比为负载持续率，通常用百分数表示，即

$$\varepsilon=\frac{t}{t+t_0}\times100\% \tag{5-10}$$

特别提示

- 断续工作方式的电动机，其标准负载持续率为 15%、25%、40%、60% 四种，铭牌上的功率一般指标准负载持续率 25% 下的额定功率，在产品目录上还给出了其余三种负载持续率下的额定功率。

如果生产机械的实际负载持续率与上述标准负载持续率相接近，可以查电机产品目录，使所选电机在某一负载持续率下的额定功率略大于生产机械所需功率。

如果生产机械的实际负载持续率与上述标准负载持续率不同，应先将实际负载持续率 ε_W 下的实际负载功率 P_W 换算成最接近的标准持续率 ε_N 下的功率 P_s，其换算公式为

$$P_s=P_W\sqrt{\frac{\varepsilon_W}{\varepsilon_N}} \tag{5-11}$$

3）短时工作方式

电机厂专门设计和制造了适用于短时工作的电动机，其标准持续时间分为 10min、30min、60min 和 90min 四个等级。其铭牌上的功率是和一定的标准持续时间是对应的。当电动机的实际工作时间和上述标准时间比较接近时，可按生产机械的实际功率选用额定功率与之相接近的电动机。

实际上，生产机械的实际工作时间 t_W 不一定等于标准持续时间 t_s，此时应按下式将实际工作时间 t_W 下的实际功率 P_W 换算成标准持续时间 t_s 下的功率 P_s

$$P_s=P_W\sqrt{\frac{t_W}{t_s}} \tag{5-12}$$

式中：t_s 应最接近实际工作时间 t_W，然后再根据 t_s 和 P_s 选用电动机。

4. 额定电压的选择

电动机的额定电压的选择，取决于电力系统对该企业的供电电压和电动机容量的大小。交流电动机电压等级的选择主要依使用场所供电电压等级而定。一般低电压网为 380V，故额定电压为 380V（Y或△接法）、220/380V（△/Y接法），380/660V（△/Y接法）三种；矿山及煤厂或大型化工厂等联合企业，更多要求使用 660V（△接法）或 660/1140V（△/Y接法）的电机。电动机功率较大，供电电压为 6 000V 或 10 000V 时，电动

机的额定电压应选与之适应的高电压。

直流电动机的额定电压也要与电源电压相配合。一般为110V、220V和440V。其中220V为常用电压等级，大功率电机可提高到600～1 000V。当交流电源为380V，用三相桥式整流电路供电时，其直流电动机的额定电压应选440V，当用三相半波晶闸管整流电源供电时，直流电动机的额定电压应为220V，若用单相整流电源，其电动机的额定电压应为160V。

5. 绝缘等级的选择

从发热方面来看，决定电动机容量的一个主要因素就是它的绕组绝缘材料的耐热能力，也就是绕组绝缘材料所能容许的温度。电动机在运行中最高温度不能超过绕组绝缘的最高温度，超过这一极限时，电动机使用年限就大大缩短，甚至因绝缘很快烧坏而不能使用。根据国际电工委员会规定，电工用的绝缘材料可分为七个等级，而电动机中常用的有A、E、B、F、H五个等级，而各等级的最高容许温度分别为105℃、120℃、130℃、155℃、180℃。我国规定40℃为标准环境温度，绝缘材料或电动机的温度减去40℃即为允许温升，用τ_{max}表示。

5.7　电动机的维护及故障处理

5.7.1　电动机的维护

1. 启动前的准备

对新安装或长时间未运行的电动机，在通电使用之前必须先进行下列四项检查：

1）安装检查

要求电动机装配灵活、螺钉拧紧、轴承运行无阻、联轴器中心无偏移等。

2）绝缘电阻检查

要求用兆欧表检查电动机的绝缘电阻，包括三相绕组相间绝缘电阻和三相绕组对地绝缘电阻，测得的数值一般不小于10MΩ。

3）电源检查

一般当电源电压波动超出额定值+10%或−5%时，应改善电源条件后再投入运行。

4）启动、保护措施检查

要求启动设备接线正确（直接启动的中小型异步电动机除外）；电动机所配熔丝的型号合适；外壳接地良好。

在以上各项检查无误后，方可合闸启动。

2. 启动时的注意事项

(1) 合闸后，若电动机不转，应迅速、果断地拉闸，以免烧毁电动机。

(2) 电动机启动后，应注意观察电动机，若有异常情况，应立即停机。待查明故障并排除后，才能重新合闸启动。

(3) 笼形电动机采用全压启动时，次数不宜过于频繁，一般不超过3～5次。对功率较大的电动机要随时注意温升。

(4) 绕线转子电动机启动前，应注意检查启动电阻是否接入。接通电源后，随着电动机转速的提高而逐渐切除启动电阻。

(5) 几台电动机由同一台变压器供电时，不能同时启动，应由大到小逐台启动。

3. 运行监视

对运行中的电动机应经常检查它的外壳有无裂纹，螺钉是否有脱落或松动，电动机有无异响或振动等。监视时，要特别注意电动机有无冒烟或异味出现，若嗅到焦糊味或看到冒烟，必须立即停机检查处理。

对轴承部位，要注意它的温度和响度。温度升高，响声异常则可能是轴承缺油或磨损。

用联轴器传动的电动机，若中心校正不好，会在运行中发出响声，并伴随着发生电动机振动和联轴节螺栓胶垫的迅速磨损。这时应重新校正中心线。用带传动的电动机，应注意传动带不应过松而导致打滑，但也不能过紧而使电动机轴承过热。

在发生以下严重故障情况时，应立即断电停机处理如下。

(1) 人身触电事故。

(2) 电动机冒烟。

(3) 电动机剧烈振动。

(4) 电动机轴承剧烈发热。

(5) 电动机转速急速下降，温度升高迅速。

4. 电动机的定期维修

异步电动机定期维修是消除故障隐患、防止故障发生的重要措施。电动机维修分月维修和年维修，俗称小修和大修。前者不拆开电动机，后者须把电动机全部拆开进行维修。

1) 定期小修的内容

定期小修是对电动机的一般清理和检查，应经常进行。

(1) 清擦电动机外壳，除掉运行中积累的污垢。

(2) 测量电动机绝缘电阻，测后注意重新接好线，拧紧接线头螺钉。

(3) 检查电动机端盖、地脚螺钉是否紧固。

(4) 检查电动机接地线是否可靠。

(5) 检查电动机与负载机械间的传动装置是否良好。

(6) 拆下轴承盖，检查润滑介质是否变脏、及时加油或换油。处理完毕后，注意上好端盖及紧固螺钉。

(7) 检查电动机附属启动和保护设备是否完好。

2) 定期大修的内容

异步电动机的定期大修应结合负载机械的大修进行。大修时，拆开电动机进行以下项目的检查修理。

(1) 检查电动机各部件有无机械损伤，若有则应进行相应修复。

(2) 对拆开的电动机和启动设备，进行清理，清除所有油泥、污垢。清理中注意观察绕组绝缘状况。若绝缘为暗褐色，说明绝缘已经老化，对这种绝缘要特别注意不要碰撞使它脱落。若发现有脱落就进行局部绝缘修复和刷漆。

(3) 拆下轴承，浸在柴油或汽油中彻底清洗。把轴承架与钢珠间残留的油脂及脏物洗掉后，用干净柴（汽）油清洗一遍。清洗后的轴承应转动灵活，不松动。若轴承表面粗

糙，说明油脂不合格；若轴承表面变色（发蓝），则它已经退火。根据检查结果，对油脂或轴承进行更换，并消除故障原因（如清除油中砂、铁屑等杂物；正确安装电动机等）；轴承新安装时，加油应从一侧加入。油脂占轴承内容积 1/3～2/3 即可。油加得太满会发热流出。润滑油可采用钙基润滑脂或钠基润滑脂。

（4）检查定子绕组是否存在故障。使用兆欧表测绕组电阻可判断绕组绝缘性能是否因受潮而下降，是否有短路。若有，应进行相应处理。

（5）检查定、转子铁芯有无磨损和变形，若观察到有磨损处或发亮点，说明可能存在定、转子铁芯相擦，应使用锉刀或刮刀把亮点刮低，若有变形应做相应修复。

（6）在进行以上各项修理、检查后，对电动机进行装配、安装。

（7）安装完毕的电动机，应进行修理后检查，符合要求后，方可带负载运行。

5.7.2　常见故障及排除方法

1. 电源接通后电动机不启动的可能原因

（1）定子绕组接线错误。新安装或维修后的电动机中，容易发生此类故障，应检查接线，纠正错误。

（2）定子绕组断路、短路或接地，绕线转子异步电动机转子绕组断路。找出故障点，排除故障。

（3）负载过重或传动机构被卡住。检查传动机构及负载。

（4）绕线转子异步电动机转子回路断线（电刷与滑环接触不良、变阻器断路、引线接触不良等）。找出断路点，并加以修复。

（5）电源电压过低。检查原因并排除。

（6）缺相。有“嗡嗡”声，应找出故障点，加以排除。

【例 5.3】一台三相四极异步电动机，维修后通电试运行却不能启动。判断原因并说明处理方法。

解：（1）检查诊断。经调查该电动机在重新绕制后通电试机时，声音发闷，振动强烈，配电盘闪火，电动机不能启动。根据上述情况，可初步判断之前维修人员在接电动机引出线时，首尾标记出现错误，此时相当于其中的某一相的首尾接反，从而引发故障。

（2）检测方式。如图 5.25 所示将一相绕组接于 36V 的交流电源，另外两相按原先首尾串联后接入低压灯泡上，如发现灯不亮，将串联的某一相绕组端子倒接后，测试灯亮。三相依次试验。

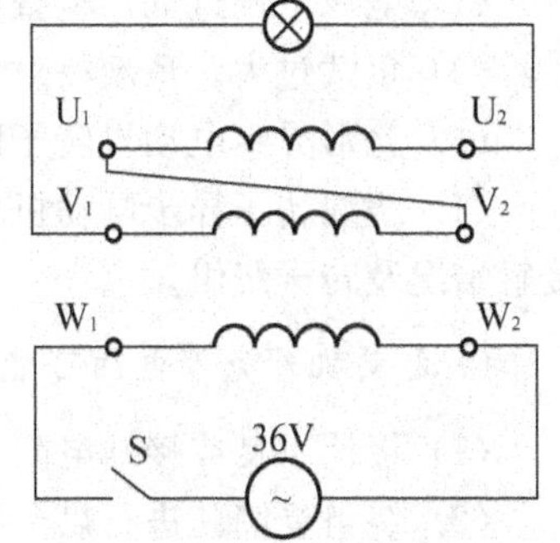

图 5.25　三相异步电动机定子绕组首尾端接错故障检测

检测结果说明，灯不亮的一次，说明串联的两相绕组头接头、尾接尾了，两相感应电动势相减，灯上的电压极小，所以不发光。倒接后，两相绕组首尾相接，感应电动势相加，灯上电压大，所以灯亮。

（3）处理方法：将接错的绕组首尾端对调后，三相定子绕组维修试验正确，接入三相交流电源，试机正常，故障排除。

2. 电动机温升过高或冒烟的可能原因

(1) 负载过重或启动过于频繁。减轻负载、减少启动次数。

(2) 三相异步电动机断相运行。检查原因，排除故障。

(3) 定子绕组接线错误。检查定子绕组接线，加以纠正。

(4) 定子绕组接地或匝间、相间短路。查出接地或短路部位，加以修复。

(5) 笼形异步电动机转子断条。铸铝转子必须更换，铜条转子可修理或更换。

(6) 绕线转子异步电动机转子绕组断相运行。找出故障点，加以修复。

(7) 定子、转子相擦。检查轴承、转子是否变形，进行修理或更换。

(8) 通风不良。检查通风道是否畅通，对不可反转的电动机检查其转向。

(9) 源电电压过高或过低。检查原因并排除。

3. 电动机振动的可能原因

(1) 转子不平衡。须校正平衡。

(2) 带轮不平稳、或轴弯曲。检查并校正。

(3) 电动机与负载轴线不对。检查、调整机组的轴线。

(4) 电动机安装不良。检查安装，情况及地脚螺栓。

(5) 负载突然过重。减轻负载。

4. 运行时有异声的可能原因

(1) 定于转子相擦。检查轴承、转子是否变形，进行修理或更换。

(2) 轴承损坏或润滑不良。更换轴承，清洗轴承。

(3) 电动机两相运行。查出故障点并加以修复。

(4) 风扇叶碰机壳等。检查消除故障。

5. 电动机带负载时转速过低的可能原因

(1) 电源电压过低。检查电源电压。

(2) 负载过大。重新核对负载。

(3) 笼形异步电动机转子断条。铸铝转子必须更换，铜条转子可修理或更换。

(4) 绕线转子异步电动机转子绕组一相接触不良或断开。检查电刷压力，电刷与滑环接触情况及转子绕组。

6. 电动机外壳带电的可能原因

(1) 接地不良或接地电阻太大。按规定接好地线，消除接地不良处。

(2) 绕组受潮。进行烘干处理。

(3) 绝缘有损坏，有脏物或引出线碰壳。修理，并进行浸漆处理，消除脏物，引出线重接。

本章小结

1. 异步电动机的启动电流和启动转矩衡量异步电动机启动性能的重要指标。异步电动机直接启动时，启动电流大，一般为额定电流的 4～7 倍，因启动时功率因数低，启动转矩却不大。

2. 10kW以下的小功率电动机可以直接启动。

3. 降压启动是指电动机在启动时降低加在定子绕组上的电压，启动结束时加额定电压运行的启动方式。降压启动方法有：定子串电阻或电抗器的降压启动；三角形接线的异步电动机，在空载或轻载启动时，采取Y-△启动；负载比较重的，可采用自耦变压器启动，自耦变压器有抽头可供选择；绕线转子异步电动机转子串电阻启动，启动电流比较小，而启动转矩比较大，启动性能好。

4. 异步电动机的调速有三种方法：变极、变频和改变转差率调速。变极调速是改变三相绕组中的电流方向，使极对数成倍地变化，可制成多速电动机。变频调速是改变频率从而改变同步转速进行调速，调频的同时保持U_1/f_1或E_1/f_1为常数，频率可以从基频向上调，也可以从基频向下调；改变转差率调速，主要有转子串电阻调速和串级调速。

5. 电动机制动运行状态是电磁转矩方向与转子旋转转向相反。电气制动有三种方法：能耗制动、反接制动、回馈制动。

6. 异步电动机的旋转方向由三相电源的相序决定。改变接于电动机定子绕组的三相电源的相序，即将电源三相线任意两相对调，可实现反转。

7. 选择电动机包括确定电动机种类、形式、额定值和工作方式等。

检测习题

一、填空题

1. 三相异步电动机启动时，启动电流很大，一般为________I_N，而启动转矩不大。

2. 异步电动机启动时，转差率$s=$________，此时转子电流I_2的值________（大、小），$\cos\varphi_2$________（大、小），主磁通比正常运行时要________，因此启动转矩________。

3. 三相笼形异步电动机的降压启动常用方法有________、________和________。其中________启动法只适用于正常工作时绕组三角形连接的电动机。

4. 三相异步电动机的转速公式________，调速方法有________调速、________调速和________调速，其中________调速适用于鼠龙式异步电动机，________调速和______调速适用于绕线式异步电动机。

5. 三相异步电动机拖动恒转矩负载调速时，为保证主磁通和过载能力不变，则电压U_1与频率f_1________调节，一般从基频向________调节。

6. 三相异步电动机的电气制动方法有：________制动、________制动和______制动三种。三种方法的共同特点是________；最经济的制动方法是________；最不经济的制动方法是________。

二、选择题

1. 一台三相异步电动机在额定负载下运行，若电源电压低于额定电压10%运行，则电动机将（　　）。

A. 不会出现过热现象

B. 肯定会出现过热现象

C. 不一定会出现过热现象

2. 为增大三相异步电动机的启动转矩，可以采用（　　）。

A. 增加定子相电压

B. 适当增加定子相电阻

C. 适当增大转子回路电阻

3. 一台三相感异步动机拖动额定恒转矩负载运行时若电源电压下降 10%此时电机的电磁转矩（　　）。

A. $T_{em}=T_N$　　B. $T_{em}=0.81T_N$

C. $T_{em}=0.9T_N$

4. 三相绕线式感应电动机拖动恒转矩负载运行时，采用转子回路串入电阻调速，运行时在不同转速上时，其转子回路电流的大小（　　）。

A. 与转差率反比　　B. 与转差率无关

C. 与转差率正比

5. 三相感应电动机电磁转矩的大小和（　　）成正比。

A. 电磁功率　　B. 输出功率　　C. 输入功率

三、问答题

1. 为什么三相异步电动机全压启动时启动电流可达（4～7）I_N，而启动转矩却不大？

2. 绕线式感应电动机在转子回路串电阻启动动时，为什么既能降低启动电流，又能增大启动转矩？所串电阻是否越大越好？

3. 异步电动机带负载运行，若电源电压下降过多，会产生什么严重后果？如果电源电压下降 20%，对最大转矩、起动转矩、转子电流、气隙磁通、转差率有何影响（设负载转矩不变）？

4. 一台搁置较久的三相笼形异步电动机，在通电使用前应进行哪些准备工作后才能通电使用？

5. 三相异步电动机在通电启动时应注意哪些问题？

6. 三相异步电动机在连续运行中应注意哪些问题？

7. 三相异步电动机在运行中发出焦臭味或冒烟应怎么办？其原因主要有哪些？

8. 如发现三相异步电动机通电后电动机不转动首先应怎么办？其原因主要有哪些？

9. 在变极调速时，为什么要改变绕组的相序？在变频调速中，改变频率的同时还要改变电压，保持 U_1/f_1=常值，这是为什么？

四、分析计算

1. 两台三相异步电动机额定功率都是 $P_N=40$kW，而额定转速分别为 $n_{N1}=2960$r/min，$n_{N2}=1460$r/min，求对应的额定转矩为多少？说明为什么这两台电动机的功率一样但在轴上产生的转矩却不同？

2. 一台三相八极异步电动机数据为：额定容量 $P_N=260$kW，额定电压 $U_N=380$V，额定频率 $f_N=50$Hz，额定转速 $n_N=722$r/min，过载能力 $\lambda=2.13$。求：

（1）额定转差率。

（2）最大转矩对应的转差率。

（3）额定转矩。

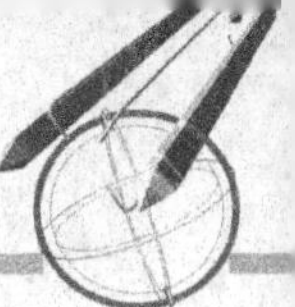

（4）最大转矩。

（5）$s=0.02$ 时的电磁转矩。

3. 一台三相六极绕线转子异步电动机接在频率为 50Hz 的电网上运行。已知电动机定、转子总电抗每相为 0.1 Ω，折合到定子边的转子每相电阻为 0.02 Ω。求：

（1）最大转矩对应的转速是多少？

（2）要求最初起动转矩是最大转矩的 2/3，需要在转子中串入多大的电阻（折合到定子边的值，并忽略定子电阻）？

4. 一台三相笼形异步电动机，$P_N=300$kW，定子绕组为Y形，$U_N=380$V，$I_N=527$A，$n_N=1475$r/min，启动电流倍数 6.7，启动转矩倍数 $K_S=1.5$，$\lambda=2.5$。车间变电所允许最大冲击电流为 1 800A，负载启动转矩为 1 000N·m，试选择适当的启动方法。

（参考：自耦变压器启动，选用 QJ2 系列 64%抽头或 QJ3 系列 60%抽头。）

5. 何谓三相异步电动机的调速？对三相笼形异步电动机，有哪几种调速方法？并分别比较其优缺点。三相绕线转子异步电动机通常用什么方法调速？

6. 一台三相四极绕线转子异步电动机，$f=50$Hz，$n_N=1\,485$r/min，$r_2=0.02\,\Omega$，若定子电压、频率和负载转矩保持不变，要求把转速降到 1 050r/min，问要在转子回路中串接多大电阻？

7. 一台绕线转子异步电动机，$P_N=60$kW，$n_N=577$r/min，$I_{1N}=133$A，$E_{2N}=253$V，$I_{2N}=160$A，$\lambda=2.9$。如果电动机在回馈制动状态下下放重物，$T_L=0.8T_N$，转子串接电阻为 0.06Ω，求此时电动机的转速？

第6章 特殊用途电机

教学目标

1. 掌握单相异步电动机的结构和工作原理及应用。

2. 掌握同步电动机的结构和工作原理及应用。

3. 掌握伺服电动机、步进电动机、直线电动机、测速发电机的结构、工作原理及控制方式，并能够在实际中应用。

教学要求

能力目标	知识要点	权重	自测分数
单相异步电动机的选择及控制使用	单相异步电动机的分类、结构和工作原理；启动方法及反转和调速方法	10%	
正确使用同步电动机	同步电动机的特点、结构、基本工作原理，同步电动机的基本方程式及功能特性，同步电动机的功率因数调节，同步电动机的U形曲线，同步电动机的启动及调速方法	15%	
合理选用伺服电动机	直流、交流伺服电动机的结构、特性及工作原理	20%	
学会步进电动机的操作使用方法	步进电动机的结构和分类，三相反应式步进电动机的工作原理，步距角、转子齿数和拍数之间的关系	20%	
了解直线电动机的实际应用	直线异步电动机的主要类型和基本结构，直线异步电动机的基本原理、工作特性及边缘效应，直线直流电动机的结构	20%	
了解测速发电机的功能，掌握其应用	测速发电机的结构、分类和工作原理，测速发电机在控制系统中的应用	15%	

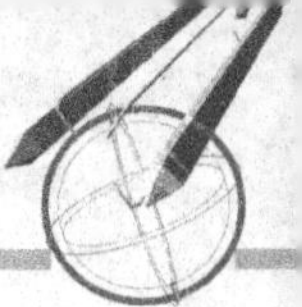

项目导入

随着现代科学技术的迅猛发展，在自动控制系统和电气传动系统中除了使用一般的交直流电机以外，还有驱动小功率电器的特殊电机及用做检测、放大、执行和计算等功能的各种微特电机。

特种电机综合了电机、计算机、控制理论、新材料等多项高新技术，应用于工农业生产、军事、航天、日常生活的各个方面。

1. 电气传动领域

工农业生产的各个部门都离不开电气传动系统，在要求速度控制和位置控制的场合，特殊电机应用越来越广泛。如伺服电机、步进电机、测速电机等应用于数控机床、自动生产线、机器人等设备中。

2. 交通运输领域

在高档汽车中，大量使用永磁直流电动机、无刷直流电动机等。直线电动机广泛应用于磁悬浮列车、地铁的驱动。

3. 信息处理领域

信息处理领域配套的微电机，绝大部分是精密永磁无刷电动机、精密步进电动机。

4. 特种用途

包括各种飞行器、探测器、自动化武器装备、医疗设备使用的电机。

本项目主要介绍几种常用的特殊电机，讨论其基本结构、工作原理、特点和用途。

6.1　单相异步电动机

单相异步电动机运转时，只需要单相正弦交流电源。所以在家用电器中有广泛应用，如电风扇、洗衣机和电冰箱中的电动机都采用单相异步电动机为动力源。同时它具有结构简单、成本低廉、运行可靠和维修方便的优点。

6.1.1　单相异步电动机的结构

单相异步电动机是由转子和定子两部分组成。电动机的定子由定子铁芯和定子绕组组成。其定子铁芯上有两个绕组，一个是工作绕组，也称主绕组，另一个是启动绕组，又称辅助绕组；转子都为笼形转子。单相异步电动机的种类不同，定子的结构也不同。下面以罩极电动机和分相式电动机的定子结构为例进行介绍。

罩极式异步电动机的定子通常做成凸极式，由凸出的磁极铁芯、励磁主绕组和罩极短路环组成。单相绕组绕在磁极上，在磁极面上约 1/3 处开有小槽，嵌入短路铜环，如图 6.1 所示。由于短路环中的感应电流阻碍穿过短路环的磁通的变化，使被罩住部分磁通落后于未罩住部分的磁通，这就相当于在电动机内形成一个从磁极的未罩住部分向被罩住部分移动的旋转磁场。

罩极式异步电动机的结构简单，工作可靠，但启动转矩小，且不能用开关控制它的正反转。常用于小型电风扇、吹风机等。

分相式单相异步电动机有电容分相式、电阻分相式、电感分相式三种，但是其定子

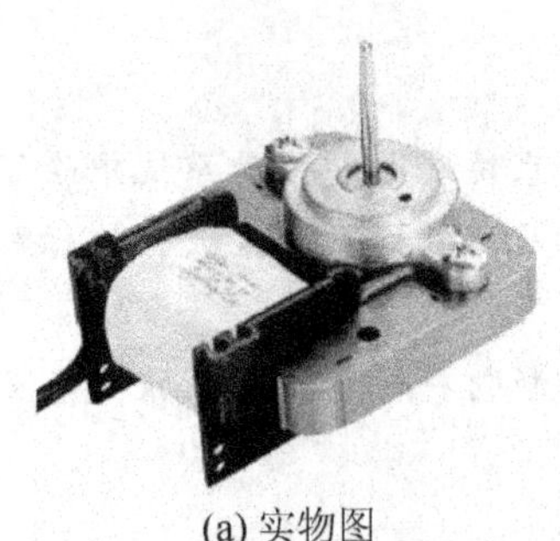

(a) 实物图

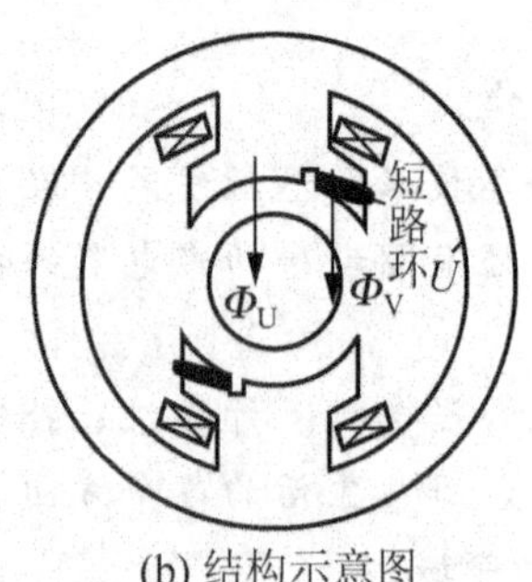

(b) 结构示意图

图 6.1 罩极式异步电动机

的结构相同，嵌线方法也相同。分相式单相异步电动机的定子是由圆形铁芯、主绕组和副绕组（启动绕组）组成。主绕组和副绕组在空间相对位置差 90°电角度。分相式单相异步电动机定子铁芯用硅钢片叠成，铁芯内腔均匀分布着定子槽，在槽内嵌有主绕组和副绕组。

6.1.2 单相异步电动机的工作原理

1. 单绕组的定子磁场

一相定子绕组通电的异步电动机就是指单相异步电动机定子上的主绕组（工作绕组）是一个单相绕组。当主绕组外加单相交流电后，在定子气隙中就产生一个脉振磁场（脉动磁场），该磁场振幅位置在空间固定不变，大小随时间做正弦规律变化，如图 6.2 所示。

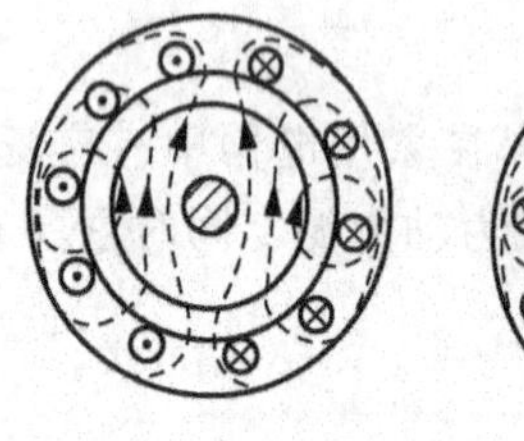

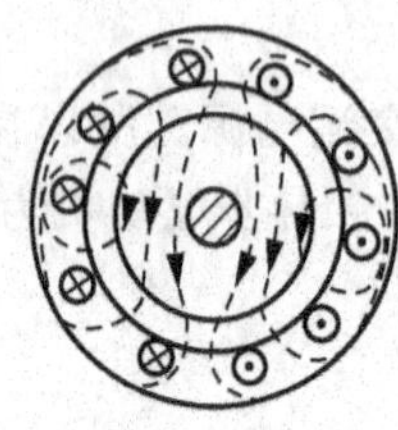

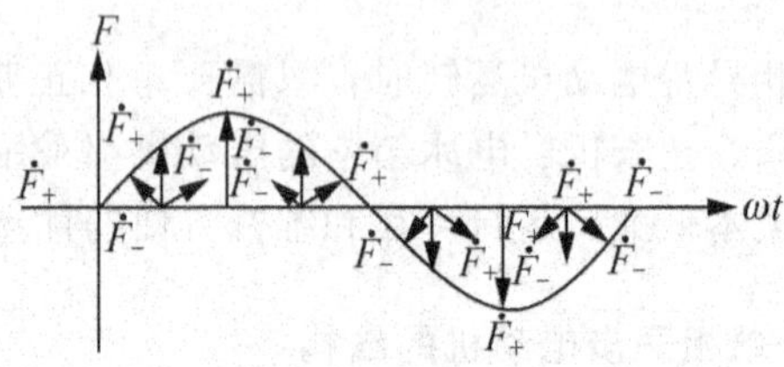

图 6.2 单绕组通电时的脉振磁场

2. 两相绕组的定子磁场

分相式单相异步电动机的定子中有两组绕组，即主绕组和副绕组，两组绕组的电角度是相互成 90°。

电动机定子中的两相绕组分别通入两相对称相位差90°的电流，即 $i_U = I_m \sin \omega t$ 和 $i_V = I_m \sin(\omega t - 90°)$ 时，这两相绕组形成的磁场如图 6.3 所示。

图中反映了两相对称电流产生合成磁场的过程。由图可以看出，当 ωt 经过 360°后，合成磁场在空间也转过了 360°，即合成旋转磁场旋转一周。其磁场旋转速度为 $n_1 = 60f/p$，此速度与三相异步电动机旋转磁场速度相同，其机械特性如图 6.4 所示。从图中可以看出，当 $n = 0$ 时，$T \neq 0$，说明该电动机有自启动能力。

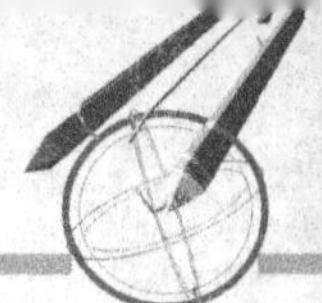

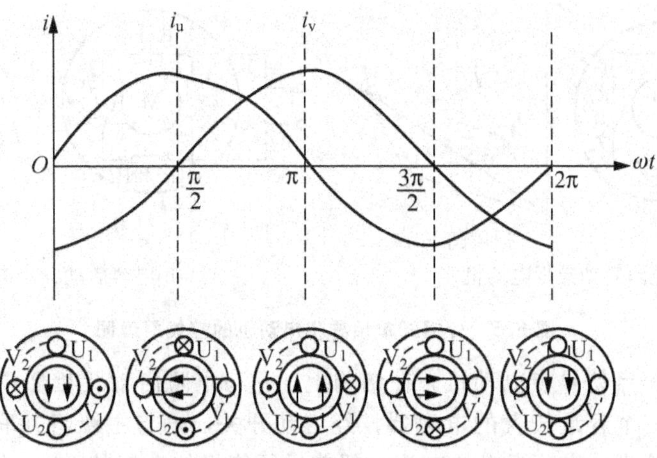

图 6.3 两相绕组电动机旋转磁场

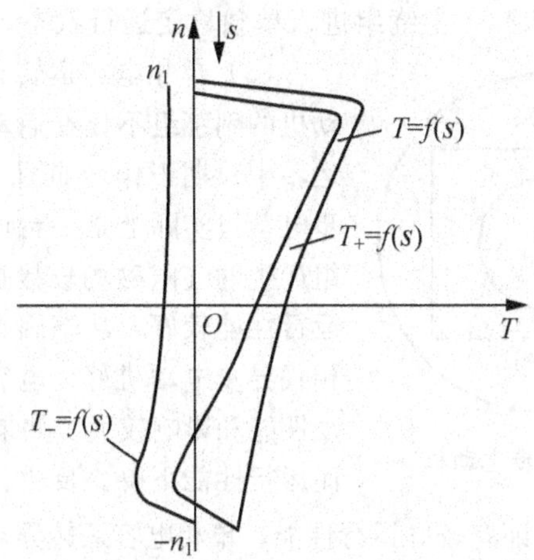

图 6.4 圆磁动势时单相异步电动机的机械特性

6.1.3 单相异步电动机的启动

单相异步电动机启动的关键是要设法在电机气隙中建立一个旋转磁场，实现自行启动。常用的方法有分相式和罩极式两种。

1. 分相式异步电动机的启动

分相式异步电动机的定子铁芯上嵌有主绕组和副绕组，两者的轴线在空间上相差 90°电角度，并接在同一电源上。从而建立一个椭圆形的旋转磁场，获得较大的启动转矩。图 6.5所示为分相式单相异步电动机的接线原理图。

(1) 单相电阻启动异步电动机。单相电阻分相启动异步电动机的定子上嵌放两相绕组，如图 6.5 (a) 所示。它们由同一单相电源供电，电阻值较大的启动（副）绕组经启动开关与主绕组并联后接于单相电源上，当转速上升到额定值的 80%左右时，离心开关自动打开，把启动绕组从电源上切除。

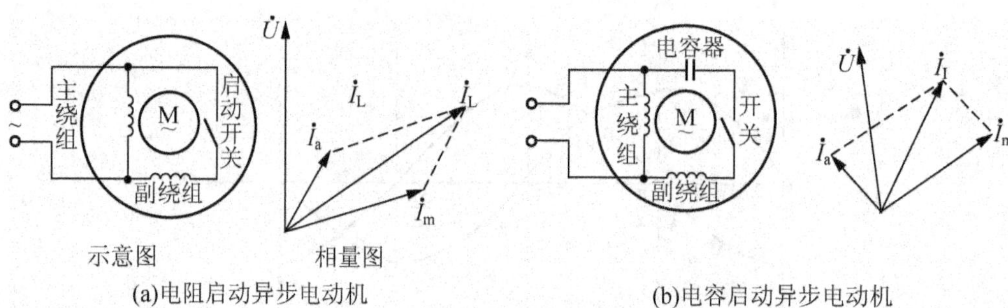

图 6.5 分相式单相异步电动机的接线原理图

(2) 单相电容启动异步电动机。在结构上，它与电阻启动式相似，如图 6.5 (b) 所示。副绕组串入一个容量较大的电容器，经启动开关，再与主绕组并联后接在单相电源上。若电容选择恰当，启动绕组的电流，超前运行绕组的电流的 90°电角度。这样可使启动时电机中的磁动势接近于圆形旋转磁场，电动机启动后转速达到 75%～85%同步转速时，副绕组通过开关自动断开，主绕组进入单独稳定运行状态。

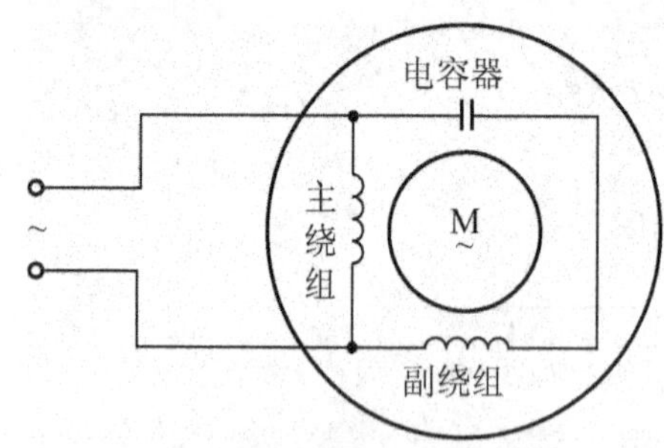

图 6.6 单相电容运转异步电动机

(3) 单相电容运转异步电动机。若单相异步电动机的副绕组不仅在启动时起作用，而且在电动机运转中长期工作，如图 6.6 所示。单相电容运转异步电动机实际上是一台两相异步电动机，其定子绕组产生的气隙磁场较接近圆形旋转磁场。因此，其运行性能较好，功率因数、过载能力比普通单相分相式异步电动机好。电容器容量选择较重要，对启动性能和影响较大。如果电容量大，则启动转矩大，而运行性能下降。反之，则启动转矩小，运行性能好。综合以上因素，为了保证有较好运行性能，单相电容运转异步电动机的电容比同功率单相电容分相启动异步电动机容量要小。启动性能不如单相电容启动异步电动机。

应用案例

单、双缸及全自动洗衣机一般采用主、辅绕组同规格的电容运行式单相异步电动机驱动，功率一般为 90～100W。同时在空调机、小型控压机和电冰箱等机械中也有应用。

2. 单相罩极式异步电动机的启动

单相罩极式异步电动机分凸极式和隐极式两种，由于凸极式结构简单。罩极式异步电动机当定子绕组通入正弦交流电后，将产生交变磁通 Φ，其中一部分磁通 Φ_U 不穿过短路环，另一部分磁通 Φ_V 穿过短路环，由于短路环作用，当穿过短路环的磁通发生变化时，短路环必然产生感应电动势和感应电流，感应电流总是阻碍磁通变化，这就使穿过短路环部分的磁通 Φ_V 滞后未罩部分的磁通 Φ_U，使磁场中心线发生移动。于是，电动机内部产生了一个移动的磁场，将其看成是椭圆度很大的旋转磁场，在该磁场作用下，电动机将产生一个电磁转矩，使电动机旋转，如图 6.7 所示罩极式电动机的转向总是从磁极的未罩部分向被罩部分移动，即转向不能改变。

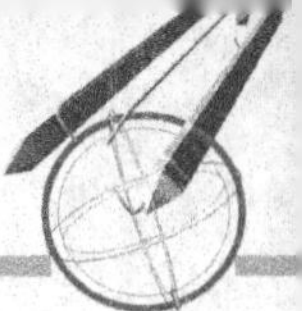

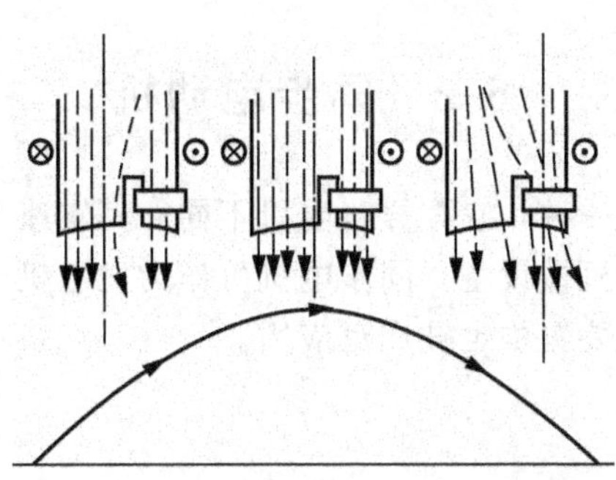

图 6.7　罩极式电动机移动磁场示意图

单相罩极式异步电动机的主要优点是结构简单、成本低、维护方便。但启动性能和运行性能较差，所以主要用于小功率电动机的空载启动场合，如电风扇等。

6.1.4　单相异步电动机的反转与调速

单相异步电动机在使用过程中，常希望能改变转向和调节速度。例如，换气扇电机的转向需要根据情况经常变换。

1. 单相异步电动机的反转

分相式单相异步电动机，若要改变电动机的转向，把工作绕组或启动绕组的任意一个绕组接电源的两出线端对调，即可将气隙旋转磁场的旋转方向改变，随之转子转向也改变。

特别提示

- 单相罩极式异步电动机，对调工作绕组接到电源的两个出线端，不能改变它的转向。如果想改变电动机的转向，需要拆下定子上的凸极铁芯，调转方向后装进去，也就是把罩极部分从一侧换到另一侧，这样就可以使罩极式异步电动机反转。

2. 单相异步电动机的调速

单相异步电动机和三相异步电动机一样，平滑调速都比较困难，一般只进行有级调速。电动机的转速与绕组所加电压成正比。由此可以通过改变绕组电压的大小来实现调速。

特别提示

- 分相式单相异步电动机的调速，可以采用电抗器调速、电动机外接电抗器及电容器调速、定子绕组抽头调速和电子调速四种方法，这些方法都是通过改变绕组电压的大小来实现单相异步电动机调速的。同时也可以采用改变绕组主磁通和变极进行调速。

6.2 同步电动机

同步电机是交流电机的一种，它与异步电机不同，其转速与电源频率之间有着严格的关系，广泛用于需要恒速的机械设备。同步电机可作为发电机、电动机和调相机使用，而微型同步电动机在一些自动装置中也被广泛应用。

6.2.1 同步电动机的特点

1. 同步电动机的分类

同步电动机按照其结构形式分为永磁同步电动机、磁阻同步电动机和磁滞同步电动机。

2. 同步电动机的特点

同步电动机的转速 n 与定子电源频率 f、磁极对数 p 之间应满足 $n_1=60f/p$，上式表明，当定子电流频率 f 不变时，同步电动机的转速为常数，与负载大小无关（在不超过其最大拖动能力时），是它的一大优点。另外，同步电动机的功率因数可以调节，当处于过励状态时，还可以改善电网的功率因数，这也是它的最大优点。

3. 同步电动机的结构

同步电动机有旋转电枢式和旋转磁极式两种。旋转电枢式应用在小容量电动机中，旋转磁极式用在大容量电动机中，如图 6.8 所示三相旋转磁极式同步电动机结构。从图中可以看出，同步电动机是由定子和转子两大部分组成。定子部分与三相异步电动机完全一样，是同步电动机的电枢。同步电动机转子上装有磁极，分为凸极式和隐极式两种。当励磁绕组通入电流 I_f 时，转子上产生 N、S 极。

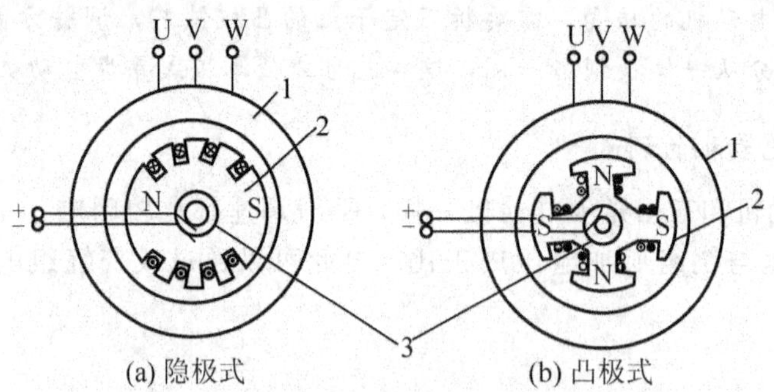

图 6.8　三相旋转磁极式同步电动机结构

1—定子；2—转子；3—集电环

6.2.2 同步电动机的基本工作原理

同步电动机在工作中是可逆的，也多用于发电机。使用时，同步电动机的定子绕组中要通入三相交流电流，而转子励磁绕组中通入直流电流励磁。

1. 同步电动机的基本工作原理

如图 6.9 所示同步电动机的工作原理。当定子三相绕组通入三相交流电流时，在定子

气隙中将产生旋转磁场。该磁场以同步转速 $n_1=60f/p$ 旋转，其转向取决于定子电流的相序。转子励磁绕组通入直流电流后，产生一个大小和极性都不变的恒定磁场，而且转子磁场的极数与定子旋转磁场相同。根据异性磁极相互吸引的原理，转子磁极在定子旋转磁场的电磁吸引力作用下，产生电磁转矩，使转子随着旋转的磁场一起转动，将定子侧输入的交流电能转换为转子轴上输出的机械能。由于转子与旋转磁场的转速和转向相同，故称为同步电动机。

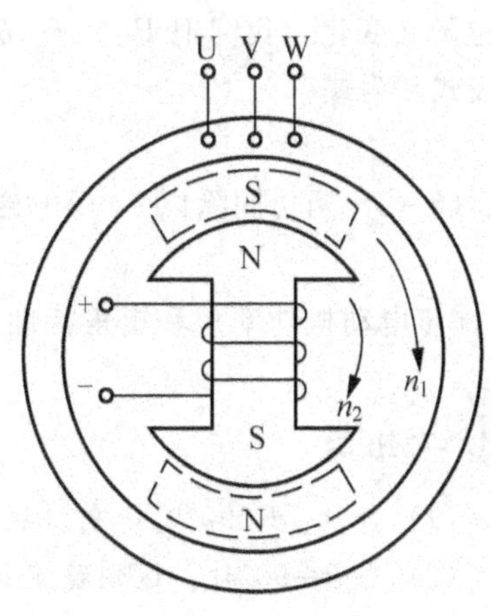

图 6.9　同步电动机的工作原理

同步电动机实际运行时，由于空载总存在阻力，因此转子的磁极轴线总要滞后旋转磁场轴线一个很小的角度 θ，促使产生一个异性吸力（电磁场转矩）；负载时，θ 角增大，电磁场转矩随之增大。电动机仍保持同步状态。

当然，负载若超过同步异性吸力（电磁转矩）时，转子就无法正常运转。

2. 同步电动机的基本方程式

根据电磁感应的原理，同步电动机运转时，转子励磁电流产生恒定的主极磁通 Φ，随着转子以同步转速旋转，该磁通切割定子绕组产生感应电动势 $\dot{E}_0$。以隐极式异步电动机为例，根据图 6.10 给出的同步电动机定子绕组各电量的正方向，可列出 U 相回路的电压平衡方程式（忽略定子绕组电阻 r_a）。

$$\dot{U}=\dot{E}_0+\mathrm{j}\dot{I}X_C \qquad (6-1)$$

式中：X_C 为电枢绕组的等效电抗，称同步电抗。

根据式（6-1），并假设此时同步导弹基地功率因数为领先时的相量图如图 6.11 所示。

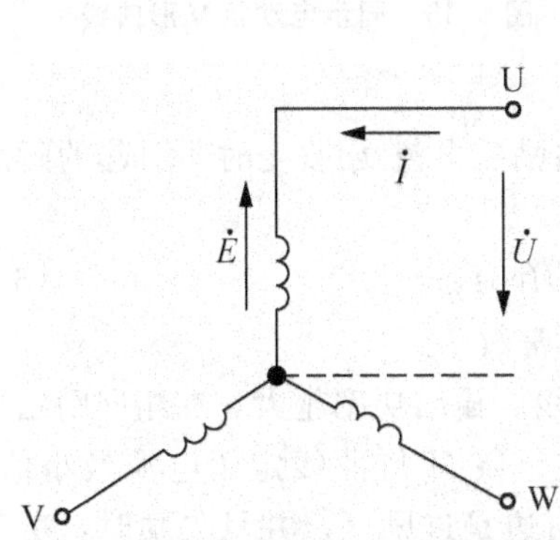

图 6.10　隐极式同步电动机的等效电路及各电量的正方向

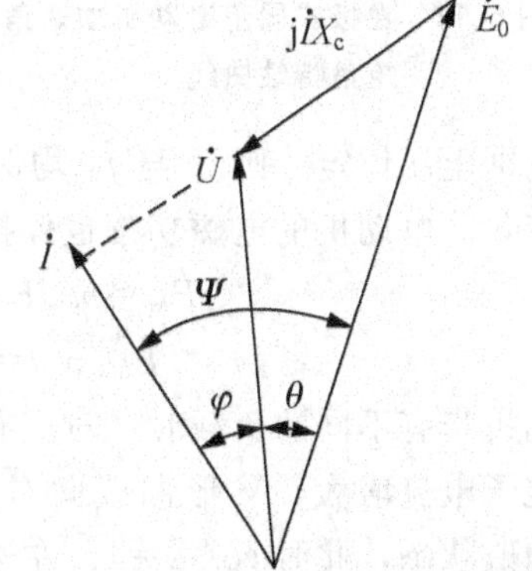

图 6.11　隐极式同步电动机的电动势相量图

3. 同步电动机的功率因数调节

1）功率角 θ 特性

如图 6.11 所示，$\dot{U}$ 与 $\dot{E}_0$ 的夹角即为功率角 θ，当 θ 变化时，同步电动机的有功功率

P_M 也随之变化，我们把 $P_M=f\ (\theta)$ 的关系称为同步电动机的功率角特性。其数学表达式（隐极式）为式（6-2），

$$P_M=3E_0U\sin\theta/X_C \tag{6-2}$$

将式（6-2）两边同除以 ω_0 得电磁转矩

$$T_{em}=3E_0U\sin\theta/\omega_0X_C \tag{6-3}$$

同步电动机功率角和矩角特性曲线如图 6.12 所示。

特别提示

- （1）当 $0<\theta<90°$ 时，电机稳定运行，输出机械功率增加，功角增大。
  （2）当 $\theta=90°$ 时，达到稳定运行极限，极限功率为 $P_{max}=3UE_0/X_C$。
  （3）当 $\theta>90°$ 时，电机不稳定运行，输出机械功率超过 P_{max}，将失去同步。

2）V 形曲线

同步电动机的 V 形曲线是指在电网恒定和电动机输出功率恒定的情况下，电枢电流和励磁电流之间的关系曲线，即 $I=f\ (I_f)$，如图 6.13 所示。

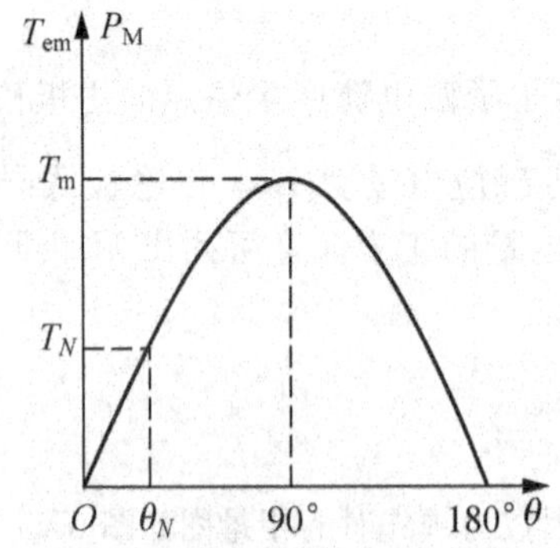

图 6.12　隐极式同步电动机功率角、矩角特性曲线

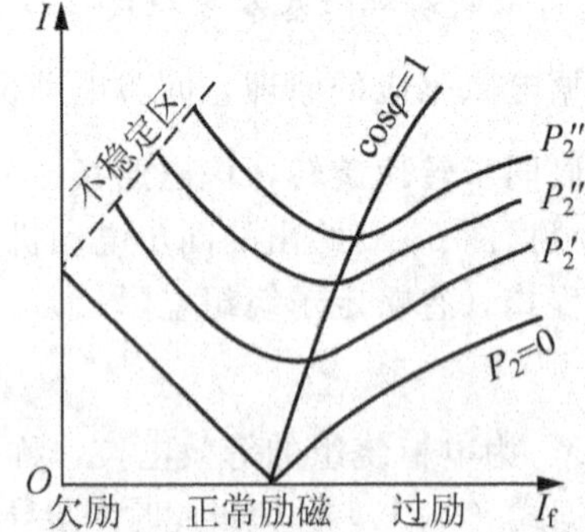

图 6.13　同步电动机 V 形曲线

如果电网电压恒定，则 U 与 f_1 均保持不变。忽略励磁电流 I_f 改变时，引起的附加损耗的微弱变化，电动机的电磁功率也保持不变。即

$$P_M=mUE_0\sin\theta/X_C=mUI\cos\varphi \tag{6-4}$$

$$E_0\sin\theta=\text{常数}\ I\cos\varphi=\text{常数}$$

当电动机带有不同的负载时，对应有一组 V 形曲线。输出功率越大，在相同励磁电流条件下，定子电流增大，V 形曲线向右上方移。对应每条 V 形曲线定子电流最小值处，即为正常励磁状态，此时 $\cos\varphi=1$。左边是欠励区，右边是过励区。并且欠励时，功率因数是滞后的，电枢电流为感性电流；过励时，功率因数是超前的，电枢电流为容性电流。

由于 P_M 与 E_0 成正比，所以当减小励磁电流时，它的过载能力也要降低，而对应功率角 θ 则增大，这样，在某一负载下，励磁电流减少到一定值时，θ 就超过 90°，对隐极式同步电动机就不能同步运行。图 6.13 虚线表示了同步电动机不稳定运行的界限。

由于电网上的负载多为感性负载，如果同步电动机工作在过励状态下，则可提高功率因数。这也是同步电动机的最大优点。所以，为改善电网功率因数和提高电动机过载能

力，同步电动机的额定功率因数为1～0.8（超前）。

6.2.3　同步电动机的启动与调速

1. 同步电动机的启动

同步电动机运行在同步转速的时候才能达到恒定转速。但在同步电动机启动时，转子尚未转动，即转子转速$n=0$，转子绕组中通入励磁电流，产生一个静止不动的恒定磁场。此时，定、转子磁场之间存在着相对运动，两者相互作用的情况是一会儿产生吸引力，使转子逆时针方向旋转，如图6.14（a）所示；一会儿又产生排斥力，使转子顺时针方向旋转，如图6.14（b）所示。在定子旋转磁场旋转一周内，作用于转子的平均电磁转矩为零。因此，同步电动机不能自行启动，必须采取必要的启动措施。常用的启动方法有异步启动法、辅助电动机启动法和变频同步启动法。应用最多的是异步启动法。

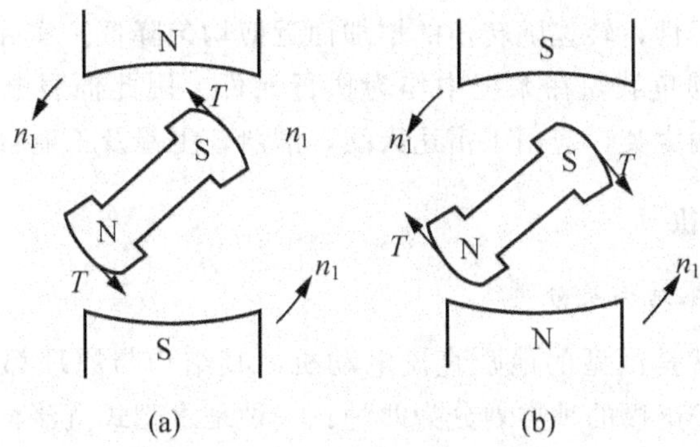

图6.14　同步电动机的启动

为了实现同步电动机的异步启动，在转子磁极的极靴上装有类似于异步电动机的鼠笼绕组，也称启动绕组。同步电动机的启动绕组一般用铜条制成，两端用铜环短接。

异步启动控制线路如图6.15所示。启动时，先在转子励磁回路中串入一个5～10倍励磁绕组电阻的附加电阻，开关S_2合至位置1，使转子励磁绕组构成闭合回路。然后，将定子电源开关S_1闭合，定子绕组通入三相交流电流产生旋转磁场，利用异步电动机的启动原理将转子启动。当转速上升到接近同步转速时，迅速将开关S_2由位置1合至位置2，给转子励磁绕组通入直流电励磁，依靠定、转子磁极之间的吸引力，将转子牵入同步转速运行。

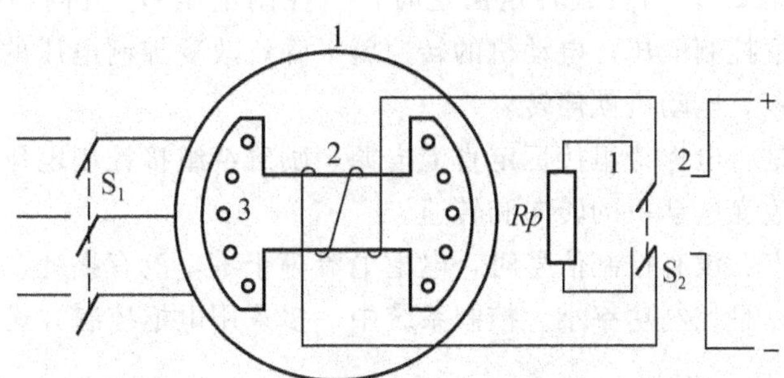

图6.15　异步启动控制线路

1—同步电动机；2—同步电动机励磁绕组；3—鼠笼启动绕组

2. 同步电动机的调速

一般由三相同步电动机、变频器及磁极位置检测器，再配上控制装置等，就构成了自控式同步电动机调速系统。改变自控式同步电动机电枢电压即可调节其转速，并具有类似直流电动机的调速特性，但不需要直流电动机那样的机械换相器，所以也称无换相器电动机。

自控式同步电动机调速系统可以用于拖动轧钢机、造纸机及数控机床用伺服电动机等要求高精度、高静、动态特性的场合；也可以用于拖动风机、泵类负载等只要求调速节能而对特性要求不高的场合。

6.3 伺服电动机

伺服电动机是一种受输入电信号控制并能作出快速响应的电动机，其转速与转向取决于控制电压的大小与极性，转速随转矩的增加而近似均匀降低。实际使用时，伺服电动机通常经齿轮减速后带动负载，在系统中作为执行元件。因此伺服电动机又称为执行电动机，分为直流与交流两大类，应用于雷达天线、潜艇、卫星及工业自动生产系统等方面。

6.3.1 直流伺服电动机

1. 直流伺服电动机结构及分类

直流伺服电动机就是微型的他励直流电动机，其结构与原理都与他励直流电动机相同。直流伺服电动机按磁极的种类划分为两种：一种是永磁式直流伺服电动机，它的磁极是永久磁铁；另一种是电磁式直流伺服电动机，它的磁极是电磁铁。

2. 直流伺服电动机的工作原理

直流伺服电动机的工作原理与普通他励直流电动机完全相同，当磁极有磁通，电枢绕组有电流通过时，电枢电流与磁通作用产生转矩，伺服电动机就动作，其基本关系式与普通直流电动机一样。

3. 控制方式

直流伺服电动机工作时有两种工作方式，即电枢控制方式和磁场控制方式。永磁式直流伺服电动机只有电枢控制方式。电枢控制方式是励磁绕组接恒定的直流电源电压 U_f，电枢绕组接控制电压 U_C。当负载转矩恒定时，当控制电压 U_C 升高，电动机的转速就升高；反之，减小电枢控制电压，电动机的转速就下降；改变控制电压的极性，电动机就反转。电动机电压为零，电动机就停转。

磁场控制方式是将电枢绕组接恒定直流电源，励磁绕组接控制电压，改变励磁电压的大小和方向，就能改变电动机的转向和转速。

电枢控制的优点：没有控制信号时，电枢电流等于零，没有损耗，只有很小的励磁损耗；励磁控制的优点是控制功率小。控制系统中，多采用电枢控制方式。

4. 控制特性

1）机械特性

直流伺服电动机的机械特性是指，当电枢的控制电压 U_C＝常数，励磁电压 U_f 恒定，

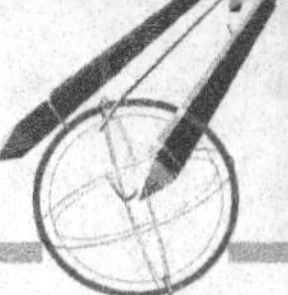

其转速 n 与电磁转矩 T_{em} 之间的关系 $n=f(T_{em})$，称为机械特性。

$$n=\frac{U_C}{C_e\Phi}-\frac{R_s}{C_eC_T\Phi_2}T_{em}=n_0-\beta T_{em} \tag{6-5}$$

机械特性曲线如图 6.16 (a) 所示。

特别提示

- 电动机的转速 n 与电磁转矩 T_{em} 之间为线性关系，控制电压不同时，机械特性为一组 n_0 不同的平行直线。这些特性曲线与纵轴的焦点是为电磁转矩为零时的理想空载转速 n_0；特性曲线与横轴的交点为电动机堵转时的转矩。从特性曲线可以看出，随着控制电压 U_C 升高，特性曲线平行地向转速和转矩增加的方向移动，但斜率保持不变。

2) 调节特性

在电动机的电磁转矩 T_{em}＝常数时，伺服电动机的转速 n 与控制信号 U_C 之间的关系曲线 $n=f(U_C)$ 称为调节特性，如图 6.16 (b) 所示。

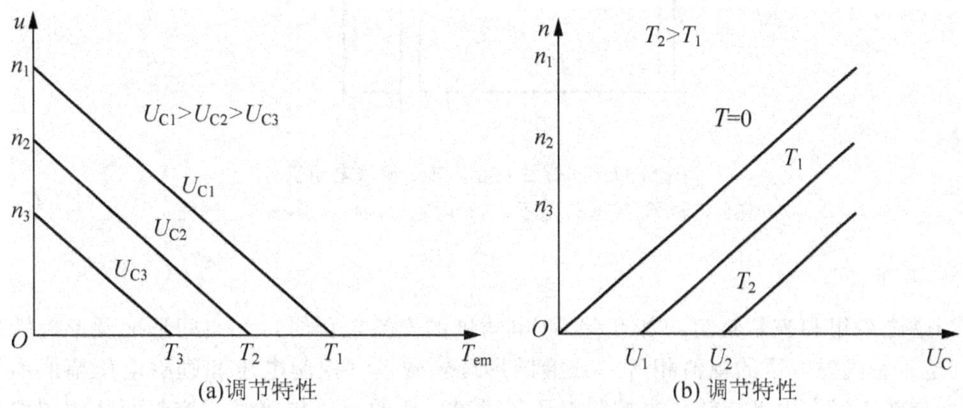

图 6.16　直流伺服电动机的控制特性

特性曲线与横轴的交点，表示在某一电磁转矩时电动机的始动电压。若转矩一定时，电动机的控制电压大于始动电压，电动机便能启动并达某一转速；反之，小于始动电压则电动机不能启动。所以，一般把调节特性曲线上横坐标从零到始动电压这一范围称为失灵区。在失灵区内，即使电枢有外加电压，电动机也转不起来。显而易见，失灵区的大小与负载转矩成正比，负载转矩越大，失灵区也越大。

6.3.2　交流伺服电动机

1. 基本结构

交流伺服电动机实质上就是一个两相感应电动机，定子有空间上互差 90°电角度的两相分布绕组：一相为励磁绕组；另一相为控制绕组。电动机工作时，励磁绕组接单相交流电压，控制绕组接控制信号电压，两者频率保持相同。

转子的结构有两种形式：一种为笼形转子；另一种为非磁性空心杯转子。交流伺服电动机的笼形转子的外形和普通笼形转子一样，但是为了减小转动惯量，提高灵敏度，转子通常做成细而长的形式。为了改善控制特性，同时也为了防止“自转现象”的发生，转子电阻通常比较大，转子导体一般采用高电阻率的材料制成。

非磁性空心杯转子伺服电动机如图 6.17 所示。它采用内、外定子结构，外定子上放置定子绕组；内定子相当于普通感应电动机的转子铁芯，作为电机磁路的一部分，不装绕组。转子采用非磁性材料制成杯形。这种结构的交流伺服电动机的优点是转动惯量小，阻转矩小，响应速度快，运行平稳，无抖动现象；缺点是气隙大，励磁电流大，功率因数小，同时体积也大。

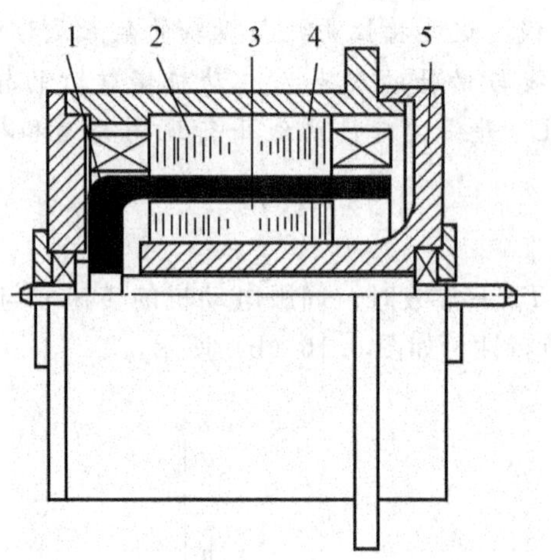

图 6.17 非磁性空心杯转子伺服电动机

1—空心杯转子；2—外定子；3—内定子；4—机壳；5—端壳

2. 工作原理

当励磁绕组和控制绕组均加互差 90°电角度的交流电压时，在空间形成圆形旋转磁场（控制电压和励磁电压的幅值相等）或椭圆形旋转磁场（控制电压和励磁电压幅值不等），转子在旋转磁场作用下旋转。当控制电压和励磁电压的幅值相等时，控制两者的相位差也能产生旋转磁场。普通的两相异步电动机存在着自转现象，“自转”是指在控制电压消失后电动机仍然不停旋转的现象，自转现象破坏了电动机的伺服性，交流伺服电动机用增加转子电阻的方法来防止自转现象的发生。

3. 控制方式

设计交流伺服电动机时，当励磁绕组与控制绕组电压分别为额定值时，两绕组产生的磁场幅值也一样大，合成磁场为一圆形旋转磁场。交流伺服电动机运行时，励磁绕组如果接额定电压，大小、相位都不变，那么改变控制绕组所加的电压的大小和相位，电动机气隙磁场则随着改变，有可能为圆形旋转磁场，也可能为不同椭圆度的椭圆旋转磁场，还可能为脉振磁场。同时电动机机械特性也相应改变，因而交流伺服电动机的转速 n 也随之变化。因此可利用控制信号电压的大小和相位的变化控制转速。

1）幅值控制

利用加在控制绕组上信号电压的幅值大小来控制交流伺服电动机转速，这种控制方式称为幅值控制。幅值控制接线图如图 6.18 所示。励磁绕组直接接交流电源 U_f，电压大小为额定值。

特别提示

- 控制电压与励磁电压之间相位差始终保持90°电角度。当控制电压$U_k=0$时，电机停转。

2）相位控制

通过改变加在控制绕组上的信号电压的相位来控制交流伺服电动机转速的控制方式称为相位控制。相位控制接线图如图6.19所示。励磁绕组接在单相交流电源上，大小为额定电压值。控制绕组所加信号电压U_k的大小为额定值，但是相位可以改变。U_k与U_f是同频率的交流电，两者相位差$\beta=0°\sim90°$。

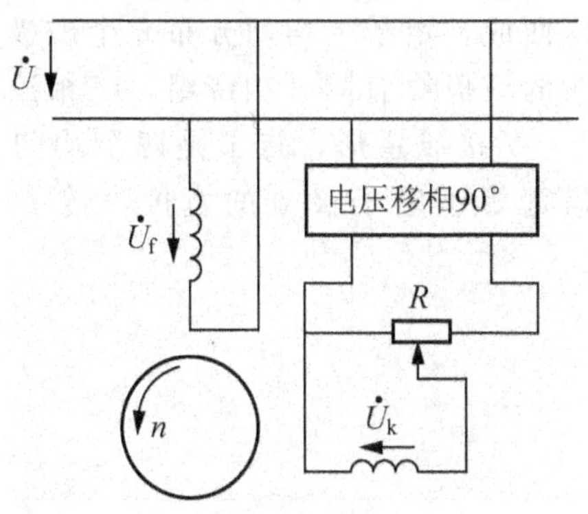

图6.18 幅值控制接线图

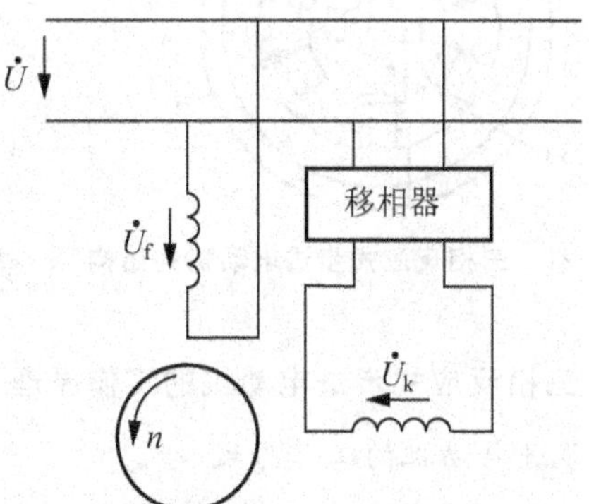

图6.19 相位控制接线图

应用案例

在工程实际中，移相方法有很多种。例如，可以利用三相交流电源以及自整角电机、伺服放大器构成任意两相电源，或者采用移相网络进行控制；也可以使用单相交流电与移相器配合构成交流伺服电动机的相位控制系统。

3）幅值-相位控制

幅值-相位控制是将幅值控制与相位控制两种方法结合起来，构成对交流伺服电动机的控制方式。交流伺服电动机幅值-相位控制接线图如图6.20所示，图中N_f表示励磁绕组，N_k表示控制绕组。励磁绕组外串电容器C后再接交流电源，控制电压为$\dot{U}_k$，$\dot{U}_k$与电源电压同频率，但相位、大小可以改变。

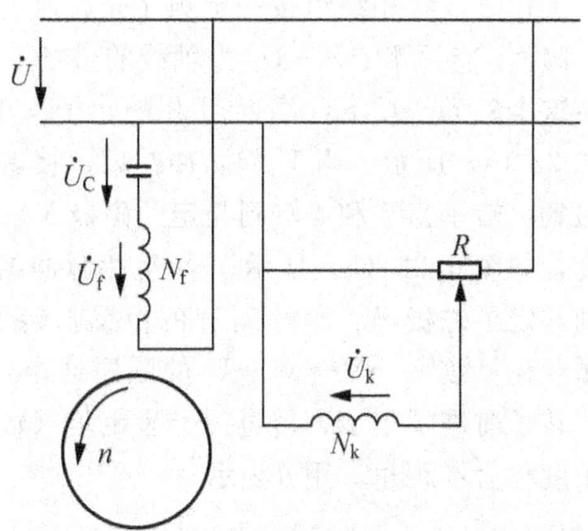

图6.20 交流伺服电动机幅值-相位控制接线图

6.4 步进电动机

步进电动机是一种将电脉冲信号转换成角位移或线位移的电动机。这种电动机每输入一个脉冲信号，电动机就转动一定的角度或前进一步，因此步进电动机又称为脉冲电动机，具有启动转矩较大、动作更加准确、调速范围宽等特点。步进电动机在脉冲技术和数字控制系统中的应用日益广泛，例如，在数控机床、自动绘图机、轧钢机及自动记录仪表等设备中可作为执行元件。

6.4.1 结构和分类

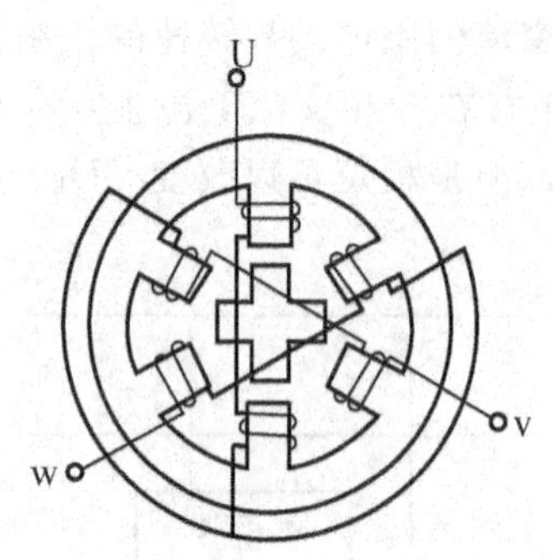

图 6.21 三相反应式步进电动机的结构

步进电动机种类很多，按其运动方式分有旋转型和直线型；按励磁方式可分为反应式、永磁式和感应式。如图 6.21 所示三相反应式步进电动机的结构。其定子、转子铁芯均由硅钢片叠压而成。定子上均匀分布 6 个磁极，每两个相对的磁极绕有同一相绕组，三相控制绕组 U、V、W 接成星形，转子是四个均匀分布的齿，齿宽等于定子极靴的宽度，转子上没有绕组。

6.4.2 三相反应式步进电动机的工作原理

1. 步进电动机的工作原理

1） 单三拍控制

如图 6.22 所示单三拍控制方式的三相反应式步进电动机的工作原理图。单三拍控制中的“单”是指每次只有一相控制绕组通电，从一相通电切换到另一相通电称为一拍，“三拍”是指一个循环经过三次切换。“三相”指定子为三相控制绕组。

工作时，各相绕组按一定顺序先后通电，当 U 相绕组通电时，V 和 W 相绕组都不通电，因而产生了以 U_1-U_2 为轴线的磁场。由于磁通总是力图从磁阻最小的路径通过，因此在这个磁场作用下，靠近 U 相的转子齿 1 和 3 转到与定子磁极 U_1-U_2 对齐的位置。如图 6.22（a）所示；当 U 相脉冲结束，接着 V 相接入脉冲时，又会建立以 V_1-V_2 为轴线的磁场，转子齿 2 和 4 转到与定子磁极 V_1-V_2 轴线对齐的位置，转子逆时针转过 30°机械角度，如图 6.22（b）所示。当 V 相脉冲结束，随后 W 相绕组通入脉冲时，转子齿 3 和 1 转到与定子磁极 W_1-W_2 对齐的位置，转子再逆时针转过 30°，如图 6.22（c）所示。如此循环往复按 U→V→W→U 的顺序通电，气隙中产生脉冲式的旋转磁场，磁场旋转一周，转子前进了三步，转过一个齿距角（转子四个齿时齿距角是 90°），转子每步转过 30°，该角度称为步距角，用 θ 表示。

特别提示

- 电动机的转速决定于电源电脉冲的频率，频率越高，转速越快。电动机的转向则取决于定子绕组轮流通电的顺序。若电动机通电顺序改为 U→W→V→U，则电动机为顺时针方向旋转。

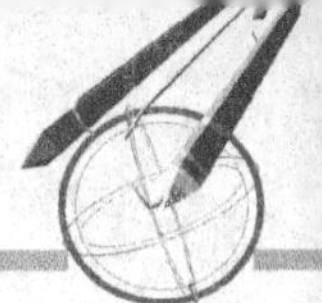

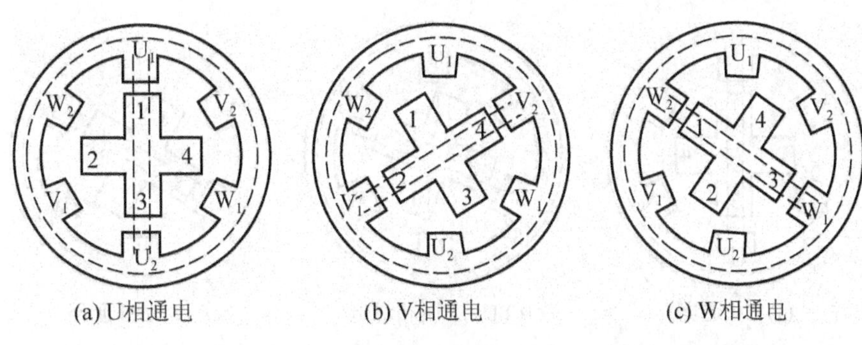

图 6.22　单三拍控制方式的三相反应式步进电动机的工作原理图

单三拍运行方式容易造成失步，且由于每次只有一相绕组吸引转子，也容易使转子在平衡位置附近产生振荡，运行稳定性较差，因而较少使用。

2）双三拍控制步进电动机工作原理

三相双三拍运行的通电按 UV→VW→WU→UV 的顺序进行，反向时按 UW→WV→VU→UW 顺序通电。每次有两相控制绕组同时通电，如图 6.23 所示。步距角不变，θ 仍为 30°。

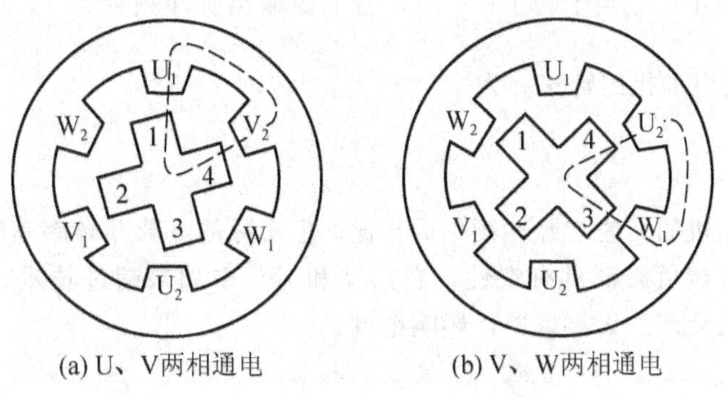

图 6.23　双三拍运行工作原理图

3）三相六拍控制步进电动机工作原理

这种方式的通电顺序为 U→UV→V→VW→W→WU→U，即先接通 U 相定子绕组，接着使 U、V 两相定子绕组同时通电，断开 U 相，使 V 相绕组单独通电，再使 V、W 两相定子绕组同时通电，W 相单独通电，W、U 两相同时通电，并依次循环，如图 6.24 所示。这种工作方式下，定子三相绕组需经过六次切换才能完成一个循环，故称“六拍”。每转换一次，步进电动机逆时针方向旋转 15°，即步距角 $\theta=15°$。由此可见，三相六拍运行方式的步距角比三相单三拍和三相双三拍运行方式的减少一倍。若将通电顺序反过来，步进电动机将按顺时针方向旋转。此种运行方式因转换时始终有一相绕组通电，所以工作比较稳定。

2. *步距角、转子齿数和拍数之间的关系*

由以上分析可以看出，采用单三拍和双三拍控制时，转子每走一步前进齿距角的 1/3，走完三步前进一个齿距角；六拍控制时，转子每走一步前进齿距角的 1/6，走完六步才前进一个齿距角。

无论采用什么控制方式，步距角 θ 与转子齿数 Z_r，拍数 m 之间都存在如下关系

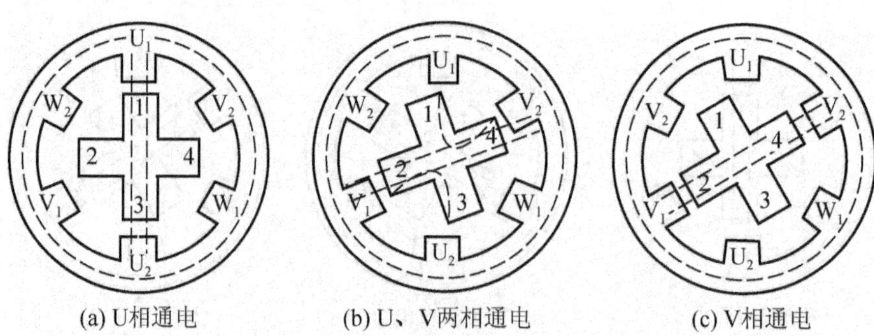

(a) U相通电　　(b) U、V两相通电　　(c) V相通电

图 6.24　三相六拍控制步进电动机工作原理图

$$\theta=\frac{360^{\circ}}{Z_{r}m} \tag{6-6}$$

如三拍控制时，$Z_r=4$，$m=3$，则步距角 $\theta=\frac{360^{\circ}}{4\times3}=30^{\circ}$。而六拍控制时，$Z_r=4$，$m=6$，则步距角 $\theta=\frac{360^{\circ}}{4\times6}=15^{\circ}$。

转子每前进一步，相当于转了 $\frac{1}{Z_{r}m}$ 圈，若电源输出脉冲频率为 f，则转子每秒就转了 $\frac{f}{Z_{r}m}$ 圈，所以步进电动机的转速 n 为

$$n=\frac{60f}{Z_{r}m} \tag{6-7}$$

可见步进电动机的转速与脉冲频率成正比。但实际的电脉冲频率不能过高，因为步进电动机的转子及机械负载都具有惯性，在启动和运行中如果超过技术数据中给定的允许值，则步进电动机会产生失步现象，影响精度。

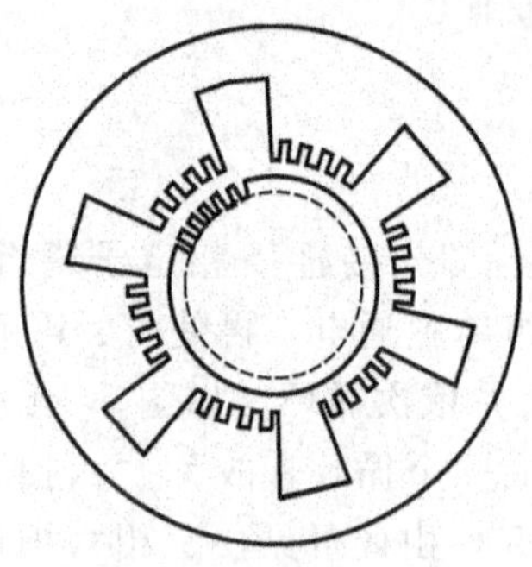

图 6.25　结构示意图

特别提示

- 为了使步进电动机运行平稳，要求步距角很小，通常为3°或1.5°。为此将转子做成很多齿，并在定子每个磁极上也开几个齿。若步进电动机转子齿数为40个，为了转子齿与定子齿对齐，定子六个磁极的极面开有五个和转子齿一样的小齿，如图6.25所示。

当采用单三拍控制时，$\theta=\frac{360^{\circ}}{40\times3}=3^{\circ}$，当采用六拍控制时，$\theta=\frac{360^{\circ}}{40\times6}=1.5^{\circ}$。

6.5　直线电动机

直线电动机是一种不需要任何中间转换机构就能产生直线运动的电动机，因其系统结构简单、运行可靠、精度和效率较高而广泛应用于数控机床、电子设备、医疗器械、半导

体封装、纺织机械、精密检测仪器等行业。在铁路运输上，直线感应电动机可以用于400～500km/h的高速列车。

6.5.1 直线异步电动机

1. 直线异步电动机的主要类型和基本结构

直线电动机可以看做是由旋转异步电动机演变而来的。若把旋转感应电动机沿径向剖开，并将圆周展开成直线，即可得到平板型直线异步电动机，如图 6.26 所示。由定子演变而来的一侧称为一次侧，由转子演变而来的一侧称为二次侧。直线异步电动机主要平板型、圆筒型、圆盘型三种。其中平板型应用最广泛。

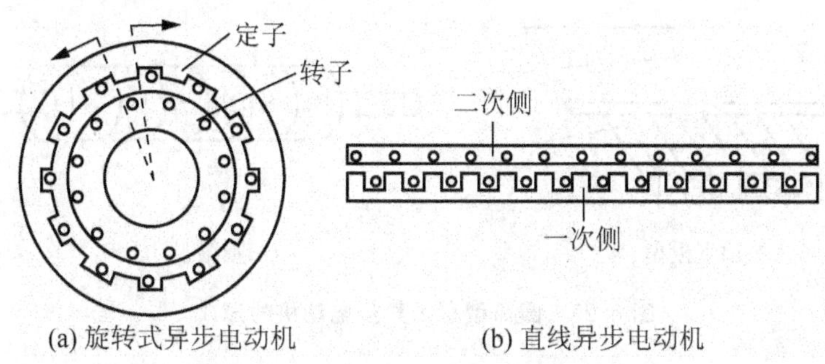

图 6.26 直线异步电动机的演变过程

1）平板型

图 6.26（b）所示的直线异步电动机，它的一次侧和二次侧长度是相等的。由于运行时一次侧和二次侧之间要做相对运动，为了保证在所需的行程范围，一次侧和二次侧制作成不同长度，既可以是一次侧短，二次侧长（短一次侧），如图 6.27（a）所示；也可以是一次侧长、二次侧短（长一次侧），如图 6.27（b）所示。

图 6.27 短、长一次侧

平板型直线异步电动机，仅在一边安放一次侧，这种结构形式称为单边型直线电动机。单边平板形直线感应电动机工作时对二次侧存在着较大的电磁拉力。若在二次侧的两边都装上一次侧，则法向吸力可以互相抵消，这种结构形式称为双边型，如图 6.28 所示。

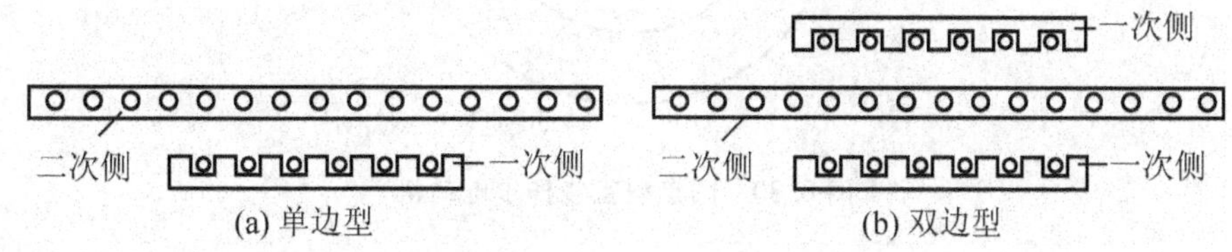

图 6.28 单边与双边型

平板型直线异步电动机的一次侧铁芯由硅钢片叠装而成，表面开有齿槽，槽中安放着三相绕组。最常用的二次侧结构有 3 种形式如下。

(1) 用整块钢板制成，称为钢二次侧或磁性二次侧，这时，钢既起导磁作用，又起导电作用。

(2) 在钢板上覆合一层铜板或铝板，称为覆合二次侧，钢主要用于导磁，而铜或铝用于导电。

(3) 单纯的铜板或铝板，称为铜（铝）二次侧或非磁性二次侧，这种二次侧一般用于双边型电动机中。

2）圆筒型（管型）

如果把图 6.29 (a) 所示平板型直线异步电动机沿着和直线运动相垂直的方向卷成筒形，这就形成了圆筒型直线异步电动机，如图 6.29 (b) 所示。

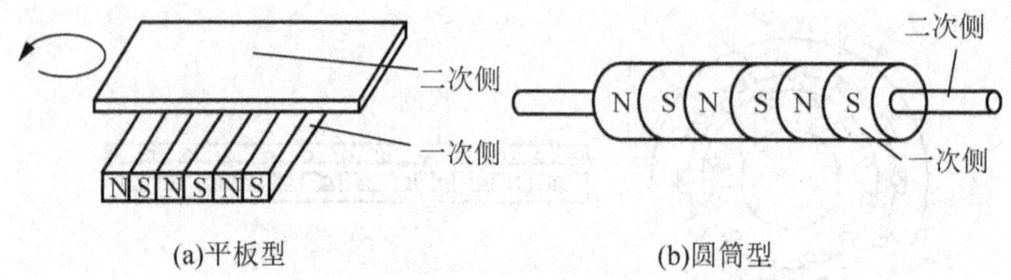

图 6.29 圆筒型直线异步电动机的形成

特别提示

- 在一些特定的场合，这种电动机还能制成既有旋转运动又有直线运动的旋转直线电动机。旋转直线电动机的运动体可以在一次侧，也可以在二次侧。

3）圆盘型

若将平板型直线异步电动机的二次侧制成圆盘型结构，并能绕经过圆心的轴自由转动。使一次侧放在圆盘的两侧，使圆盘在电磁力作用下自由转动，便成为圆盘型直线异步电动机，如图 6.30 所示。

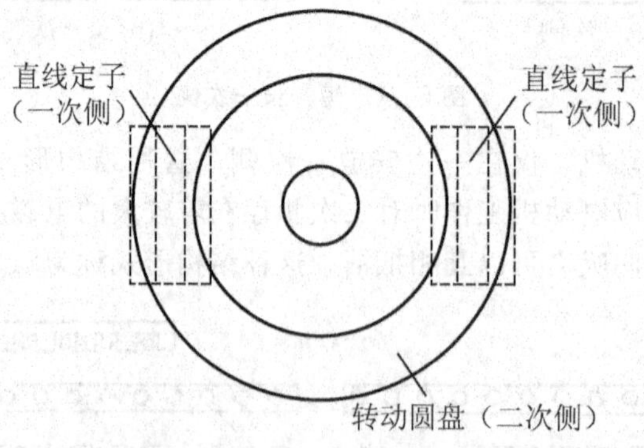

图 6.30 圆盘型直线异步电动机

2. 直线异步电动机的基本原理

当直线异步电动机的一次侧绕组通入对称正弦交流电流时，就会产生气隙磁场。气隙磁场沿着直线方向按正弦规律分布。但它不是旋转而是沿着直线平移，称为行波磁场，如图6.31所示。显然行波磁场的移动速度与旋转磁场在定子内圆表面上的线速度是一样的。

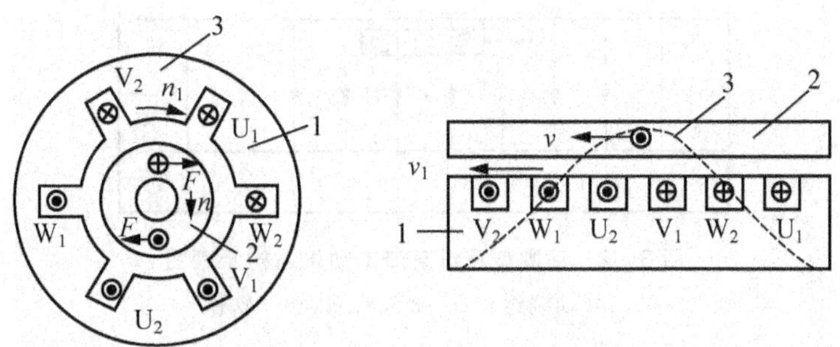

1——一次侧；2—二次侧；3—行波磁场

图6.31　直线异步电动机的工作原理

行波磁场移动的速度称为同步速度，即

$$v_1=\frac{D}{2}\frac{2\pi n_0}{60}=\frac{D}{2}\frac{2\pi}{60}\frac{60f_1}{p}=2f_1\tau \qquad (6-8)$$

式中：D为旋转电动机定子内圆周的直径。

由于行波磁场切割二次侧导条，这将在导条中产生感应电动势和感应电流，这一电流和气隙磁场相互作用，产生切向电磁力。

如果一次侧固定不动，若二次侧移动的速度用v表示，转差率用s表示，则有

$$s=\frac{v_1-v}{v_1} \qquad (6-9)$$

直线异步电动机在电动状态时，s的数值在0和1之间。而二次侧的移动速度为

$$v=(1-s)v_1 \qquad (6-10)$$

特别提示

- 如果改变极距或电源频率，可以改变二次侧移动的速度；如果改变一次绕组中通电相序，就可以改变二次侧移动的方向。

6.5.2　直线直流电动机

直线直流电动机类型较多，按励磁方式可分为永磁式和电磁式两大类。

1. 永磁式直线直流电动机

永磁式直线直流电动机的磁极由永久磁铁做成，按其结构特征可分为动圈型和动铁型两种。动圈型在实际中用得较多。如图6.32所示，在铁架两端装有极性同向的两块永久磁铁，当移动绕组中通直流电流时，便产生电磁力。只要电磁力大于滑轨上的静摩擦阻力，绕组就沿着滑轨作直线运动，运动的方向由左手定则确定。改变绕组中直流电流的大小和方向，即可改变电磁力的大小和方向。

电磁力的大小为

$$F=NBLI \qquad (6-11)$$

永磁式带有平面矩形磁铁的动圈型直线直流电动机用于驱动功率较小的负载，如自

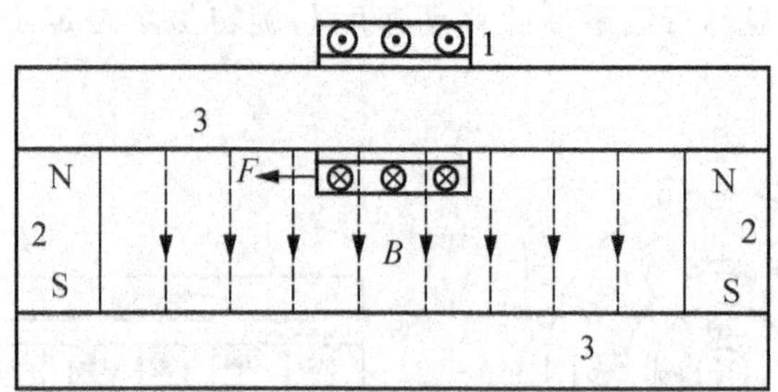

图 6.32　动圈型直线直流电动机结构示意图

1—移动绕组；2—永久磁铁；3—软铁

动控制仪器、仪表；带有环形磁铁的动圈型永磁式直线电动机多用于驱动功率较大的负载。

2. 电磁式直线直流电动机

任意一种永磁式直线直流电动机，只要把永久磁铁改成电磁铁，就成为电磁式直线直流电动机。对于动圈型直线直流电动机，电磁式的成本要比永磁式低。这是因为永磁所用的永磁材料在整个行程上都存在，电磁式可通过串、并联励磁绕组和附加补偿绕组等方式改善电动机的性能，灵活性较强。但电磁式比永磁式多了励磁损耗。

电磁式动铁型直线直流电动机通常做成多极式。这种电动机用于短行程和低速移动时，可以省掉滑动的电刷。

综合应用案例

笔式记录仪。笔式记录仪由直线直流电动机、运算放大器和平衡电桥三个基本环节组成，如图 6.33 所示。

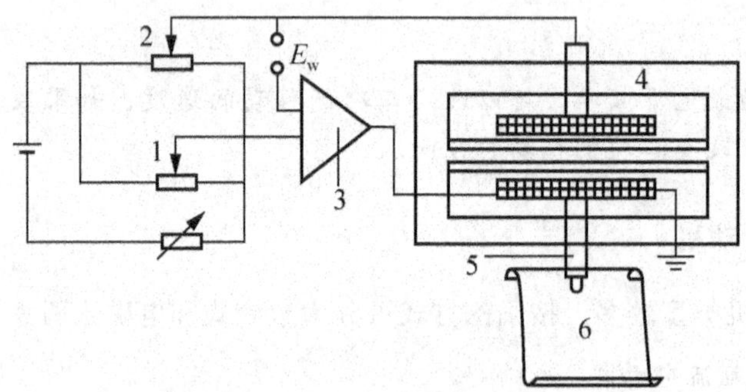

图 6.33　笔式记录仪工作原理

1—调零电位器；2—反馈动圈；3—运算放大器

4—动圈式直线直流电动机；5—记录笔；6—记录纸

电桥平衡时，没有电流输出，这时直线电动机所带的记录笔处在仪表的指零位置。当外来信号 E_w 不等于零时，电桥失去平衡产生一定的输出电压和电流，推动直线电动机的可动绕组作直线运动，从而带动记录笔在记录纸上把信号记录下来。同时直线电动机还带动反馈电位器滑动，使电桥趋向新的平衡。

6.6　测速发电机

测速发电机是一种反映转速信号的电器元件，它的作用是将输入的机械转速信号变换成电压信号输出。测速发电机的外形结构如图6.34所示。它的输出电压与转速成正比，经常被用于进行速度调节的自动控制系统中，作为转速反馈元件使用。测速发电机可分为直流测速发电机和交流测速发电机两大类。直流测速发电机的特点是结构相对复杂，价格比交流测速发电机高，并且直流测速发电机对转速变化敏感，无剩余电压，容易进行特性的温度补偿。交流测速发电机的特点是结构简单、特性对称一致性强、转动惯量小、阻尼作用小、精度高，但存在一定程度的剩余电压和相位误差，负载性质的变化对特性影响比较大。

图 6.34　测速发电机的外形结构

6.6.1　直流测速发电机

1. 直流测速发电机的基本结构

直流测速发电机的结构与普通小型直流发电机相同。按励磁方式可分为永磁式和他励式两种。永磁式测速发电机结构简单，不需励磁电源，因此应用广泛。

2. 直流测速发电机的工作原理

直流测速发电机的工作原理与一般直流发电机相似，如图 6.35 所示。在恒定磁场中，电枢绕组旋转切割磁力线，并产生感应电动势。感应电动势大小为

$$E_a=C_e\Phi n \tag{6-12}$$

空载时，电枢电流 $I_a=0$，直流测速发电机的输出电压和电枢感应电动势相等，由式(6-12) 可得，输出电压正比于转速。

负载时，因电枢电流 $I_a\neq0$，直流测速发电机的输出电压为

$$U_2=E_a-I_aR_a=E-\frac{U_2}{R_L}R_a \tag{6-13}$$

式中：R_a 为电枢回路的总电阻；R_L 为测速发电机的负载电阻。

则测速发电机的输出电压为

$$U_2=\frac{E_a}{1+\dfrac{R_a}{R_L}}=\frac{C_e\Phi n}{1+\dfrac{R_a}{R_L}}=kn \tag{6-14}$$

式中：$k=\dfrac{C_e\Phi}{1+R_a/R_L}$，是一个常数，即输出特性的斜率。

实际运行中，直流测速发电机的输出电压与转速之间并不能保持严格的正比关系，实际输出特性如图 6.36 所示，由于电枢反应、电刷接触电阻的影响和换向纹波影响，输出电压与理想输出电压之间产生了误差。

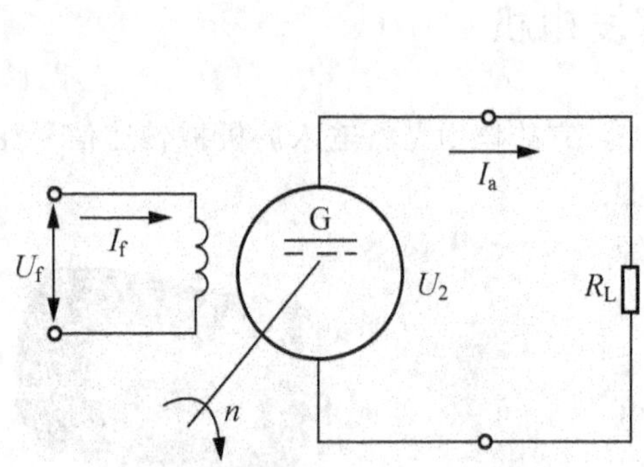

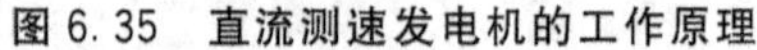
图 6.35　直流测速发电机的工作原理

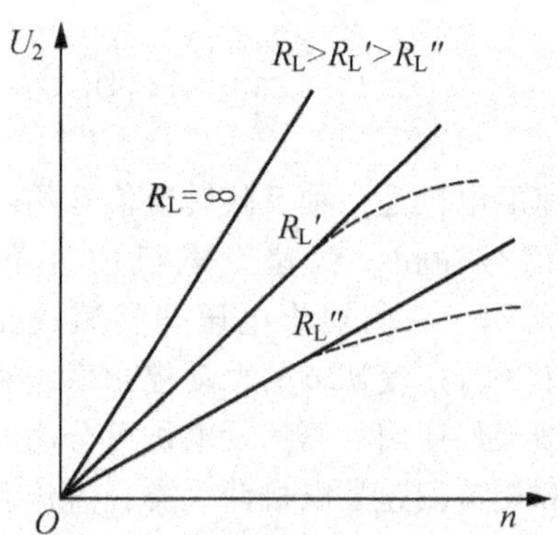

图 6.36　直流测速发电机负载时的输出特性

6.6.2　交流测速发电机

交流测速发电机可分为同步测速发电机和异步测速发电机两大类，应用较广泛的是交流异步测速发电机。

1. 交流异步测速发电机的结构

异步测速发电机的结构和两相伺服电动机相似，目前在自动控制系统中广泛应用的是空心杯型转子异步测速发电机。

空心杯型转于异步测速发电机的结构与空心杯型伺服电动机的结构基本相同。它由外定子、空心杯型转子、内定子等三部分组成。外定子放置励磁绕组，接交流电源；内定子上放置输出绕组，这两套绕组在空间相隔 90°电角度。为获得线性较好的电压输出信号，空心杯型转子由电阻率较大和温度系数较低的非磁性材料制成，如磷青铜、锡锌青铜、硅锰青铜等，杯厚 0.2～0.3mm。

2. 空心杯转子异步测速发电机的工作原理

如图 6.37 所示，定子两相绕组在空间位置上保持垂直，其中一相作为励磁绕组，施加恒频恒压的交流电源励磁；另一相作为输出绕组，其两端的电压则为测速发电机的输出电压 U_2。

图 6.37 中空心杯转子异步测速发电机的工作原理图。在图中定子两相绕组在空间位置上严格相差90°电角度，在一相上加恒频、恒压的交流电源，使其作为励磁绕组产生励磁磁通；另一相作为输出绕组，输出电压 U_2 与励磁绕组电源同频率，幅值与转速成正比。

发电机励磁绕组中加入恒频恒压的励磁电压时，励磁绕组中有励磁电流流过，产生与电源同频率的脉动磁通 Φ_d，磁通 Φ_d 在励磁绕组的轴线方向上脉动，称为直轴磁通。

电动机转子和输出绕组中的电动势，根据电动机的转速可分两种情况如下。

(1) $n=0$ 电动机不转，直轴脉振磁通在转子中产生的感应电动势为变压器电动势。由于转子是闭合的，这个变压器电动势将产生转子电流、根据电磁感应理论，该电流所产生的磁通方向应与励磁绕组所产生的直轴磁通相反，所以两者的合成磁通还是直轴磁通。由于输出绕组与励磁绕组相互垂直，合成磁通也与输出绕组的轴线垂直，因此输出绕组与磁通没有耦合关系，故不产生感应电动势，输出电压 U_2为零。

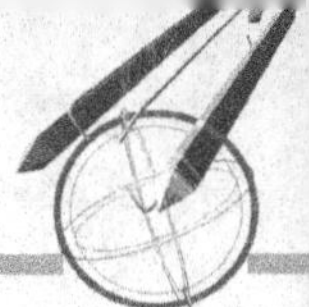

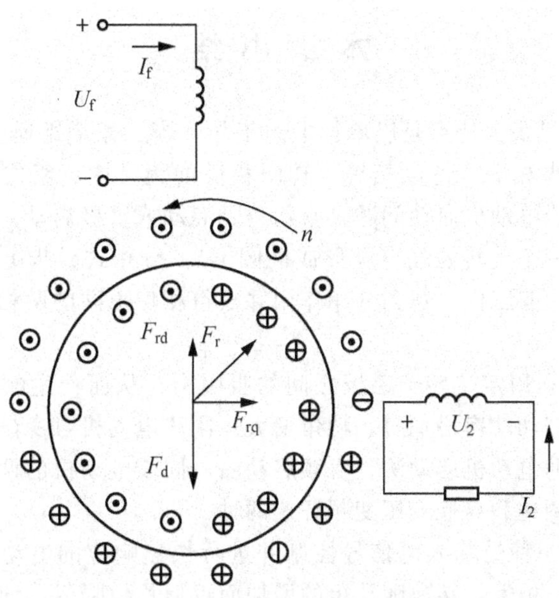

图 6.37　空心杯转子异步测速发电机的工作原理图

(2) $n \neq 0$ 当转子转动时，转子切割脉动磁通 Φ_d，产生切割电动势 E_r，切割电动势的大小为

$$E_r = C_r \Phi_d n \tag{6-15}$$

式中，C_r 为转子电动势常数；Φ_d 为脉动磁通幅值。

可见，转子电动势的幅值与转速成正比。转子电动势的方向可用右手定则判断。转子中的感应电动势在转子杯中产生短路电流 I_S，考虑转子漏抗的影响，转子电流要滞后转子感应电动势一定的电角度。短路电流 I_S产生脉动磁动势 F_r，转子的脉动磁动势可分解为直轴磁动势 F_{rd}和交轴磁动势 F_{rq}，直轴磁动势将影响励磁磁动势并使励磁电流发生变化，交轴磁动势 F_{rq}产生交轴磁通 Φ_q。交轴磁通与输出绕组交链感应出频率与励磁频率相同，幅值与交轴磁通 Φ_q 成正比的感应电动势 E_2。由于 $\Phi_q \propto F_{rq} \propto F_r \propto E_r \propto n$，所以 $E_2 \propto \Phi_q \propto n$，即输出绕组的感应电动势的幅值正比于测速发电动机的转速 n，而励磁电源的频率与转速无关。

交流测速发电机的输出特性如图 6.38 所示，它与转速的大小、负载阻抗的大小及负载的性质有关。当负载阻抗值足够大时，实际输出特性接近于理想空载输出，输出电压及相位角受负载变化影响很小，如图中的曲线 1 所示。一般工作状态下，负载性质的差异影响到输出电压的大小和相位角，如图中曲线 2 和 3 所示，阻容负载有利于减小输出电压值的偏差，但相位偏差角会增大；感性负载可使输出电压相位偏差角得到补偿，但电压偏差值增大。

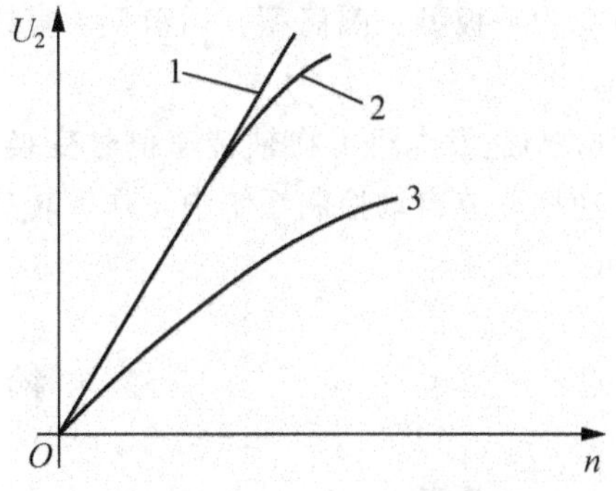

图 6.38　交流测速发电机的输出特性

本章小结

1. 单相异步电动机最大特点是以单相电源工作。当工作绕组通电后，产生脉振磁场。脉振磁场是由两个大小相等、速度相等、转向相反的旋转磁场组成，因此不产生启动转矩。为了解决单相异步电动机启动问题，常用分相启动或罩极启动。两种启动方法的共同点是：在气隙中建立一个旋转磁场（圆形或椭圆形），分相式异步电动机在定子增加一套绕组，使其与主绕组一起工作，达到分相作用并获得相位不同的两相电流，从而获得启动转矩。

2. 同步电动机是利用定、转子磁极之间的吸引力，从而产生电磁转矩而工作。在稳定运行范围内，输出有功功率增加时，功角增大。同步电动机自身没有启动转矩，启动方法有异步启动法、辅助电动机启动法、变频启动法。同步电动机的调速，从控制的方法来看，有他控变压变频调速和自控变压变频调速两种。

3. 伺服电动机是一种受输入电信号控制并进行快速响应的电动机，其转速与转向取决于控制电压的大小与极性，转速随转矩的增加而近似均匀降低。伺服电动机有直流与交流两大类。直流伺服电动机按磁极的种类划分为两种：永磁式和电磁式直流伺服电动机。直流伺服电动机工作时有两种工作方式，即电枢控制方式和磁场控制方式。

交流伺服电动机的定子有空间上互差 90°电角度的两相分布绕组，一相为励磁绕组，一相为控制绕组。转子的结构通常有两种形式：一种为笼形转子，另一种为非磁性空心杯转子。改变控制信号电压的大小与相位即可实现对交流伺服电动机的控制，控制方法主要有三种：幅值控制、相位控制和幅值-相位控制。

4. 步进电动机是一种将电脉冲信号转换成角位移或线位移的电动机。这种电动机每输入一个脉冲信号，电动机就转动一定的角度或前进一步，因此步进电动机又称为脉冲电动机。步进电动机种类很多，按其运动方式分为旋转型和直线型；按励磁方式分为反应式、永磁式和感应式。步进电动机除了可以做成三相外，也可以做成四相、五相、六相或更多相数。

5. 直线电动机不需要任何中间转换机构就能产生直线运动。直线电动机按其原理可分为直线异步电动机、直线直流电动机、直线同步电动机、直线步进电动机等。按结构形式可分为平板型、圆筒型、圆盘型。直线直流电动机按励磁方式可分为永磁式和电磁式两大类。

6. 测速发电机可将轴转速信号变换为电压输出，其输出电压与转速成正比，广泛应用于速度调节自动控制系统中，作为转速反馈元件。直流测速发电机包括永磁式和他励式两种。

检测习题

一、选择题

1. 为了使单相异步电动机能够产生启动转矩，自行启动时，要设法在电机气隙中建立一个（　　）。

A. 脉振磁场　　　　B. 旋转磁场　　　　C. 恒定磁场

2. 分相式单相异步电动机的定子是由圆形铁芯、主绕组和副绕组组成。主绕组和副绕组在空间相对位置差为（　　）电角度。

A. 60°　　　　B. 90°　　　　C. 45°

3. 同步电机的转子磁场是（　　）。

A. 旋转磁场　　　　B. 脉振磁场　　　　C. 恒定磁场

4. 同步电动机从电网吸取容性无功功率。或者说向电网送出感性无功功率。从改善功率因数的角度看，同步电动机在（　　）状态下运行是有利的。

A. 欠励磁　　　　B. 过励磁　　　　C. 正常励磁

5. 分相式单相异步电动机，若要改变电动机的转向，把工作绕组或启动绕组的任意一个绕组接电源的两出线端（　　），即可将气隙旋转磁场的旋转方向改变，随之转子转向也改变。

A. 短路　　　　B. 对调　　　　C. 开路

6. 伺服电动机是一种受（　　）控制并作快速响应的电动机，其转速与转向取决于控制电压的大小与极性，转速随转矩的增加而近似均匀降低。

A. 输入电信号　　　　B. 输出电信号　　　　C. 电压

7. 交流伺服电动机实质上就是一个（　　），它的定子上有空间上互差90°电角度的两相分布绕组，一相为励磁绕组，一相为控制绕组。

A. 交流电动机　　　　B. 两相感应电动机　C. 直流电动机

8. 步进电动机是一种将电脉冲信号转换成（　　）的电动机。这种电动机每输入一个脉冲信号，电动机就转动一定的角度或前进一步，因此步进电动机又称为脉冲电动机。

A. 转速　　　　B. 角位移或线位移　C. 角度

9. 直线异步电动机在电动状态时，如果改变极距或电源频率，可以改变二次侧移动的速度；如果改变一次绕组中通电相序，就可以改变二次侧移动的（　　）。

A. 方向　　　　B. 速度　　　　C. 位移

10. 测速发电机是将轴转速信号变换为（　　）信号输出，它的输出电压与转速成正比，经常被用于进行速度调节的自动控制系统中作为转速反馈元件。

A. 电流　　　　B. 电压　　　　C. 输入

二、问答题

1. 如何解决单相异步电动机的启动问题？

2. 如何改变单相电容电动机的转向？罩极式单相电动机的转向能不能改变？为什么？

3. 以分相式单相异步电动机为例，说明其调速方法有哪些。

4. 同步电动机是如何工作的？

5. 简述同步电动机的三种励磁状态？其功率因数是如何调节的？

6. 同步电动机的启动方法有哪几种？各有何特点？

7. 简述同步电动机的异步启动过程？

8. 为什么同步电动机不能自行启动？

9. 试解释同步电动机的U形曲线的形状。

10. 什么是交流伺服电动机的自转现象？如何避免自转现象？

11. 步进电动机的种类有哪些？

12. 试分析单三拍控制方式的三相反应式步进电动机的工作原理。

13. 直线异步电动机的主要类型有哪些？

14. 步距角为1.5°/0.75°的反应式三相六极步进电动机的转子上有多少个齿？若运行频率为4800Hz，求电动机的运行转速为多少？

15. 直流测速发电机产生误差的原因及改进方法有哪些？

第7章 常用低压电器

教学目标

1. 掌握低压电器的概念及分类。

2. 掌握开关（手动和自动）、主令电器、继电器、接触器、熔断器的作用及使用注意事项。

3. 掌握各类电器的符号，并能结合实际需要正确选用。

教学要求

能力目标	知识要点	权重	自测分数
明确低压的交、直流数值，低压电器分类	低压电器的概念及分类	10%	
理解“主令”的含义，能够按技术要求正确选择、使用开关类电器	刀开关、转换开关、自动断路器、按钮、行程开关	30%	
掌握接触器、控制继电器的原理、技术参数，会选择及使用	接触器、电磁式继电器、速度继电器、时间继电器的结构、原理及使用	45%	
掌握保护低压电器的原理及使用	熔断器、热继电器的结构原理及技术参数	15%	

项目引入

低压电器广泛应用于电气控制系统中。凡是用来接通和断开电路、达到控制、调节、转换和保护目的的电工器件都称为电器。低压电器是指工作在直流1200V、交流1000V以下的各种电器。

1. 按动作原理分类

(1) 手动电器。用人力驱动使触头动作的电器，如手动开关、按钮等。

(2) 自动电器。借助于电磁力或某个物理量的变化使触头动作的电器，接触器及各类型继电器、电磁阀等。

2. 按用途分类

(1) 控制电器。主要用于生产设备自动控制系统中对设备进行控制、检测和保护，常用的有接触器、控制继电器、主令电器、启动器、电磁阀等。

(2) 保护电器。用于保护电路及设备的电器，如熔断器、热继电器等。

(3) 执行电器。用于完成某种动作或传动功能的电器，如电磁铁、电磁离合器等。

(4) 配电电器。用于电能输送和分配的电器，如隔离开关、刀开关、断路器等。

3. 按工作原理分类

(1) 电磁式电器。依据电磁感应原理工作的电器，如接触器、各类电磁式继电器等。

(2) 非电量继电器。依靠外力或某种非电量的变化而动作的电器，如刀开关、行程开关、按钮、速度继电器等。

7.1 开关类电器

7.1.1 刀开关

刀开关俗称闸刀开关，是一种结构最简单的手动电器。如图7.1所示刀开关的典型结构。它由操作手柄、触刀、静插座和绝缘底板组成，依靠手动进行触刀插入与脱离静插座的控制。这里介绍两种带有熔断器的常用刀开关。

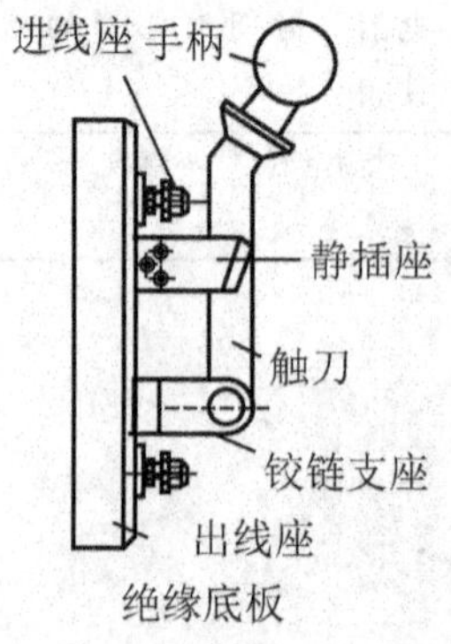

图7.1 刀开关的典型结构

1. 开启式负荷开关

开启式负荷开关由瓷底板、静触头、触刀、瓷柄、熔体和胶壳等构成，故又称为瓷底

胶壳刀开关。图 7.2（a）所示为 HK 系列负荷开关结构，图 7.2（b）为开关的图形符号。

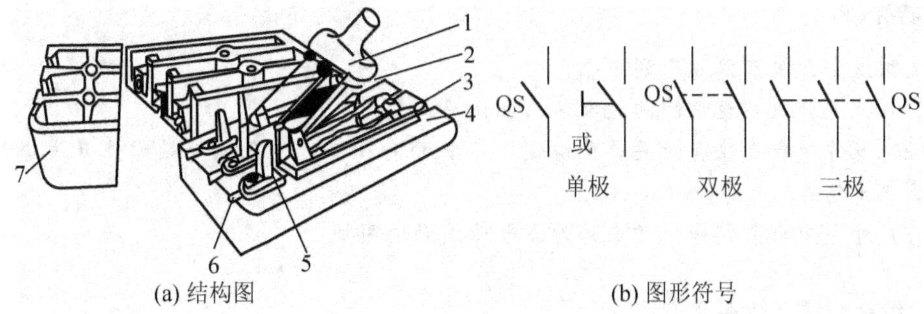

(a) 结构图　　　　(b) 图形符号

图 7.2　HK 系列负荷开关

1—瓷柄；2—触刀；3—出线端子；4—瓷底板；5—静触头；6—进线端子；7—胶壳

这种开关易被电弧烧坏。因此不宜带重负载接通和分断电路。但因其结构简单，价格低廉，常用于电压小于 380V，电流小于 60A 的电力线路中，作为一般照明电热等回路的控制开关；也可做分支线路的配电开关。三极胶壳开关适当降低容量时，可以直接用于不频繁控制小容量电动机。

特别提示

- 安装和使用时应注意下列事项。

  (1) 电源进线应接在静触头一边的进线端（进线座应在上方），用电设备应接在动触头一边的出线端。这样，当开关断开时，触刀和熔丝均不带电，以保证更换熔丝时的安全。

  (2) 安装时，刀开关在合闸状态下手柄应该向上，不能倒装和平装，以防止触刀松动落下时误合闸。

2. 封闭式负荷开关

封闭式负荷开关由触刀、熔体、灭弧装置、操作机构和铁外壳等构成。由于整个开关装于铁壳内，又称铁壳开关。如图 7.3 所示 HH 系列铁壳开关的外形与结构。

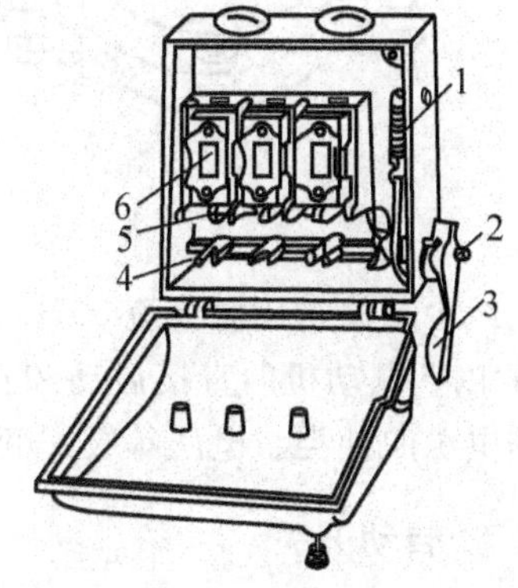

图 7.3　HH 系列封闭式负荷开关

1—速动弹簧；2—转轴；3—手柄；4—触刀；5—静插座；6—熔体

从图 7.3 可以看到，三把触刀固定于一根绝缘方轴上，由手柄操纵。为保证安全，铁壳与操作机构装有机械连锁，即盖子打开时开关不能闭合或开关闭合时盖子不能打开。操作机构中，在手柄转轴与底座之间装有速动弹簧，能使开关快速接通与断开，而开关的通断速度与手柄操作速度无关，这样有利于迅速灭弧。

特别提示

- 使用铁壳开关应注意下列事项。

  (1) 铁壳开关不允许随意放在地面上使用。

  (2) 操作时要在铁壳开关的手柄侧，不要面对开关，以免意外故障使开关爆炸，铁壳飞出伤人。

  (3) 外壳应可靠接地，防止意外漏电造成触电事故。

7.1.2 组合开关（转换开关）

组合开关是一种多档式、控制多回路的手动电器，又称转换开关。组合开关由分别装在多层绝缘件内的动、静触片组成。动触片装在附有手柄的绝缘方轴上，手柄沿任一方向每转动90°，触片便轮流接通或分断。为了使开关在切断电路时能迅速灭弧，在开关转轴上装有扭簧储能机构，使开关能快速接通与断开，其通断速度与手柄旋转速度无关。如图 7.4 所示 HZ系列转换开关的外形和图形符号。

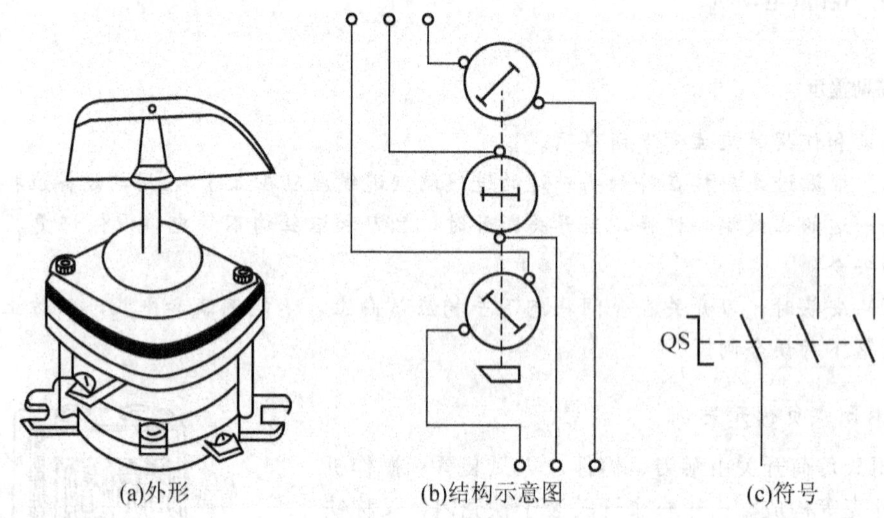

图 7.4 组合开关

组合开关常用做交流 50Hz、电压 380V 以下和直流电压 220V 以下的电源引入开关，5kW 以下电动机的直接启动和正反转控制，以及机床照明电路中的控制开关。使用时要根据电源的种类、电压等级、额定电流和触头数进行选用。

7.1.3 自动开关

自动空气开关也称为低压断路器，其相当于刀开关、熔断器、热继电器、过电流继电器和欠电压继电器的组合，是一种自动切断故障电路的保护电器。

如图 7.5 所示自动空气断路器工作原理示意图，主要由触头系统、操作机构和保护元件三部分组成。主触头由耐弧合金（如银钨合金）制成，采用灭弧栅片灭弧。主触头是由操作机构和自由脱扣器操纵其通断的，其通断可用操作手柄操作（图中未画出），也可用电磁机构操作，故障时自动脱扣，当电路恢复正常时，必须重新手动合闸后才能工作。

电路正常工作时，过电流脱扣器 12 线圈电流所产生的磁力不能将其衔铁吸合，触头 1 是吸合的。当电路发生短路或有较大的过电流时，磁力增加将衔铁 11 吸合，撞击杠杆 5，搭钩 3 松开，触头 1 分断，实现短路保护；当电路电压下降较多或失去电压时，欠电压脱扣器 8 磁力减小或失去，其衔铁 7 释放，撞击杠杆 5，搭钩 3 松开，触头 1 分断，实现失压保护；当电路发生过载时，加热电阻丝 9 发热，双金属片 10 向上弯曲，撞击杠杆 5，搭钩 3 松开，触头 1 分断，实现过载保护。

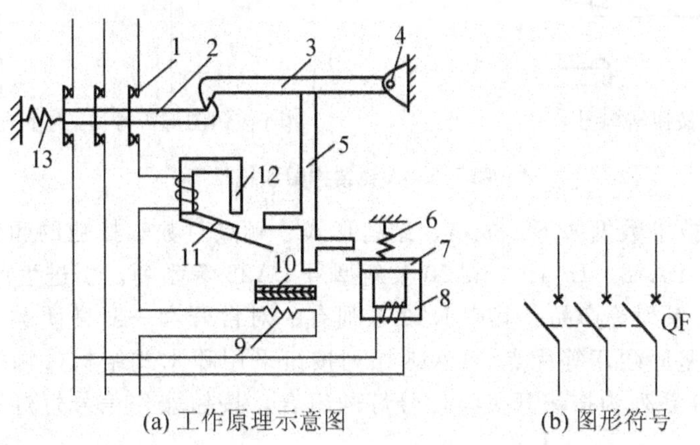

(a) 工作原理示意图　　(b) 图形符号

图 7.5　自动空气断路器

1—触头；2—传动杆；3—搭钩；4—转轴；5—导杆；6—弹簧；7—衔铁；8—欠电压脱扣器
9—加热电阻丝；10—热脱扣器双金属片；11—衔铁；12—过电流脱扣器；13—弹簧

空气断路器具有体积小、安装方便、操作安全的特点。脱扣时将三相电源同时切断，可避免电动机断相运行。在短路故障排除以后，可重复使用，不像熔断器须更换新熔体。

自动空气断路器分塑料外壳式（装置式）与万能式（框架式）两种。塑料外壳式常用的有 DZ10 系列（分 100A、200A、600A 三个等级）；小容量的有 DZ5（分 20A、50A 两个等级）、DZ6、DZ12、DZ15 等系列。万能式有 DW10、DW15、DWX15 等系列。选择时空气断路器的额定电压和额定电流应不小于电路正常工作电压和电流；热脱扣器的整定电流应与所控制的电动机额定电流或负载额定电流相等；电磁脱扣器的瞬时脱扣整定电流应大于负载电路正常工作时的尖峰电流。

7.2 主 令 电 器

主令电器是在自动控制系统中发出指令或信号的电器，故称为主令电器，主要用来接通和分断控制电路。最常见的有按钮、行程开关、万能转换开关、主令控制器等。

1. 按钮

按钮是最常用的主令电器，其典型结构如图 7.6 所示。它既有常开触头，也有常闭触头。常态时在复位弹簧的作用下，由桥式动触头将静触头 1、2 闭合，静触头 3、4 断开。当按下按钮时，桥式动触头将 1、2 分断，3、4 闭合。1、2 被称为常闭触头或动断触头，3、4 被称为常开触头或动合触头。

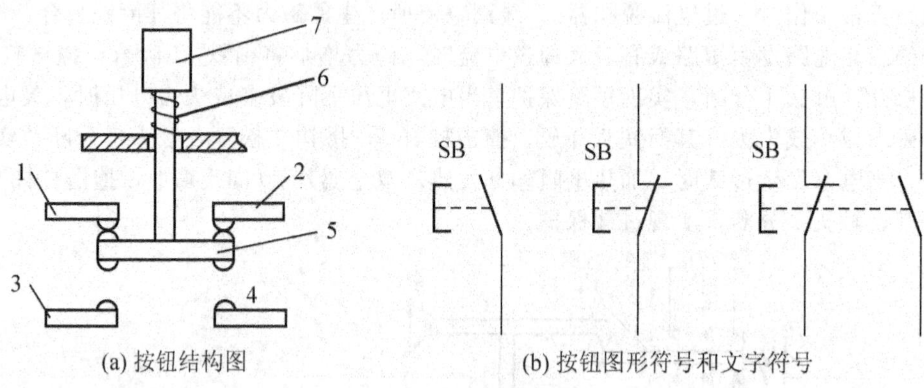

(a) 按钮结构图　　(b) 按钮图形符号和文字符号

图 7.6　按钮结构图和符号

按钮的主要技术数据如下：规格、结构形式、触点对数和按钮的颜色。常用的按钮有 LA2、LA10、LA18、LA19、LA20 及新型号 LA25 等系列。引进生产的有瑞士 EAO 系列、德国 LAZ 系列等产品。其中 LA2 系列有一对常开和一对常闭触头，具有结构简单、动作可靠、坚固耐用等优点。LA18 系列按钮采用积木式结构，触头数量可按需要进行拼装。LA19 系列为按钮开关与信号灯的组合，按钮兼作信号灯灯罩，用透明塑料制成。

特别提示

- 为标明按钮的作用，避免误操作，通常将按钮帽做成红、绿、黑、黄、蓝、白、灰等颜色。国家标准 GB 5229—1985 对按钮颜色作了如下规定。

  (1) “停止”和“急停”按钮必须是红色的。当按下红色按钮时，必须使设备停止工作或断电。

  (2) “启动”按钮的颜色是绿色。

  (3) “启动”与“停止”交替动作的按钮的颜色必须是黑白、白色或灰色，不得用红色和绿色。

  (4) “点动”按钮必须是黑色的。

  (5) “复位”按钮（如保护继电器的复位按钮）必须是蓝色的。当复位按钮还具有停止作用时，则必须是红色的。

2. 行程开关

行程开关又称位置开关和限位开关，主要用于检测工作机械的位置，发出命令以控制其运动方向或行程长短。行程开关按结构分为机械结构的接触式行程开关和电气结构的非接触式接近开关。接触式行程开关靠移动物体碰撞行程开关的操动头而使行程开关的常开触头接通、常闭触头分断，从而实现对电路的控制作用。行程开关的结构如图 7.7 所示，其符号如图 7.8 所示。

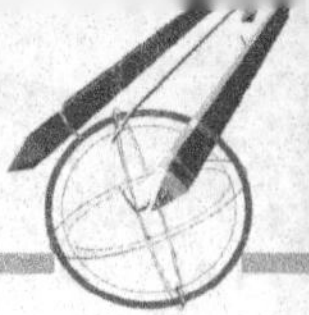

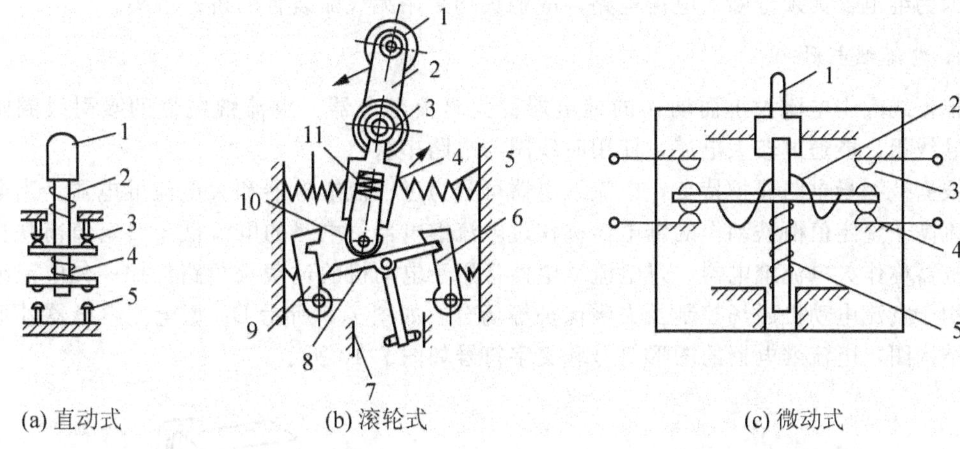

图 7.7 行程开关的结构

(a) 直动式：1—顶杆；2—弹簧；3—常闭触头；4—弹簧；5—常开触头

(b) 滚轮式：1—滚轮；2—杠杆；3、5、11—弹簧；4—套架；6、9—压板；7—触头；8—触头推杆；10—小滑轮

(c) 微动式 ：1—推杆；2—弯形片状弹簧片；3—常开触头；4—常闭触头；5—恢复弹簧

(1) 直动式行程开关。其动作与控制按钮类似，只是它用运动部件上的撞块来碰撞行程开关的推杆，使常闭触点先断开，常开触点后闭合。优点是结构简单，成本低。缺点是触点的分合速度取决于撞块的移动速度。

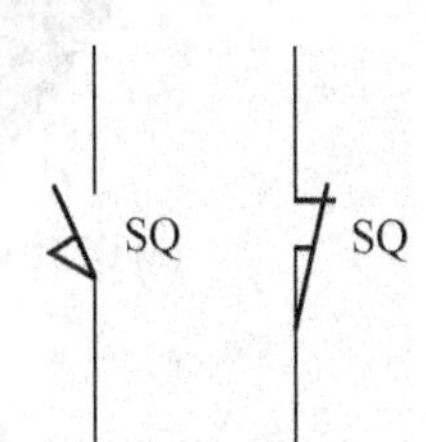

图 7.8 行程开关的符号

(2) 滚轮式行程开关。当生产机械撞块碰到行程开关滚轮时，通过传动杠杆使微动开关动作，其常闭触点先断开，常开触点后闭合。对于单滚轮式行程开关，只要生产机械上的撞块离开滚轮，复位弹簧的弹力就会使杠杆复位，微动开关也复位。对于双滚轮行程开关，由于有两个滚轮，所以在生产机械碰撞第一个滚轮时，触点动作发出指令，撞块离开后不能自动复位，当生产机械撞到第二个滚轮时才能复位。

(3) 微动开关。为克服直动式结构的缺点，采用具有弯片状弹簧瞬动机构。当推杆被压下时，弹簧片发生变形，储存能量并发生位移，当达到预定的临界点时，弹簧片连同动触点产生瞬时跳跃，从而接通和分断电路。

7.3 继 电 器

继电器是一种根据电量或非电量（如温度、压力）的变化来接通或断开小电流电路的自动电器，其触头通常接在控制电路中，从而实现控制和保护的目的。

继电器的种类很多，这里主要介绍应用广泛的电磁式继电器（电流、电压、中间继电器）、时间继电器、速度继电器。

7.3.1 电磁式电流、电压、中间继电器

电磁式继电器是电气控制中用得最多的一种继电器。它主要由电磁机构和触头系统组

成，因为继电器无须分断大电流电路，故触头均采用无灭弧装置的桥式触头。

1. 电流继电器

根据线圈中电流大小而动作的继电器称为电流继电器。电流继电器的吸引线圈匝数少、导线粗、能通过较大电流，使用时线圈与电路串联。

根据被测量电路保护特点，电流继电器可分为过电流继电器和欠电流继电器。当电路的电流高于整定值衔铁动作的继电器称作过电流继电器；电路的电流低于整定值衔铁释放的继电器称作欠电流继电器。过电流继电器常用于电动机的过载及短路保护；欠电流继电器常用于直流电动机磁场控制及失磁保护等场合。如图 7.9 所示 DL 型电流继电器外形及内部结构图，电流继电器的图形符号和文字符号如图 7.10 所示。

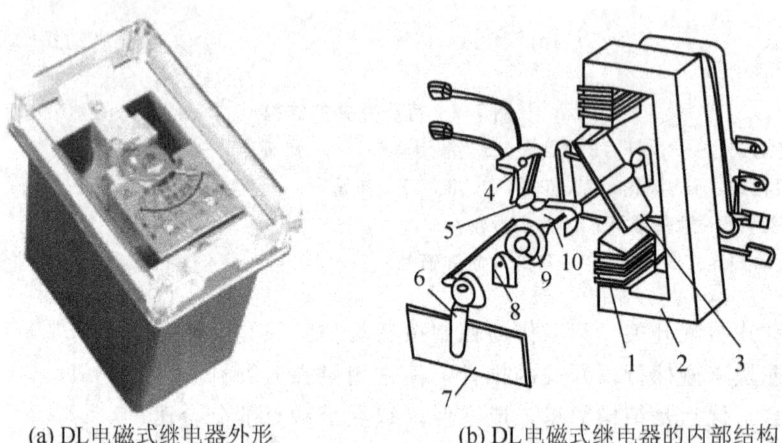

(a) DL电磁式继电器外形　　(b) DL电磁式继电器的内部结构

图 7.9　DL 电磁式继电器

1—线圈；2—电磁铁；3—Z 型铁片；4—静触头；5—动触头；
6—动作电流调整杆；7—标度盘；8—轴承；9—反作用弹簧；10—轴

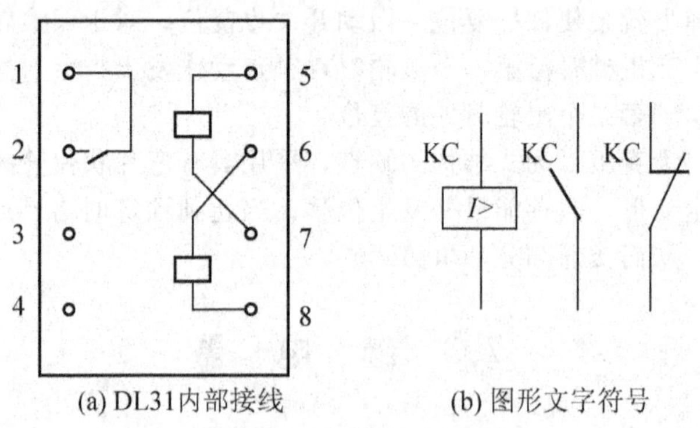

(a) DL31内部接线　　(b) 图形文字符号

图 7.10　DL31 电磁式继电器的内部接线图和电流继电器图形文字符号

当电流通过继电器线圈 1 时，电磁铁 2 中产生磁通，对 Z 形铁片 3 产生电磁吸力，若电磁吸力大于弹簧 9 的反作用力，钢舌片就转动，带动同轴的动触头 5 转动，使常开触头闭合，继电器动作。

使过电流继电器动作的最小电流称为继电器的动作电流，用 I_{op}表示。

继电器动作后，逐渐减小流入继电器的电流至某一值，Z 形铁片因电磁吸力小于弹簧

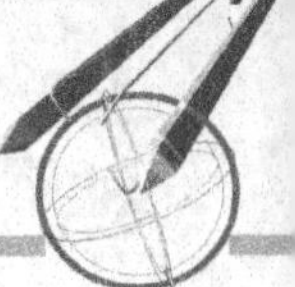

的反作用力而返回到起始位置，常开触头断开。使继电器返回到起始位置的最大电流称为返回电流，用 I_{re} 表示。

继电器的返回电流与动作电流之比称为返回系数，用 K_{re} 表示，即

$$K_{re}=\frac{I_{re}}{I_{op}} \tag{7-1}$$

显然，过电流继电器的返回系数小于1，返回系数越大，继电器越灵敏，电磁式电流继电器的返回系数通常为0.85。在1.1倍动作值时，动作时间不大于0.12s。

特别提示

- 调节动作电流的方法有两种：一种是改变调整杆的位置来改变弹簧的反作用力；另一种是改变继电器线圈的联结方式，当线圈由串联改为并联时，继电器的动作电流增大一倍，进行级进调节。

2. 电压继电器

DJ型电磁式电压继电器的结构和工作原理与DL型电磁式继电器相同，不同之处是电压继电器的吸引线圈匝数多、导线细，使用时与电压电压互感器的线圈并联。电压继电器文字符号用KV表示。

电磁式电压继电器有过电压继电器和欠电压继电器（或零压）两种。过电压继电器通常在电压超过规定电压高限时，衔铁吸合，一般动作电压为（105%～120%）U_N 以上时，对电路进行过电压保护；欠电压继电器是当电压不足于所规定的电压低限时，衔铁释放，一般动作电压为（40%～70%）U_N 时对电路进行欠电压保护；零压继电器在电压降为（10%～35%）U_N 时对电路进行零压保护。

3. 中间继电器

中间继电器本质上是电压继电器，它是用来远距离传输或转换控制信号的中间元件。它输入的是线圈的通电或断电信号，输出的是多对触头的通断动作。因此，它作为辅助继电器可用于补足主继电器触头容量或触头数量的不足。如图7.11所示DZ-10系列中间继电器的内部结构图。其内部接线图和图形符号如图7.12所示。中间继电器的文字符号为KA。当中间继电器的线圈通电时，衔铁动作，带动触头系统使动触头和静触头闭合或分开。

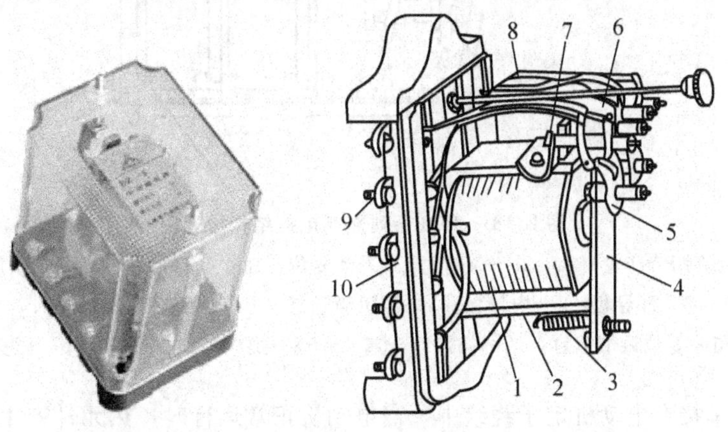

图7.11　DZ-10系列中间继电器的内部结构图

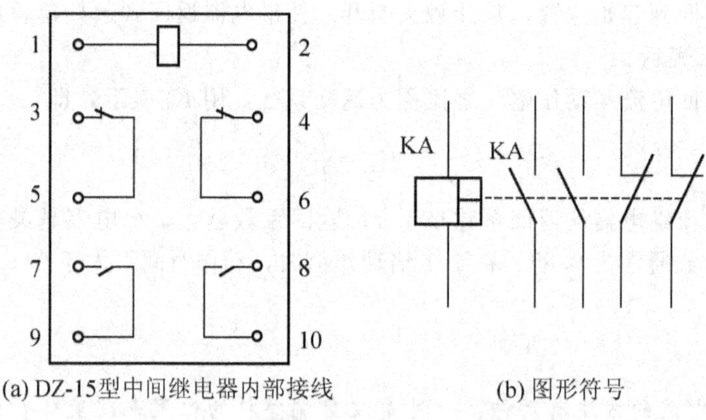

(a) DZ-15型中间继电器内部接线　　(b) 图形符号

图 7.12　DZ－15 型中间继电器的内部接线和图形符号

7.3.2　热继电器

热继电器是根据电流通过发热元件所产生的热，使双金属片受热弯曲而推动执行机构动作的电器。它主要用于电动机的过载、断相以及电流不平衡的保护。

1. 热继电器的结构及工作原理

如图 7.13 所示 JR19 系列热继电器结构原理图，它主要由双金属片、加热元件、动作机构、触点系统、整定调整装置及手动复位装置等组成。双金属片作为温度检测元件，由两种膨胀系数不同的金属片压焊而成，它被加热元件加热后，因两层金属片伸长率不同而弯曲。

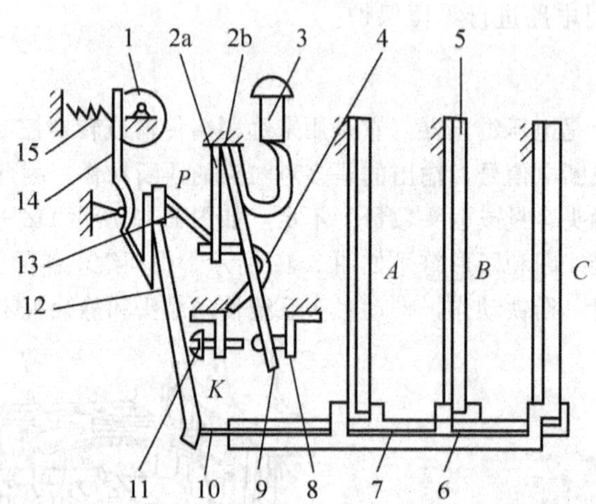

图 7.13　JR19 系列热继电器结构原理图

1—电流调节凸轮；2a、2b—簧片；3—手动复位按钮；4—弓簧；5—主双金属片；
6—外导板；7—内导板；8—常闭静触点—9—动触点；10—杠杆；
11—复位调节螺钉；12—补偿双金属片；13—推杆；14—连杆；15—压簧

加热元件串接在电动机定子绕组中，当电动机正常运行时，热元件产生的热量不会使

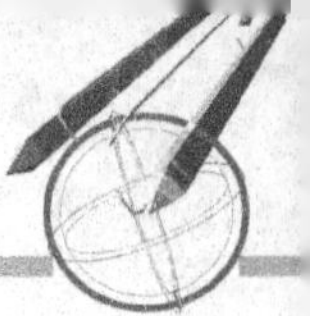

触点系统动作；当电动机过载时，流过热元件的电流加大，经过一定的时间，热元件产生的热量使双金属片的弯曲程度超过一定值，通过导板推动热继电器的触点动作（常开触点闭合，常闭触点断开）。通常用热继电器串接在接触器线圈电路的常闭触点来切断线圈电流，使电动机主电路失电。故障排除后，按手动复位按钮，热继电器触点复位，可以重新接通控制电路。

它的动作过程为：当发生三相均衡过载时，三相双金属片都受热向左弯曲，推动外导板6并带动内导板7同时向左移动，通过补偿双金属片11和推杆13，使动触点9与动断静触点8分开，从而切断控制电路，达到保护电动机的目的。当发生一相断路时，即断相情况下，该相双金属片逐渐冷却而右移，并带动内导板7右移，而外导板6仍在未断相的双金属片的推动下向左移，由于内、外导板一左一右地移动，就产生了差动作用，在差动导板的作用下，并通过杠杆10的放大作用，使动触点9与动断静触点8分开，从而切断控制电路，保护了电动机。

2. 热继电器主要参数

热继电器的主要参数有热继电器额定电流、相数、热元件额定电流、整定电流及调节范围等。热继电器的额定电流是指热继电器中可以安装的热元件的最大整定电流值。

热继电器的整定电流是指热元件能够长期通过而不致引起热继电器动作的最大电流值。通常热继电器的整定电流是按电动机的额定电流整定的，电流超过整定电流20％时，热继电器应当在20min内动作，超过的电流越大，动作的时间越短。对于某一热元件的热继电器，可手动调节整定电流旋钮。热继电器的图形和文字符号如图7.14所示。

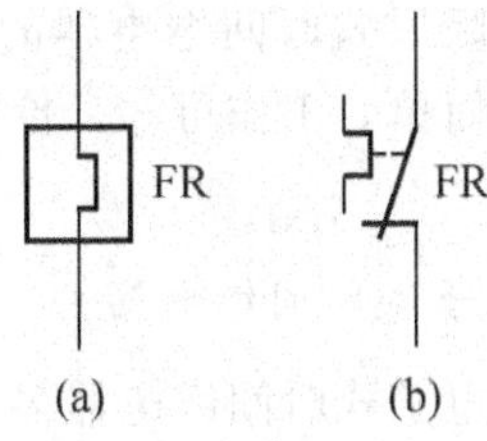

图7.14　热继电器的图形和文字符号

7.3.3　时间继电器

时间继电器是一种用来实现触点延时接通或断开的控制电器，按其动作原理与结构不同，可分为空气阻尼式、电动式、电子式等多种类型。

1. 空气阻尼式时间继电器

它由电磁机构、工作触头及气室三部分组成，其延时是靠空气的阻尼作用来实现的。空气阻尼式时间继电器常见的型号有JS7－A系列，按其控制原理分为通电延时和断电延时两种类型。如图7.15所示JS7－A型空气阻尼式时间继电器的工作原理图。

通电延时型时间继电器电磁铁线圈1通电后，将衔铁4吸下，于是顶杆6与衔铁间出现一个空隙。当与顶杆6相连的活塞12在弹簧7作用下由上向下移动时，在橡皮膜9上面形成空气稀薄的空间（气室），空气由进气孔11逐渐进入气室，活塞12因受到空气的阻力，不能迅速下降。当降到一定位置时，杠杆15使延时触头14动作（常开触点闭合，常闭触点断开）。线圈断电时，弹簧8使衔铁和活塞等复位，空气经橡皮膜与顶杆6之间推开的气隙迅速排出，触点瞬时复位。

断电延时型时间继电器与通电延时型时间继电器的原理与结构均相同，只是将其电磁机构翻转180°安装。

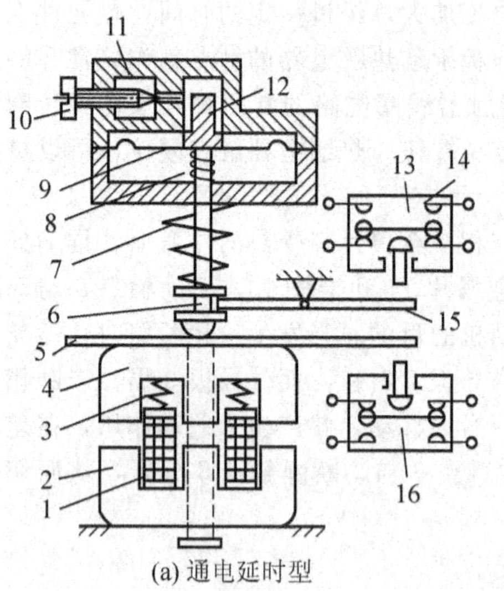

(a) 通电延时型

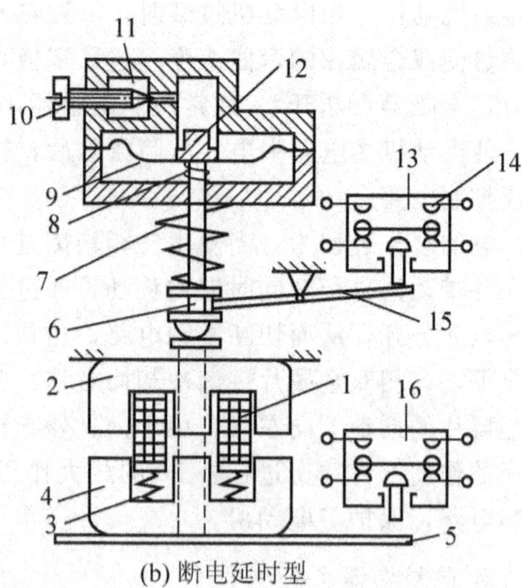

(b) 断电延时型

图 7.15 JS7—A 型空气阻尼式时间继电器的工作原理图

1—线圈；2—静铁芯；3、7、8—弹簧；4—动铁芯；5—推板；6—顶杆；9—橡皮膜；10—螺钉；11—进气孔；12—活塞；13、16—微动开关；14—延时触头；15—杠杆

空气阻尼式时间继电器的延时时间有 0.4～180s 和 0.4～90s 两种，具有延时范围较宽，结构简单，工作可靠，价格低廉，寿命长等优点，是机床交流控制线路中常用的时间继电器。

2. 电子式时间继电器

早期电子式时间继电器多是阻容式的，近期开发的产品多为数字式，又称计数式时间继电器，由脉冲发生器、计数器、数字显示器、放大器及执行机构组成，具有延时时间长、调节方便、精度高等优点，有的还带有数字显示。电子式时间继电器应用很广，可取代、空气阻尼式、电动式等类型的时间继电器。

时间继电器的图形和文字符号如图 7.16 所示。

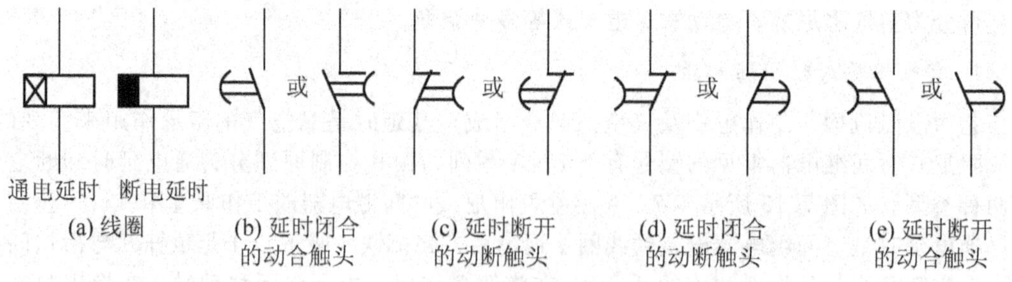

(a) 线圈　(b) 延时闭合的动合触头　(c) 延时断开的动断触头　(d) 延时闭合的动断触头　(e) 延时断开的动合触头

图 7.16 时间继电器的图形和文字符号

7.3.4 速度继电器

速度继电器根据电磁感应原理制成，用于转速的检测，常用在三相电动机反接制动转速过零时自动切除反相序电源。如图 7.17 所示速度继电器的结构原理图。

速度继电器主要由转子、圆环（笼形空心绕组）和触点三部分组成。转子由一块永久

磁铁制成，与电动机同轴相连，用以接收转动信号。当转子（磁铁）旋转时，笼形绕组切割转子磁场产生感应电动势，形成环内电流，此电流与磁铁磁场相作用，产生电磁转矩，圆环在此力矩的作用下带动摆杆，克服弹簧力而顺转子转动的方向摆动，并拨动触点，改变其通断状态（在摆杆左、右各设一组切换触点，分别在速度继电器正转和反转时发生作用）。当调节弹簧弹力时，可使速度继电器在不同转速时切换触点，改变通断状态。当电动机转速较低时（如小于100r/min）时，触点复位。

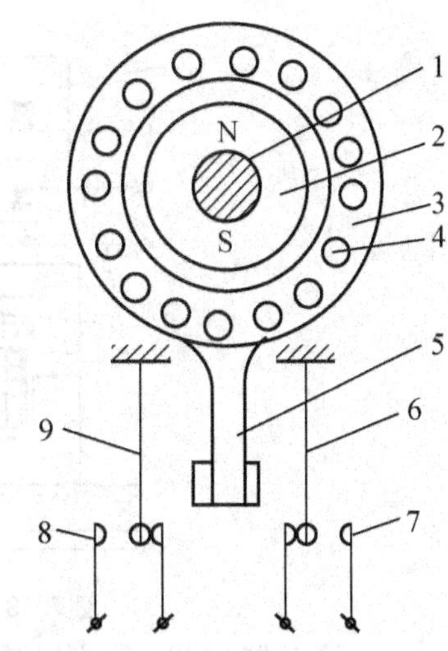

图7.17　速度继电器的结构原理图

1—转轴；2— 转子；3—外环；4—笼形绕组；5—摆杆；6，9—动触头；7，8—静触头

速度继电器的动作转速一般不低于120r/min，复位转速约在100r/min以下，工作时允许的转速为1000～3900r/min。由速度继电器的正转和反转切换触点的动作来反映电动机转向和速度的变化。常用的速度继电器型号有JY1型和JFZ0型。速度继电器的图形和文字符号如图7.18所示。

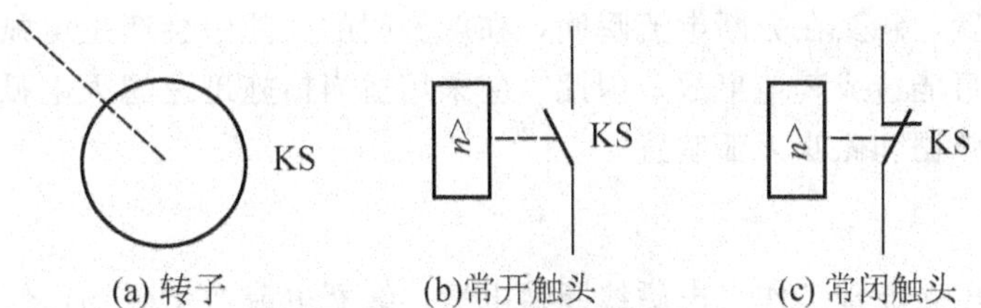

图7.18　速度继电器的图形和文字符号

7.4　接　触　器

接触器是一种用来接通或分断交流、直流主电路或大容量控制电路的低压控制电器，接触器的主要控制对象是电动机、变压器等电力负载。能实现远距离控制，并具有零电压保护、欠电压释放保护功能。

接触器按流过主触点电流性质的不同，可分为交流接触器和直流接触器；而按电磁结构的操作电源不同，可分为交流励磁操作和直流励磁操作的接触器两种。

1. 结构

接触器主要由电磁系统、触头系统和灭弧装置组成，其结构简图如图7.19所示。

（1）电磁系统。电磁系统包括动铁芯（衔铁）、静铁芯和电磁线圈3部分，其作用是将电磁能转换成机械能，产生电磁吸力带动触头动作。

（2）触头系统。触头又称为触点，是接触器的执行元件，用来接通或断开被控制电

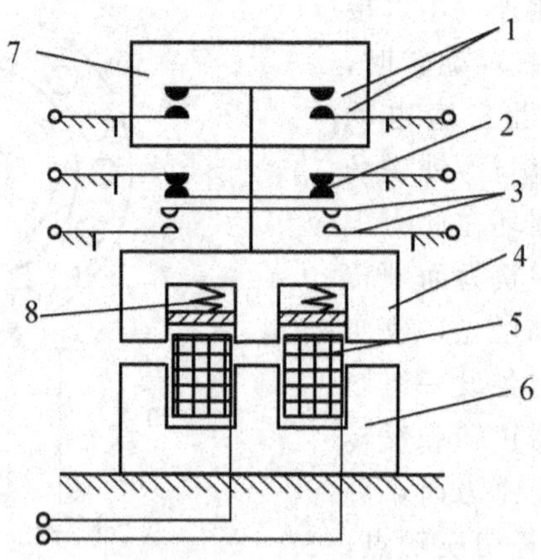

图 7.19 接触器结构简图

1—主触头；2—常闭辅助触头；3—常开辅助触头；4—动铁芯；
5—电磁铁芯；6—静铁芯；7—灭弧罩；8—弹簧

路。触头的结构形式很多，按其所控制的电路可分为主触头和辅助触头。主触头用于接通或断开主电路，允许通过较大的电流；辅助触头用于接通或断开控制电路，只能通过较小的电流。触头按其原始状态可分为常开触头（动合触点）和常闭触头（动断触点）。原始状态（即线圈未通电）时断开，线圈通电后闭合的触头叫常开触头；原始状态时闭合，线圈通电后断开的触头叫做常闭触头。线圈断电后所有触头复位，即回复到原始状态。

（3）灭弧装置。触头在分断电流瞬间，在触头间的气隙中会产生电弧，电弧的高温能将触头烧损，并可能造成其他事故，因此，应采用适当措施迅速熄灭电弧。常用的灭弧装置有灭弧罩、灭弧栅和磁吹灭弧装置。

2. 工作原理

接触器根据电磁原理工作。电磁线圈通电后，线圈电流产生磁场，使静铁芯产生电磁吸力吸引衔铁，并带动触头动作，使常闭触头断开，常开触头闭合，两者是联动的。当线圈断电时，电磁力消失，衔铁在释放弹簧的作用下释放，使触头复原，即常开触头断开，常闭触头闭合。接触器的图形和文字符号如图 7.20 所示。

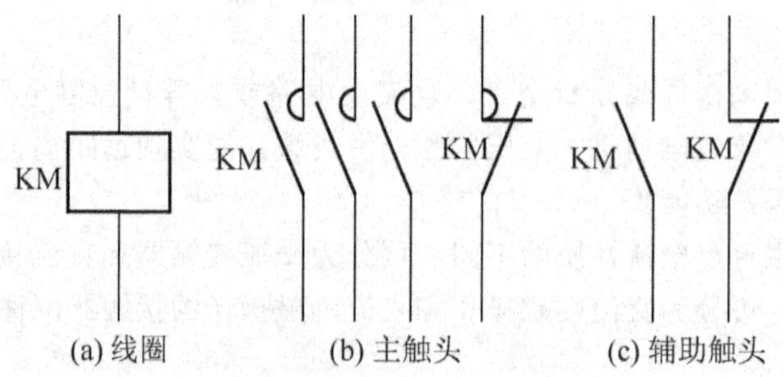

图 7.20 接触器的图形和文字符号

3. 交、直流接触器的特点

1）交流接触器

交流接触器线圈通以交流电，主触头接通、分断交流主电路。

当交变磁通穿过铁芯时，将产生涡流和磁滞损耗，使铁芯发热。为减少铁损耗，铁芯用硅钢片冲压而成。为便于散热，线圈做成短而粗的圆筒状绕在骨架上。为防止交变磁通使衔铁产生强烈振动和噪声，交流接触器铁芯端面上都安装了一个铜制的短路环。

交流接触器的灭弧装置通常采用灭弧罩和灭弧栅。

2）直流接触器

直流接触器线圈通以直流电流，主触头接通、切断直流主电路。

直流接触器铁芯中不产生涡流和磁滞损耗，因此不发热，铁芯可用整块钢制成。为了散热良好，通常将线圈绕制成长而薄的圆筒状。直流接触器灭弧较难，一般采用灭弧能力较强的磁吹灭弧装置。

4. 接触器的选择

选择接触器时应从工作条件出发，主要考虑下列因素如下。

(1) 控制交流负载应选用交流接触器；控制直流负载则选用直流接触器。

(2) 接触器的类别应与负载性质一致。

(3) 主触头的额定工作电压应大于或等于负载电路的电压。

(4) 主触头的额定工作电流应大于或等于负载电路的电流。还要注意的是，接触器主触头的额定工作电流是在规定条件（额定工作电压、使用类别、操作频率等）下能够正常工作的电流值，当实际使用条件不同时，这个电流值也将随之改变。

(5) 吸引线圈的额定电压应与控制回路电压相一致，交流有36V、110V、127V、220V、380V；直流有24V、48V、220V、440V。

(6) 主触头和辅助触头的数量应能满足控制系统的需要。

7.5 熔断器

熔断器是一种结构最简单、使用最方便、价格最低廉的短路保护电器，它由熔体和安装熔体的绝缘管或绝缘座组成。在使用中，熔断器与它所保护的电路是串联的，当该电路发生过载或短路故障时，如果通过熔体的电流达到或超过了某一定值，熔体自行熔断，切断故障电流，完成保护任务。

根据电流保护的两种方式，熔体材料基本上可以分为低熔点和高熔点两类。低熔点材料有锑铅合金，锡铅合金、锌等，其熔化系数小（最小熔化电流 I_{fc} 与熔体额定电流 I_{fN} 之比），适用于过载保护，由于低熔点的电阻率大，在导体的长度和电阻都一定的条件下，熔体的截面积要相应的增大，所以在断开电弧时，弧隙中的金属蒸汽的含量较大，这对于灭弧是不利的，熔断器的分断能力也降低。高熔点材料有铜、银和铝，熔化系数很大，可得到较高的分断能力。熔断器的类型主要有瓷插式、螺旋式和管式三种。如图7.21所示3种常用的熔断器及图形符号。

瓷插式熔断器的产品型号有RC1系列，由瓷盖、瓷座、触头和熔丝四部分组成。由于尺寸小、带电更换熔体方便、熔体廉价而广泛用于照明电路和中小容量电动机的短路保护。一般15A以下的熔体是低熔点材料制成的。可单独作为7.5kW以下电动机的过载保护。

螺旋式熔断器的产品型号有RL1系列，由瓷帽、熔管、瓷套以及瓷座等组成。熔管

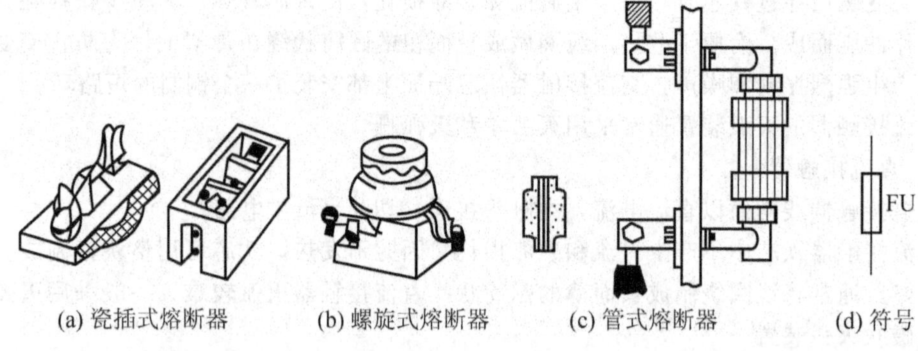

(a) 瓷插式熔断器　(b) 螺旋式熔断器　(c) 管式熔断器　(d) 符号

图 7.21　熔断器

是一个瓷管，内装石英砂和熔体。熔体的两端焊在熔管两端的导电金属端盖上，其上端盖中央有熔断指示器。一般用于配电线路作为短路或过载保护。

管式熔断器按其灭弧方式分为有填料的 RM 系列和无填料的 RT 系列两种，由熔管、熔体和插座等部分组成。RM 系列的优点是可以方便地更换熔体，熔体可用低熔点材料和高熔点材料制成片状，可以兼顾到短路保护和过载保护的需要，灭弧性能好，广泛应用于电力线路或配电设备中。RT 系列优点是封闭管内有石英砂，灭弧能力强，缺点是熔体熔断后用户无法更换新熔体，用于短路电流非常大的电力系统。

特别提示

- 实际应用时，熔断器熔体的额定电流应按以下方法选择。

  (1) 对于电炉和照明等电阻性负载，可用作过载保护和短路保护，熔体的额定电流应稍大于或等于负载的额定电流。

  (2) 电动机的启动电流很大，熔体的额定电流因考虑起动时熔体不能熔断而应选得较大，因此对电动机只宜作短路保护而不能作过载保护。

对于单台电动机，熔体的额定电流 I_{fN} 应不小于电动机额定电流（$\sum I_N$）的 1.5～2.5 倍，即 $I_{fN} \geqslant (1.5\sim2.5) I_N$。轻载启动或启动时间较短时，系数可取 1.5，带负载启动、启动时间较长或启动较频繁时，系数可取 2.5。

对于多台电动机的短路保护，熔体的额定电流 I_{fN} 应不小于最大一台电动机的额定电流 $I_{N\max}$ 的 1.5～2.5 倍，加上同时使用的其他电动机额定电流之和 $\sum I_N$，即 $I_{fN} \geqslant (1.5\sim2.5) I_{N\max} + \sum I_N$。

本章小结

1. 工作电压范围在直流 1200V 以下、1000V 以下的电工器件称为低压电器。可分为低压配电电器和控制电器两大类。低压配电电器包括刀开关、转换开关、熔断器和断路器。低压控制电器包括接触器、控制继电器、主令电器等。

2. 刀开关是最简单的手动开关，包括开启式和封闭式两种。通常作为隔离开关，有时也用于小容量电动机的启停控制。

3. 主令电器主要用来通、断控制电路以达到控制主电路的目的。有按钮开关、行程开关等。

4. 断路器可用于电路不频繁地分与合，它具有过载、短路、失压的保护等功能。

5. 继电器是一种根据输入的电信号或非电信号来控制电路中电流的通与断的自动控制电器。包括控制继电器（如中间继电器、时间继电器、速度继电器）和保护继电器（如热继电器、电流继电器、电压继电器等）。

6. 接触器是一种用来接通或分断交流、直流主电路或大容量控制电路的低压控制电器。由电磁系统、触头系统和灭弧系统组成。

7. 熔断器在低压电路中可用作过载保护和短路保护。在电动机控制线路中，因电动机的启动电流较大，所以只宜作短路保护而不能进行过载保护。

检测习题

一、填空题

1. 低压电器是指工作在直流________V、交流________V以下的各种电器。按用途分为________、保护电器、________和执行电器。

2. 交流接触器可以按其________所控制的电路的电流的种类分为________和________。

3. 刀开关在合闸状态下手柄应该________，不能________和平装，以防止触刀松动落下时________。

4. 组合开关是一种多挡式、控制________的手动电器，又称________开关。如果不知其触点闭合情况，可以用________检测。

5. 自动空气开关也称为低压断路器，其相当于刀开关、________、热继电器、过电流继电器和________继电器的组合，是一种自动切断故障电路的________电器。

6. 中间继电器本质上是________继电器，用来远距离传输或转换控制信号的中间元件。它输入的是线圈的________信号，输出的是多对触头的通断动作。

7. 速度继电器主要由________、圆环（笼形空心绕组）和________三部分组成。转子由一块永久磁铁制成，与________同轴相连，常用在三相电动机________转速过零时自动切除反相序电源。

8. 熔断器是一种结构最简单、使用最方便、价格最低廉的________保护电器，它由熔体和安装熔体的绝缘管或绝缘座组成。熔体材料基本上可以分为________和________两类。

二、判断题

1. 热继电器既可以作电动机的过载保护也可以作短路保护。（　　）

2. 熔断器只能作短路保护。（　　）

3. 速度继电器的动作特点是速度越高，动作越快。（　　）

4. 按钮开关和行程开关都需要人手去碰动才能动作。（　　）

5. 刀开关常配合熔断器作开关电源。（　　）

三、问答题

1. 什么是低压电器？常用的低压电器有哪些？

2. 在使用和安装系列刀开关时，应注意什么？

3. 线圈额定电压为220V的交流接触器，误接入380V交流电源会发生什么问题？为什么？

4. 断路器都有那些保护功能？电力拖动系统中常用哪个系列的断路器？

5. 接触器在低压控制系统中起什么的作用？由哪几部分组成？按照主触头所控制的电流性质可分为哪两类？

6. 什么是继电器？按用途分为哪两大类？常用的各有哪几种继电器？

7. 中间继电器和接触器有何异同？在什么条件下可以用中间继电器来代替接触器启动电动机？

8. 交流接触器在运行中，有时在线圈断电后衔铁仍不能释放，电动机不能停止，这时应如何处理？故障原因在哪里？应如何排除？

9. 选择熔断器时，熔断器熔体的额定电流 I_{fN} 应按什么原则选择？

10. JS7－A 型时间继电器的触头有哪几种？画出它们的图形符号。

11. 电动机的启动电流很大，当电动机启动时，热继电器会不会动作？为什么？

12. 既然在电动机的主电路中装有熔断器，为什么还要装热继电器？装有热继电器是否就可以不装熔断器？为什么？

13. 是否可用过电流继电器来进行电动机的过载保护？为什么？

14. 空气阻尼式时间继电器利用什么原理达到延时的目的？

第8章

电气控制典型线路

教学目标

1. 明确三相异步电动机的启动、调速、制动控制方法。
2. 在掌握电气控制原理图的构成原则的基础上，能够设计、安装常规的控制电路。
3. 用万用表检查、电气控制电路的常见故障，掌握故障排除方法。

教学要求

能力目标	相关知识	权重	自测分数
会读电气图	电气图的图形符号、文字符号；电气图的绘制原则及读图方法	20%	
掌握启动控制线路的原理分析	异步电动机直接启动的单向、正、反向控制线路；降压启动控制线路	20%	
掌握调速电路的原理分析	调速控制原理，双速电机及调速控制线路	20%	
掌握制动电路的原理分析	时间原则和速度原则设计的能耗制动、反接制动控制线路	20%	
设计简单功能的控制电路	经验设计法，设计法举例	10%	
检测排除常见故障	用万用表检测故障的两种方法	10%	

项目引入

现代生产的各种机械设备都采用电动机拖动的。由于工作性质和生产工艺要求不同，对电动机的运转要求也不相同。要使电动机按照生产机械的要求正常启动运行，必须配备能完成相应功能的控制电路。常见的基本控制电路以下几种：启动控制、调速控制和制动控制等。控制电路不论简单还是复杂，都是由几个基本控制环节组合构成的。如图 8.1 所示由继电器和接触器控制的混凝土搅拌机的控制电路图。组成该控制电路的各种电气设备和元件采用国家统一规定的图形符号和文字符号来表示，按一定的控制要求用电气连接线连接起来。

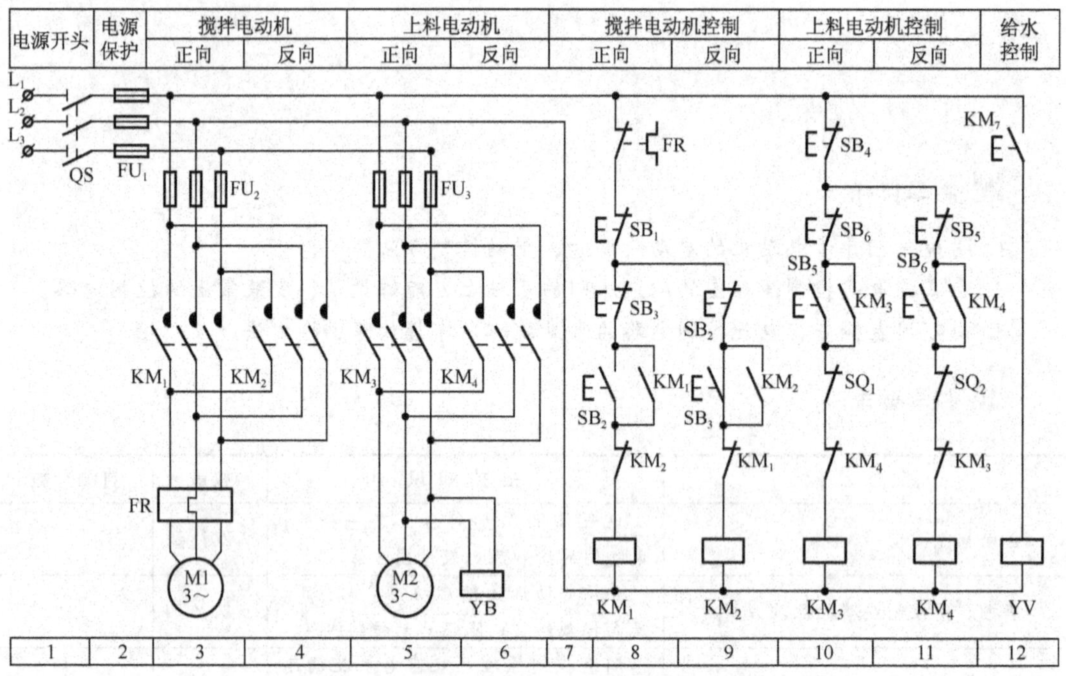

图 8.1　混凝土搅拌机的电气控制电路图

由继电器-接触器等低压电器组成的控制系统具有线路简单、维修方便、便于掌握等特点，在各种生产机械的电气控制领域中得到了广泛的应用。

混凝土搅拌机主要由搅拌机构、上料装置和给水环节组成。该控制电路能够完成上料、给水、拌料、倒出混凝土 4 个工作过程的电气控制。

对搅拌机构的滚筒要求正转搅拌混凝土，反转使搅拌好的混凝土倒出，即要求拖动搅拌机的电动机 M_1 可以正、反转。其控制电路就是典型的接触器互锁的正、反转控制电路。

8.1　电气图的基本知识

电力拖动系统的继电器-接触器控制电路，主要由各种电气元件（如继电器、接触器、开关）和电气设备（电动机）按一定的控制要求用电气连接线连接而成。为了表达电气控

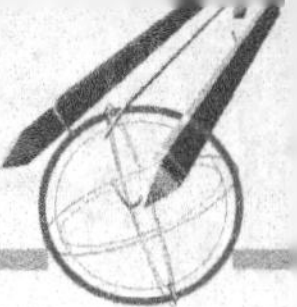

制系统的组成和功能、电气设备的工作原理及安装和维护的使用信息，需要用统一的电气工程图，简称为电气图。电气图必须使用规范统一的图形符号和文字符号，并按国家电气制图标准绘制。常用的电气工程图有3种：电气原理图、接线图和元器件布置图。

8.1.1　电气图中的图形符号、文字符号和接线端子标记

1. 电器的图形符号

构成电气工程图的元器件、设备和连接线很多，结构类型千差万别，安装方式多种多样。因此，主要以简图形式表示的电气工程图中，为了描述和区分这些元器件和电气设备的名称、功能、状态、特征、相互关系、安装位置及电气连接等，用图形符号来代替实际器件。图形符号是用于电气图中表示一个设备（如电动机）、元器件（如继电器）或一个概念（如接地）的图形、标记或字符。

国家电气图形符号标准GB/T 4728.7—2000《电气简图用图形符号》规定了电气图中图形符号的画法，该标准是参照国际电工委员会IEC 60617制定的，于2000年7月1日执行。关于电气工程图中的常用图形符号可查阅相关标准。

图形符号主要是一般符号和框形符号。一般符号是用以表示一类设备特性的一种简单符号，由各种符号要素和限定符号组成。

符号要素是一种有确定意义的简单图形，如“__/__”是开关和动合触头的符号要素；限定符号是用以提供附加信号的一种加在其他信号上的符号。图形符号的组合示例见表8-1。因为国家标准中给出的图形符号例子有限，实际使用中可通过已规定的图形符号适当组合进行派生。

表8-1　图形符号的组合示例

限定符号		一般符号举例	
图形符号	说明	图形符号	说明
	接触器功能		接触器动合触头
	限位开关 位置开关功能		限位开关动合触头
	旋转开关		旋转开关
	接近效应开关		接近开关
	隔离开关功能		隔离开关

框形符号用以表示元件、设备等的组合及功能，它是既不给出元件、设备的细节，也不考虑连接关系的一种简单的图形符号，如正方形、长方形、圆形符号。框形符号通常用在电气接线图中。

2. 文字符号

为了区分不同设备、元器件，尤其是区分同类设备或元器件，还必须在图形符号旁标

注相应的文字符号。国家标准 GB/T 7159—1987《电气技术中的文字符号制订通则》规定了电气工程图中的文字符号，它分为基本文字符号和辅助文字符号。

(1) 基本文字符号。有单字母符号和双字母符号，单字母符号表示电气设备、装置和元器件的大类，如 K 为继电器类器件这一大类；双字母符号由一个表示大类的单字母与另一表示器件某些特性的字母组成，如 KA 即表示继电器类器件中的中间继电器（或电流继电器），KM 表示继电器类器件中控制电动机的接触器。

(2) 辅助文字符号用来进一步表示电气设备、装置和元器件的功能、状态和特征。通常用英文单词的前一两个字母表示，如“ON”表示闭合，“AC”表示交流。

关于电气工程图中常用的基本文字符号和辅助文字符号可查阅相关标准。

(3) 文字符号的组合。文字符号的组合形式一般为基本符号（或辅助符号）加数字符号。如“KT_1”表示第一个时间继电器；“FU_2”表示第二组熔断器。

(4) 特殊用途文字符号。电气工程图中一些特殊用途的接线端子、导线等通常采用一些专用文字符号表示。如用“L_1”、“L_2”、“L_3”、“N”表示三相交流电源的第一相、第二相和第三相；“PE”表示保护接地。

关于常用的一些特殊用途的文字符号可查阅相关标准。

3. 接线端子标记

电气图中各电气的接线端子用字母数字符号标记。按照国家标准 GB4206—1983《电器接线端子的识别和用字母数字符号标志接线端子的通则》的规定，应该注意以下几点。

(1) 三相交流电的引入用 L_1、L_2、L_3、N、PE 标记，直流系统的电源正、电源负、中间线分别用 L+、L－和 M 标记，三相动力电器的引出分别用 U、V、W 顺序标记。

(2) 三相异步电动机的绕组的首端分别用 U_1、V_1、W_1 标记，绕组尾端用 U_2、V_2、W_2 标记。

(3) 对于数台电动机，可在字母前冠以数字来区别。如 M_1 电动机的三相绕组接线端子标以 1U、1V、1W；M_2 电动机三相绕组接线端子则标以 2U、2V、2W 来区别。

(4) 控制电路中的各线号常采用数字编号，标注方法按“等电位”原则进行，其顺序一般为从左到右、从上到下。凡是被线圈触头、电阻、电容等隔离的接线端子，都应标以不同的线号。

8.1.2 电气图

1. 电气原理图

电气原理图是根据电气控制系统的工作原理绘制的，用于分析控制系统的工作原理和排除故障，而不考虑电气设备的电气元器件的实际结构和安装情况，如图 8.2 所示通过电气原理图，可详细地了解电气控制系统的组成和工作原理，在测试和寻找故障时提供足够的信息；同时电气原理图也是绘制电气安装接线图的重要依据。

(1) 电气原理图中，一般主电路和控制电路分开画出。主电路是由电源、电动机及其他用电设备等组成的动力电路。受控制电路的控制，根据控制要求由电源向用电设备供电。主电路通常用粗实线画在图样的左侧或上方。

控制和辅助电路一般用细实线画在图样的右侧或下方。控制电路、辅助电路要分开画。布局上按照控制的因果关系和控制电器的动作顺序排列。控制电路由接触器和继电器线圈、

各种电器的常开、常闭触点组合构成，以实现需要的控制功能。辅助电路是指设备中的信号和照明部分。主电路、控制电路和其他辅助的信号照明电路，保护电路一起构成电控系统。

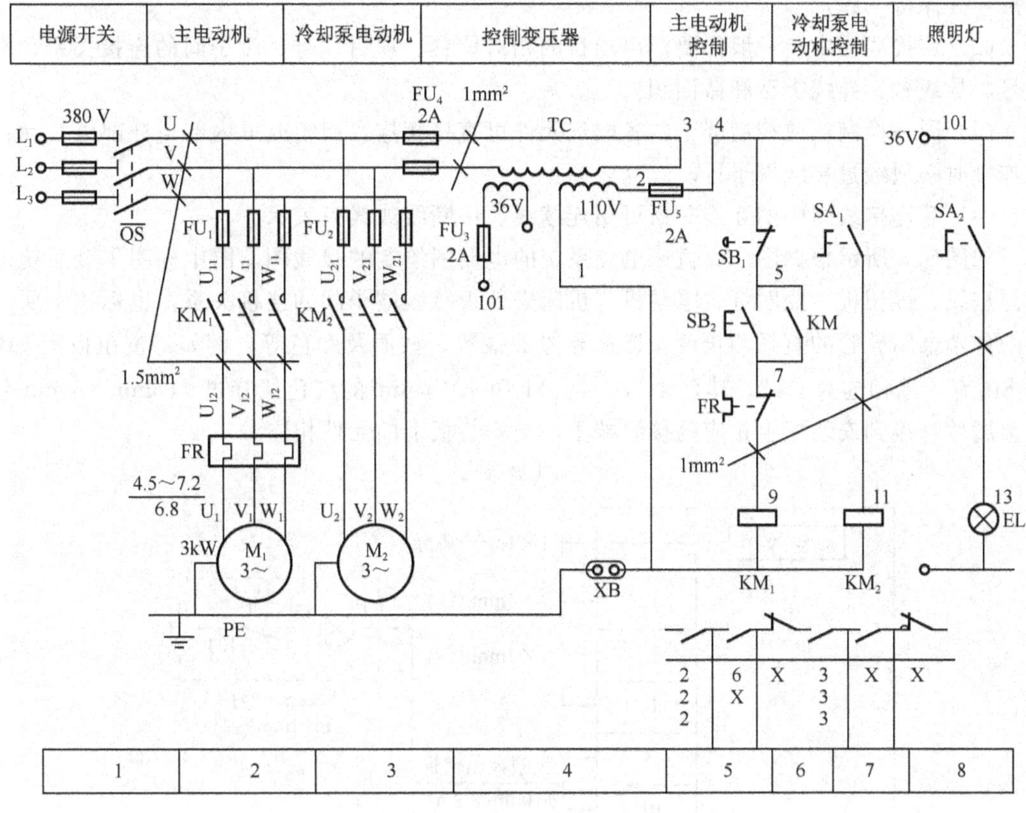

图 8.2　某机床电气原理图

电气原理图中的电路可水平布置或者垂直布置。水平布置时，电源线垂直画，其他电路水平画，控制电路中的耗能元件画在电路的最右端。垂直布置时，电源线水平画，其他电路垂直画，控制电路中的耗能元件画在电路的最下端。

(2) 电气原理图中的所有电气元器件不画出实际外形图，而采用国家标准规定的图形符号和文字符号表示。同一电器的各个部件可根据需要画在不同的地方，但必须用相同的文字符号标注。电气原理图中所有元器件的可动部分通常表示在电器非激励或不工作的状态和位置，其中常见的元器件状态如下。

①继电器和接触器的线圈处在非激励状态。

②断路器和隔离开关在断开位置。

③零位操作的手动控制开关在零位状态。

④机械操作开关和按钮在非工作状态或不受力状态。

⑤保护类元器件处在设备正常工作状态。

2. 电气接线图

电气接线图是根据电气设备和电气元器件的实际结构、安装情况绘制的，用来表示接线方式、电气设备和电气元器件的位置、接线场所的形状和尺寸等。接线图是实际接线的依据和维修时不可缺少的技术文件。国家标准 GB/T6988—1997《电气制图　接线图和接线表》详细规定了接线图的编制规则，其主要内容如下。

(1) 接线图中各电气元件的图形符号、文字符号及它们之间的连线编号均应以电路图为准，并保持一致。

(2) 在接线图中，一般都要标出项目的相对位置、项目代号、端子间的连接关系、端子号、导线号、导线类型和截面积。

(3) 同一控制箱或控制屏上的各电气元件可直接相连，而箱或屏内部与外部电气元件相连接时必须经过接线端子排。

(4) 互连接线图中的互连关系可用连续线、中断线或线束表示。

如图 8.3 所示根据图 8.2 机床电控系统的电路图绘制的接线图。图中标明了该系统的电源进线、按钮板、照明灯、电动机与机床安装板接线端子间的连接关系，也标注了所采用的包塑金属软管的直径和长度，连接导线的根数、截面及颜色等。例如，按钮板上 SB_1 与 SB_2 有一端相连为“5”，其余 4、5、7、11 用 $7\times1mm^2$ 的红色线穿过 ϕ15mm×1mm 包装金属软管接到安装板上相应的接线端子，与安装板上的元件相连。

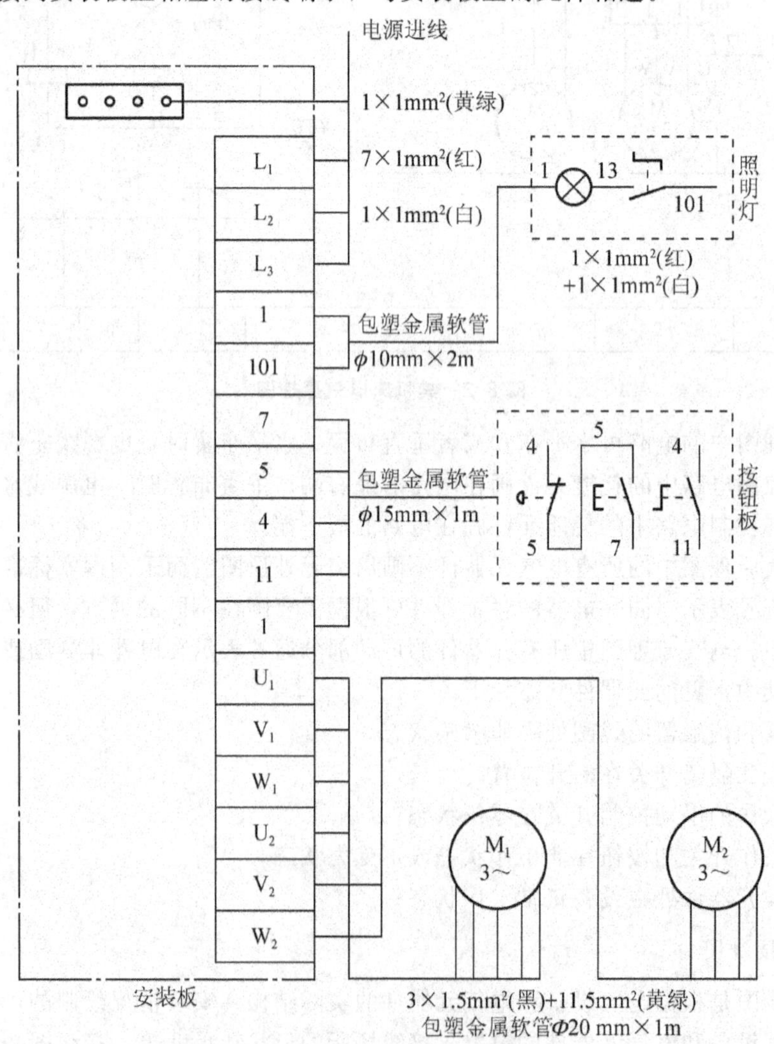

图 8.3　某机床电控系统接线图

3. 电气原理图阅读分析的方法

电气原理图的查线读图法可分为以下几个步骤。

1）分析主电路

分析执行元件的线路一般应先从电动机着手，即从主电路看有哪些控制元件的主触点和附加元件。根据其组合规律大致可知该电动机的工作情况，如是否有特殊的启动、制动要求，是否要正、反转、调速等。

2）分析控制电路

控制电路总是按动作顺序画在两条垂直或水平的直线之间。因此，可从左到右或从上而下地进行分析，对于较复杂的控制电路，还可将它分成几个功能来分析。如启动部分、制动部分、循环部分等。对于控制电路的分析就必须随时结合主电路的动作要求来进行；只有全面了解主电路对控制电路的要求后，才能真正掌握控制电路的动作原理。不可孤立地看待各部分的动作原理，应注意各个动作之间是否有相互制约的关系，如电动机正、反转之间设有机械或电气连锁等。

3）分析辅助电路

辅助电路包括执行元件的工作状态显示、电源显示、参数测定、照明和故障报警等部分。辅助电路中的很多部分是由控制电路中的元件来控制的，因此当分析辅助电路时，还要回过头来对照控制电路进行分析。

4）分析特殊控制环节

在某些控制线路中，还设置了一些与主电路、控制电路关系不密切、相对独立的特殊环节，如产品计数装置、自动检测系统、晶闸管触发电路、自动调温装置等。这些部分往往自成一个小系统，其读图分析的方法可参照上述分析过程，并灵活运用所学过的电子技术、自控系统等知识逐一分析。

8.2　三相笼形异步电动机的启动控制电路

8.2.1　直接启动的控制线路

直接启动又称全压启动，它是通过开关或接触器将额定电压直接加在电动机定子绕组上，使电动机启动运转。这种方法的优点是所需的电气设备少、线路简单，缺点是启动电流大。

1. 单向连续旋转的启动、停止控制线路

笼形三相异步电动机的单向启动、停止控制线路是应用最广泛的，最基本的控制线路如图8.4所示。它由刀开关QS、熔断器FU_1、接触器KM的主触头、热继电器FR的热元件和电动机M构成主电路，由启动按钮SB_2、停止按钮SB_1、接触器KM的线圈及其常开辅助触头、热继电器FR的常闭触头和熔断器FU_2构成控制回路。

1）电路的工作原理

启动时，合上QS，引入三相电源。按下SB_2，交流接触器KM的线圈通电，KM的主触头闭合，电动机接通电源直接启动运转。同时，与SB_2并联的接触器KM的常开触头闭合，使接触器KM线圈经两条路通电。这样，当手松开，SB_2点动复位时，接触器KM

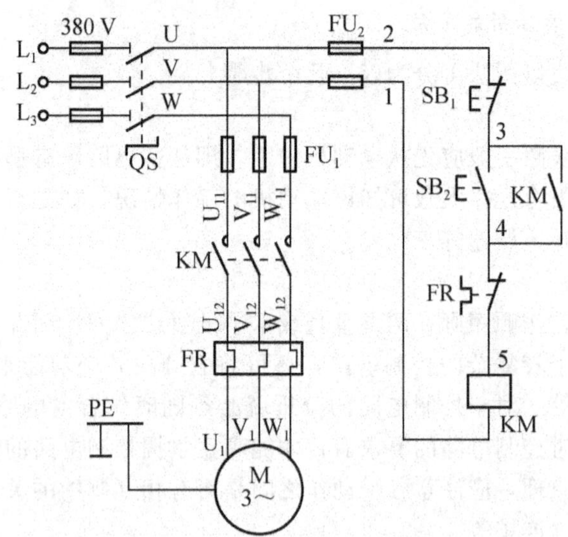

图 8.4　单向运行全压启动控制线路

的线圈仍可通过其常开触头的闭合而继续通电，从而保持电动机的连续运行。这种依靠接触器自身辅助触头使其线圈保持通电的作用称为“自锁”，这一对起自锁作用的辅助触头称为自锁触头。

要使电动机 M 停止运转，只要按下停止按钮 SB_1，KM 线圈断电释放，KM 的三个常开主触头及辅助触点均断开，切断电动机电源电路和控制电路，电动机停止转动。

2）电路的几种保护

(1) 短路保护。熔断器 FU_1 和 FU_2 分别实现主电路和控制电路的短路保护。

(2) 过载保护。热继电器 FR 具有过载保护作用。热继电器的热惯性比较大，即使热元件流过几倍额定电流，热继电器也不会立即动作。因此只有在电动机启动时间不太长的情况下，热继电器才经得起电动机启动电流的冲击而不动作。在电动机长时间过载下 FR 才会动作，断开控制电路，使接触器线圈断电释放，其主触头断开主电路，电动机停止运转，实现过载保护。

(3) 欠压保护和失压保护。欠压保护和失压保护是依靠接触器自身的电磁机构来实现的，条件是主电路与控制电路共用同一电源。当电源电压由于某种原因而严重欠压或失压时，接触器的电磁吸力不足。其衔铁释放，其常开主触头断开主电路，电动机停止运转，常开辅助触头断开自锁。当电源电压恢复正常时，接触器线圈也不会自动通电，必须重新按下启动按钮 SB_2 后，电动机才能重新启动。因此有自锁的控制电路有欠压与失压保护功能。

2. 单向点动控制线路

在生产实践中，某些生产机械常要求既能正常连续启动运转，又能实现调整的点动工作。如图 8.5 所示实现点动控制的几种电气控制线路。

图 8.5 (a) 最基本的点动控制线路。启动按钮 SB 没有并联接触器 KM 的自锁触头，按下 SB，KM 线圈通电，电机启动；当松开按钮 SB 时，接触器 KM 线圈断电，其主触点断开，电机停止运转。

图 8.5（b）是带手动开关 SA 的点动控制线路。当需要点动控制时，只要把开关 SA 断开，由按钮 SB_2 来进行点动控制。当需要连续运行时，只要把开关 SA 合上，将 KM 的自锁触点接入，即可实现连续控制。

图 8.5（c）中增加了一个复合按钮 SB_3 来实现点动控制。需要点动控制时，按下点动按钮 SB_3，其常闭触点先断开自锁电路，常开触头后闭合，接通启动控制电路，KM 线圈通电，接触器衔铁被吸合，主触头闭合，接通三相电源，电动机启动运转。当松开点动按钮 SB_3 时，KM 线圈断电，KM 主触点断开，电机停止运转。若需要电动机连续运转，由按钮 SB_1 和 SB_2 控制。

图 8.5（d）是利用中间继电器实现点动的控制线路。利用点动按钮 SB_2 控制中间继电器 KA，KA 的常开触头并联在按钮 SB_3 两端以控制接触器 KM，再由 KM 去控制电动机实现点动。当需要连续控制时，由按钮 SB_3 和 SB_1 实现。

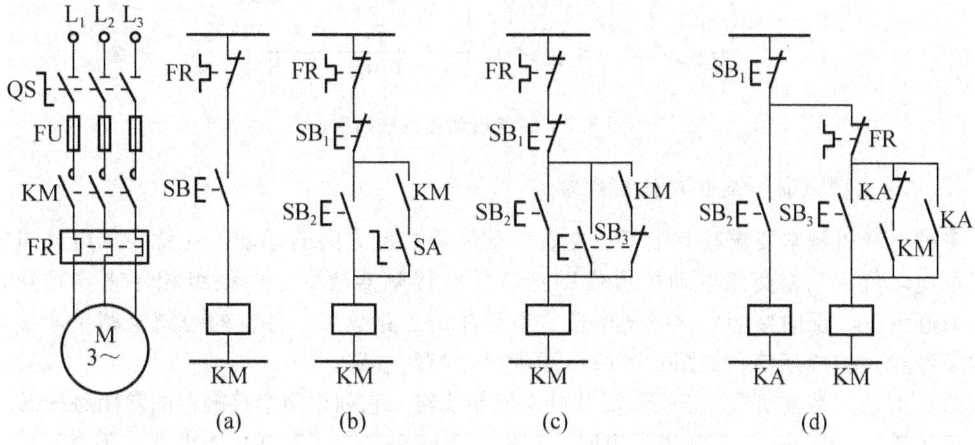

图 8.5　实现点动控制的几种电气控制线路

应用案例

在大型生产设备上，为使操作人员在不同方位均能进行启动、停车操作，常常要求组成多地控制线路。多地控制线路只需多用几个启动按钮和停止按钮，无须增加其他电器元件。启动按钮应并联，停止按钮应串联，分别装在几个地方，如图 8.6 所示。

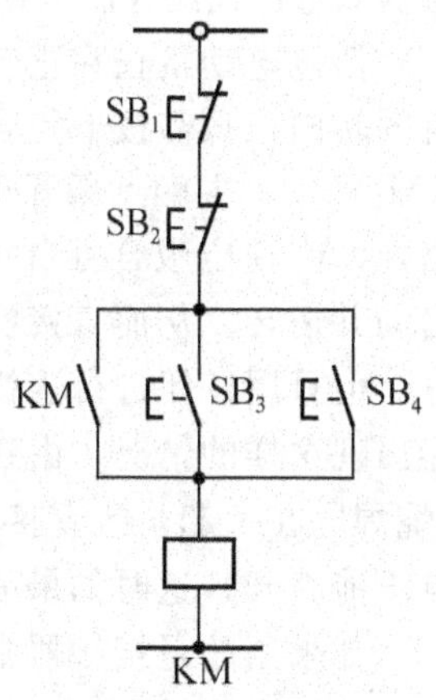

图 8.6　多地控制线路

3. 顺序控制

需要多台电动机拖动的机械设备，在操作时为了保证设备运行和工艺过程的顺利进行，对电动机的启动、停止必须按一定顺序来控制，这就称为电动机的顺序控制。这种情况在机械设备中是常见的。例如，有的机床的油泵电动机要先于主轴电动机启动，主轴电动机又先于切削液电动机启动等。

如图 8.7 所示顺序启动控制线路。电动机 M_2 必须在 M_1 启动后才能启动，这就构成了两台电动机的顺序控制。

工作原理：合上电源开关 QS，按下启动按钮 SB_2，接触器 KM_1 线圈通电吸合并自锁，

M_1 启动运转。KM_1 的常开触点闭合为 KM_2 线圈通电准备了条件。这时按下启动按钮 SB_4，KM_2 线圈通电吸合并自锁，M_2 启动运转。从而实现了 M_1 先启动，M_2 后启动的顺序控制。

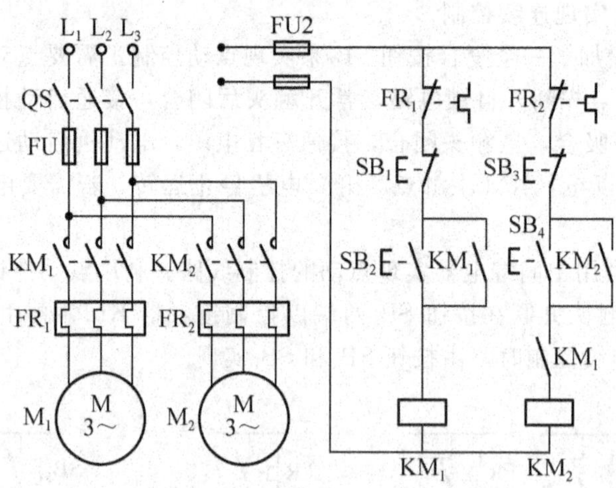

图 8.7　顺序启动控制线路

4. 可逆运行（正、反转）控制线路

多种生产机械常要求具有上下、左右、前后等相反方向的运动，这就要求电动机能够实现可逆运行。三相交流电动机可借助正、反向接触器改变定子绕组相序来实现正、反转。为避免正、反向接触器同时通电造成电源相间短路故障，各自的控制电路中串接对方的常闭触点，构成互锁。如图 8.8 所示两种可逆控制线路。

图 8.8 (a) 是电动机“正-停-反”可逆控制线路，它利用两个接触器的常闭触头 KM_1 和 KM_2 相互制约，即当一个接触器通电时，利用其串联在对方接触器线圈电路中的常闭触头的断开来控制对方接触器线圈不得电，而这两个常闭触头称为互锁触头。图 8.8 (a) 这种只有接触器互锁的可逆控制线路在正转运行时，要想反转必先停车，否则不能反转，因此叫做“正-停-反”控制线路。将图 8.8 (a) 中的启动按钮均换为复合按钮，该电路则为按钮、接触器双重连锁的控制电路，如图 8.8 (b) 所示。

假定电动机正在正转，此时，接触器 KM_1 线圈吸合，主触点 KM_1 闭合。欲切换电动机的转向，只需按下复合按钮 SB_3 即可。按下 SB_3 后，其常闭触点先断开 KM_1 线圈回路，KM_1 释放，主触点断开正序电源。复合按钮 SB_3 的常开触点后闭合。接通 KM_2 的线圈回路，KM_2 通电吸合且自锁，KM_2 的主触点闭合。负序电源送入电动机绕组，电动机作反向启动并运转，从而直接实现正、反向切换。

但只用按钮进行连锁，而不用接触器常闭触点之间的连锁，是不可靠的。在实际中可能出现这样的情况，由于负载短路或大电流的长期作用，接触器的主触点被强烈的电弧“烧焊”在一起，或者接触器的机构失灵，使衔铁卡住总是在吸合状态。这都可能是主触点不能断开，这时如果另一接触器动作，就会造成电源短路事故。

如果用的是接触器常闭触点进行连锁，不论什么原因，只要一个接触器是吸合状态。它的连锁常闭触点就必然将另一接触器线圈电路切断，这就能避免事故的发生。

5. 自动往复循环控制

某些位移性生产机械或部件，如机床的工作台、混凝土搅拌机的爬斗等，需要行程终端

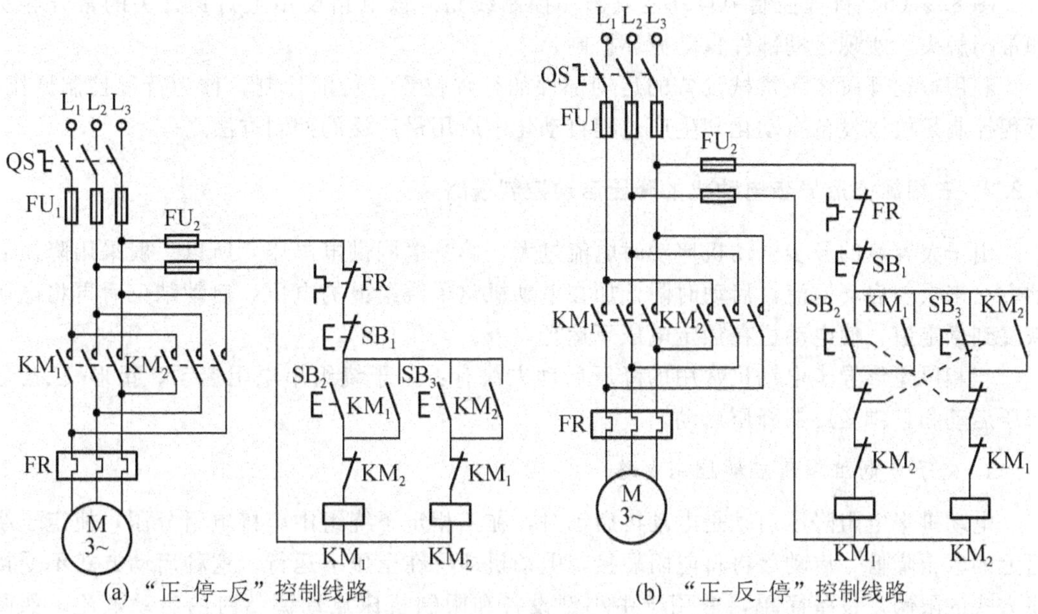

(a) "正-停-反"控制线路　　(b) "正-反-停"控制线路

图 8.8　三相异步电动机可逆（正转、反转）控制线路

的限位控制或自动往返的控制。行程开关安装在位移性部件行程的终端位置，当装在运动部件上的撞块碰压行程开关时，行程开关的触头动作，从而实现电路的切换。行程控制主要用于机床进给速度的自动换接、自动往返循环、自动定位及运动部件的限位保护等。

如图 8.9（a）所示行程限位控制线路。KM_1 和 KM_2 分别是控制行车向前和向后的接触器，在其线圈电路中分别串接行程开关的常闭触头。合上电源开关 QS，按下向前启动按钮 SB_2，KM_1 通电并自锁。行车向前运行，当行车向前到达终点时，装在行车上的撞块将行程开关 SQ_1 的常闭触头撞开，KM_1 断电，行车停止，从而起到限位保护作用；按下向后启动按钮 SB_3，KM_2 线圈通电并自锁。行车离开向前终点位置，向后运行，当运行至向后终端位置时，行车撞开行程开关 SQ_2 的常闭触头，线圈 KM_2 断电，行车停止。

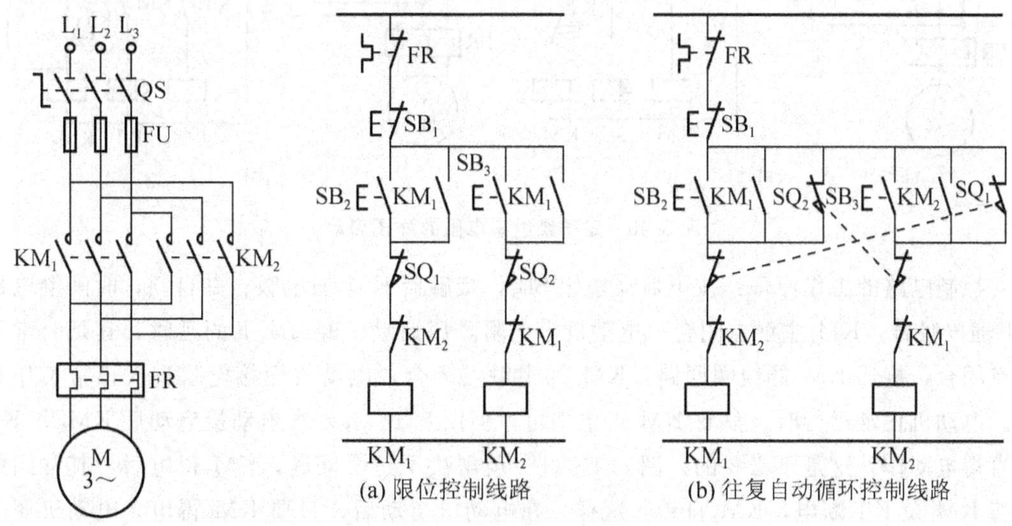

(a) 限位控制线路　　(b) 往复自动循环控制线路

图 8.9　往复行程控制线路

图 8.9（b）行程控制中自动往复循环控制线路。该电路要用上行程开关的常开触头和常闭触头，实现运动部件自动循环控制。

利用行程开关按照机械设备的运动部件的行程位置进行的控制，称为行程控制原则。行程控制是机械设备自动化和生产过程自动化中应用最广泛的控制方法之一。

8.2.2 三相鼠笼形异步电动机的降压启动控制线路

由于大容量的异步电动机启动时电流过大，影响电网供电电压，所以一般采用降压启动方法来限制启动电流。启动时降低加在电动机定子绕组上的电压，启动结束后再将电压恢复到额定值，使电动机在额定电压下运行。

三相鼠笼形异步电动机常用的降压启动方法有：定子绕组串电阻启动、星形-三角形降压启动和自耦变压器降压启动。

1. 定子串电阻降压启动控制电路

电动机串电阻降压启动是电动机启动时，在三相定子绕组中串接电阻分压，使定子绕组上的电压降低，启动后再将电阻短接，电动机即可在全压下运行。这种启动方式不受接线方式的限制，设备简单，常用于中小型设备和限制机床点动调整时的启动电流。如图 8.10 所示定子串电阻降压启动的两种控制线路。图中主电路由 KM_1、KM_2 两组接触器主触点构成串电阻接线和短接电阻接线，并由控制电路按时间原则实现启动状态到正常工作状态的自动切换。

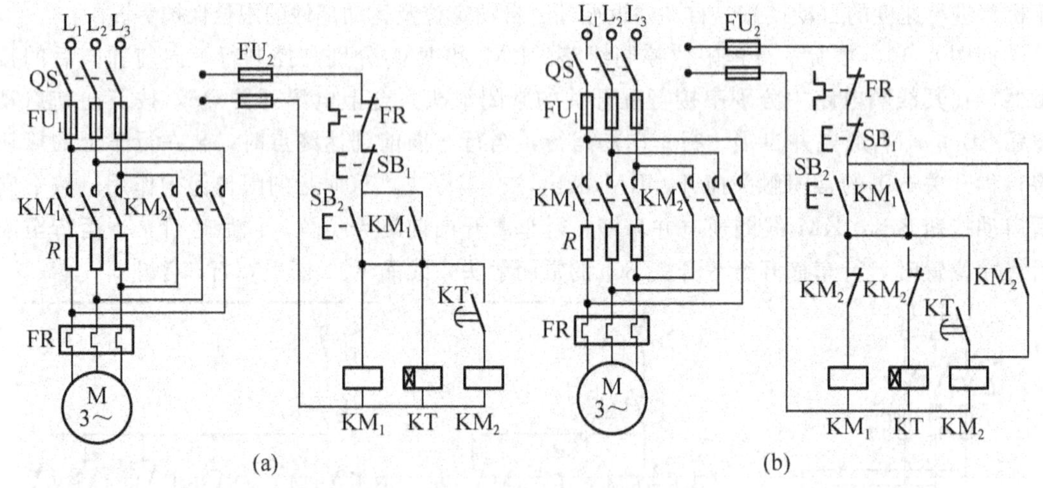

图 8.10 定子绕组串电阻的降压启动

控制电路的工作原理：按下启动按钮 SB_2，接触器 KM_1 通电吸合并自锁，时间继电器 KT 通电吸合，KM_1 主触点闭合，电动机串电阻降压启动。经过 KT 的延时，其延时常开触点闭合，接通 KM_2 的线圈回路，KM_2 的主触点闭合，电动机短接电阻进入正常工作状态。电动机正常运行时，只要 KM_2 得电即可，但图 8.10（a）在电动机启动后 KM_1 和 KT 一直得电动作，这是不必要的。图 8.10（b）就解决了这个问题，KM_2 得电后，其常闭触点将 KM_1 及 KT 断电，KM_2 自锁。这样，在电动机启动后，只要 KM_2 得电，电动机便能正常运行。

2. 星形-三角形降压启动控制电路

正常运行时，定子绕组为三角形联结的鼠笼形异步电动机，可采用星形-三角形降压启动方式来达到限制启动电流的目的。

启动时，定子绕组首先联结成星形，待转速上升到接近额定转速时，将定子绕组的联结由星形连接改接成三角形连接，电动机便进入全压正常运行状态。

主电路由 3 个接触器进行控制，KM_1、KM_3主触点闭合，将电动机定子绕组联结成星形；KM_1、KM_2主触点闭合，将电动机绕组联结成三角形。控制电路中，用时间继电器来实现电动机绕组由星形向三角形联结的自动转换。如图 8.11 所示星形-三角形降压启动控制电路。

控制电路的工作原理：按下启动按钮 SB_2，KM_1通电并自锁，接着时间继电器 KT、KM_3的线圈通电，KM_1与 KM_3的主触点闭合，将电动机绕组联结成星形，电动机降压启动。待电动机转速接近额定转速时，KT 延时完毕，其常闭触点断开，常开触点闭合，接触器 KM_3线圈失电，KM_3的常闭触点复位，接触器 KM_2通电吸合，将电动机绕组连接成三角形，电动机进入全压运行状态。

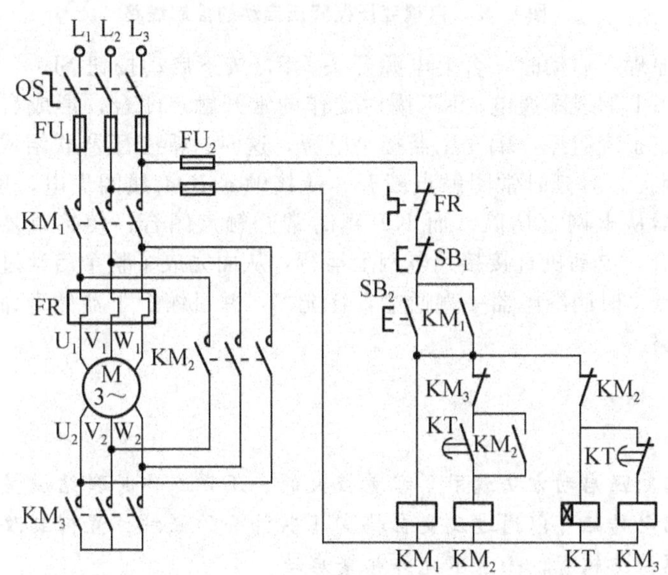

图 8.11　星形-三角形降压启动控制电路

3. 自耦变压器降压启动控制线路

在自耦变压器降压启动的控制线路中，电动机启动电流的限制，是依靠自耦变压器的降压作用来实现的。电动机启动的时候，定子绕组得到的电压是自耦变压器的二次电压。一旦启动结束，自耦变压器便被切除，额定电压通过接触器主触头直接加于定子绕组，电动机进入全压运行的正常工作。

如图 8.12 所示自耦变压器降压启动的控制线路。KM_1为降压接触器，KM_2为正常运行接触器，KT 为启动时间继电器。

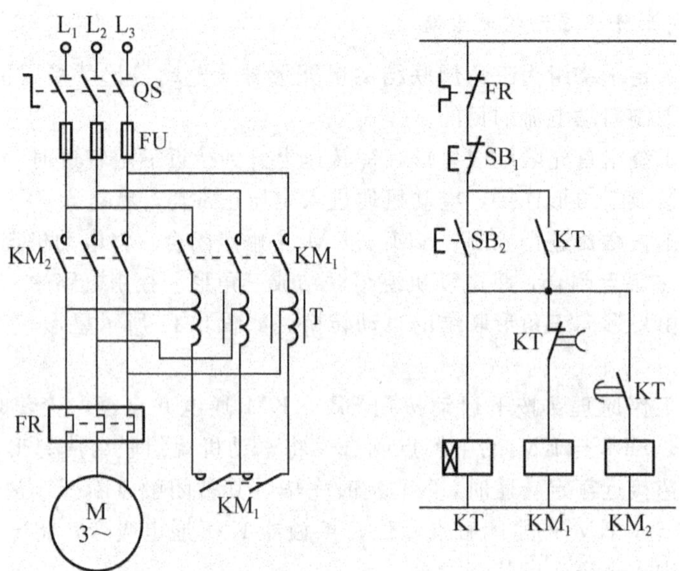

图 8.12　自耦变压器降压启动的控制线路

电路的工作原理：启动时，合上电源开关 QS，按下启动按钮 SB_2，接触器 KM_1 的线圈和时间继电器 KT 的线圈通电，KT 瞬时动作的常开触点闭合，形成自锁；KM_1 主触点闭合，将电动机定子绕组经自耦变压器接至电源，这时自耦变压器联结成星形，电动机降压启动。KT 延时后，其延时常闭触点断开，使接触器 KM_1 线圈失电，KM_1 主触点断开，从而将自耦变压器从电网上切除。而 KT 延时常开触点闭合，使接触器 KM_2 线圈通电，KM_2 的主触头闭合，电动机直接接到电网上运行，从而完成了整个启动过程。

该电路的缺点是时间继电器一直通电，耗能多，并且缩短了器件寿命，请读者自行分析并改进控制线路。

特别提示

- 自耦变压器减压启动方法适用于容量较大的、正常工作时联结成星形或三角形的电动机。其启动转矩可以通过改变自耦变压器抽头的联结位置得到改变。它的缺点是自耦变压器价格较贵，而且不允许频繁启动。

8.3　异步电动机的调速控制线路

实际生产中，对机械设备常有多种速度输出的要求，若采用单速电动机时，须配有机械变速系统以满足变速要求；当设备的结构尺寸受到限制或要求速度连续可调时，常采用多速电动机或电动机调速。由于晶闸管技术的发展，交流电动机的调速已得到广泛的应用，但由于控制电路复杂，造价高，普通中小型设备使用较少，应用较多的是多速交流电动机。本节以双速电动机为例分析这类电动机的调速控制线路。

8.3.1　双速电动机

三相鼠笼式感应电动机的调速方法之一是变更定子绕组的极对数。如图 8.13 所示 4/2

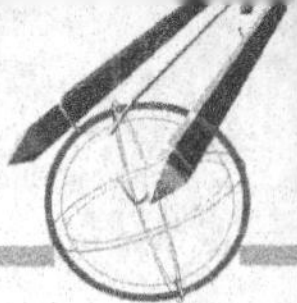

极双速感应电动机定子绕组的接线。图 8.13（a）所示将电动机定子绕组的 U_1、V_1、W_1 三个接线端接三相交流电源，而将电动机定子绕组的 U_2、V_2、W_2 三个接线端悬空，三相定子绕组接成三角形。此时每相绕组中的①、②线圈串联，电流方向如图 8.13（a）中虚线箭头所示，此时电动机磁极为 4 极，同步转速为 1500r/min。

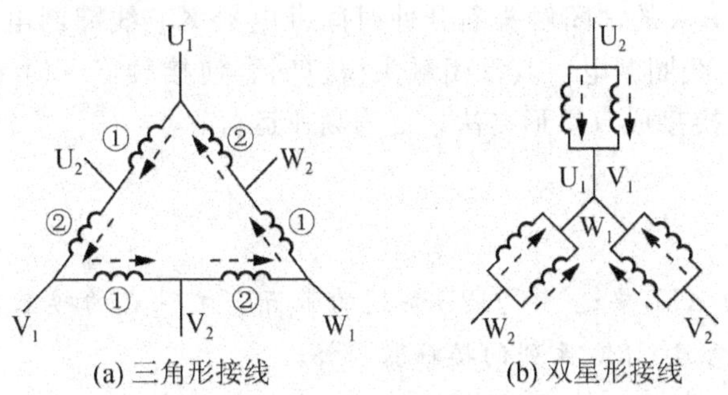

图 8.13　4/2 极双速感应电动机定子绕组的接线

若将电动机定子绕组的 U_2、V_2、W_2 三个接线端接三相交流电源，而将另外三个接线端 U_1、V_1、W_1 接在一起如图 8.13（b）所示。原来三相定子绕组的三角形接线变为双星形接线，此时每相绕组中的①、②线圈相互并联，电流方向如图 8.13（b）中虚线箭头所示，于是电动机磁极数为 2，同步转速为 3000r/min。注意从一种接法改接为另一种接法时，为保证旋转方向不变，应改变三相电源相序。

8.3.2　双速电动机控制线路

如图 8.14 所示双速电动机控制线路采用两个接触器来换接电动机的出线端以改变电动机的极数。主电路中接触器 KM_1 的主触点闭合，定子绕组联结成三角形；KM_2 的主触点闭合，定子绕组联结成双星形。

图 8.14（a）控制电路由复合按钮 SB_2 接通接触器 KM_1 的线圈电路，KM_1 主触点闭合，电动机定子绕组构成三角形联结，电动机低速运行。由复合按钮 SB_3 接通接触器 KM_2 的线圈电路，其主触点 KM_2 闭合，电动机定子绕组构成双星形联结，电动机高速运行。为防止两种联结方式同时存在，KM_1 和 KM_2 的常闭触点分别接在对方的控制电路中构成互锁。

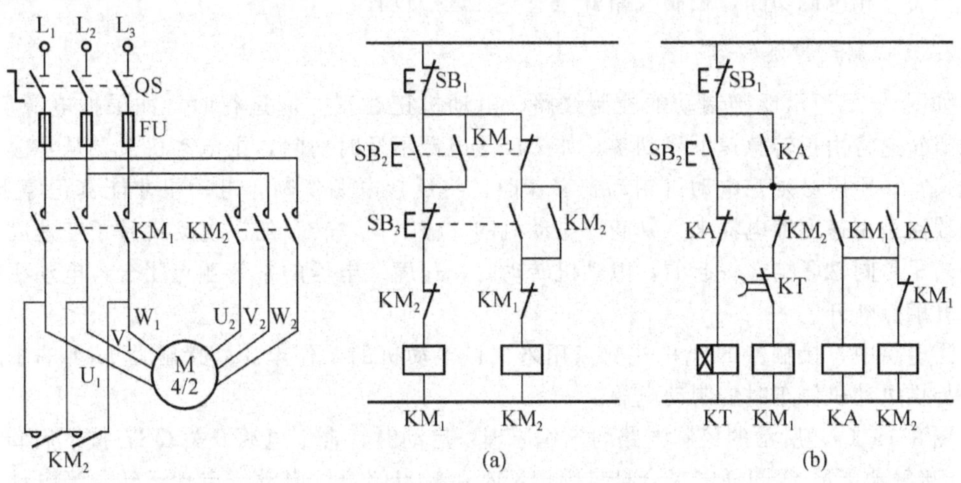

图 8.14　双速电动机控制线路

图 8.14（b）所示双速电动机接成低速启动，然后自动切换成高速运转的控制线路。它是根据启动过程中时间的变化，利用时间继电器控制低、高速的转换的。按下按钮 SB_2，断电延时的时间继电器 KT 的线圈通电，其延时断开的常开触头 KT 立即闭合，使接触器 KM_1 的线圈通电，将电动机的定子绕组接成三角形，低速启动，同时使中间继电器 KA 通电并自锁。KA 的常闭触头断开使时间继电器 KT 线圈断电，KT 的常开触头延时断开，接触器 KM_1 线圈断电，其常闭触头恢复闭合使接触器 KM_2 线圈通电，电动机便自动地从三角形接法换接成双星形接法，变为高速运行。

特别提示

- 图中 8.14 中的 KM_2 要选用 CJ12B 系列的带五个主触点的接触器，或将线路做适当的变动，选用两只 CJ20 系列的接触器代替。

  为避免调速时，电动机反转，接触器 KM_2 主触点闭合时，改变了电源的相序。

8.4 三相异步电动机制动控制线路

三相异步电动机从切除电源到完全停止运转，由于惯性的关系，总要经过一段时间，这往往不能满足某些生产机械工艺的要求。如万能铣床、卧式镗床、电梯等，为实现生产机械迅速停车及准确停位，要求对电动机进行制动控制。制动方法一般有两大类：机械制动和电气制动。电气制动中常用反接制动和能耗制动。

8.4.1 反接制动控制线路

1. 反接制动控制的工作原理

改变异步电动机定子绕组中的三相电源相序，使定子绕组产生方向相反的旋转磁场，从而产生制动转矩，实现制动。反接制动要求在电动机转速接近零时，及时切断反相序的电源，以防止电动机反向启动。

反接制动过程为：当想要停车时，首先将三相电源切换，然后当电动机转速接近零时，再将三相电源切除。控制线路就是要实现这一过程。

2. 反接制动控制线路

如图 8.15 所示反接制动的控制线路。电动机正在正方向运行时，如果把电源反接，电动机转速将由正转急速下降到零。如果反接电源不及时切除，则电动机又要从零速反向启动运行。所以必须在电动机制动到零速时，将反接电源切断，电动机才能真正停下来。控制线路是用速度继电器来“判断”电动机的“停”与“转”的。电动机转子与速度继电器的转子是同轴联结在一起的，电动机转动时，速度继电器的常开触点闭合，电动机停止时常开触点断开。

主电路中，接触器 KM_1 的主触点用来提供电动机的工作电源，接触器 KM_2 的主触点用来提供电动机停车时的制动电源。

图 8.15（a）所示的控制电路的工作原理：启动时，合上电源开关 QS，按下启动按钮 SB_2，接触器 KM_1 线圈通电吸合且自锁，KM_1 主触点闭合，电动机启动运转。当电动机转

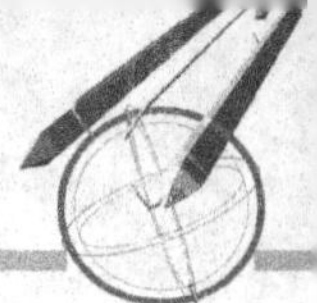

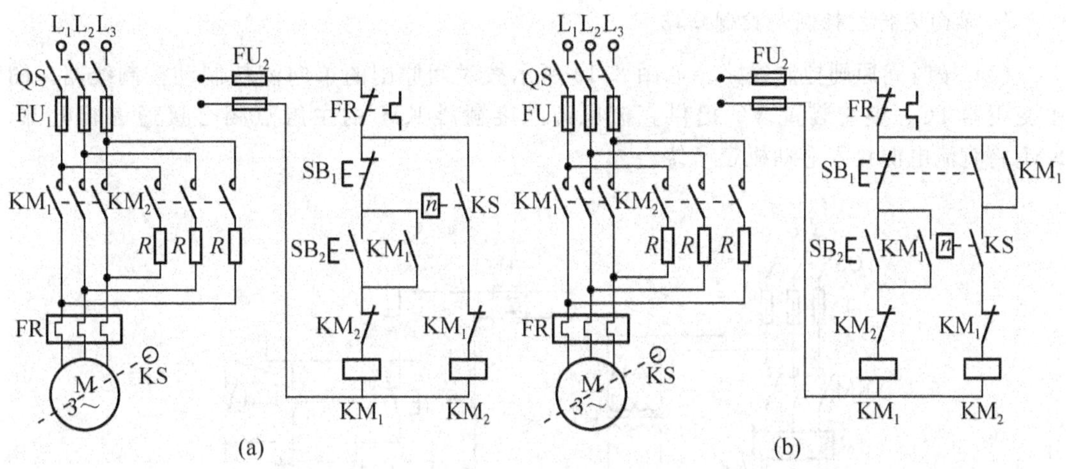

图 8.15　反接制动的控制线路

速升高到一定数值时，速度继电器 KS 的常开触点闭合，为反接制动作准备。

停车时，按下停止按钮 SB_1，KM_1 线圈断电释放，KM_1 主触点断开电动机的工作电源；而接触器 KM_2 线圈通电吸合 KM_2 主触点闭合，串入电阻 R 进行反接制动，迫使电动机转速下降，当转速降至 100r/min 以下时，KS 的常开触点复位断开，使 KM_2 线圈断电释放，及时切断电动机的电源，防止了电动机的反向启动。

图 8.15 所示线路有这样一个问题：在停车期间，如果为了调整工件，需要用手转动机床主轴时，速度继电器的转子也将随着转动，其常开触点闭合，KM_2 通电动作，电动机接通电源发生制动作用，不利于调整工件。图 8.15（b）所示的反接制动线路解决了这个问题。控制线路中停止按钮使用了复合按钮 SB_1，并在其常开触点上并联了 KM_2 的常开触点，使 KM_2 能自锁。这样在用手转动电动机时，虽然 KS 的常开触点闭合，但只要不按复合按钮 SB_1，KM_2 就不会通电，电动机也就不会反接于电源，只有按下 SB_1，KM_2 才能通电，制动电路才能接通。

特别提示

- 因电动机反接制动时，转子与定子旋转磁场的相对速度接近于两倍的同步转速，所以定子绕组中通过的反接制动电流相当于全压直接启动电流的 2 倍。通常 10kW 以上的电动机采用反接制动时，应在主电路中串接电阻 R 以限制制动电流。电动机的定子绕组的电压为 380V 时，若要限制反接制动电流不大于启动电流，则每相应串入的电阻 R 可根据经验公式 $R\approx 1.5\times 220\text{V}/I_S$ 估算，I_S 为电动机全压启动的启动电流，单位为 A。如果反接制动只在两相中串联电阻，则电阻值应取上述估算值的 1.5 倍。

8.4.2　能耗制动控制线路

能耗制动控制的工作原理：在三相电动机停车切断三相交流电源的同时，将一直流电源引入定子绕组，产生静止磁场。电动机转子由于惯性仍沿原方向转动，则转子在静止磁场中切割磁力线，产生一个与惯性转动方向相反的电磁转矩，实现对转子的制动。

1. 单向运行能耗制动控制线路

(1) 按时间原则控制线路。如图 8.16 所示按时间原则的单向能耗制动控制线路。图中变压器 TC、整流装置 VC 提供直流电源。接触器 KM_1 的主触点闭合接通三相电源，KM_2 将直流电源接入电动机定子绕组。

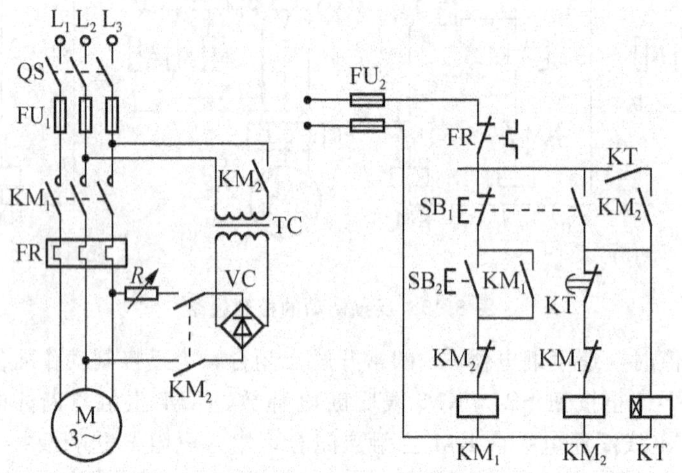

图 8.16 按时间原则控制的单向能耗制动控制线路

停车时，采用时间继电器 KT 实现自动控制，按下复合按钮 SB_1，KM_1 线圈失电，切断三相交流电源。同时，接触器 KM_2 和 KT 的线圈通电并自锁，KM_2 在主电路中的常开触点闭合，直流电源被引入定子绕组，电动机能耗制动，SB_1 松开复位。制动结束后，由 KT 的延时常闭触点断开 KM_2 的线圈回路。图 8.16 中 KT 的瞬时常开触点的作用是为了考虑 KT 线圈断线或机械卡阻故障时，电动机在按下 SB_1 后能迅速制动，两相的定子绕组不致长期接入能耗制动的直流电流。因此该线路具有手动控制能耗制动的能力，只要使 SB_1 处于按下的状态，电动机就能实现能耗制动。

特别提示

- 能耗制动的制动转矩大小与通入直流电流的大小与电动机的转速 n 有关，同样转速，电流大，制动作用强。一般接入的直流电流为电动机空载电流的 3～5 倍，过大会烧坏电动机的定子绕组。电路采用在直流电源回路中串接可调电阻的方法，调节制动电流的大小。

(2) 按速度原则控制线路。如图 8.17 所示按速度原则控制的单向能耗制动控制线路。该线路与图 8.16 控制线路基本相同，仅是在控制电路中取消了时间继电器 KT 的线圈及其触点电路，而在电动机转轴伸出端安装了速度继电器 KS，并且用 KS 的常开触点取代了 KT 延时常闭触点。这样，该线路中的电动机在刚刚脱离三相交流电源时，由于电动机转子的惯性速度仍很高，KS 的常开触点仍然处于闭合状态，所以，接触器 KM_2 线圈在按下按钮 SB_1 后通电自锁。于是，两相定子绕组获得直流电源，电动机进入能耗制动。当电动机转子的惯性速度接近零时，KS 常开触点复位，KM_2 线圈断电而释放，能耗制动结束。

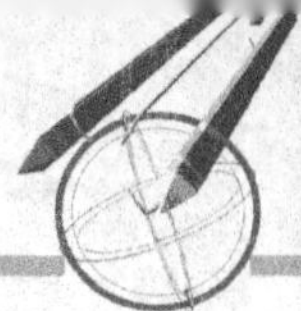

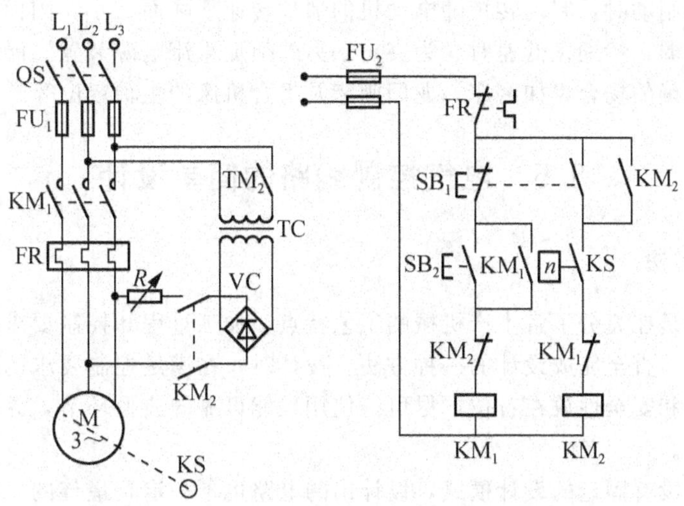

图 8.17　按速度原则控制的单向能耗制动控制线路

2. 可逆运行能耗制动控制线路

如图 8.18 所示电动机按时间原则控制可逆运行的能耗制动控制线路。KM_1为正转用接触器，KM_2为反转用接触器，KM_3为制动用接触器，SB_2为正向启动按钮，SB_3为反向启动按钮，SB_1为总停止按钮。

在正向运转过程中，需要停止时，可按下 SB_1，KM_1断电，KM_3和 KT 线圈通电并自锁，KM_3常闭触点断开并锁住电动机启动电路；KM_3常开主触点闭合，使直流电压加至定子绕组，电动机进行正向能耗制动，转速迅速下降，当其接近零时，KT 延时常闭触点断开 KM_3线圈电源，电动机正向能耗制动结束。由于 KM_3常开触点的复位，KT 线圈也随之失电。反向启动与反向能耗制动的过程与上述正向情况相同。

电动机可逆运行能耗制动也可以按速度原则，用速度继电器取代时间继电器，同样能达到制动的目的。

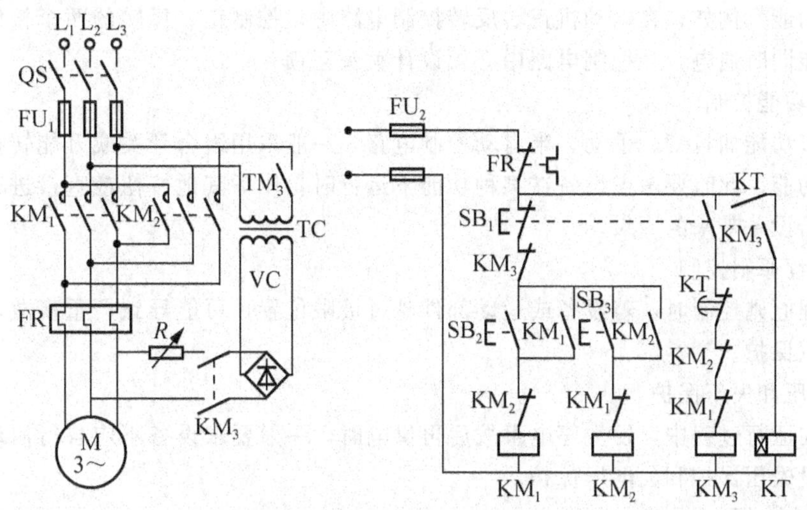

图 8.18　可逆运行的能耗制动控制线路

电动机能耗制动时，制动转矩随电动机的惯性转速下降而减小，因而制动平稳且能耗小，但制动力较弱，特别是低速时尤为突出。另外须加直流电源装置。能耗制动一般用于制动要求平稳准确的场合，如磨床、龙门刨床及组合机床的主轴定位等。

8.5 电气控制线路的简单设计

8.5.1 经验设计法

经验设计法是在充分了解生产机械的工艺特点、加工过程和控制要求的基础上，边分析边设计边修改，直至完成设计的一种方法。设计时，在满足控制要求的前提下，要将控制系统的可靠性和安全性放在首位，尽可能使用性能可靠的典型环节，并在此基础上进行必要的修改完善。

经验设计法没有固定的设计模式，设计出的电路也不一定是最佳的，有时为了获得稳定可靠的电路，需要对电路的每一个环节做仔细的推敲、修改。设计电路时，一般要注意以下事项。

1. 保证电路工作的正确性

要使电路完成控制要求，首先必须充分了解和分析被控设备的工艺、工作特点和对控制的要求，然后确定控制方案、设计电路。对初步完成后的电路要进行反复推敲、比较和不断修改，直至正确可靠。试验条件具备时，还可以对已设计的电路进行模拟试验或试运行。

2. 要保证电路的安全性

电路的安全性是当发生误操作或其他事故时，最低限度不应出现电气设备、机械设备损坏或人身安全事故，同时能有效地防止事故范围扩大。

1）连锁控制

连锁是保证电路安全的重要措施，电路中同时接通会出现严重后果的电器一定要设计电气连锁功能。例如，在电动机正、反转控制电路中，控制正、反转的两个接触器在任何时候都不能同时通电，在控制电路中必须设计触头互锁。

2）多功能控制

对于多功能如自动、手动、半自动控制电路，一般采用组合开关或万能转换开关来切换电路的功能。此时要考虑设备在某种功能下运行时，压下其他按钮或直接进行电路功能切换可能给设备带来的后果。

3）行程原则控制

按行程原则控制时，若设备或运动部件越过极限位置，可能导致严重事故，此时应当增设超限位保护。

4）欠压和失压保护

设备在运行过程中，发生停电事故后再供电时，一般要求设备不应自行启动，因此控制电路应设失压保护和欠电压保护。

5）安全电压

对于人容易触及的照明电路等，要采用较低的安全电压，以防人员触电。

6）报警电路

有些设备动作比较复杂，操作人员不便于观察时，要考虑设置信号显示、报警等电路。

7）过载及短路保护

控制电路应根据需要设置必要的保护，如电动机的过载保护、电路的过电流保护等。

应用案例

如图8.19所示电动机常用保护电路，该电路各电气元器件所起的保护作用如下。

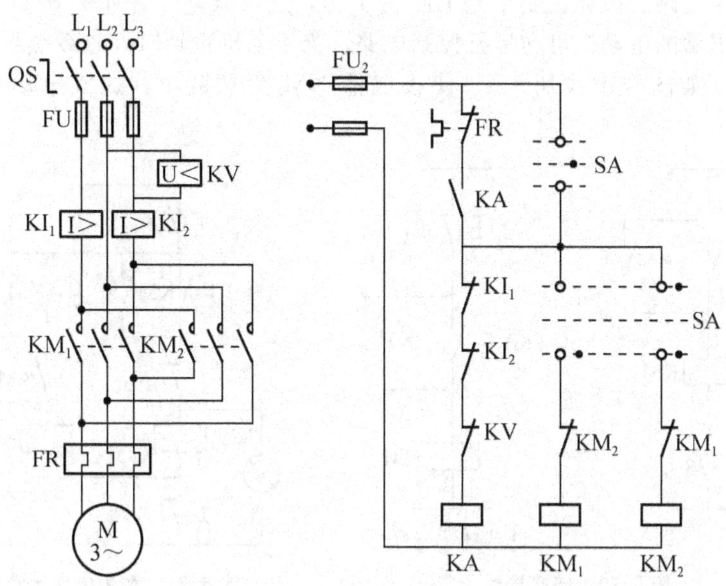

图8.19　电动机的常用保护电路

短路保护：熔断器FU。

过载保护：热继电器FR。

过流保护：过电流继电器KI_1、KI_2。

零压保护：中间继电器KA，接触器KM_1、KM_2。

欠压保护：欠电压继电器KV，接触器KM_1、KM_2。

连锁保护：通过接触器KM_1、KM_2互锁触点实现。

3. 保证电路工作的可靠性

为了保证电路工作的可靠性，应尽可能减少由于设计（包括元器件选择）等原因引起电路故障频繁发生的因素，主要有以下几点。

（1）在设计电路时，尽可能利用各种典型控制环节或工作比较可靠的工作电路，并在此基础上进行完善。

（2）对于电磁线圈比较多的控制电路，应尽量采用隔离变压器独立供电。

（3）电路结构要合理，力求简单、经济。在保证电路工作正确和安全的前提下，尽可能减少电气元件和所用触点的数量，以减少故障隐患。同时要合理安排电气元件和触头的位置，以减小连接导线的数量。特别要注意电气柜、操作台和限位开关之间的连接线，如

图 8.20 所示连接导线。图 8.20 (a) 所示不合理的连线方法，图 8.20 (b) 所示为合理的连线方法。因为按钮在操作台上，而接触器在电气柜内，一般都将启动按钮和停止按钮直接连接，这样就可以减少一次引出线。

(4) 电路工作时，除必要的元件长期通电外，其余元件应尽量减少通电时间，以提高电路的可靠性、延长电气元件的使用寿命和降低电路的能量损耗。如图 8.11 星形-三角形降压启动控制线路，在电动机启动后，接触器 KM_3 和时间继电器 KT 就失去了作用，可以在启动后利用 KM_2 的常闭触点切除 KM_3 和 KT 线圈的电源。

(5) 防止产生寄生电路。工作时出现意外接通的电路称为寄生电路，如图 8.21 所示虚线部分。寄生电路会破坏控制电路的正常工作，造成误动作。如图 8.21 一个具有过载保护和指示灯显示的电动机可逆运行控制电路。当电动机正转时，过载热继电器动作后会出现寄生电路（如图中虚线所示），使接触器 KM_1 无法断电，造成电动机过载后继续运行。

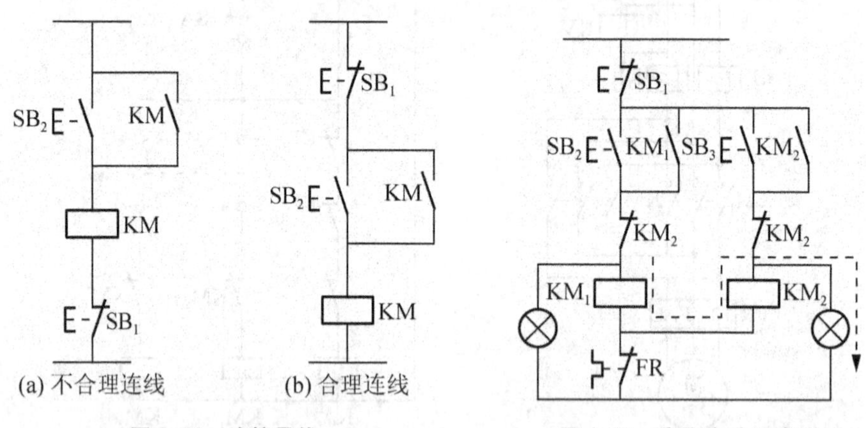

图 8.20 连接导线

图 8.21 寄生电路示意图

(6) 连接电器触头时应注意，电器的同一个触头不能分别接在不同相的电源上。在图 8.22 (a) 中，由于限位开关 SQ 的动合触头和动断触头不是等电位。因此当连接导线松动脱落或触头断开时产生的电弧很可能在两触头间形成飞弧而造成电源短路。电器触头的接线如图 8.22 所示。

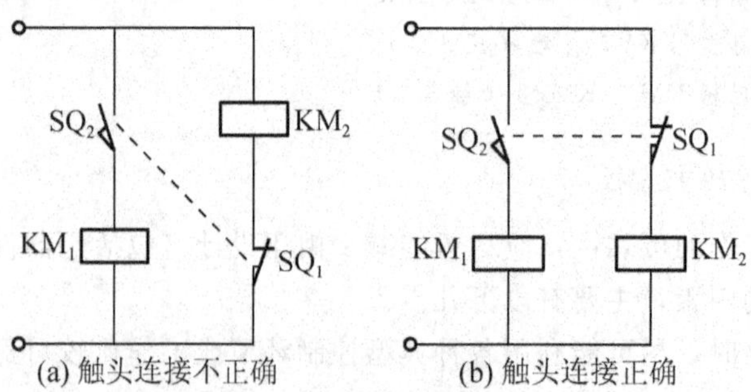

图 8.22 电器触头的连接

(7) 在交流控制电路中，电磁线圈不能串联接入电路中，即使外加电压等于两个线圈电压之和，也不允许串联使用。如图 8.23 (a) 所示线圈联结不正确的示意图。由于每个电器在参数和制造工艺上的差别，当线圈通电时衔铁的动作总有先有后，这样先动作的继

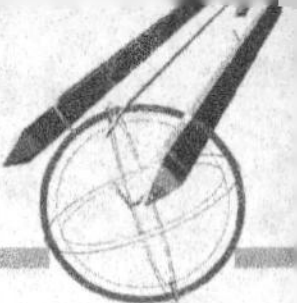

电器的线圈阻抗将比未动作的线圈的阻抗要大得多，可能造成电路中的电流值达不到未吸合线圈的动作值，但又超过正常的工作电流，从而造成继电器线圈烧毁。正确的接线如图 8.23 (b)所示。

(8) 避免发生触点“竞争”与“冒险”现象。在电气控制电路中，由于某一控制信号的作用，电路从一个状态转换到另一个状态时，常常有几个电器的状态发生变化。由于电气元器件总有一定的固有动作时间，因此往往会发生不按预订时序动作的情况。触点争先吸合，发生振荡，这种现象称为电路的“竞争”。另外，由于电气元器件的固有释放延时作用，因此也会出现开关电器不按要求的逻辑功能转换状态的可能性，这种现象称为“冒险”。“竞争”与“冒险”现象都造成控制回路不能按要求动作，引起控制失灵，如图 8.24 所示。

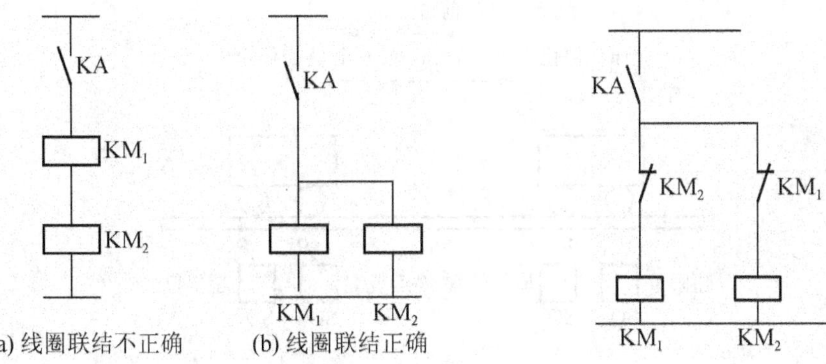

图 8.23　电路线圈的联结示意图　　**图 8.24　触点的“竞争”与“冒险”**

当 KA 闭合时，接触器 KM_1、KM_2 竞争吸合，只有经过多次振荡吸合“竞争”后，才能稳定在一个状态上；同样在 KA 断开时，KM_1、KM_2 又会争先断开，产生振荡。通常分析控制电路的电器动作及触点的接通和断开都是静态分析，没有考虑其动作时间。实际上，由于电磁线圈的电磁惯性、机械惯性等因素，通断过程中总存在一定的固有时间(几十毫秒到几百毫秒)，这是电气元器件的固有特性。设计时要避免发生触点“竞争”与“冒险”现象，防止电路中因电气元器件固有特性引起配合不良的后果。

以上是电路设计中应当注意的常见问题。由于机械设备的工作特点和对控制要求的差异，在具体设计中会遇到种种问题，但在设计电路时应始终将提高电路的安全性和可靠性放在首位，切不可牺牲电路的安全性来获取电路的正常工作。

8.5.2　设计举例

通过设计一个自动循环小车实例来介绍经验设计法的应用及应注意的问题。如图 8.25 所示自动循环小车工作。

1. 小车的具体控制要求

(1) 小车在原位时启动小车后，小车前进到终点并转入停止状态，经 10s 延时后自动退回到原位并转入停止状态，再经 10s 延时后小车开始第二次工作循环，如此不断工作。

(2) 在小车运行过程中，发出停止命令，小车停止运行。

(3) 要求小车的前进与后退可进行手动调整。小车的前进与后退直接由三相异步电动机正、反转驱动，停车时为自由停车。

2. 经验法设计步骤

在了解清楚生产工艺要求后，就可以进行电路设计，其步骤如下。

(1) 电路要求具有自动循环和手动调整两种功能，为了操作的安全，可选用转换开关来切换电路的功能。

(2) 控制电路设置两套主令控制按钮，即自动控制按钮与手动控制按钮，并且两套按钮互不影响。

(3) 由于电动机直接正、反转驱动小车前进与后退及自由停车，因此主电路用两个接触器改变相序。控制电路可用三相异步电动机直接启动中可逆运行典型控制环节，如图 8.26 所示，并在此基础上补充修改。

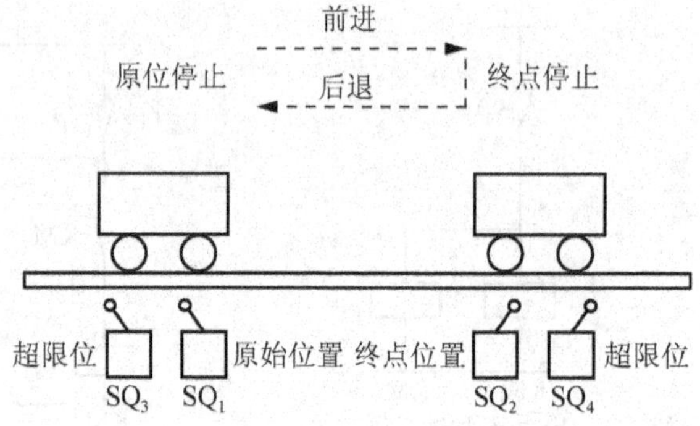

图 8.25　自动循环小车工作

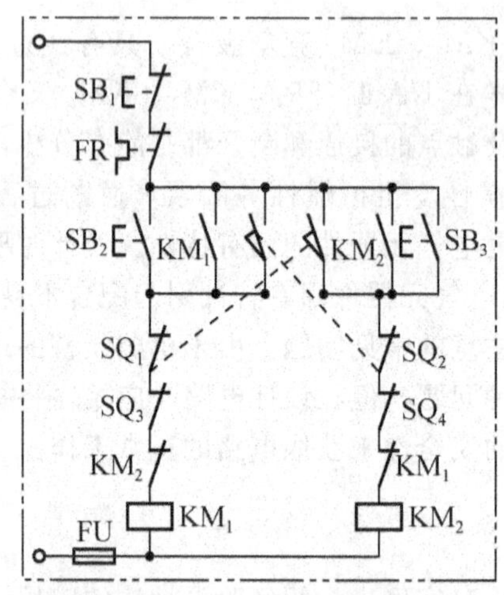

图 8.26　小车自动往返控制电路

自动往返控制环节中没有原位及终点延时，为此线路中增加两个时间继电器 KT_1、KT_2，分别用于延时控制。原电路中直接用行程开关进行正、反转转换，现改为用行程开关接通相应的时间继电器，经时间继电器的延时后接通另一接触器的线圈。改进后的小车控制电路如图 8.27 所示。

设计任何一个电路，都不可能十分完美，总存在着一定的缺陷，但是有些缺陷的存在将引起严重的后果；这就要求设计者一定要设法通过修改控制电路或其他办法加以弥补，有的电路缺陷不至于引起事故。

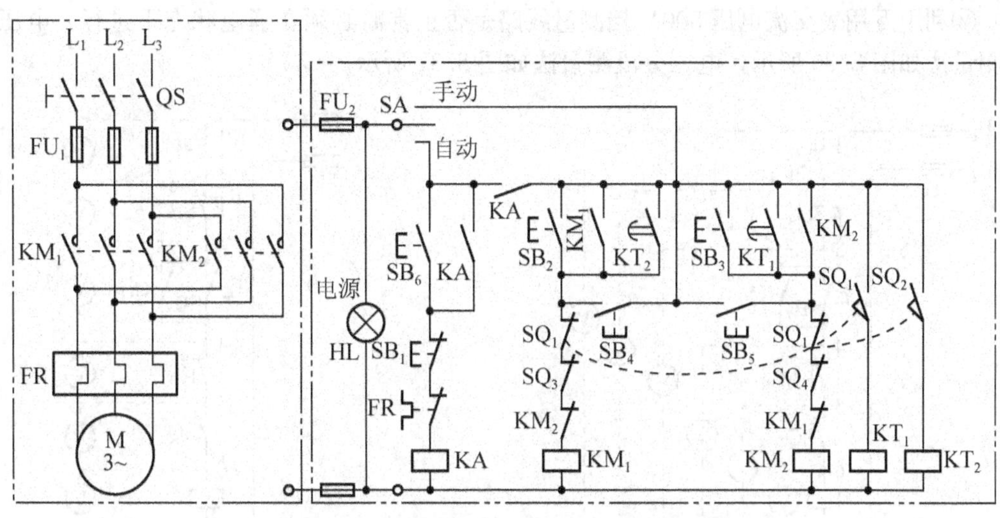

图 8.27　小车往返运行手动和自动控制电路

8.6　电气控制线路的检测

电气控制线路安装完毕，按照以下步骤和方法进行检测。

(1) 检查主回路和控制回路的所有电器元件，技术参数是否符合选择要求。

(2) 检查导线压接是否牢固，接触器是否良好，以免带负载运行时产生打火现象。

(3) 按电路图从电源端开始，逐端核对接线及接线端子处的线号，重点检查主回路及控制回路有无漏接、错接之处。

(4) 用500V的兆欧表检查线路的绝缘电阻，绝缘电阻值不应小于0.5MΩ。

(5) 用万用表检查线路的通断，具体方法如下：

①利用万用表的Ω挡来检测线路时，务必在断电情况下进行。万用表电阻挡分阶测量法如图8.28所示，分段测量法如图8.29所示。

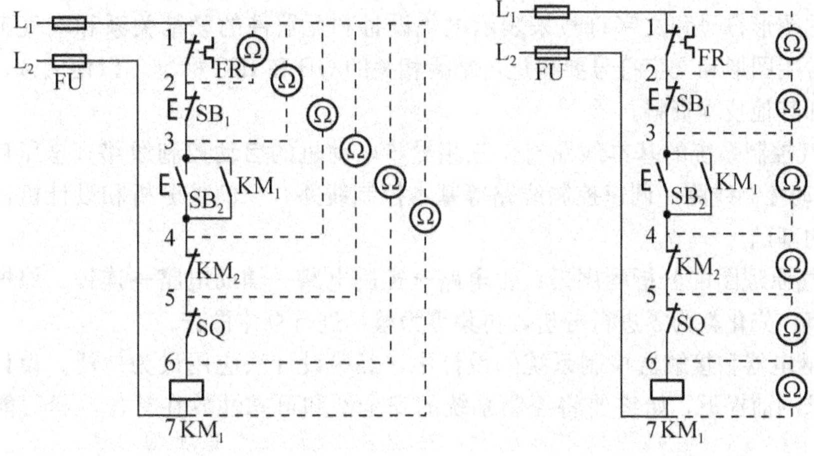

图 8.28　万用表电阻挡分阶测量法　　　图 8.29　分段测量法

②利用万用表交流电压500V挡测量线路是否正常时必须在通电状态下进行，电压分阶测量法如图8.30所示，电压分段测量法如图8.31所示。

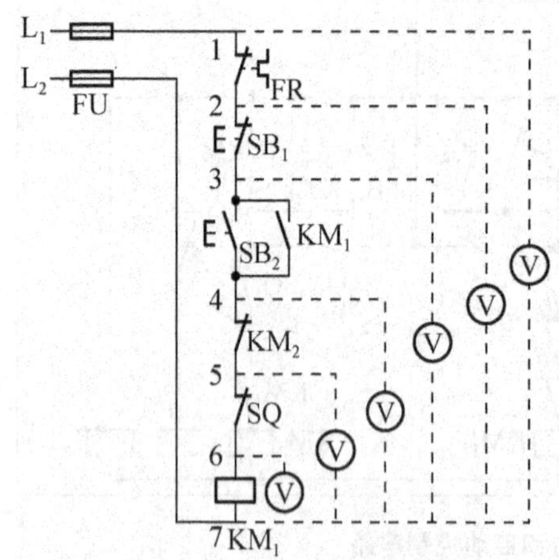

图8.30　500V交流电压表的分阶测量法

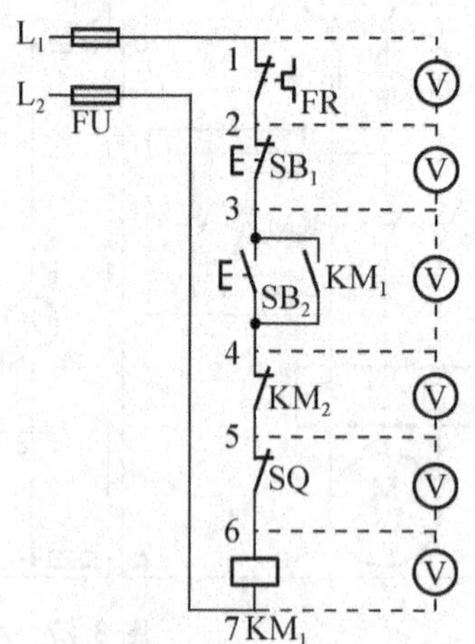

图8.31　500V交流电压表的分段测量法

③分支路、分段检查线路的故障，可以用“对分法”分段检查，逐步缩小故障范围，以逼近故障点。“对分法”就是在检查故障时，在电源到负载线路的一半部位找到一测试点，用万用表进行测试。若该测试点有电，则可确定断路点在负荷一侧；若该测试点无电，则说明断路点在该测试点电源一侧，然后在有问题的半段的中部再找一测试点。以次类推，可以很快逼近并找到故障点。

本章小结

本章介绍了电气图的基本知识、典型电气控制电路、电气控制线路的设计方法及检测方法等。

1. 常用的电气图包括电气原理图、电气安装图和电器布置图等。电气图是采用国家统一规定的图形符号和文字符号来表示电气设备和元器件的联结关系和电气工作原理的图。对于常用图形和文字符号要熟记，掌握相关的GB和IEC标准，以便阅读、绘制有关的电气图和其他技术资料。

2. 电气控制系统的基本线路有：三相异步电动机的启动控制线路（全压启动、降压启动）、制动控制线路、调速控制线路等基本控制线路。它们是分析和设计机械设备电气控制线路的基础。

3. 电气原理图的分析程序是：主电路→控制电路→辅助电路→连锁、保护环节→特殊控制环节，先化整为零进行分析，再集零为整，进行总体检查。

4. 在继电器和接触器控制系统的设计中，经验设计法应用最为广泛。设计时，在满足控制要求的前提下，始终要将控制系统的安全性和可靠性放在首位，尽可能使用典型环节。

5. 电气控制线路的检查方法，按照先检查主电路再检查控制电路的顺序，按照电路图从电源开始检查。

检测习题

一、填空题

1. 电气图中各电气的接线端子用________符号标记，________的引入用 L_1、L_2、L_3、N、PE 标记，直流系统的电源正、电源负、中间线分别用 L+、L−和 M 标记，三相动力电器的引出分别用________顺序标记。

2. 电气原理图中，一般主电路和________分开画出。主电路是由________、________及其他用电设备等组成的动力电路。主电路通常用粗实线画在图样的左侧或上方。

3. 电气原理图中的所有电气元器件不画出实际外形图，而采用国家标准规定的________表示。同一电器的各个部件可根据需要画在________地方，但必须用相同的文字符号标注。电气原理图中所有元器件的可动部分通常________的状态和位置。

4. 电气接线图是根据电气设备和电气元器件的________、安装情况绘制的，用来表示________、电气设备和电气元器件的位置、接线场所的形状和尺寸等。

5. 依靠接触器自身辅助触头使其________的作用称为“自锁”，这一对起自锁作用的辅助触头称为自锁触头。

二、问答题

1. 国家标准 GB/T6988—1997《电气制图电路图》，对电路图的绘制做了哪些规定？

2. 什么是“互锁”？它在控制电路中的作用是什么？

3. 什么叫做“自锁”？在图 8.8 中，如果接触器 KM_1、KM_2没有自锁触头，控制效果会如何变化？如果自锁触头因熔焊而不能断开又会发生什么现象？

4. 如图 8.32 所示自锁电路中各电路元件的文字符号，检查各电路的接线有无错误，指出错误的线路操作时会产生什么后果？并给出正确的自锁控制线路。

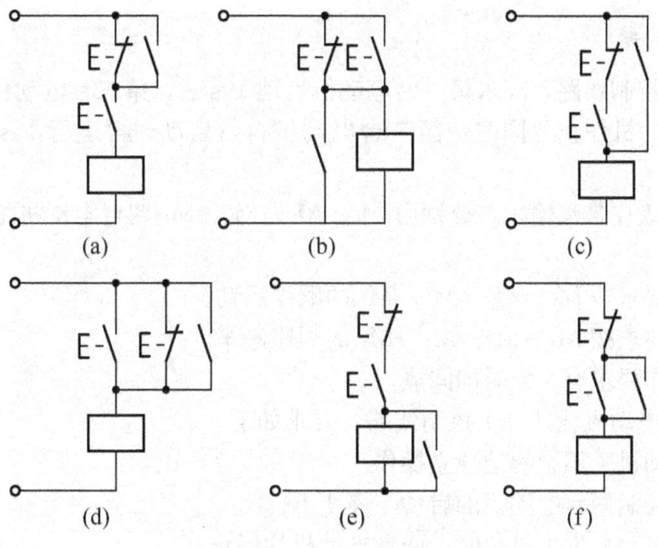

图 8.32　题图 4

5. 交流接触器在运行中，有时在线圈断电后衔铁仍掉不下来，电动机不能停止，这时应如何处理？故障原因在哪里？应如何排除？

6. 电动机的启动电流很大，当电动机启动时，热继电器会不会动作？为什么？

7. 既然在电动机的主电路中装有熔断器，为什么还要装热继电器？装有热继电器是否就可以不装熔断器？为什么？

8. 是否可用过电流继电器来进行电动机的过载保护？为什么？

9. 电气原理图中 QS、FU、KM、KA、KC、KT、SB、SQ 分别是什么电器元件的文字符号？

10. 如图 8.33 所示电动机正、反转控制线路，能否实现正-停-反控制的功能？若不能，检查电路图中的错误，并加以改正，说明理由。

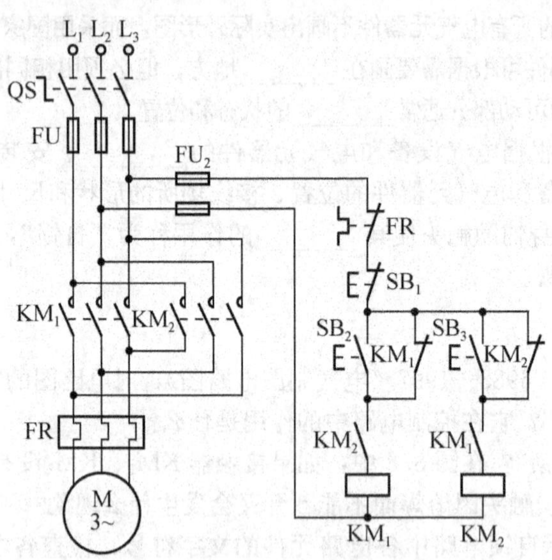

图 8.33　题图 10

三、分析设计题

1. 设计一个控制线路，要求第一台电动机启动 10s 后，第二台电动机自动启动；运行 5s 后，第一台电动机停止并同时使第三台电动机自行启动；再运行 15s 后，电动机全部停止。

2. 有一台四级皮带运输机，分别由 M_1、M_2、M_3、M_4 四台电动机拖动，其动作顺序如下。

（1）启动时要求按 M_1、M_2、M_3、M_4 的顺序启动。

（2）停车时要求按 $M_4 \rightarrow M_3 \rightarrow M_2 \rightarrow M_1$ 的顺序停车。

（3）上述动作要求有一定时间间隔。

3. 两台感应电动机设计一个控制线路，要求如下。

（1）两台电动机互不影响地独立操作。

（2）能同时控制两台电动机的启动与停止。

（3）当一台电动机发生过载时，两台电动机均停止。

第9章 电机控制技术的应用

教学目标

1. 通过分析空调机组的电气控制原理，掌握强电与弱电结合的电气设备的控制方法。
2. 了解机床的主要结构及运动情况。
3. 掌握机床电气控制电路的工作原理及分析方法，常见故障及处理方法。

教学要求

能力目标	相关知识	权重	自测分数
会分析空调系统的电气控制原理，能处理常见故障	风机-盘管机组，恒温-恒湿机组的电气控制	30%	
能够阅读分析摇臂钻床的电气控制原理图，能处理常见故障	摇臂钻床的结构及运动形式、电力拖动要求、电气控制原理及常见故障处理	40%	
能够阅读分析万能铣床的电气控制原理图，能处理常见故障	万能铣床的结构及运动形式、电力拖动要求、电气控制原理及常见故障处理	30%	

9.1 空调系统的电气控制

空气调节是一门维持室内良好热环境的技术。良好的热环境是指能满足实际需要的室内空气的温度、相对湿度、流动速度、洁净度等。空调系统或机组的任务就是根据使用对象的具体要求，使上述参数部分或全部达到规定的指标。空调设备可分为集中式空调、半集中式空调和分散式空调。

由于半集中式和局部式空调电气控制比较简单，应用也较普遍，本节通过两个实例阐述其工作原理。

9.1.1 风机-盘管电气控制实例

风机-盘管是半集中式空调的一种末端装置。较简单的只有风机和盘管（换热器）组成。不能实现温度的自动调节，其控制电路与电风扇的控制方式基本相同，仅调节风量。能实现温度自动调节的机组除了风机和盘管外还有电磁（或电动）阀，室温调节装置等组成。

如图 9.1 所示能实现温度自动调节的风机-盘管机组。如图 9.2 所示风机-盘管电路。原理如下。

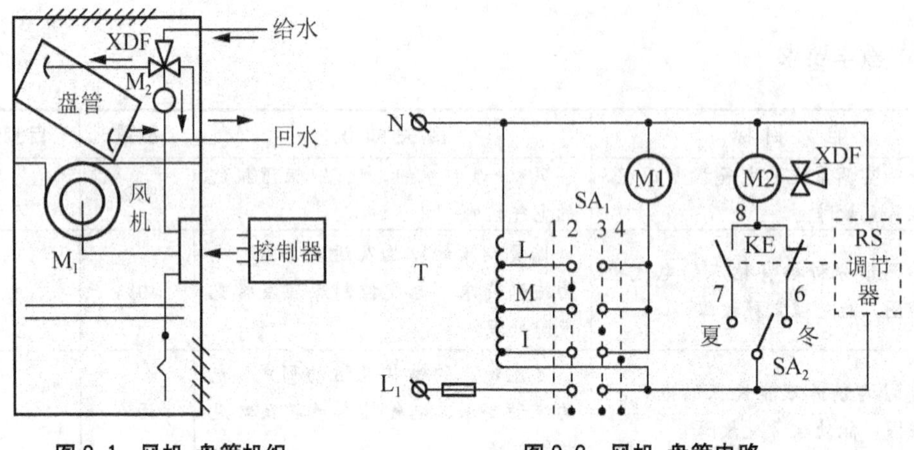

图 9.1 风机-盘管机组　　图 9.2 风机-盘管电路

1. 风量调节

风机电动机 M_1 为单相电动机，采用自耦变压器 TM 调压调速。风机的电动机速度选择由转换开关 SA_1 实现（也可用按键式机械连锁开关）。SA_1 有 4 挡：1 挡为停；2 挡为低速；3 挡为中速；4 挡为高速。

2. 水量调节

供水调节由电动三通阀实现，M_2 为电动三通阀电动机，型号为 XDF，由单相交流 220V 磁滞电动机带动双位动作的三通阀。其工作原理是：当电动机通电后，立即按规定方向转动，经内部减速齿轮和传动轴将阀芯提起，使供水经盘管进入回水管。此时，电动机处于带电停转状态，而磁滞电动机可以满足这一要求。当电动机断电时，阀芯及电动机

通过复位弹簧的作用反向转动而关闭，使供水经旁通管流入回水管，利于整个水路系统的压力平衡。

XDF电动三通阀的开闭水路与电磁阀作用相同，不同点是电磁阀开闭时，阀芯有冲击，机械磨损快。而电动阀的阀芯是靠转动开闭的，故冲击小、机械磨损小、使用寿命长。

该系统采用RS型调节器，KE为RS调节器中灵敏继电器触头。如图9.3所示RS型调节器电路。它由晶体管V_1，温度检查元件热敏电阻R_T和温度给定电位器R_2构成测量放大电路，V_2、V_3组成双稳态电路。当R_T处温度降低时，R_T阻值增加，V_1管基极电流I_1增加，使V_1发射极电流增加，则电阻R_5压降增加，发射极电位降低，经V_2放大后使V_3截止，V_3截止经正反馈又促使V_2进入饱和状态，V_2饱和导通、V_3截止是一种稳态，此时KE小型灵敏继电器不吸合，发出温度低于给定值信号。当R_T处温度升高，R_T阻值减小，V_1管基极电流减小，使V_1发射极电流减小，则电阻R_5压降减小，小到一定值，V_2和V_3发生翻转，V_2截止，V_3饱和导通，进入另一种稳态。KE继电器吸合，发出温度高于给定值信号。

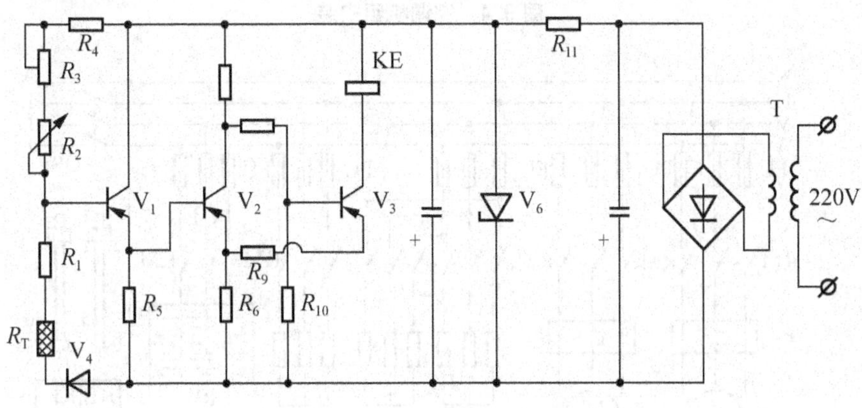

图9.3　RS型调节电路

特别提示

- 为适应季节变化，设置了季节转换开关SA_2，随季节的改变，在机组改变冷、热水的同时，必须相应的改变季节转换开关的位置，否则系统将失调。

9.1.2　恒温、恒湿机组的电气控制

分散式空调机组的种类较多，如家用窗式空调器、热泵冷风型空调器、恒温恒湿机组型等数种。此处以KD10/1-L型空调机组为例介绍其温、湿度的控制原理。

1. 系统主要设备

如图9.4所示空调机组安装。主要设备按功能分可由制冷、空气处理和电气控制三部分组成。如图9.5所示空调机机组电气控制电路。

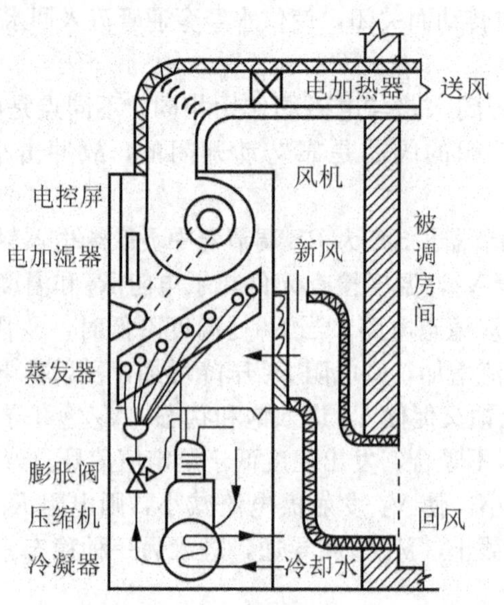

图 9.4 空调机组安装

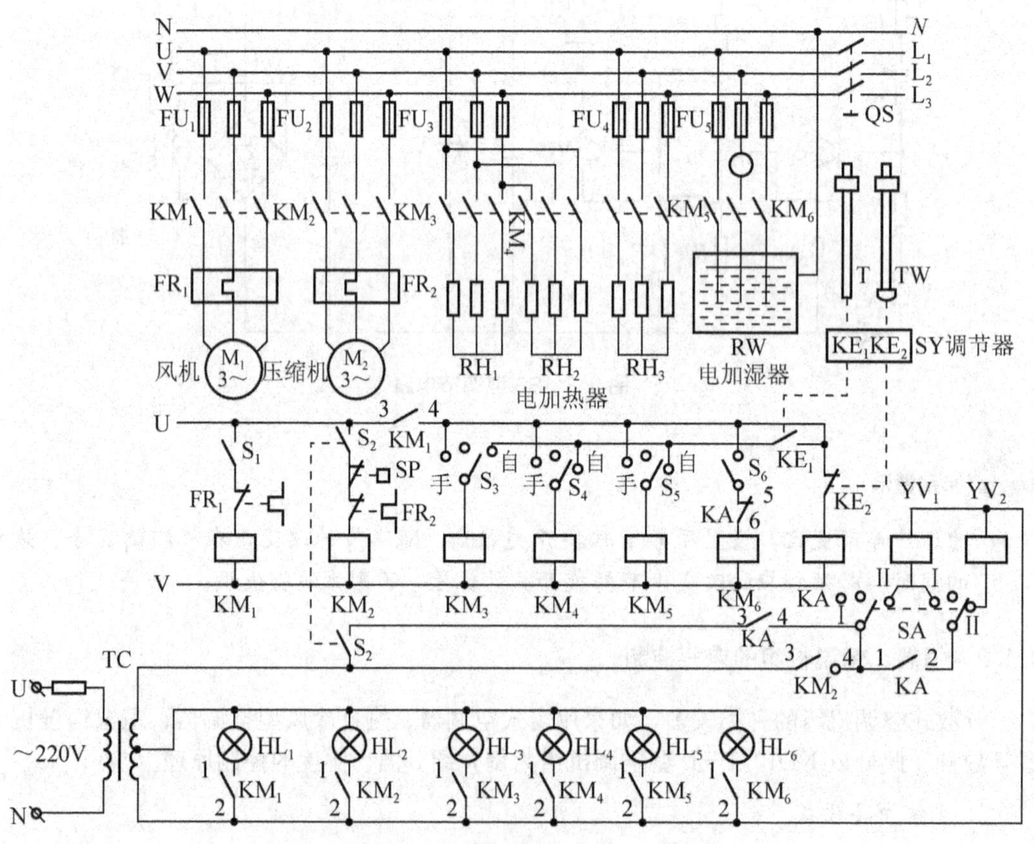

图 9.5 KD10－L 型空调机组电气控制电路

1）制冷部分

制冷部分是机组的冷源。主要由压缩机、冷凝器、膨胀阀和蒸发器等组成，为了调节

系统所需的冷负荷，将蒸发器制冷管路分成两条，利用两个电磁阀分别控制两个管路通和断，电磁阀 YV_1 通电时，蒸发器投入1/3面积，电磁阀 YV_2 通电时，蒸发器投入2/3面积，YV_1 和 YV_2 同时通电时，蒸发器全部面积投入使用。

2）空气处理设备

空气处理设备主要任务是将新风和回风经空气过滤器过滤后，处理成所需要的温度和相对湿度，以满足房间的要求。主要由新风采集口、回风口、空气过滤器、电加热器、电加湿器和通风机等组成。其中，电加热器是利用电流通过电阻丝会产生热量而制成的加热空气设备，安装在通风管道中，共分三组。电加湿器是用电能将水直接加热而产生蒸汽，用短管将蒸汽喷入空气中进行加湿的设备。

3）电气控制部分

电气控制部分主要作用是实现恒温、恒湿的自动调节。由检测元件、调节器、接触器、开关等组成。其温度检测元件为电接点汞温度计，当温度达到调节温度时，利用汞导电性能将接点接通，通过晶体管组成的开关电路（调节器）推动灵敏继电器 KE_1 通电或断电而发出信号。其相对湿度检测元件也是电接点汞温度计，只不过在其下部包有吸水棉纱，利用空气干燥、水蒸发而带走温度的工作原理工作。只要使两个温度计保持一定的温差值就可维持一定的相对湿度。一般测湿度的温度计称湿球温度计，其整定值小于干球温度计，而湿球温度计也和一个调节器相联系，该调节器的灵敏继电器文字符号为 KE_2。KE_1 吸合的条件是：室温低于给定值。KE_2 吸合的条件是：室内相对湿度低于给定值。调节器电路如图9.6所示。1和2两接点接通时，V_1 饱和导通，V_2 截止，KE_1 释放。1和2两点断开时，V_1 截止，V_2 饱和导通，KE_1 吸合。8和9两点接通与断开时，V_3、V_4 和 KE_2 的工作过程同上。

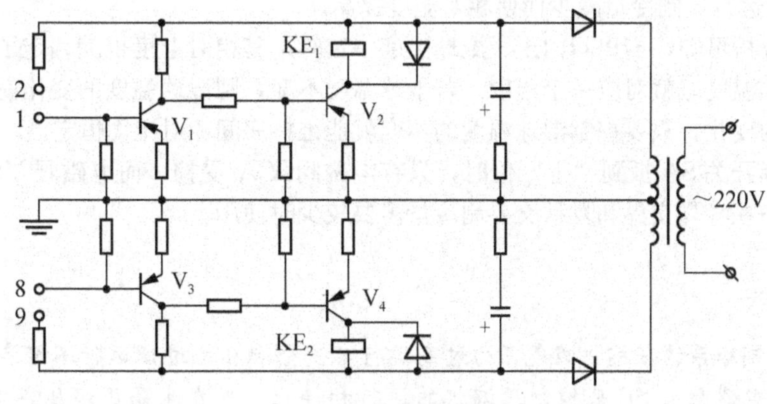

图9.6　调节器电路

2. 电气控制电路的分析

该空调机组电气控制电路可分为主电路、控制电路、信号灯和电磁阀控制电路三部分。当空调机组需要投入运行时，合上电源总开关QS，所有接触器的上接线端子、控制电路的UV两相电源和控制变压器TC均有电。合上开关 S_1，接触器 KM_1 得电吸合：其主触点闭合，使通风电动机 M_1 启动运行：辅助触点 KM_1，KM_2 闭合，指示灯 HL_1 亮，$KM_{3,4}$ 闭合，为温湿度调节做好准备，此触点称为连锁保护触点，即通风机未启动前，电加热器、电加湿器等都不能投入运行，起到安全保护作用。

制冷压缩机是机组的冷源，压缩机电动机 M_2 的启动由开关 S_2 控制，其制冷量是利用控制电磁阀 YV_1、YV_2 调节蒸发器的蒸发面积实现的，并由转换开关 S_3、S_4、S_5 控制，都有“手动”、“停止”、“自动”三个位置。当扳到“自动”位置时，可以实现自动调节。

1）夏季运行时的温湿度调节

夏季运行时需要降温和减湿，压缩机需要投入运行，设开关 SA 扳至Ⅱ挡，电磁阀 YV_1、YV_2 全部投入，电加热器可有一组投入运行，作为精加热用，设 S_3、S_4 扳至中间“停止”挡，S_5 扳至“自动”挡。合上开关 S_2，接触器 KM_2 得电吸合，其主触头闭合，制冷压缩机电动机 M_2 启动运行；KM_2 的辅助触头 $KM2_{1,2}$ 闭合，指示灯 HL_2 亮；$KM2_{3,4}$ 闭合，电磁阀 YV_1 通电打开，蒸发器有 1/3 面积投入运行。由于刚开机时，室内的温度比较高，检测元件干球温度计 T 和湿球温度计 TW 的电接点都是通的（T 的整定值比 TW 的整定值高），与其相连的调节器中的灵敏继电器 KE_1 和 KE_2 均没有吸合，KE_2 的常闭触头使继电器 KA 得电吸合；其触头 $KA_{1,2}$ 闭合，使电磁阀 YV_2 得电打开，蒸发器全部面积投入运行，空调机组送冷风实现对新空气进行降温和冷却减湿。

当室内温度或相对湿度下降到 T 和 TW 的整定值以下，其电接点 1、2 或 8、9 断开使调节器中的继电器 KE_1 或 KE_2 得电吸合，利用其触头动作可进行自动调节。例如：室温下降到 T 的整定值以下，T 电接点 1、2 断开，调节器中的 KE_1 得电吸合，其常开触头闭合使接触器 KM_5 得电吸合，其主触头闭合使电加热器 RH_3 通电，对风道中的被降温和减湿后的冷风进行精加热，其温度相对提高。

如室内温度一定，而相对湿度低于 T 和 TW 整定的温度差时，TW 上的水分蒸发快而带走热量，使 TW 接点 8、9 断开，调节器中的继电器 KE_2 得电吸合，其常闭触头 KE_2 断开，使继电器 KA 失电，其常开触头 KA_{12} 断开，电磁阀 YV_2 失电而关闭。蒸发器只有 1/3 面积投入运行，制冷量减少而使相对湿度提高。

从上述分析可知，当房间内干、湿球温度一定时，其相对湿度也就确定了。这里每一个干、湿球的温度差就对应一个湿度。若干球温度不变，则湿球温度的变化就表示了房间内相对湿度的变化，只要控制湿球温度的不变就能维持房间相对湿度恒定。

如果选择开关 SA 扳到“Ⅰ”位时，只有电磁阀 YV_1 受控，而电磁阀 YV_2 不投入运行。此种状态在春夏交界和夏秋交界制冷量需要较少时使用。

特别提示

- 为防止制冷系统压缩机吸气压力过高运行不安全和压力过低运行不经济，利用高低压力继电器触头 SP 来控制压缩机的运行和停止。当发生高压超压或低压过低时，高低压力继电器触头断开，接触器 KM_2 失电释放，压缩机电动机停止运行。此时，通过继电器 KA 的触头 $KA_{3,4}$ 使电磁阀 YV_1 仍继续受控。当蒸发皿吸气压力恢复正常时高低压力继电器 SP 触头恢复，压缩机电动机自动启动运行。

2）冬季运行的温度调节

冬季运行主要是升温和加湿，制冷系统不能工作，须将 S_2 断开，SA 扳至停。加热器有三组，根据加热量的不同，可分别选在手动、停止或自动位置。设 S_3 和 S_4 扳在手动位置，接触器 KM_3、KM_4 均得电，RH_1、RH_2 投入运行而不受控。将 S_5 扳至手动位置，RH_3 受温度调节环节的控制。当室内温度低时，干球温度计 T 接点 1、2 断开，继电器

KE_1 吸合，其常开触头闭合使 KM_5 得电吸合，其主触头闭合是 RH_3 投入运行，送风温度升高。如室温较高，T 接点闭合，KE_1 失电释放而使 KM_5 断电，RH_3 不投入运行。

室内相对湿度调节是将开关 S_6 合上，利用湿球温度计 TW 接点的通断而进行控制。例如，当室内相对湿度低时，TW 温包上水分蒸发快而带走热量，TW 接点 8、9 断开，调节器中的继电器 KE_2 吸合；其常闭触头断开使继电器 KA 失电释放，其触头 KA_5，KA_6 恢复闭合使接触器 KM_6 得电吸合；其主触头闭合，电加湿器 RW 投入运行，产生蒸汽对送风加湿。当相对湿度较高时，TW 和 T 的温差小，TW 接点 8、9 闭合，KE_2 释放，继电器 KA 得电，其常闭触头 KA_5，KA_6 断开使 KM_6 失电而停止加热。

特别提示

- 该系统的恒温恒湿调节仅是位式调节，只能在制冷压缩机和电加热器的额定负荷以下才能保证温度的调节。另外系统中还有过载和短路保护环节。

9.2　摇臂钻床的电气控制线路

钻床是一种用途广泛的孔加工机床，如钻孔、镗孔、铰孔及攻螺纹，因此要求钻床的主轴运动和进给运动有较宽的调速范围。Z3040 型摇臂钻床主轴的调速范围为：正转最低转速为 40r/min，最高转速为 2000r/min，进给范围为 0.05～1.60mm/r。它的调速是通过三相交流异步电动机和变速箱来实现的。

钻床的种类很多，有台钻、立钻、卧钻、专门化钻床和摇臂钻床。本节以 Z3040 摇臂钻床为例分析它的电气控制线路。

9.2.1　Z3040 摇臂钻床的主要结构及运动形式

1. Z3040 摇臂钻床的主要结构

Z3040 摇臂钻床由底座、外立柱、内立柱、摇臂、主轴箱及工作台等部分组成，主要结构如图 9.7 所示。

内立柱固定在底座的一端，外立柱套在内立柱上，工作时用液压夹紧机构与内立柱夹紧，松开后，可绕内立柱回转 360°。

摇臂的一端为套筒，它套在外立柱上，经液压夹紧机构可与外立柱夹紧。夹紧机构松开后，借助升降丝杠的正、反向旋转可沿外立柱作上下移动。由于升降丝杠与外立柱构成一体，而升降螺母则固定在摇臂上，所以摇臂只能与外立柱一起绕内立柱回转。

主轴箱是一个复合部件，它由主传动电动机、主轴和主轴传动机构、进给和变速机构及机床的操作机构等部分组成。主轴箱安装于摇臂的水平导轨上，可以通过手轮操作使主轴箱沿摇臂水平导轨移动，通过液压夹紧机构紧固在摇臂上。

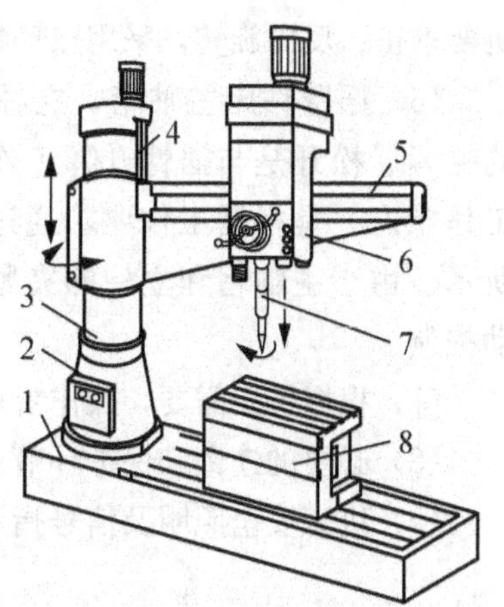

图 9.7　Z3040 摇臂钻床的主要结构

1—底座；2—内立柱；3—外立柱；4—摇臂升降丝杠；5—摇臂；6—主轴箱；7—主轴；8—工作台

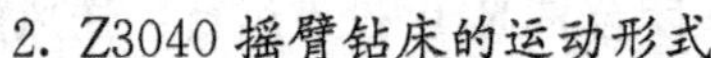

2. Z3040 摇臂钻床的运动形式

钻削加工时，主轴旋转为主运动，而主轴的直线移动为进给运动。即钻孔时钻头一面作旋转运动，同时作纵向进给运动。主轴变速和进给变速的机构都在主轴箱内，用变速机构分别调节主轴转速和上、下进给量。摇臂钻床的主轴旋转运动和进给运动由一台交流异步电动机 M_1 拖动。

摇臂钻床的辅助运动有：摇臂沿外立柱的上升、下降，立柱的夹紧和松开及摇臂与外立柱一起绕内立柱的回转运动。摇臂的上升、下降由一台交流异步电动机 M_2 拖动，立柱的夹紧和松开、摇臂的夹紧与松开及主轴箱的夹紧与松开由另一台交流电动机 M_3 拖动一台齿轮泵，供给夹紧装置所需要的压力油推动夹紧机构液压系统实现的。而摇臂的回转和主轴箱沿摇臂水平导轨方向的左右移动通常采用手动。此外还有一台冷却泵电动机 M_4 对加工的刀具进行冷却。

9.2.2 Z3040 摇臂钻床的电力拖动要求与控制特点

根据摇臂钻床结构及运动情况，对其电力拖动和控制情况提出如下要求。

(1) 摇臂钻床的运动机构较多，为简化机床传动装置，采用多台电动机拖动。

(2) 主轴的旋转运动、纵向进给运动及其变速机构均在主轴箱内，由一台主电动机拖动。主轴的旋转与进给运动均有较大的调速范围，由机械变速机构实现。

(3) 加工螺纹时，要求主轴能正、反向旋转，采用机械方法来实现。因此，主电动机只需单向旋转，可直接启动，无须制动。

(4) 摇臂的升降由升降电动机拖动，要求电动机能正、反向旋转，采用笼形异步电动机。可直接启动，无须调速和制动。

(5) 内外立柱、主轴箱与摇臂的夹紧与松开，是通过控制电动机的正、反转，带动液压泵送出不同流向的压力油，推动活塞、带动菱形块动作来实现。因此拖动液压泵的电动机要求正、反向旋转，采用点动控制。

(6) 摇臂钻床主轴箱、立柱的夹紧与松开由一条油路控制，且同时动作。而摇臂的夹紧、松开是与摇臂升降工作连成一体，由另一条油路控制。两条油路哪一条处于工作状态，是根据工作要求通过控制电磁阀来操纵。夹紧机构液压系统原理如图 9.8 所示。由于主轴箱和立柱的夹紧、松开动作是点动操作的，因此液压泵电动机采用点动控制。

(7) 根据加工需要，操作者可以手控操作冷却泵电动机单向旋转。

(8) 必要的连锁和保护环节。

(9) 机床安全照明及信号指示电路。

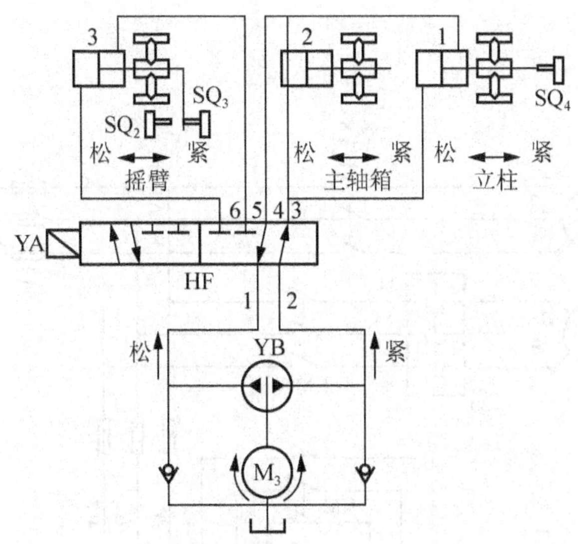

图 9.8　Z3040 夹紧机构液压系统原理

9.2.3　Z3040 摇臂钻床的电气控制线路分析

Z3040 摇臂钻床是在 Z35 型摇臂钻床基础上的更新产品。供电方式改为由机床底座进线，由外立柱顶部引出再进入摇臂后面的电气壁龛；在内外立柱、主轴箱及摇臂的夹紧放松和其他一些环节上采用了先进的液压技术。Z3040 摇臂钻床的电气控制线路如图 9.9所示。

1. 主电路分析

主轴电动机 M_1 单方向旋转，由接触器 KM_1 控制。主轴的正、反转由机床液压系统操纵机构配合正、反转摩擦离合器实现，并由热继电器 FR_1 作电动机过载保护。摇臂升降电动机 M_2 由正、反转接触器 KM_2、KM_3 控制其正、反转。在操纵摇臂升降时，控制电路首先使液压泵电动机 M_3 启动旋转，送出压力油，经液压系统将摇臂松开，然后才使 M_2 启动，拖动摇臂上升或下降。当摇臂移动到位后，控制电路首先使 M_2 先停下，再自动通过液压系统将摇臂夹紧，最后液压泵电动机才停转。M_2 为短时工作，不用设长期过载保护。M_3 由接触器 KM_4、KM_5 实现正、反转控制，热继电器 FR_2 作长期过载保护。M_4 电动机容量小，由开关 SA_1 直接控制启动和停车。

2. 控制电路分析

(1) 主轴电动机的控制。由按钮 SB_1、SB_2 与接触器 KM_1 构成主轴电动机的单方向启动—停止控制电路。M_1 启动后，指示灯 HL_3 亮，表示主轴电动机在旋转。

(2) 摇臂升降的控制。由摇臂上升按钮 SB_3、下降按钮 SB_4 及正、反转接触器 KM_2、KM_3 组成具有双重互锁的电动机正、反转点动控制电路。摇臂的升降控制须与夹紧机构液压系统密切配合。由正、反转接触器 KM_5、KM_4 控制双向液压泵电动机 M_3 的正、反转，送出压力油，经二位六通阀送至摇臂夹紧机构实现夹紧与松开。

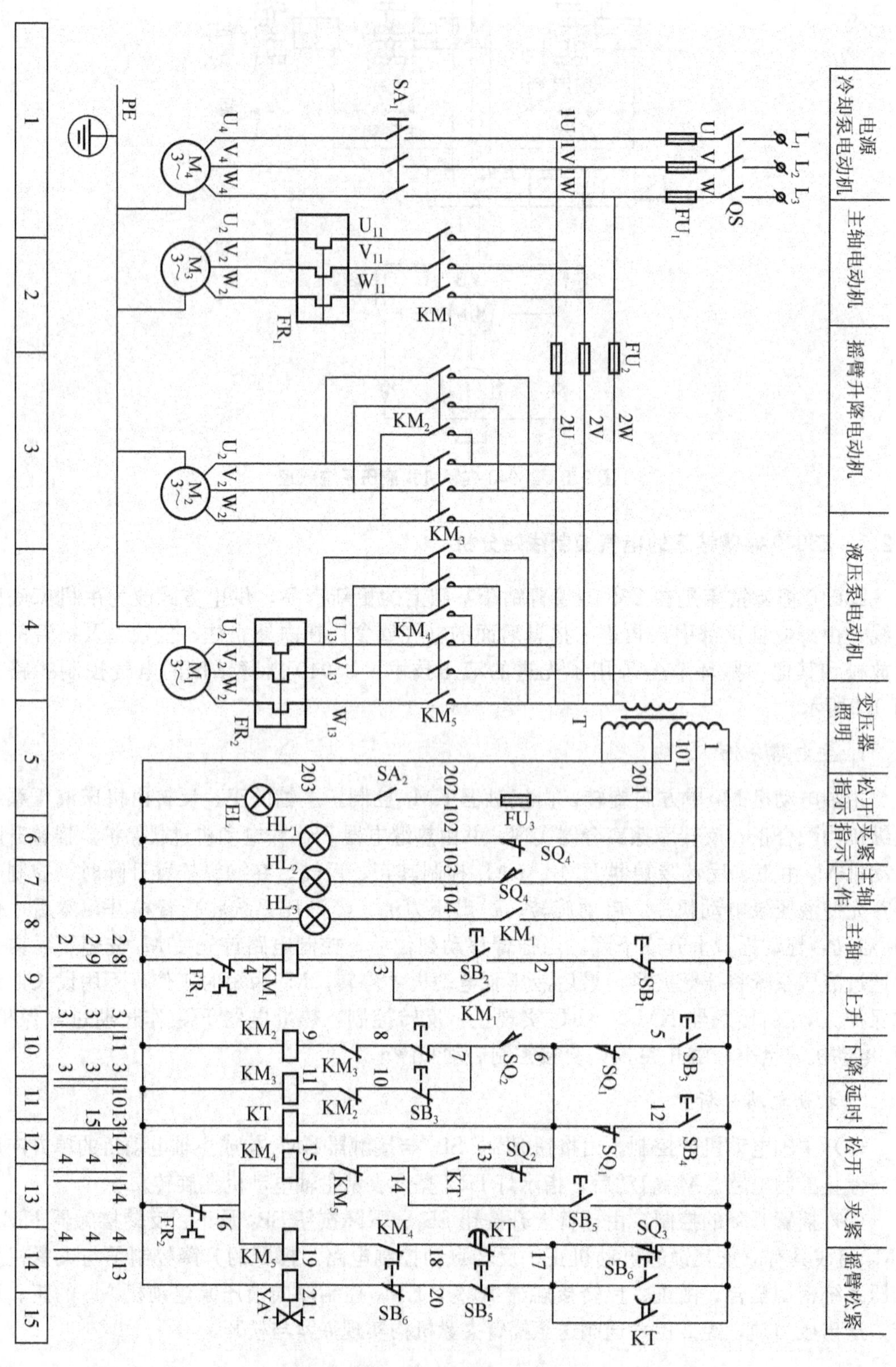

图 9.9　Z3040 摇臂钻床的电气控制线路

以摇臂上升为例分析摇臂升降的控制。按下摇臂上升点动按钮 SB_3，时间继电器 KT 线圈通电，瞬动常开触点 KT 闭合，接触器 KM_4 线圈通电，液压泵电动机 M_3 反向启动旋转，拖动液压泵送出压力油。同时 KT 的断电延时断开触点 KT 闭合，电磁阀 YA 线圈通电，液压泵送出的压力油经二位六通阀进入摇臂夹紧机构的松开油腔，推动活塞和菱形块将摇臂松开。摇臂松开时，活塞杆通过弹簧片压下行程开关 SQ_2，发出摇臂松开信号，即常闭触点 SQ_2 断开，常开触点 SQ_2 闭合，前者断开 KM_4 线圈电路，电动机 M_3 停止旋转，液压泵停止供油，摇臂维持在松开状态；后者接通 KM_2 线圈电路，控制摇臂升降电动机 M_2 正向启动旋转，拖动摇臂上升。

当摇臂上升到所需位置时，松开按钮 SB_3，KM_2 与 KT 线圈同时断电，电动机 M_2 依惯性旋转，摇臂停止上升。而 KT 线圈断电，其断电延时闭合触点 KT 经延时 1～3s 后才闭合，断电延时断开触点 KT 经同样延时后才断开。在 KT 断电延时 1～3s，KM_5 线圈仍处于断电状态，电磁阀 YA 仍处于通电状态，这段延时就确保了摇臂升降电动机，在断开电源后直到完全停止运转才开始摇臂的夹紧动作。因此，时间继电器 KT 延时长短是根据电动机 M_2 切断电源到完全停止的惯性大小来调整的。

当时间继电器 KT 断电延时时间到，常闭触点 KT 闭合，KM_5 线圈通电吸合，液压泵电动机 M_3 正向启动，拖动液压泵，供出压力油。同时常开触点 KT 断开，电磁阀 YA 线圈断电，这时压力油经二位六通阀进入摇臂夹紧油腔，反向推动活塞和菱形块，将摇臂夹紧。活塞杆通过弹簧片压下行程开关 SQ_3，其常闭触点 SQ_3 断开，KM_5 线圈断电，M_3 停止旋转，实现摇臂夹紧，上升过程结束。

摇臂升降的极限保护由组合开关 SQ_1 来实现。SQ_1 有两对常闭触点，当摇臂上升或下降到极限位置时其相应触点断开。切断对应上升或下降接触器 KM_2 或 KM_3 使 M_2 停止运转，摇臂停止移动，实现极限位置的保护。

摇臂自动夹紧程度由行程开关 SQ_3 控制。若夹紧机构液压系统出现故障不能夹紧，将使常闭触点 SQ_3 断不开，或者由于 SQ_3 安装位置调整不当，摇臂夹紧后仍不能压下 SQ_3，都将使 M_3 长期处于过载状态，易将电动机烧毁。因此，M_3 主电路采用热继电器 FR_2 作过载保护。

(3) 主轴箱、立柱松开与夹紧的控制。主轴箱和立柱的夹紧与松开是同时进行的。当按下按钮 SB_5，接触器 KM_4 线圈通电，液压泵电动机 M_3 反转，拖动液压泵送出压力油，这时电磁阀 YA 线圈处于断电状态，压力油经二位六通阀进入主轴箱与立柱松开油腔，推动活塞和菱形块，使主轴箱与立柱松开。由于 YA 线圈断电，压力油不能进入摇臂松开油腔，摇臂仍处于夹紧状态。当主轴箱与立柱松开时，行程开关 SQ_4 没有受压，常闭触点 SQ_4 闭合，指示灯 HL_1 亮，表示主轴箱与立柱确已松开。可以手动操作主轴箱在摇臂的水平导轨上移动，也可推动摇臂使外立柱绕内立柱作回转移动。当移动到位后，按下夹紧按钮 SB_6，接触器 KM_5 线圈通电，M_3 正转，拖动液压泵送出压力油至夹紧油腔，使主轴箱与立柱夹紧。当确已夹紧时，压下 SQ_4，常开触点 SQ_4 闭合，HL_2 亮，而常闭触点 SQ_4 断开，HL_1 灭，指示主轴箱与立柱已夹紧，可以进行钻削加工。

(4) 冷却泵电动机 M_4 的控制。由开关 SA_1 进行单向旋转的控制。

(5) 连锁、保护环节。行程开关 SQ_2 实现摇臂松开到位与开始升降的连锁；行程开关 SQ_3 实现摇臂完全夹紧与液压泵电动机 M_3 停止旋转的连锁。时间继电器 KT 实现摇臂升降电动机 M_2 断开电源待惯性旋转停止后再进行摇臂夹紧的连锁。摇臂升降电动机 M_2 正反转具有双重互锁。SB_5 与 SB_6 常闭触点接入电磁阀 YA 线圈电路实现在进行主轴箱与立柱夹紧、松开操作时，压力油不能进入摇臂夹紧油腔的连锁。

熔断器 FU_1 作为总电路和电动机 M_1、M_4 的短路保护。熔断器 FU_2 为电动机 M_2、M_3 及控制变压器 T 一次侧的短路保护。熔断器 FU_3 为照明电路的短路保护。热继电器 FR_1、FR_2 为电动机 M_1、M_3 的长期过载保护。组合开关 SQ_1 为摇臂上升、下降的极限位置保护。带自锁触点的启动按钮与相应接触器实现电动机的欠电压、失电压保护。

3. 照明与信号指示电路分析

HL_1 为主轴箱、立柱松开指示灯，灯亮表示已松开，可以手动操作主轴箱沿摇臂水平移动或摇臂回转。HL_2 为主轴箱、立柱夹紧指示灯，灯亮表示已夹紧，可以进行钻削加工。HL_3 为主轴旋转工作指示灯。照明灯 EL 由控制变压器 T 供给 36V 安全电压，经开关 SA_2 操作实现钻床局部照明。

4. 常见故障分析

(1) 主轴电动机不能启动。可能的原因：电源没有接通；热继电器已动作过，其常闭触点尚未复位；启动按钮或停止按钮内的触点接触不良；交流接触器的线圈烧毁或接线脱落等。

(2) 主轴电动机刚启动运转，熔断器就熔断。按下主轴启动按钮 SB_2，主轴电动机刚旋转，就发生熔断器熔断故障。原因可能是机械机构发生卡住现象，或者是钻头被铁屑卡住，进给量太大，造成电动机堵转；负荷太大，主轴电动机电流剧增，热继电器来不及动作，使熔断器熔断。也可能因为电动机本身的故障造成熔断器熔断。

(3) 摇臂不能上升（或下降）。首先检查行程开关 SQ_2 是否动作，如已动作，即 SQ_2 的常开触点已闭合，说明故障发生在接触器 KM_2 或摇臂升降电动机 M_2 上。如 SQ_2 没有动作，可能是 SQ_2 位置改变，造成活塞杆压不上 SQ_2，使 KM_2 不能吸合，升降电动机不能得电旋转，摇臂不能上升。

液压系统发生故障，如液压泵卡死、不转，油路堵塞或气温太低时油的黏度增大，使摇臂不能完全松开，压不下 SQ_2，摇臂也不能上升。

电源的相序接反，按下 SB_3 摇臂上升按钮，液压泵电动机反转，使摇臂夹紧，压不上 SQ_2，摇臂也就不能上升或下降。

(4) 摇臂上升（或下降）到预定位置后，摇臂不能夹紧。行程开关 SQ_3 安装位置不准确，或紧固螺钉松动造成 SQ_3 过早动作，使液压泵电动机 M_3 在摇臂还未充分夹紧时就停止旋转；接触器 KM_5 线圈回路出现故障。

(5) 立柱、主轴箱不能夹紧（松开）。立柱、主轴箱各自的夹紧或松升是同时进行的，立柱、主轴箱不能夹紧或松开可能是油路堵塞、接触器 KM_4 或 KM_5 线圈回路出现故障造成的。

(6) 按下 SB_6 按钮，立柱、主轴箱能夹紧，但放开按钮后，立柱、主轴箱却松开。立柱、主轴箱的夹紧和松开，都采用菱形块结构，故障多为机械原因造成，可能是菱形块和承压块的角度方向装错，或者距离不合适造成的。如果菱形块立不起来，这是因为夹紧力调得太大或夹紧液压系统压力不够所致。

9.3 万能铣床的电气控制线路

铣削是一种高效率的加工方式，铣刀的旋转是主运动，工作台的上下、左右、前后运动都是进给运动，其他的运动如工作台的旋转运动则是辅助运动。

铣床的种类很多，按照结构形式和加工性能的不同，可分为立式铣床、卧式铣床、仿形铣床和专用铣床等。

万能铣床是一种通用的多用途机床，它可以用圆柱铣刀、圆片铣刀、成型铣刀及断面铣刀等工具对各种零件进行平面、斜面、螺旋面及成型表面的加工，还可以加装万能铣头和圆工作台来扩大加工范围。目前，万能铣床常用的有两种：一种是卧式万能铣床，铣头水平方向放置，型号为 X62W；另一种是立式万能铣床，铣头垂直放置，型号为 X52K。X62W 卧式万能铣床具有主轴转速高、调速范围宽、操作方便、工作台能自动循环加工等特点。

9.3.1 X62W 卧式万能铣床的主要结构和运动形式

X62W 卧式万能铣床主要由底座、床身、悬梁、主轴、刀杆支架、回转台、升降工作台等主要部件组成。其主要结构如图 9.10 所示。

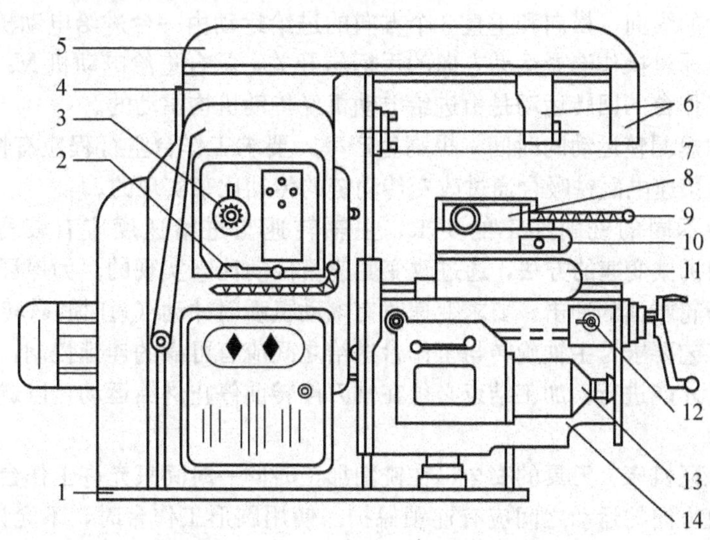

图 9.10 X62W 卧式万能铣床的主要结构

1—底座；2—主轴变速手柄；3—主轴变速数字盘；4—床身（立柱）；5—悬梁；
6—刀杆支架；7—主轴；8—工作台；9—工作台纵向操作手柄；10—回转台；
11—床鞍；12—工作台升降及横向操作手柄；13—进给变速手轮及数字盘；14—升降台

固定在底座上的箱型床身是机床的主体部分，用来安装和连接机床的其他部件，床身内装有主轴的传动机构和变速操纵机构。在床身顶部的燕尾形导轨上装有可沿水平方向调整位置的悬梁。刀杆支架装在悬梁的下面用以支撑刀杆，以提高其刚性。

铣刀装在由主轴带动旋转的刀杆上。为了调整铣刀的位置，悬梁可沿水平导轨移动，刀杆支架也可沿悬梁作水平移动。升降台装在床身前侧面的垂直导轨上，可沿垂直导轨上下移动。在升降台上面的水平导轨上，装有可在平行于主轴轴线方向横向移动（前后移动）的溜板，溜板上部装有可以转动的回转台。工作台装在回转台的导轨上，可以作垂直于轴线方向的纵向移动（左右移动）。由此可见，通过燕尾槽固定于工作台上的工件，通过工作台、溜板、升降台，可以在上下、左右及前后3个相互垂直方向实现任一方向的调整和进给。也可通过回转台绕垂直轴线左右旋转45°，实现工作台在倾斜方向的进给，以加工螺旋槽。另外，工作台上还可以安装圆形工作台以扩大铣削加工范围。

从上述分析可知，X62W卧式万能铣床有3种运动。主轴带动铣刀的旋转运动称为主运动；加工中工作台或进给箱带动工件的移动以及圆形工作台的旋转运动称为进给运动；工作台带动工件在3个方向的快速移动称为辅助运动。

9.3.2 X62W卧式万能铣床的电力拖动要求和控制特点

(1) X62W万能铣床的主运动和进给运动之间，没有速度比例协调的要求，从机械结构的合理性考虑，主轴与工作台各自采用单独的鼠笼形异步电动机拖动。

(2) 主轴电动机M_1是在空载时直接启动。为完成顺铣和逆铣，要求电动机能正、反转，可在加工之前根据铣刀的种类预先选择转向，在加工过程中不必变换转向。

(3) 为了减小负载波动对铣刀转速的影响，以保证加工质量，在主轴传动系统中装有惯性轮。为了能实现快速停车的目的，要求主轴电动机采用停车制动控制。

(4) 工作台的纵向、横向和垂直3个方向的进给运动由一台进给电动机M_2拖动。进给运动的方向是通过操作选择运动方向的手柄与开关，配合进给电动机M_2的正、反转来实现的。圆形工作台的回转运动是由进给电动机经传动机构驱动的。

(5) 为了缩短调整运动的时间，提高生产率，要求工作台空行程应有快速移动控制。X62W铣床是由快速电磁铁吸合通过改变传动链的传动比来实现的。

(6) 为适应不同的铣削加工的要求，主轴转速与进给速度应有较宽的调节范围。X62W铣床采用机械变速的方法，通过改变变速箱传动比来实现的。为保证变速时齿轮易于啮合，减小齿轮端面的冲击，要求变速时有电动机瞬时冲动（短时间歇转动）控制。

(7) 根据工艺要求，主轴旋转与工作台进给之间应有可靠的连锁控制，即进给运动要在铣刀旋转之后才能进行。加工结束必须在铣刀停转前停止进给运动，以避免工件与铣刀碰撞而造成事故。

(8) 为了保证机床、刀具的安全，在铣削加工时同一时间只允许工作台向一个方向移动，故三个垂直方向的运动之间应有连锁保护。使用圆形工作台时，不允许工件作纵向、横向和垂直方向的进给运动。为此，要求圆形工作台的旋转运动与工作台的上下、左右、前后三个方向的运动之间有连锁控制。

(9) 铣削加工中，一般需要切削液对工件和刀具进行冷却润滑。由电动机M_3拖动冷却泵，供给铣削加工时的切削液。

(10) 为使操作者能在铣床的正面、侧面方便地操作，应能在两处控制各部件的启动与停止，并配有安全照明装置。

9.3.3 X62W卧式万能铣床的电气控制线路分析

万能铣床的机械操纵与电气控制的配合十分紧密，是机械-电气联合动作的典型控制。如图9.11所示X62W卧式万能铣床的电气控制原理图。分为主电路、控制电路和照明电路三部分。

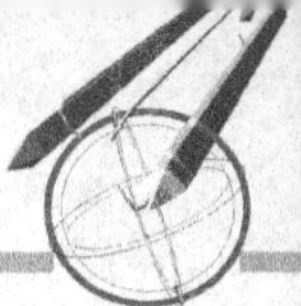

1. 主轴电动机的控制

M_1 为主轴拖动电动机。从主电路看出，主轴电动机的转向由转换开关 SA_5 预选确定。主轴电动机的启动、停止由接触器 KM_3 控制，接触器 KM_2 及电阻 R 和速度继电器 KS 组成停机反接制动控制。

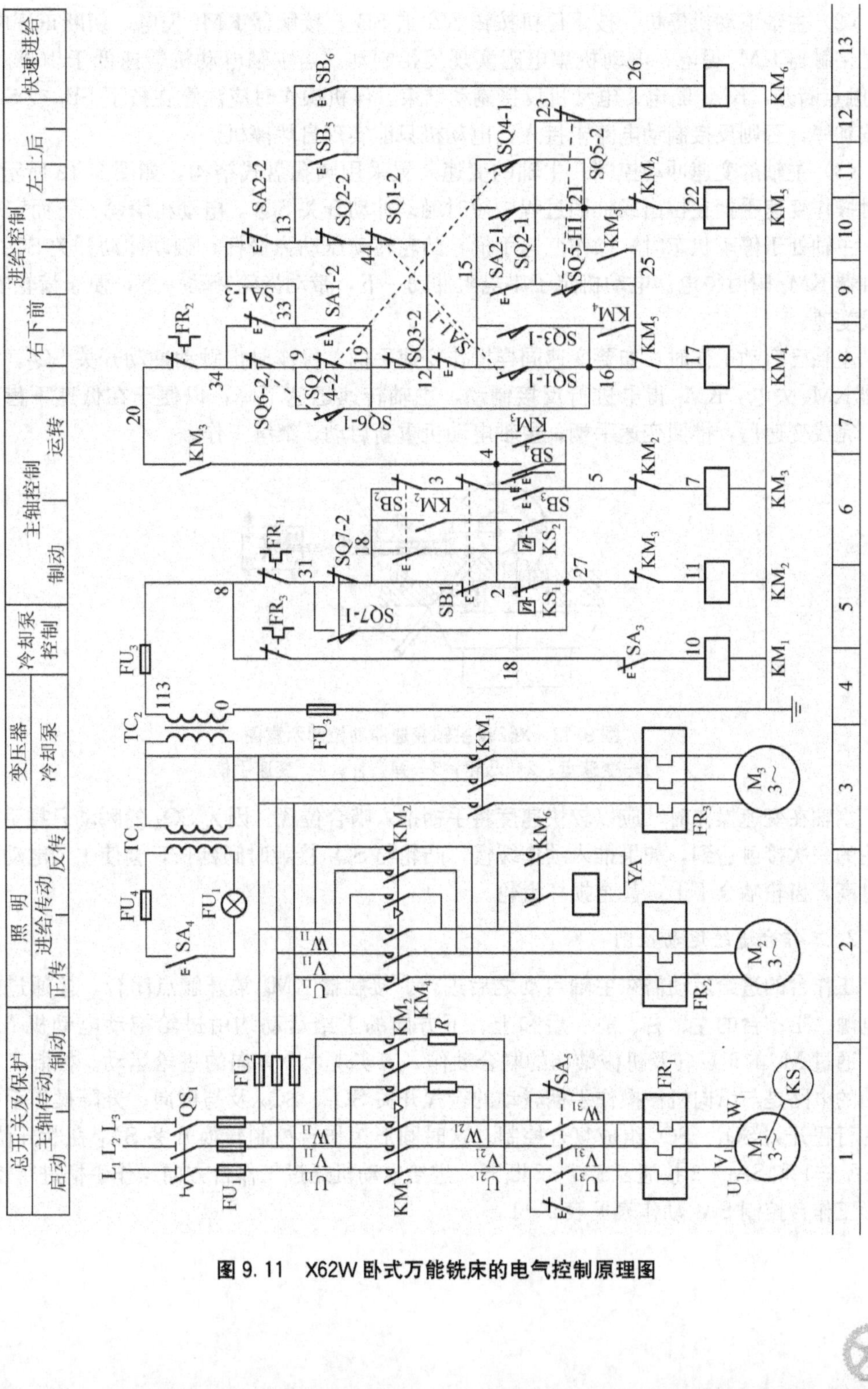

图 9.11　X62W 卧式万能铣床的电气控制原理图

(1) 主轴电动机启动。接通电源开关 QS_1，由操作转换开关 SA_5 选择主轴电动机转向。分别由装于工作台上与床身上的控制按钮 SB_3、SB_4 和 SB_1、SB_2 实现两地控制主轴电动机启动与停止。按下按钮 SB_3 或 SB_4，接触器 KM_3 得电，其触点闭合并自锁，主轴电动机按预选方向直接启动，带动主轴、铣刀旋转；同时速度继电器 KS 常开触点闭合，为停机反接制动做准备。

(2) 主轴电动机停机。按下停机按钮 SB_1 或 SB_2，接触器 KM_3 失电，切断正序电源，同时接触器 KM_2 得电，电动机串电阻实现反接制动。当主轴电动机转速低于 100r/min，KS 触点断开，KM_2 断电，电动机反接制动结束。停机操作时应注意在按下 SB_1 或 SB_2 时要按到底，否则反接制动电路未接入，电动机只能实现自然停机。

(3) 主轴的变速冲动控制。主轴的变速装置采用圆孔盘式结构，如图 9.12 所示。变速时操作变速手柄在拉出或推回过程中短时触动冲动开关 SQ_7，电动机瞬动一下而实现。

主轴处于停车状态时，操作变速手柄，凸轮转动压动弹簧杆，触动冲动开关 SQ_7，使接触器 KM_2 瞬时得电。电动机定子串电阻冲动一下，带动齿轮转动一下，便于齿轮啮合，完成变速。

主轴已启动工作时，如要变速同样操作变速手柄。操作时也触动冲动开关 SQ_7，使接触器 KM_3 失电，KM_2 得电进行反接制动，主轴转速迅速下降，以便于在低速下齿轮啮合。完成变速后，推回变速手柄，主轴电动机重新启动，继续工作。

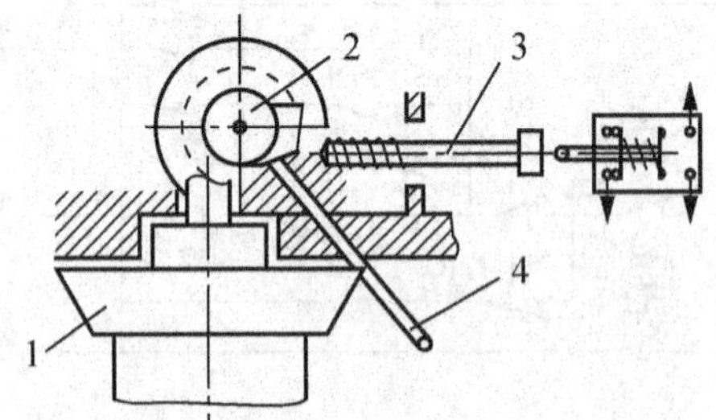

图 9.12 X62W 主轴变速冲动控制示意图

1—变速盘；2—凸轮；3—弹簧杆；4—变速手柄

主轴在变速操作时，应以较快速度将手柄推入啮合位置。因为 SQ_7 的瞬动只靠手柄上凸轮的一次接触达到，如果推入动作缓慢，凸轮与 SQ_7 接触时间延长，会使主轴电动机转速过高，齿轮啮合不上，甚至损坏齿轮。

2. 工作台进给运动控制

工作台的进给运动需在主轴启动之后进行。接触器 KM_3 常开触点闭合，接通进给控制电源。工作台的左、右、前、后和上、下方向的进给运动均由进给拖动电动机 M_2 驱动，通过 M_2 的正反转及机械结构的联合动作，来实现六个方向的进给运动。控制工作台运动的电路是与纵向机械操作手柄联动的行程开关 SQ_1、SQ_2 及与横向、升降操作手柄联动的行程开关 SQ_3、SQ_4 组成复合控制。这时圆形工作台控制转换开关 SA_1 在断开位置，即 SA_1-1 和 SA_1-3 接通，SA_1-2 断开，进给电动机通过工作台方向操作手柄进行控制。圆形工作台控制 SA_1 动作表见表 9-1。

表 9-1　圆形工作台转换开关工作状态

触点 \ 位置	接通圆形工作台	断开圆形工作台
SA_1-1	—	+
SA_1-2	+	—
SA_1-3	—	+

1）工作台的左、右（纵向）进给运动

工作台的左、右进给运动由工作台前面的纵向操作手柄进行控制。当将操作手柄扳到向右位置时，一方面合上纵向进给的机械离合器，同时压下行程开关 SQ_1（见表 9-2），其常闭触点 SQ_1-2 断开，使 KM_5 线圈不能得电；常开触点 SQ_1-1 接通，此时，控制电源经（20→34→9→19→12→16→0）接通接触器 KM_4 线圈，KM_4 吸合，主触点接通 M_2 正序电源，M_2 正向旋转，工作台作向右进给运动。同理，将操作手柄扳到向左位置时，SQ_2 压合，工作台作向左进给运动，读者可自行分析电路工作过程。

表 9-2　工作台纵向行程开关工作状态

触点 \ 纵向操纵手柄	向左	中间（停）	向右
SQ_1-1	—	—	+
SQ_1-2	+	+	—
SQ_2-1	+	—	—
SQ_2-2	—	+	+

若将操作手柄置于中间位置，SQ_1、SQ_2 复位，KM_4、KM_5 均不吸合，工作台停止左右运动。

2）工作台前后（横向）进给运动和上、下（垂直）进给运动

工作台的前后及上下进给运动，共用一套操作手柄进行控制，手柄有 5 个控制位置，处于中间位置为原始状态，进给离合器处于断开状态，行程开关 SQ_3、SQ_4 均复位，工作台不运动。当操作向前、向后手柄时，通过机械装置连接前、后进给方向的机械离合器。当操作向上、向下手柄时，连接上、下进给方向的机械离合器。同时，SQ_3 或 SQ_4 压合接通（见表 9-3），电动机 M_3 正向或反向旋转，带动工作台作相应方向的进给运动。

表 9-3　工作台升降、横向行程开关工作状态

触点 \ 升降、横向操纵手柄	向前向下	中间（停）	向后向上
SQ_3-1	+	—	—
SQ_3-2	—	+	+
SQ_4-1	—	—	+
SQ_4-2	+	+	—

工作台向前和向下进给运动的电气控制电路相同。当将操作手柄扳到向前或向下位置时，压合 SQ_3，使其常闭触点 SQ_3-2 断开，常开触点 SQ_3-1 闭合，控制电源经 20→34→33→13→44→12→15→16→17→0 接通 KM_4 线圈，KM_4 吸合，进给电动机 M_2 正向旋转并通过机械联动将前、后进给离合器或上、下进给离合器接入，使工作台作向前或向下方的进给运动。

工作台向后和向上进给运动也共用一套电气控制装置。当操作手柄扳到向后或向上位置时，压合 SQ_4，进给电动机反向旋转，使工作台作向后或向上方向进给运动。电路的工作过程读者可自行进行分析。

3）圆形工作台的工作

圆形工作台的回转运动由进给电动机 M_2 经传动机构驱动。在使用时，首先必须将圆形工作台转换开关 SA_1 扳至“接通”位置，即圆形工作台的工作位置。SA_2 为工作台手动与自动转换开关，SA_2 扳至“自动”位置时，SA_2-1 断开，SA_2-2 闭合，此时，由于 SA_1-1、SA_1-3 断开，SA_1-2 接通，这样就切断了铣床工作台的进给运动控制回路，工作台不可能作三个互相垂直方向的进给运动。圆形工作台的控制电路中，控制电源经 20→34→9→19→12→44→13→33→16→17→0 接通接触器 KM_4 线圈回路，使 M_2 带动圆形工作台作回转运动。由于 KM_5 线圈回路被切断，所以进给电动机仅能正向旋转。因此，圆形工作台也只能按一个方向作回转运动。

4）进给变速冲动

进给变速冲动与主轴变速冲动一样，为了便于变速时齿轮的啮合，电气控制上设有进给变速冲动电路。但进给变速时不允许工作台作任何方向的运动。

变速时，先将变速手柄拉出，使齿轮脱离啮合，然后转动变速盘至所选择的进给速度挡，最后推入变速手柄。在推入变速手柄时，应先将手柄向极端位置拉一下，使行程开关 SQ_6 被压合一次，其常闭触点 SQ_6-2 断开，常开触点 SQ_6-1 接通，控制电源经 20→34→33→13→44→12→19→9→16→17→0 瞬时接通接触器 KM_4，进给电动机 M_2 作短时冲动，便于齿轮啮合。

5）工作台快速移动

铣床工作台除能实现进给运动外，还可进行快速移动。它可通过前述的方向控制手柄配合快速移动按钮 SB_5 或 SB_6 进行操作。

当工作台已在某方向进给时，此时按下快速进给按钮 SB_5 或 SB_6，使接触器 KM_6 通电，接通快速移动电磁铁 YA，衔铁吸合，经丝杠将进给传动链中的摩擦离合器合上，减少中间传动装置，工作台按原进给运动方向实现快速移动。当松开 SB_5 或 SB_6 时，KM_6、YA 线圈相继断电，衔铁释放，摩擦离合器脱开，快速移动结束，工作台仍按原进给运动速度和原进给运动方向继续进给。因此，工作台的快速移动是点动控制。

工作台的快速移动也可以在主轴电动机停转情况下进行。这时应将主轴换向开关 SA_5 扳向“停止”位置，然后按下 SB_3 或 SB_4，使接触器 KM_3 通电并自锁，操纵工作台手柄，使进给电动机 M_2 启动旋转，再按下 SB_5 或 SB_6，工作台便可在主轴不旋转的情况下实现快速移动。

3. 冷却泵电动机的控制与照明电路

冷却泵电动机 M_3 通常在铣削加工时由转换开关 SA_3 操作。当转换开关扳至“接通”

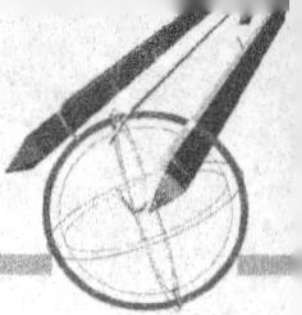

位置时，触点 SA_3 闭合，接触器 KM_1 通电，电动机 M_3 启动，拖动冷却泵送出切削液。

机床的局部照明由变压器 T 输出 36V 安全电压，由开关 SA_4 控制照明灯 EL_1。

4. 控制电路的连锁与保护

铣床的运动较多，电气控制电路较复杂。为了保证刀具、工件和机床能够安全可靠地进行工作，应具有完善的连锁与保护。

(1) 主运动与进给运动的顺序连锁。进给运动电气控制电路接在主轴电动机接触器 KM_3 触点之后。以保证在主电动机 M_1 启动后，进给电动机 M_2 才可启动；主轴电动机 M_1 停止时，进给电动机 M_2 应立即停止。

(2) 工作台六个进给运动方向间的连锁。工作台左、右、前、后及上、下六个方向进给运动分别由两套机械机构操作，而铣削加工时只允许一个方向的进给运动，为了避免误操作，采用电气连锁。当工作台实现左、右方向进给运动时，控制电源必须通过控制上、下与前、后进给的行程开关的常闭触点 SQ_3-2、SQ_4-2 支路。当工作台作前、后和上、下方向进给运动时，控制电源必须通过控制右、左进给的行程开关的常闭触点 SQ_1-2、SQ_2-2 支路。这就实现了由电气配合机械定位的六个进给运动方向的连锁。

(3) 圆形工作台工作与六个方向进给运动间的连锁。圆形工作台工作时不允许六个方向进给运动作任一方向的进给运动。电路中除了通过 SA_1 定位连锁外，还必须使控制电路通过行程开关的常闭触点 SQ_1-2、SQ_2-2、SQ_3-2、SQ_4-2，从而实现电气连锁。

(4) 进给变速冲动不允许工作台作任何方向的进给运动连锁。变速冲动时，行程开关 SQ_6 动作，其触点 SQ_6-2 断开，SQ_6-1 接通。因此，控制电源必须经过 SA_1-3 触点（即圆形工作台不工作）和 SQ_1-2、SQ_2-2、SQ_3-2、SQ_4-2 四个常闭触点（即工作台六个方向均无进给运动），才能实现进给变速冲动。

(5) 保护环节。主电路、控制电路和照明电路都具有短路保护。六个方向进给运动的终端限位保护，是由各自的限位挡铁来碰撞操作手柄，使其返回中间位置以切断控制电路来实现。

三台电动机的过载保护，分别由热继电器 FR_1、FR_2、FR_3 实现。为了确保刀具与工件的安全，要求主轴电动机、冷却泵电动机过载时，除两台电动机停转外，进给运动也应停止，否则将撞坏刀具与工件。因此，FR_1、FR_3 应串接在相应位置的控制电路中。当进给电动机过载时，则要求进给运动先停止，允许刀具空转一会儿，再由操作者总停机。因此，FR_2 的常闭触点只串接在进给运动控制支路中。

5. 常见故障分析

(1) 主轴电动机不能启动。故障的主要原因有：主轴换向开关打在停止位置；控制电路熔断器 FU_1 熔断；按钮 SB_1、SB_2、SB_3 或 SB_4 的触点接触不良或接线脱落；热继电器 FR_1 已动作过，未能复位；主轴变速冲动开关 SQ_7 的常闭触点不通；接触器 KM_3 线圈及主触点损坏或接线脱落。

(2) 主轴不能变速冲动。故障的原因是主轴变速冲动行程开关 SQ_7 位置移动、撞坏或断线。

(3) 主轴不能反接制动。故障的主要原因有：按钮 SB_1 或 SB_2 触点损坏；速度继电器 KS 损坏；接触器 KM_2 线圈及主触点损坏或接线脱落；反接制动电阻 R 损坏或按线脱落。

(4) 工作台不能进给。故障的原因主要有：接触器 KM_4、KM_5 线圈及主触点损坏或接线脱落；行程开关 SQ_1、SQ_2、SQ_3 或 SQ_4 的常闭触点接触不良或接线脱落；热继电器 FR_2 已动作，未能复位；进给变速冲动行程开关 SQ_6 常闭触点断开；两个操作手柄都不在零位；电动机 M_2 已损坏；选择开关 SA_1 损坏或接线脱落。

(5) 进给不能变速冲动。故障的原因是进给变速冲动行程开关 SQ_6 位置移动、撞坏或断线。

(6) 工作台不能快速移动。故障的主要原因有：快速移动的按钮 SB_5 或 SB_6 的触点接触不良或接线脱落；接触器 KM_6 线圈及触点损坏或接线脱落；快速移动电磁铁 YA 损坏。

本章小结

本章对空调机组和常用机床的电气控制电路进行了分析和讨论，目的在于不仅掌握某一具体设备的控制方法，更重要的是掌握分析一般电气设备、机械设备的电气控制方法，培养分析与排除机电设备故障的能力，进而为设计一般机电设备的控制电路打下基础。

1. 空调机组是集机、电、液控制于一体的调温、调湿设备。本文以 KD10 空调机组为例，分析了机组的电气控制原理。该机组主要设备按功能可分为制冷、空气处理和电气控制 3 部分。通风电动机与电加热器、电加湿器之间有连锁保护控制。电加热器有三组，每组都有"手动"、"自动"、"停止" 3 个位置。"自动位置" 时可实现自动调节。加湿器由手动开关和湿球温度计接点的通断共同控制。系统中设有过载和短路保护环节。

2. 本章以 Z3040、X62W 两种型号的机床的电气控制进行了分析。在机床的电气控制线路中，有许多控制环节是相同的，但不同功能的机床又各具特点如下。

Z3040 型摇臂钻床的两套液压控制系统及摇臂松开-移动-夹紧的自动控制，尤其是机、电、液的相互配合。

X62W 卧式万能铣床的主轴反接制动、变速冲动，机械操作手柄与行程开关、机械挂挡的操作控制及三个运动方向进给的连锁关系。

3. 电气故障的分析与检查。了解故障发生的经过及现象，对分析和处理故障大有好处；从电气控制电路图上，根据故障症状进行分析，找出故障发生的可能范围；根据可能范围进行一般性外观检查；外观检查找不出故障的，可进一步通电检查，此时尽量将运动部件与拖动电机脱开，一个环节一个环节进行，观察各电器动作顺序是否正确，还可以用万用表查找故障点。

检测习题

一、填空题

1. KD10/1－L 型空调机组主要设备按功能分可由________、________和电气控制 3 部分组成。电气控制部分主要作用是实现恒温、恒湿的________。由检测元件、调节器、________、开关等组成。

2. Z3040 摇臂钻床是在 Z35 型摇臂钻床基础上的更新产品。供电方式改为由________进线，由外立柱顶部引出再进入摇臂后面的________；在内外立柱、主轴箱及摇臂的夹紧放松和其他一些环节上采用了先进的________技术。

3. 万能铣床是一种通用的多用途机床，它可以用________铣刀、圆片铣刀、________铣刀及断面铣刀等工具对各种零件进行________、斜面、________面及成型表面的加工，还可以加装万能铣头和________来扩大加工范围。

4. 万能铣床常用的有两种：一种是________万能铣床，铣头水平方向放置，型号为X62W；另一种是________万能铣床，铣头垂直放置，型号为X52K。

5. X62W卧式万能铣床主要由底座、床身、悬梁、主轴、刀杆支架、________台、________台等主要部件组成，固定在底座上的箱型床身是机床的主体部分，床身内装有主轴的________和变速操纵机构。铣刀装在由主轴带动旋转的________上。

二、问答题

1. 图9.2中的M_2与普通电动机有什么不同？与电磁阀比较有什么不同？

2. 图9.5中的YV_1和YV_2起什么作用？夏季恒温通过什么方式调节的？冬季恒温通过什么方式调节的？

3. 图9.5所示KD10型空调机组有哪些连锁保护？系统中还有什么保护环节？

4. 解释X62W、Z3040型号的含义。

5. X62W万能铣床电气控制线路主要采取了那些连锁？如何实现的？

6. X62W万能铣床的工作台是怎样实现快速移动的？

7. X62W电路中，若发现下列故障，请分别分析故障原因如下。

(1) 主轴停车时，正、反方向都没有制动作用。

(2) 进给运动中，能向上、下、左、右、前方，不能向后。

(3) 进给运动中，不能向前、右，能向上、后、左，也不能实现圆工作台运动。

(4) 进给运动中，能上、下、右、前，不能向左。

8. Z3040摇臂钻床电气控制电路中，有哪些连锁保护？为什么要有这几种保护环节？

9. Z3040摇臂钻床的摇臂在升降时，按什么顺序动作？

10. 根据Z3040摇臂钻床的控制电路，分析摇臂不能下降时可能出现的故障原因。

附录

电机与电气控制技能训练

1 基本实验

1.1 变压器绕组同名端的测定

【实验目的】

学会用两种方法（直流法和交流法）测量变压器绕组的同名端。

【实验仪器】

交流电压、电流表，直流电源，交流电源，导线，记录用纸笔。

【知识链接】

我们把变压器一次、二次绕组电动势（或电压）瞬时极性相同的端点称为同极性端，也称同名端，通常用符号“·”表示。已制成的变压器、互感器等设备，通常无法从外观上看出绕组的绕向，若使用时要知道其同名端，可用实验法来测定。

1. *直流法*

将变压器的两个绕组 N_1、N_2 如附图 1 所示的方法连接，当开关 S 闭合的瞬间，如检流计（或电流表）的指针正向偏转，则绕组 N_1 的 1 端和绕组 N_2 的 3 为同名端。这是因为，当不断增大的电流刚流进绕组 N_1 的 1 端瞬间，1 端的感应电动势极性为“＋”，而电流表正向偏转，说明绕组 N_2 的 3 端的极性此时也为“＋”，所以 1、3 为同名端。如果电流表的指针反向偏转，则绕组 N_1 的 1 端和绕组 N_2 的 4 端为同名端。

2. *交流法*

把变压器的两个绕组 N_1、N_2 的任意两端连在一起，如 2 端和 4 端，在其中一个绕组（如 N_1 绕组）接一个较低的交流电压（约 $0.5U_N$），如附图 2 所示。再用交流电压表分别测量 U_{12}、U_{13} 和 U_{34}，若 $U_{13}=U_{12}-U_{34}$，则 1 端和 3 端为同名端；若 $U_{13}=U_{12}+U_{34}$，则 1 端和 3 端为异名端，即 1 端和 4 端为同名端。

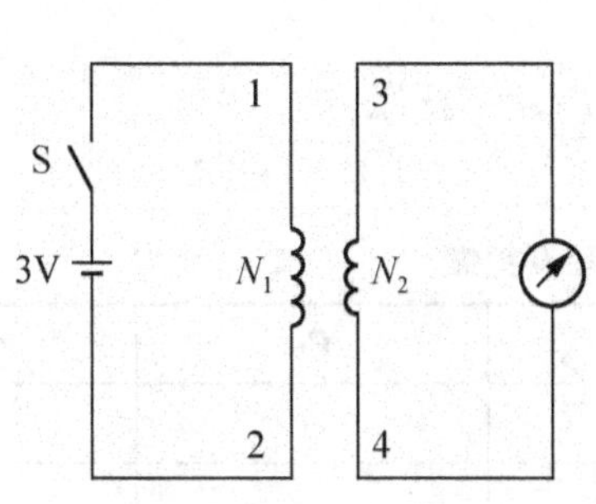

附图 1 直流法测定同名端

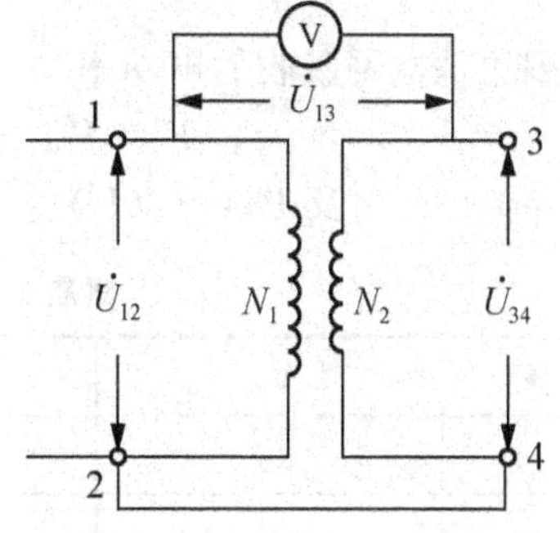

附图 2 交流法测定同名端

【过程步骤】

(1) 按照测量同名端的方法，小组成员在一起设计商讨实施方案，设计实验数据记录表格。

(2) 按照附图 1 连接电路测试，记录实验现象；并与变压器绕组的标注对比，判断实验结论是否正确。

(3) 按附图 2 连接测试电路，记录测量电压值，用公式 $U_{13}=U_{12}-U_{34}$ 和 $U_{13}=U_{12}+U_{34}$ 检验并判断同名端，并与变压器绕组的标注对比。

【分析与思考】

(1) 附图 1 中的直流法测变压器绕组同名端，检流计（或电流表）的指针正向偏转，为什么 1 和 3 是同名端？说明判断依据。

(2) 附图 2 中的交流法测变压器绕组的同名端方法，说明该方法的判断依据。

1.2 变压器空载实验

【实验目的】

通过测量空载电流 I_0，空载电压 U_0，空载损耗 P_0，求出变比 K 和激磁参数 Z_m、X_m、r_m。

【实验仪器】

单相变压器、调压器、功率表、低功率因数功率表、交流电压表、交流电流表。

【知识链接】

参考第 1.3 节的内容。

【实验要求】

空载实验一般低压侧加压，高压侧开路。

(1) 低压侧加电压，高压侧开路。由于空载时变压器的功率因数较低，所以测量功率时，采用低功率时应采用低功率因数表，以减少功率测量误差。又因为变压器空载阻抗很大，故电压表应接在电流表的外侧以免由于电压表分流引起误差。

(2) 通电前，应将调压器调到起始位置，以免电流表、电压表被合闸瞬间冲击电损坏，调节电源电压 U_2 由 0～1.2U_N（或 1.2U_N～0），测 U_2、U_{20}、I_0 和 P_0 值。将测量数据填入附表 1 中。

(3) 由于外加电压 $U_{20}=U_{2N}$，则磁通 Φ 达到正常工作值，铁耗 P_{Fe} 也为正常工作值，变压器空载电流 I_{20} 很小，则绕组铜耗 $P_{Cu20}=I_{20}^2r_2$ 远小于 P_{Fe}，那么，P_{Cu20} 可忽略不计

($P_{Cu20} \approx 0$)。

因此，副边从电网吸收的电功率

$$P_0 = P_{Fe} + P_{Cu20} \approx P_{Fe} = I_{20}^2 r I''_m$$

可得 $I_0 = f(U_0)$ 及 $P_0 = f(I_0)$

附表 1 空载实验测量值

测 量 次 序	U_{20}	I_{20}	P_0	$\cos\varphi_0$
1				
2				
3				
4				
5				
6				

(4) 参数计算。

变比

$$K = \frac{U_1}{U_{2N}}$$

$$I_0\ (\%) = \frac{I_2}{I_{1N}} \times 100$$

$$P_{Fe} = P_0$$

由空载简化等效电路，得

$$Z''_m = \frac{U_{2N}}{I_{20}}$$

$$r''_m = \frac{P_0}{I_{20}^2}$$

$$X''_m = \sqrt{Z''_m - r''_m}$$

【注意事项】

(1) r_m 和 X_m 是随电压的大小而变化的，故取对应额定电压时的值。

(2) 空载试验在任何一侧做均可，高压侧参数是低压侧的 K^2 倍。

(3) 三相变压器必须使用一相的值。

(4) $\cos\varphi_0 < 0.2$，很低，为减小误差，利用低功率因数表。

【分析与思考】

(1) 做空载实验时，电压表、电流表应接在什么位置?

(2) 根据实验数据，计算变压器的励磁参数。

1.3 变压器的短路实验

【实验目的】

测量变压器的短路电流 I_K、短路电压 U_K 及短路损耗 P_K，计算短路参数 Z_K、r_K、X_K。

【实验仪器】

单相变压器、调压器、功率表、低功率因数功率表、交流电压表、交流电流表。

【知识链接】

参考第1章1.3节的内容。

【过程与步骤】

短路实验接线，短路实验可在任意边加压进行，但因短路电流较大，所以加压很低，$U_K \approx (5\sim10)\%U_{1N}$，因此一般在高压边加压，低压边用导线短接。由于短路时的功率因数较高，故不再采用低功率因数表。由于短路阻抗很小，故电流表应接在电压表的外侧，以免由于电流表的内阻压降引起误差。

(1) 高压侧接电源，低压侧短接。

(2) 通电前，必须将调压器调至输出电压为零的起始位置。通电后，调节调压器电压，使电压U_K由0～↑，使短路电流I_K升至$1.2I_N$（即$I_K=0\sim1.2I_N$）随后降压，在$(1.2\sim0.5)I_N$范围内，分别测量各次的I_K、U_K及P_K；其中，必须测$I_K=I_N$点。

(3) 可得$I_K=f(U_K)$，线性；$P_K=f(U_K)$，抛物线。

将实验数据填入附表2中。

附表2　短路实验数据

测量 / 次序	U_K/V	I_K/A	P_K/W	$\cos\varphi_K$
1				
2				
3				
4				
5				
6				

【注意事项】

(1) 三相变压器必须使用一相的值。

(2) 短路实验在任何一方做均可，高压侧参数是低压侧的K^2倍。

(3) 在变压器实验中，应注意电压表、电流表、功率表的合理布置。

(4) 短路实验操作要快，否则变压器绕组引起较大的温升导致电阻变大。

【分析与思考】

(1) 做短路实验时，电压表、电流表应接在什么位置？

(2) 根据实验数据，计算变压器的短路参数Z_K、r_K、X_K。

1.4　直流他励电动机的启动、调速及改变转向

【实验目的】

(1) 熟悉他励电动机（并励电动机按他励方式）的接线、启动、改变电机方向与调速的方法。

(2) 正确选择使用仪器仪表。特别是电压表、电流表的量程。

【设备与器材】

并励（他）直流电动机	1台
测速发电机及转速表	1台
涡流测功机	1台
电枢可变电阻、励磁变阻器、开关板	各1件
直流电压表、直流电流表	各1件

【实验过程】

1. *正确选择仪表量程*

直流仪表、转速表量程是根据电机的额定值和实验中可能达到的最大值来选择的，变阻器根据实验要求来选用，并按电流的大小选择串联、并联或串并联的接法。电压表量程的选择：如测量电动机两端为220V的直流电压，选用直流电压表为300V量程挡；电流表量程的选择：根据直流并励电动机的额定电枢电流和额定励磁电流来选择。转速表量程选择：若电机额定转速为1600r/min，如果采用指针表和测速发电机，则选用1800r/min量程挡，若采用光电编码器，则不需要量程选择；变阻器的选择：变阻器选用的原则是根据实验中所需的阻值和流过变阻器最大的电流来确定。

2. *直流电动机的启动*

实验电路如附图3所示。

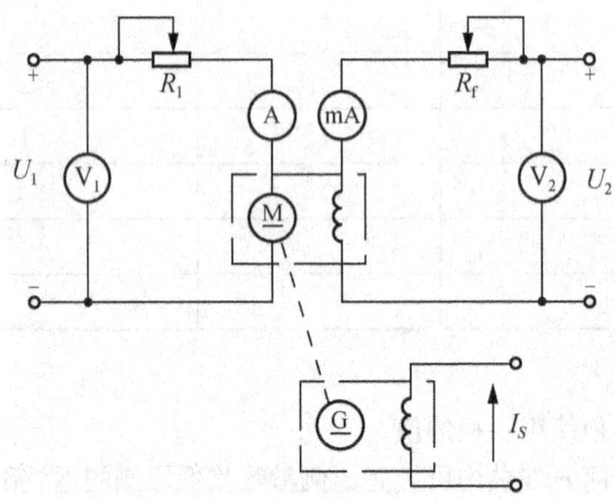

附图3　他励直流电动机启动、调速、反转实验电路

附图3中，R_1为电枢调节电阻；R_f为磁场调节电阻；M为直流他励电动机；G为涡流测功机；U_1为可调直流稳压电源；U_2为直流电机励磁电源。

(1) 按附图3接线，检查M、G之间是否用联轴器连接好，电动机励磁回路接线是否牢靠，仪表的量程，极性是否正确选择。

(2) 将电动机电枢调节电阻R_1调至最大，磁场调节电阻R_f调至最小。

(3) 开启总电源控制开关至“开”位置，旋转电源电压调节电位器，使可调直流稳压电源输出220V电压。

(4) 须将励磁回路串联的电阻R_f调到最小，先接通励磁电源，使励磁电流最大；同时必须将电枢串联启动电阻R_1调至最大，然后方可接通电枢回路电源。

（5）逐步减小 R_1 电阻，直至最小，使电动机启动，观察启动时电枢电流大小变化情况。

3. 调节他励电动机的转速

分别改变串入电动机 M 电枢回路的调节电阻 R_1 和励磁回路的调节电阻 R_f，观察电动机的转速变化。或者调节转矩设定电位器再观察转速变化情况。

4. 改变直流电动机的转向

（1）切断电源，将电枢两端反接，然后重新启动电动机，观察电动机的旋转方向及转速表读数。

（2）切断电源，将励磁绕组反接，然后重新启动电动机，观察电动机的旋转方向及转速表读数。

（3）切断电源，将电枢绕组和励磁绕组同时反接，然后重新启动电动机，观察电动机的旋转方向及转速表读数。

【注意事项】

（1）直流他励电动机启动时，须将励磁回路串联的电阻 R_f 调到最小，先接通励磁电源，使励磁电流最大，同时必须将电枢串联启动电阻 R_1 调至最大，然后方可接通电源，使电动机正常启动，启动后，将启动电阻 R_1 调至最小，使电动机正常工作。

（2）直流他励电动机停机时，必须先切断电枢电源，然后断开励磁电源。同时，必须将电枢串联电阻 R_1 调回最大值，励磁回路串联的电阻 R_f 调到最小值，给下次启动做好准备。

（3）测量前注意仪表的量程、极性及接法。

【问题思考】

（1）直流电动机启动时，为什么在电枢回路中需要串接启动变阻器？否则会产生什么后果？

（2）他励直流电动机启动时，励磁回路串接的变阻器应调在什么位置？为什么？若励磁回路断开造成失磁时，会产生什么后果？

（3）直流电动机调速的方法有哪些？

（4）用什么方法可以改变直流电动机的转向？

（5）为什么要求他励直流电动机励磁回路的接线要牢固？启动时为何电枢回路必须串联启动变阻器？

1.5 直流电动机的负载实验

【实验目的】

（1）掌握直流电动机负载实验的方法，测取他励直流电动机的工作特性。

（2）通过实验，测定直流电动机的空载损耗。

（3）间接法测电动机效率。

【仪器设备】

他励直流电动机、并励直流发电机、负载电阻、励磁变阻器、直流电压表、直流电流表、转速表。

【过程与步骤】

（1）实验线路如附图 4 所示。

(2) 记录室温。测定被测电动机电枢回路在室温下的电阻值，并按公式 $R_{a75℃}=\frac{235+75}{235+\theta_a}R_\theta$ 折合至工作温度下的电枢电阻值 $R_{a75℃}$。

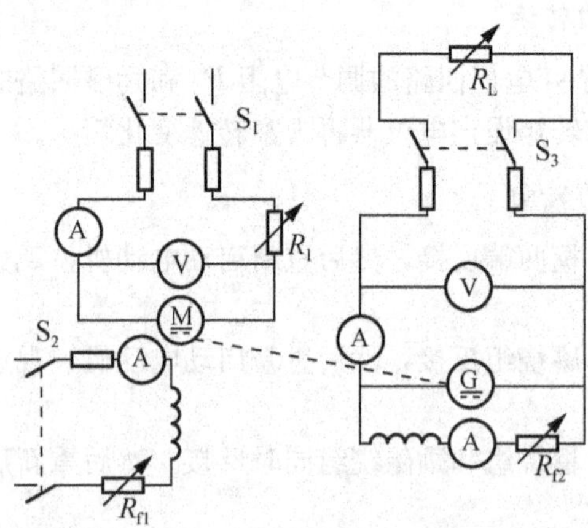

附图 4　他励直流电动机负载实验接线图

(3) 合理选择表的量程，按附图 4 接线。将电动机励磁回路的附加电阻 R_{f1} 放置于阻值最小位置，电枢回路的附加电阻 R_1 置于阻值最大的位置。发电机励磁回路的附加电阻 R_{f2} 置于阻值最大的位置。

(4) 闭合电源开关 S_2，调节 R_{f1}，使得 $I_{f1}=I_{fN}$，再闭合开关 S_1，启动电动机，逐渐减小 R_1 直至短接。调节电阻 R_{f1}，使电动机转速 $n=n_N$。直流发电机建立电压，调节电阻 R_{f2} 使并励发电机自励磁，使发电机电压 U 的值在 U_N 左右。

(5) 将发电机负载电阻 R_L 调至阻值最大位置，闭合负载开关 S_3。调节电阻 R_L 和 R_{f1}，使直流电动机在电压 $U=U_N$ 和负载电流 $I=I_N$ 的情况下，转速 $n=n_N$，此时电动机为额定运行状态，其励磁电流为额定励磁电流 I_{fN}。

(6) 保持电动机电压 $U=U_N$ 和励磁电流 $I_f=I_{fN}$ 不变，调节电动机的负载（改变发电机的负载电阻 R_L），使电动机的负载电流从 $1.2I_N$ 开始，逐渐减小到仅拖动直流发电机空载运行（断开开关 S_3）为止。每次测取负载电流 I、转速 n 及发电机的电压 U_G、电流 I_G 等值 5～7 组，记录于表 A3 中。

(7) 计算直流电动机的效率 η 和转矩 T_2、T_0、T_{em}，直流发电机的输出功率 P_{2G}，将计算结果记录于附表 3 中。

附表 3　他励直流电动机负载实验数据

$U=U_N=$ ______ V，$I_f=I_{fN}=$ ______ A

序号	直流电动机									直流发电机		
	测量值		计算值							测量值		计算值
	I	n	I_a	P_1	P_2	η	T_2	T_0	T_{em}	U_G	I_G	P_{2G}
1												
2												
3												
4												
5												
6												

直流电动机的输入功率 $P_1=U_N I_a$，直流发电机的输出功率按 $P_{2G}=U_G I_G$ 计算。直流电动机的空载转矩 T_0 可按下述方法测量与计算。拆开联轴器，使直流电动机在额定电压 U_N，额定励磁电流 I_{fN} 下单独运转，测取电动机的空载电流 I_0 和转速 n'_0，直流电动机空载转矩

$$T_0=9.55\frac{U_N I_0-I_0^2 R_a}{n'_0}$$

式中：U_N 的单位为 V；I_0 的单位为 A；R_a 的单位为 Ω；n'_0 的单位为 r/min；T_0 的单位为 N·m。

直流电动机的电磁转矩为

$$T_{em}=T_2+T_0$$

【实验报告】

(1) 绘制他励直流电动机的工作特性曲线 n、T_{em}、$\eta=f(P_2)$。

(2) 由他励直流电动机的工作特性计算转速变化率，即

$$\Delta n=\frac{n_0-n_N}{n_N}\times 100\%$$

1.6 三相异步电动机定子绕组冷态直流电阻的测量

【实验目的】

(1) 明确冷态电阻的定义。

(2) 会应用伏安法、电桥测电阻的方法测试异步电动机的冷态电阻。

【实验仪器】

三相笼式异步电动机（$I_N=0.5$A）220V 可调直流稳压电源、双刀双掷开关 S_1 和单刀双掷开关 S_2 滑动变阻器 R（3600Ω）、直流毫安表 A 和直流电压表 V 等。

【过程步骤】

将电动机在室内放置一段时间，用温度计测量电机绕组端部或铁芯的温度。当所测温度与冷态介质温度之差不超过 2K 时，即为实际冷态。记录此时的温度和测量定子绕组的直流电阻，此阻值即为冷态直流电阻。

1. 伏安法测量冷态电阻

测量线路如附图 5 所示。

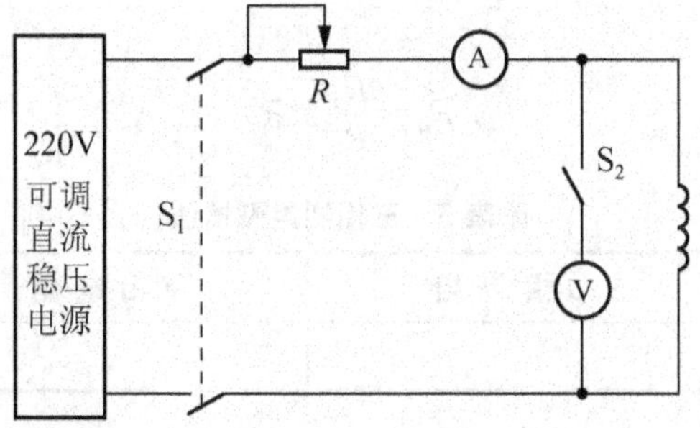

附图 5 异步电动机三相交流绕组电阻的测量

(1) 量程的选择。测量时，通过的测量电流约为电机额定电流的 10%，即为 50mA，因而

直流毫安表的量程选用 200mA 挡。三相笼形异步电动机定子一相绕组的电阻约为 50Ω，因而当流过的电流为 50mA 时三端电压约为 2.5V，所以直流电压表量程用 20V 挡，实验开始前，合上开关 S_1，断开开关 S_2，调节电阻 R 至最大（3 600Ω）。

（2）分别合上绿色“闭合”按钮开关和 220V 直流可调电源的船形开关，按下复位按钮，调节直流可调电源及可调电阻 R，使试验电机电流不超过电机额定电流的 10%，以防止因试验电流过大而引起绕组的温度上升，读取电流值，再接通开关 S_2，读取电压值。读完后，先打开开关 S_2，再打开开关 S_1。

（3）调节 R 使直流电流表指示值分别为 50mA，40mA，30mA，测取三次，取其平均值，将定子三相绕组的电压电流测量值，记录于附表 4 中，并计算出电阻值 R。

附表 4　三相定子绕组测量值　　　　室温　　　℃

测量项目	U相绕相	V相绕组	W相绕组
I/mA			
U/V			
R/Ω			

【注意】

（1）在测量时，电动机的转子须静止不动。

（2）测量通电时间不应超过 1min。

2. 电桥法（QJ23 直流单臂电桥测量直流电阻）

（1）短接内、外接线柱，打开检流计锁扣，如果检流计指针不在零位，应旋动机械调零装置，使指针指零，再旋紧锁扣。

（2）先将一相定子绕组接入电路。

（3）从 QJ23 型电桥比例臂的倍率与相对误差关系中可知，选用电桥的量程应大于被测电阻值，选用电桥的误差应略小于被测电阻所允许的误差。倍率选用 0.01 挡，被测电阻值范围为 10～99.99，相对误差 0.5%。

（4）将比例臂 R_1/R_2 旋钮旋至 0.01 挡，比较臂 R_3 的 4 位读数盘转到 5000 的位置上。

（5）松开检流计的锁紧旋钮，先按下电源按钮并锁住，再按下检流计按钮。此时若检流计指针指向标尺“+”端偏转，应增大比较臂 R_3 的电阻值，若向“—”端偏转，应减小 R_3 阻值，如此反复调节，直到检流计指针指到零位为止。被测电阻值按下式计算，将结果填入附表 5 中。

$$R_x=\frac{R_1}{R_2}\times R_3$$

附表 5　三相绕组测量值

电阻测量	U相绕组	V相绕组	W相绕组
R/Ω			

【注意】

（1）测量端与被测电阻间的连接导线应尽量短而粗，连接牢靠，漆膜要刮干净，避免采用线夹，以提高测量精度。

(2) 电动机的定子绕组具有电感，在测量时，应先接通电源，再按检流计按钮，断开时应先断开检流计，再断开电源，以免绕组的自感电动势损坏检流计。

(3) 由实验直接测得每相电阻值，此值为实际冷态电阻值。冷态温度为室温。按下式换算到基准工作温度时的定子绕组相电阻，即

$$R_{75℃}=\frac{235+75}{235+\theta}R_\theta \text{（铜线）}$$

$$R_{75℃}=\frac{228+75}{228+\theta}R_\theta \text{（铝线）}$$

式中：$R_{75℃}$为换算到基准工作温度75℃（E级绝缘）时定子绕组的相电阻（Ω）；R_θ为定子绕组的实际冷态相电阻（Ω）；θ为实际冷态时定子绕组的温度。

1.7 三相异步电动机定子绕组首尾端判别方法

【实验目的】

(1) 用万用表判别电动机定子绕组首末端。

(2) 用直流法和交流法判别异步电动机定子绕组的首末端。

【仪器设备】

指针式万用表、干电池或可调直流稳压电源、调压器、低压灯泡。

【过程步骤】

1. 用万用表毫安挡判别三相定子绕组首末端

先用万用表的Ω挡测出每相绕组的两个引出线头。做三相绕组的假设编号U_1、V_1、W_1、U_2、V_2、W_2。再将三相绕组假设的三首三尾分别联结在一起，接上万用表，用毫安挡或微安挡测量，如附图6所示。用手转动电动机的转轴，若万用表指针不动，如附图6 (a)所示，则假设的首尾端都正确；若万用表指针摆动，如附图6 (b) 所示，说明假设编号的首尾有错，应逐相对调重测，直到万用表指针不动为止，此时连在一起的三首三尾均正确。

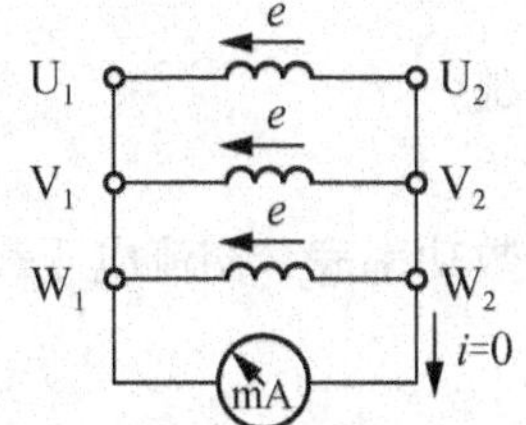

(a) 指针不动，绕组首尾连接正确

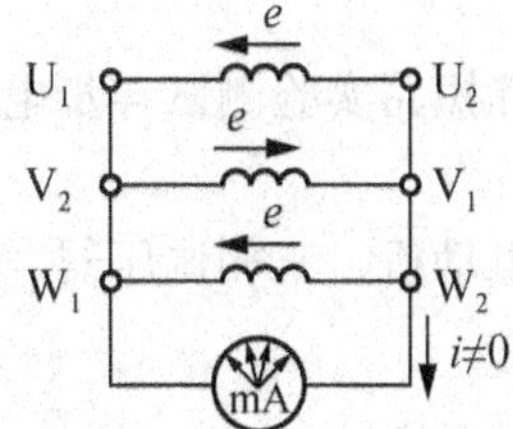

(b) 指针摆动，绕组首尾连接不正确

附图6 万用表判别电动机定子绕组首尾端

2. 直流法测三相绕组首末端

做好假设编号后，将任一相绕组接万用表毫安（或微安）挡，另选一相绕组，用该相绕组的两个引出线头分别碰触干电池的正、负极，若万用表指针正偏转，则与干电池负极相接的引出线头与红表笔所接的线头后为首（或尾）端，如附图7所示。用同样的方法找出第三相绕组的首（或尾）端。

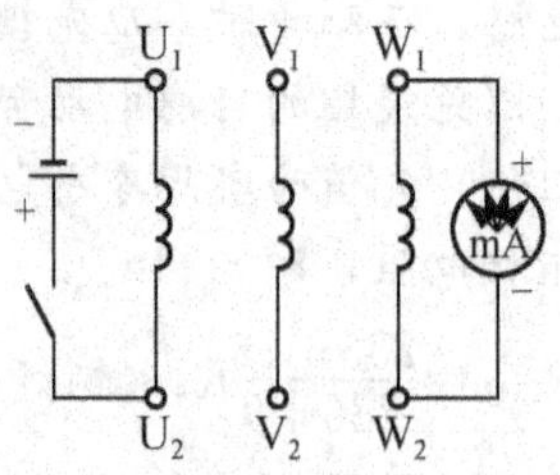

附图 7　万用表判别定子绕组首尾端方法二

3. 36V 交流电和灯泡判别法

接线方法如附图 8 灯泡亮则为两相首尾相连，灯泡不亮则为首首（或尾尾）相连。为避免接触不良造成误判别，当灯泡不亮时，最好对调引出线头的接线，再重新测一次，以灯泡亮为准来判别绕组的首尾端。

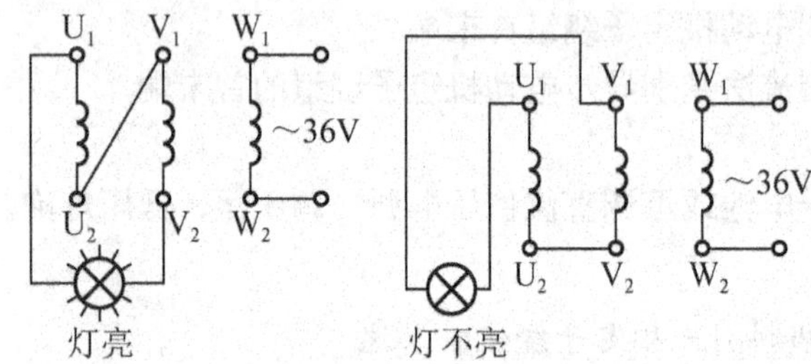

附图 8　用 36V 交流电和灯泡判别三相定子绕组的首尾端

【思考练习】

(1) 说明用万用表毫安挡测定绕组首末端的原理。

(2) 说明 36V 交流电和灯泡判别法判别三相定子绕组首末端的原理。

1.8　三相异步电动机的空载和短路实验

【实验目的】

通过空载实验和短路实验测试异步电动机的参数。

【仪器设备】

三相笼形异步电动机、三相调压器、低功率因数功率表、交流电压表、交流电流表。

【过程步骤】

1. 空载实验

(1) 测量电路如附图 9 所示。电机绕组为△接法（$U_N=220V$），功率表为低功率因数表。

(2) 将交流电压调节旋钮调至零位，使输出电压为零。把电流表和功率表电流线圈短接后，再闭合开关 S_1 接通电源，逐渐升高电压，启动被测电动机。保持电动机在额定电压下运转数分钟，待机械摩擦稳定后再进行试验。

(3) 调节外施电压，从 $U_0=1.2U_N$ 开始，逐渐降低电压至 $0.5U_N$，每次测量电压、电流和功率数值，若转速明显降低或空载电流开始回升时，就不再降压测取数据。

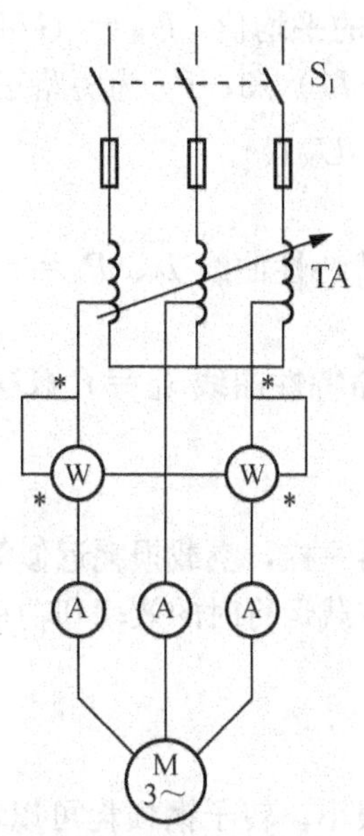

附图 9　三相异步电动机空载实验接线图

（4）在测取空载实验数据时，在额定电压附近多测几点，共取 7～9 组数据，记录于附表 6 中。

附表 6　三相异步电动机空载特性数据

序号	U_0/V				I_0/A				P_0/W			cos φ_0
	U_{UV}	U_{VW}	U_{WU}	U_0	I_U	I_V	I_W	I_0	P_{I}	P_{II}	P_0	

附表 6 中，U_0 为空载三相线电压的平均值，$U_0=(U_{UV}+U_{VW}+U_{WU})/3$；$I_0$ 为空载三相线电流的平均值，$I_0(I_U+I_V+I_W)/3$；P_0 为三相空载总功率，$P_0=P_{\mathrm{I}}\pm P_{\mathrm{II}}$；$\cos\varphi_0=P_0/(\sqrt{3}U_{0L}I_{0L})$。

2. 短路实验

（1）仍按附图 9 接线，（更换仪表或量程）。先试电动机的转向，然后切断电源，待电动机停转后，根据旋转方向在轴上加上制动器具，使电动机在通电试验时堵转，且不致将制动器具甩出。

（2）实验前，务必先将调压器调至零位，然后才能闭合电源开关，缓慢调节调压器输出电压，使短路电流迅速上升到 $1.2I_N$（密切监视电流表），然后逐渐降低电压，直至电流达到 $0.3I_N$ 为止，共读取 4～5 组数据。每次读出三相短路电压、电流和功率数值，记录于附表 7 中。注意短路电流 $I_K=I_N$ 点的一组数据必须读出。

（3）调压器调回零。

附表 7　三相异步电动机短路特性数据

序号	U_K/V				I_K/A				P_K/W			cos φ_K
	U_{UV}	U_{VW}	U_{WU}	U_K	I_U	I_V	I_W	I_K	P_{I}	P_{II}	P_K	

表中：U_K 为短路三相线电压的平均值，$U_K=(U_{UV}+U_{VW}+U_{WU})/3$；$I_K$ 为短路三相线电流的平均值，$I_K(I_U+I_V+I_W)/3$；P_K 为短路三相总功率，$P_K=P_{\text{I}}\pm P_{\text{II}}$；$\cos\varphi_K$ 为短路功率因数，$\cos\varphi_K=P_K/(\sqrt{3}U_K I_K)$。

【报告要求】

(1) 绘制三相异步电动机空载特性曲线 I_0、$P_0=f(U_0)$ 曲线，分离 p_{Fe} 和 p_{mec}；计算激磁回路参数 r_m、Z_m、X_m。

(2) 绘制三相异步电动机短路特性曲线 $I_K=f(U_K)$、$P_K=f(U_K)$；计算短路参数 r_K、X_K、Z_K。

【思考练习】

(1) 三相异步电动机与变压器一样，空载损耗近似等于铁耗的原因是什么？

(2) 为什么三相异步电动机空载运行时的效率和功率因数都很低？

【知识链接】

1. 空载参数计算

根据空载时，因为转子电流很小，转子铜损耗可以不计，所以输入功率 P_0 完全消耗在定子铜耗 p_{Cu1}、铁耗 p_{Fe} 和机械损耗 p_{mec} 上。从 P_0 中减去定子铜耗，即

$$PI'_0=P_0-p_{Cu1}=p_{Fe}+p_{mec}$$

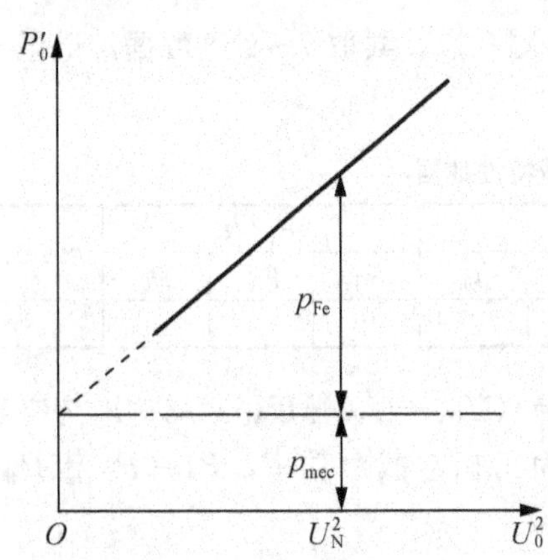

附图 10 铁耗 p_{Fe} 和机械损耗 p_{mec} 的分离

其中，p_{Fe} 近似与电压的平方成正比，当 $U_0=0$ 时，$p_{Fe}=0$；而 p_{mec} 则与电压 U_0 无关，仅仅取决于电动机转速，在整个空载试验中可以认为转速无显著变化，因此可以认为 p_{mec} 等于常数。因此，若以 U_0^2 为横坐标，则 $P_0=f(U_0^2)$ 近似为一直线，此直线与纵坐标的交点即为 p_{mec} 的值，如附图 10 所示。求得 p_{mec} 后，即可求出 $U_0=U_N$ 时的 p_{Fe} 值。

根据空载实验 $U_0=U_N$ 时的 P_0 和 I_0，求得

$$Z_0=U_0/I_0,\ r_0=(P_0-p_{mec})/(3I_0^2),\ X_0=\sqrt{Z_0^2-r_0^2}$$

从而求得励磁参数

激磁电抗

$$X_m=X_0-X_1$$

激磁电阻

$$r_m=p_{Fe}/(3I_0^2)$$

励磁阻抗

$$Z_m=\sqrt{r_m^2+X_m^2}$$

【注意】上式中电压、电流均为一相值，求出的参数 r_m、Z_m、X_m 也为一相值。

2. 短路参数计算

(1) 短路阻抗为

$$Z_K=U_K/I_K$$

(2) 短路电阻为

$$r_K=P_K/(3I_K^2)$$

(3) 短路电抗为

$$X_K = X_1 + X'_2 = \sqrt{Z_K^2 - r_K^2}$$

电机参数可近似为

$$r_1 = r'_2 = \frac{r_K}{2}$$

$$X_1 = X'_2 = \frac{X_K}{2}$$

1.9　三相异步电动机的负载实验

【实验目的】

(1) 进一步熟悉直流发电机的使用方法。

(2) 通过负载实验，求取异步电动机的工作特性。

【仪器设备】

三相笼形异步电动机、三相调压器、低功率因数功率表、交流电压表、交流电流表、磁场变阻器、直流电压表、直流电流表、转速表或测速仪。

【过程步骤】

(1) 按附图 11 接线，调压器回零。用直流发电机作为三相异步电动机的负载。

(2) 闭合电源开关 S_1，调节调压器，使其电压逐渐升高，启动被试电动机，直至电压等于额定电压时为止。保持 U_N 不变，闭合开关 S_2，调节直流发电机的励磁电流，使其为额定电流。

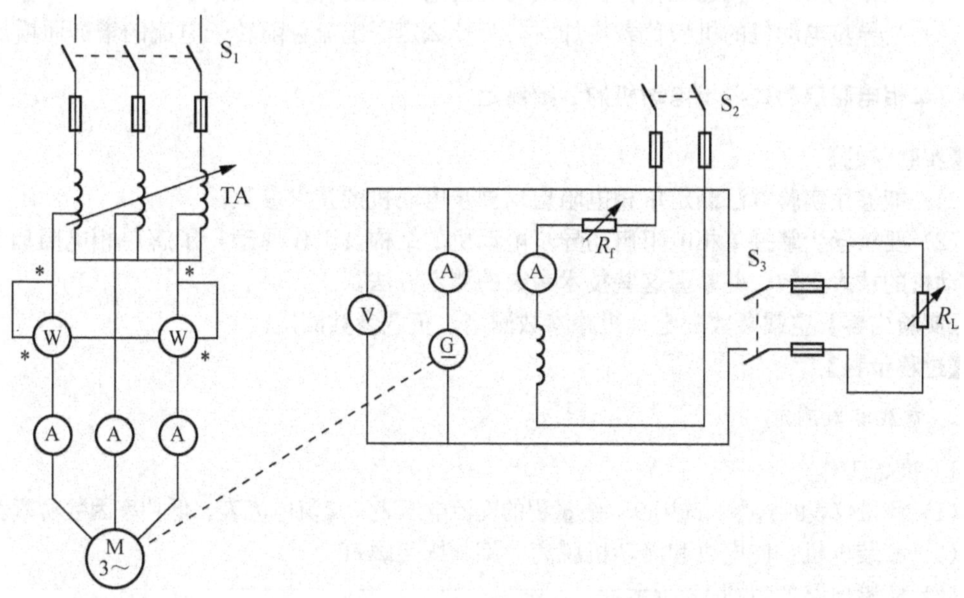

附图 11　三相异步电动机工作特性测试电路

(3) 闭合开关 S_3，使电动机带上负载。调节负载电阻 R_L，使电动机负载增大至其定子电流等于 $1.2I_N$ 时，读取第一组数据（三相异步电动机的电流、功率、转速和直流发电机的输出电压、电流）。然后逐渐减小电动机的负载，直至电动机空载为止，读取 5～6 组数据，记录于附表 8 中。

附表 8　三相异步电动机工作特性数据　　$U=U_N=$V

序号	I_U	I_V	I_W	I_1	n	$P_Ⅰ$	$P_Ⅱ$	P_1	U_G	I_G	T_2	T_0	T_{em}	P_2	$\cos\varphi_1$

表中，I_1 为短路三相线电流平均值（A），$I_1=(I_U+I_V+I_W)/3$，P_1，为三相输入总功率（W），$P_1=P_Ⅰ\pm P_Ⅱ$；$\cos\varphi_1=P_1/(\sqrt{3}U_1I_1)$。

空载转矩 T_0 可按下述方法测量与计算。拆开联轴器，使三相异步电动机单独在电源额定频率、额定电压下空载运行，测量其三相输入功率和空载电流，则三相异步电动机的空载转矩为

$$T_0=9.55\frac{P_0-p_{Cu0}}{n_1}$$

式中：P_0 为空载时三相输入功率（W）；p_{Cu0} 为空载时定子绕组铜耗（W），$p_{Cu0}=3I_0^2R$（Y接法），$p_{Cu0}=I_0^2R$（△接法），I_0 为空载线电流（A）；n_1 为三相异步电动机的同步转速（r/min）。

三相异步电动机的电磁转矩为

$$T_{em}=T_2+T_0$$

【实验报告】

绘出三相异步电动机工作特性曲线 I_1、n、T_{em}、$\cos\varphi$、$\eta=f(P_2)$。

【思考练习】

(1) 三相异步电动机的工作特性曲线与直流电动机的有何不同?

(2) 当异步电动机的机械负载增加时，为什么定子电流会随转子电流的增加而增加?

1.10　单相电阻启动式异步电动机的参数测定

【实验目的】

(1) 能够用实验方法测定单相电阻启动异步电动机的技术参数。

(2) 要求学生掌握单相电阻启动异步电动机的结构及工作原理，了解单相电阻启动异步电动机的技术参数，并掌握这些技术参数的测定方法。

【实验内容】 空载参数测定、短路参数测定、负载参数测定。

【过程步骤】

1. 空载参数测定

1) 准备工作

(1) 测量仪表的选择：选用 0.5 级量程的交流电压表、交流电流表、低功率因数功率表。

(2) 安装电机：使电机和测功机脱离，旋紧固定螺钉。

(3) 实验电路如附图 12 所示。

2) 测试步骤

(1) 调节调压器使交流异步电动机降压空载启动。

(2) 使交流异步电动机在额定电压下空载启运转 15min，以使机械损耗达到稳定值。

(3) 使定子电压从 $1.1U_N$ 开始逐步降低到可能达到的最低电压值，即功率和电流开始回升时为止。

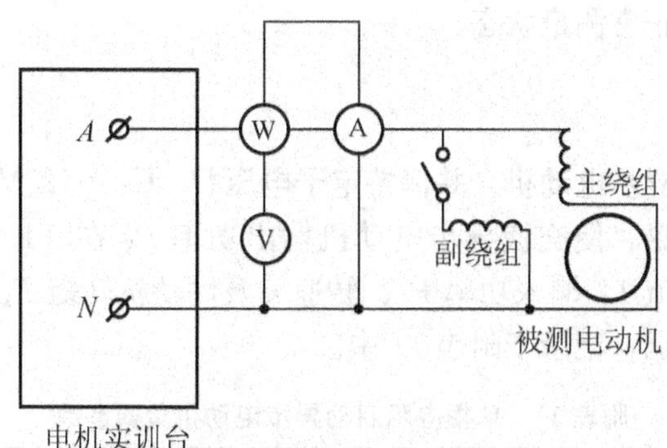

附图 12　单相电阻启动异步电动机接线图

(4) 测量空载电压 U_0、空载电流 I_0 和空载功率 P_0。

(5) 共测取 7 组数据，记录于附表 9 中。

附表 9　单相电阻启动异步电动机空载参数

U_0/V							
I_0/A							
P_0/W							

2. 短路参数测定

1) 准备工作

(1) 调整绕组连接，使电机转向符合测功机要求。

(2) 把电流表、功率表电流线圈短接。

(3) 使电机和测功机同轴连接，旋紧固定螺钉，用销钉把测功机的转子销住。

2) 测试步骤

(1) 使定子电压升高至 $0.5U_N$。

(2) 逐步降低定子电压至短路电流接近 I_N 为止。

(3) 测量电压 U_K、电流 I_K 和转矩 T_K。

(4) 测量每组读数时，通电持续时间不应超过 5s，以避免绕组过热及热继电器过流动作。

(5) 共测取 7 组数据，记录于附表 10 中。

附表 10　单相电阻启动异步电动机短路参数

U_K/V							
I_K/A							
P_K/W							
T_K/N·m							

3. 负载参数测定

1) 准备工作

(1) 拔出测功机定子、转子之间的销钉。

(2) 将测功机选择开关扳到手动位置（向上）。

(3) 使功率表处于正常测量状态。

2) 测试步骤

(1) 接通副绕组。

(2) 空载启动交流异步电动机，并保持定子电压$U=U_N=220V$。

(3) 调节测功机励磁，使交流异步电动机输出功率 P_2 在（1.1～0.25）P_N 范围内，测量异步电动机定子电流 I、输入功率 P_1、转速 n 及测功机转矩 T_2。

(4) 共测取 7 组数据，记录于附表 11 中。

附表 11　单相电阻启动异步电动机负载参数

I/A							
P_1/W							
T_2/N·m							
n/($r \cdot min^{-1}$)							
P_2/W							

【实验报告】

根据测试数据，归纳单相电阻启动异步电动机的启动特性，指出该启动方式的应用范围。

1.11　台扇的电抗器调速实验

【实验目的】

(1) 掌握台扇的典型控制方法，熟悉实际应用中的控制线路及元器件。

(2) 掌握有关定时器、调速开关、电抗器结构和使用方法。

【仪器设备】

风扇电动机、定时器、调速开关、电抗器、电容器、指示灯、插头各 1 个。

万用表 1 只；测速表 1 只；电工工具 1 套；导线若干。

【过程步骤】

(1) 将实验设备合理摆放在实验台上。

(2) 观察实验中所用元器件的规格型号，并记录在实验报告中。

(3) 按附图 13 所给出的线路图接线。

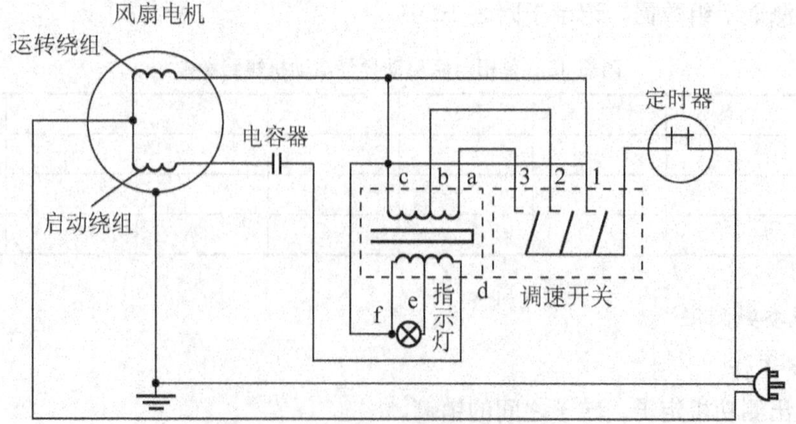

附图 13　电抗器调速台扇的电路

(4) 转动定时器旋钮到3个不同位置，然后再分别接通开关的不同抽头，观察电动机的运行情况。同时在每种情况下分别测得电动机转速，记录在附表12中。

附表12 台扇电动机运行情况表

不同状态时电动机转速(r/min)	定时器时间段/min		
	1组	2组	3组
闭合开关1			
闭合开关2			
闭合开关3			

【实验报告】

(1) 写出电抗器调速型台扇的电路工作原理。

(2) 分析在电抗器的不同抽头下，风扇电机有不同工作状态的原因。

2 电动机的拆装实训

2.1 10kW以下直流电机的检查与拆装

【实训目的】

(1) 学习使用拆装电机的电工具。

(2) 直流电机的拆装方法和步骤。

(3) 通过拆装实训，进一步认识直流电动机的结构及各部件的材料。

(4) 通过拆装实训，掌握直流电机拆装的方法、步骤及工艺要求。

【设备与器材】

直流电机、拉锯、扳手、手锤、拉槽刀、砂纸、压力计、直流毫伏表、调压器、电压表和电流表等。

【实训过程】

1. 直流电机的检查和维护

对直流电机应按运行规程的要求检查其工作状况，对换向器、电刷装置、轴承、通风系统、绕组绝缘等部位应重点加以维护。

1) 直流电机运行前的检查维护

(1) 清除电机外部污垢、杂物，并用压缩空气吹去电机中的灰尘和电刷粉末。对换向器、电刷装置、绕组、铁芯等认真清洁处理。

(2) 拆除电机的连接线，通常用兆欧表测量绕组外壳的绝缘电阻。

(3) 检查换向器是否光洁。若有损伤及火花烧伤的痕迹，则应修理。

(4) 检查电刷装置安装是否牢固，有无变形。检查电刷的装置是否正确，电刷型号规格是否合适。电刷压簧的压力是否恰当。电刷和换向器的表面的接触面是否良好。

(5) 检查轴承的油量以及转动的灵活度。检查电机底脚螺钉是否紧固，基底是否稳固在机座上。

2）直流电机运行中的检查

（1）检查电压表、电流表的指示是否超过额定值，是否有异响、异色和异味，电机各部分的温升是否超过所规定的范围。

（2）观察火花状况，判断火花等级。直流电机正常运行时允许 1.5 级以下的火花存在，暂时过负荷、启动及变换转向时可允许 2 级火花发生。一旦出现 3 级火花应停机待处理。

2. 直流电动机的拆装

（1）拆卸前，应首先在线头、端盖、刷架等处做好复位标记，以便正确装配。

（2）拆卸步骤如下。

①拆除电机的所有接线，并做好标记。

②拆除换向器端的端盖螺钉，取下轴承外盖。

③打开端盖通风窗，从刷握中取出电刷，再拆下接到刷杆的连接线。拆卸换向器端的端盖（即前端盖时），要在端盖边缘处垫以木楔，用手锤沿端盖的边缘均匀地敲击，逐渐使端盖的止口脱落机座及轴承外圈，取出刷架。

④用厚纸或布将换向器包好，不使污物落入与损坏，然后拆除轴伸端的端盖螺钉，将连同后端盖后轴承的电枢从定子内小心地抽出或吊出，放在木架上包好。

【注意】

轴承只在损坏的情况下才取出。用拉锯拉轴承时，要注意拉锯的丝杆端点要对准电机的轴心，受力要均匀，如拉不下来，可点入煤油或用喷灯加热，即可拉下，如无特殊原因，不要拆卸。

3. 安装步骤

安装步骤与拆卸步骤相反，并按所标的记号，校正电刷位置。经检查试验合格后才能投入运行。

【问题思考】

（1）直流电机运行前需进行哪些检查和维护项目？

（2）直流电机的火花等级为几级时必须停机处理？

（3）直流电机的拆装步骤、方法是什么？

2.2 三相异步电动机的拆装

【实训目的】

（1）熟悉三相鼠笼式异步电动机的结构。

（2）熟练掌握异步电动机的拆装、清洗和组装技能。

（3）通过拆装实训，掌握直流电机拆装的方法、步骤及工艺要求。

【实训内容】

（1）小型异步电动机的拆装工艺。

（2）相关工具和仪表的使用。

（3）故障的检查与维修。

【设备与器材】

三相异步电动机、万用表，兆欧表，钳形电流表，三相笼形异步电动机，撬棍，拉

锯、扳手、手锤、拉马、直流毫伏表和电压表等。

【实训过程】

1. 异步电动机的拆卸

在拆卸前，应准备好各种工具，做好拆卸前的记录和检查工作，在线头、端盖等处做好标记，以便修复后的装配。

(1) 拆除电动机的所有引线。

(2) 拆除皮带轮或联轴器，先将皮带轮或联轴器上的固定螺钉或销子松脱或取下，再用专用工具“拉马”转动丝杠，把皮带轮或联轴器慢慢拉出。

(3) 拆除风扇或风罩。拆卸皮带轮后，就可把风罩卸下来，然后取下风扇上定位螺栓，用锤子轻敲风扇四周，旋卸下来或从轴上顺槽拔出，卸下风扇。

(4) 拆卸轴承和端盖。一般小型异步电动机只拆卸风扇一侧的端盖。

(5) 抽出转子。对于鼠笼形转子，可直接从定子腔中抽出即可。一般电动机，都可依照上述方法和步骤，由外到内顺序地拆卸，有特殊结构的电机，应依据具体情况酌情处理。

当电动机容量很小或电动机端盖与机座配合很紧不易拆卸时，可用榔头（或在轴的前端垫上硬木板）敲，使后端盖与机座脱离，把后端盖连同转子一同拉出机座。

2. 电动机的装配

电动机的装配工序大体与拆卸顺序相反，装配时要注意各部分零件的清洗，定子内绕组端部，转子表面都要吹刷干净，不能有杂物。

(1) 定子部分。主要是定子绕组的绕制、嵌放和连线。

(2) 安放转子。安放转子要特别小心，以免碰伤定子绕组。

(3) 加装端盖。装端盖时，可用木槌均匀敲击端盖四周，按对角线均匀对称地轮流拧紧螺钉，不要一次拧到底。端盖固定后，用手转动电动机的转子，应灵活、均匀、无停滞或偏轴现象。

(4) 装风扇和风罩。

(5) 接好引线，按好线盒及铭牌。

3. 装配后的检查处理

(1) 检查机械部分的装配质量。包括所有紧固螺钉是否拧紧，转子转动是否灵活，无扫膛、无松旷；轴承是否有杂声等。

(2) 测量绕组的绝缘电阻。检测三相绕组每相绕组对地的绝缘电阻和相间绝缘电阻，其阻值不得小于0.5MΩ。

(3) 按铭牌的要求接好电源线，在机壳上接好保护接地线，接通电源，用钳形电流表检测三相空载电流，看是否符合允许值。

(4) 电动机温升是否正常，运转中有无声响。

【思考练习】

(1) 三相异步电动机主要有哪几部分组成？各起什么作用？

(2) 拆卸轴承有哪些方法？拆卸时应注意什么？

(3) 组装结束后应如何进行检验？

3 综合实训

3.1 三相异步电动机正-反转控制电路的安装与检测

【实训目的】

(1) 通过识读原理图和电气安装线路图，进一步理解电气原理图和安装线路图的区别。

(2) 通过设计安装和检测调试电路，初步掌握线路故障的检查方法和维修技能，进一步加深对控制线路工作原理的理解。

【实训内容】

(1) 识读接触器连锁的电动机正反转控制线路的原理图。

(2) 按照电路图中所要求的合理选择器件和导线。

(3) 在配电板上对电路元件进行合理布局和接线。

(4) 对继电器-接触器控制电路的常见故障进行分析与排除。

【仪器设备】

本次实训所需工具及器材见附表 13。

附表 13 工具及材料

项目	工具名称	器材	型号规格	数量
常用电工具	万用表	三相鼠笼异步电动机	Y2-90S-2	1
	试电笔	接触器	CJ-10 或 CJ-20 380V	2
	钢丝钳	热继电器	JR16-20/3 整定电流 10～16A	1
	斜口钳	主熔断器	RL1-60/20	3
	剥线钳	控制电路熔断器	RL1-15/4	2
	尖嘴钳	三联按钮	LAA3H	1
	电工刀	端子排	个	1
	螺丝刀（一、十字）	塑料软铜线	1.5mm² 和 0.75mm²	若干
		安装板	500mm×600mm	1

【过程步骤】

(1) 熟练读图，正确分析电路的工作原理，明确接触器自锁、按钮互锁、接触器互锁器件所在电路。

(2) 如附图 14 所示安装接线图，在配电板上对电路器件进行合理布局。

(3) 安装固定组合开关、接触器、按钮、热继电器、接线端子排等器件。

(4) 按照先主电路后控制电路的顺序正确合理布线，边布线边检查。布线要平直、整齐、紧贴敷设面，接点不得松动，尽量避免交叉，中间不能有接头。

(5) 通电前的检查。参照 8.6 节电气控制线路故障分析与检测方法。

(6) 认真检查无误后，通电试机。

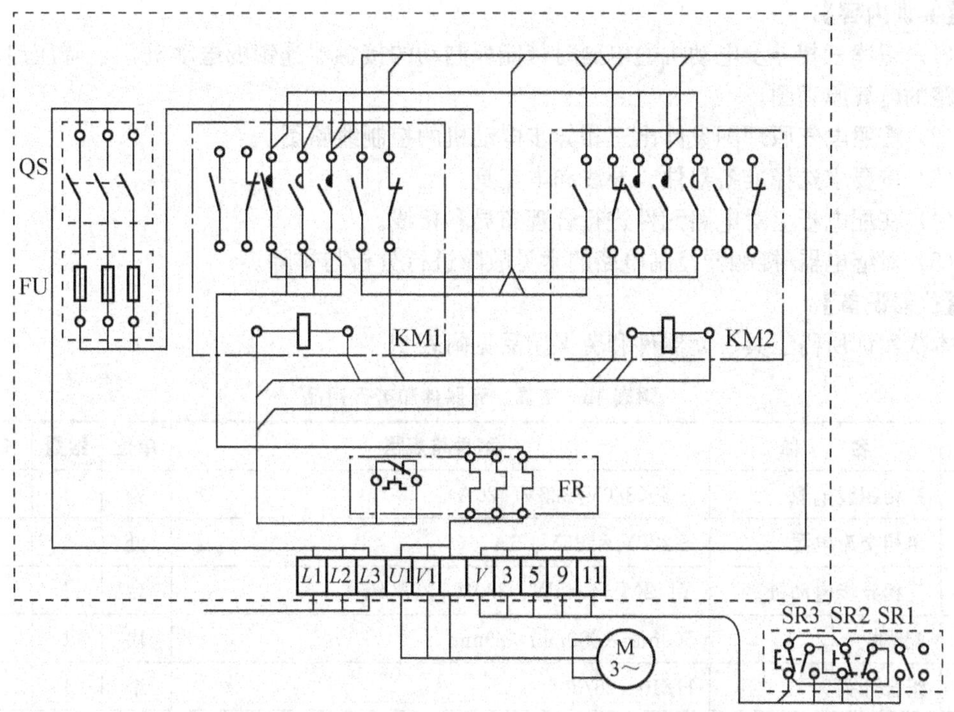

附图 14　三相异步电动机正-反转控制的安装接线图

【分析与思考】

(1) 绘制三相异步电动机正-反-停控制线路的电路图，分析工作原理。

(2) 该电路如果没有采用按钮互锁，控制功能有何变化？

(3) 对试车时出现的异常现象、故障及老师人为设置的故障进行总结，并将检查和排除故障的结果记入附表 14 中。

附表 14　正-反-停控制线路中故障分析表

故障设置元件	故　障　点	故 障 现 象
热继电器	常闭触点断开	
接触器 KM_1	自锁触点断开	
接触器 KM_1	常闭辅助触点断开	
接触器 KM_2	自锁触点断开	
接触器 KM_2	常闭辅助触点断开	

3.2　Y-△降压启动、能耗制动电气控制电路安装

【实训目的】

(1) 按照电气原理图设计制作三相异步电动机的控制线路，加深对控制线路工作原理的理解，培养学生从事设计工作的整体观念和工程应用能力。

(2) 通过控制线路的安装调试、试车检查和排除故障，初步掌握常见控制线路的安装和维修技能。

【实训内容】

(1) 识读三相异步电动机通电延时带能耗制动的接触器连锁的电动机Y-△降压启动控制线路的电气原理图。

(2) 按照电气原理图设计出三相异步电动机的控制线路图。

(3) 按要求选择准备器件、导线和电工具。

(4) 在配电板上对电路元件进行合理布局和接线。

(5) 对继电器-接触器控制电路的常见故障进行分析与排除。

【仪器设备】

本次实训所需工具、元器件和劳保用品见附表15。

附表15　工具、元器件和劳保用品

序号	名　称	型号与规格	单位	数量	备注
1	三相四线电源	～3×380V/220V、20A	处	1	
2	单相交流电源	～220V和36V、5A	处	1	
3	三相异步电动机	Y112M－4.4kW、380V、△联结	台	1	
4	配线板	500mm×600mm×20mm	块	1	
5	组合开关	HZ10－25/3	个	1	
6	交流接触器	CJ10－10、线圈电压380V或CJ10－20、线圈电压380V	只	4	
7	热继电器	JR16－20/3、整定电流10～16A	只	1	
8	时间继电器	JS7－4A、线圈电压380V	只	1	
9	整流二极管	2CZ30、15A、600V	只	4	
10	控制变压器	BK－500、380V/36V、500W	只	1	
11	熔断器及熔体	RL1－60/20	套	3	配套
12	熔断器及熔体	RL1－15/4	套	2	配套
13	三联按钮	LA10－3H或LA4－3H	个	2	
14	接线端子排	JX2－1015、500V、10A、15节	条	1	
15	木螺钉	3mm×20mm、3mm×15mm	个	各30	
16	平垫圈	∅4mm	个	30	
17	圆珠笔	自定	支	1	
18	塑料软铜线	BVR－2.5mm^2，颜色自定	米	20	
19	塑料软铜线	BVR－1.5mm^2，颜色自定	米	20	
20	塑料软铜线	BVR－0.75mm^2，颜色自定	米	5	
21	别径压端子	UT2.5－4，UT1－4	个	20	
22	行线槽	TC3025，长34cm，两边打ϕ3.5mm孔	条	5	
23	异型塑料管	ϕ3mm	米	0.3	

续表

序号	名　　称	型号与规格	单位	数量	备注
24	电工通用工具	钢丝钳、旋具（一字和十字形）、电工刀、尖嘴钳、剥线钳、扳手等	套	1	
25	万用表	自定	只	1	
26	兆欧表	型号自定或 500V、0～200MΩ	台	1	
27	钳形电流表	0～50A	只	1	
28	劳保用品	绝缘鞋、手套、工作服等	套	1	

【过程步骤】

1. 读图

熟练读懂通电延时带能耗制动的Y-△降压启动控制电路，如附图 15 所示，设计制作电动机控制线路图。

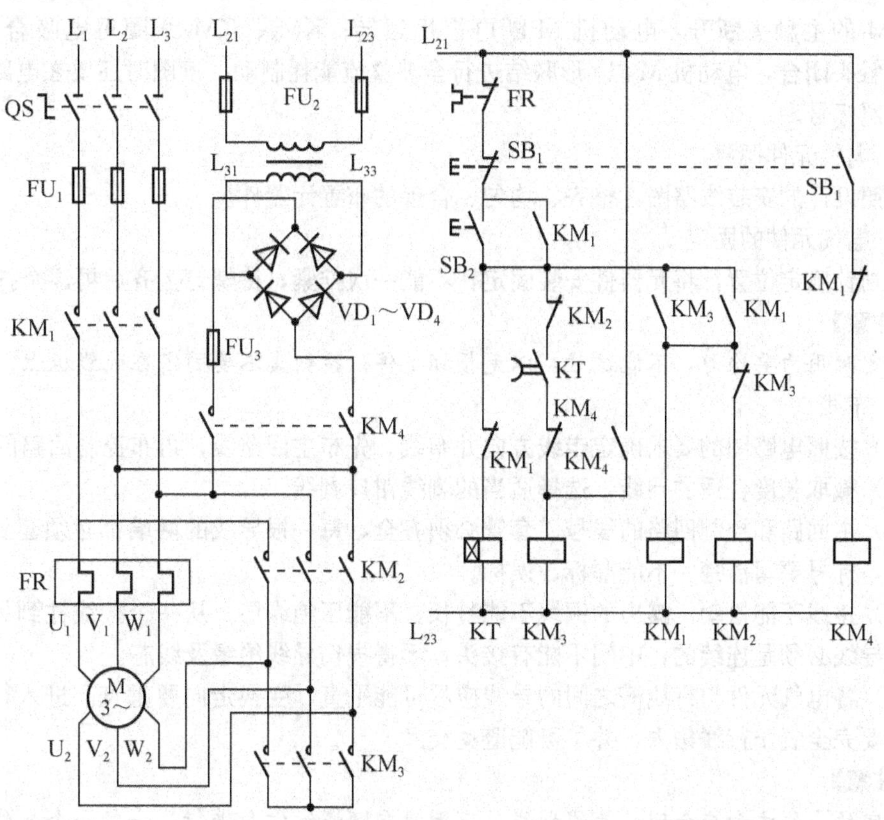

附图 15　通电延时带能耗制动的Y-△降压启动控制电路

2. 安装前的准备工作

实训前应准备的工具、设备和劳动保护用品，参见附表 15。

3. 线路安装

控制线路的安装按照以下基本步骤进行，即检查电气元件→阅读电路图→电气元件摆放→电气元件固定→布线→检查线路→盖上行线槽→不接电动机试运行→接电动机运行→断开电源，整理现场。具体操作步骤如下：

1）电气元件检查

检查电路图、配电板、行线槽、导线、各种元器件、三相异步电动机是否备齐，所用电气元件应完整无损。

2）阅读电气原理图

为保证接线正确，要对照主电路和控制电路仔细阅读电气图。本电路中的时间继电器为通电延时型；电路由桥式整流、能耗制动、Y-△降压启动控制电路组成。其动作原理如下：

启动时闭合电源开关 QS，按下启动按钮 SB_2，接触器 KM_1、KM_3 以及时间继电器 KT 得电，KM_1、KM_3 的主触头闭合，电动机 M 以Y形联结启动。经过一定延时，KT 动断触头延时断开，KM_3 线圈断电释放，同时 KT 动合触头延时闭合，KM_2 线圈得电吸合，电动机以三角形联结运行。能耗制动时，按下停止按钮 SB_1，接触器 KM_1 的线圈断电释放，KM_1 的主触头断开，电动机 M 断电惯性运转；KM_3、KM_4 线圈得电吸合，KM_3、KM_4 主触头闭合，电动机 M 以Y形联结进行全波整流能耗制动。读图时还要在电路图的两部分对照标号。

3）电气元件摆放

按照设计的安装线路图，整齐、均匀、合理的布置元器件。

4）电气元件的固定

用划针确定位置，将元器件安装固定，不能一次拧紧，待螺钉上齐后再逐个拧紧。

【注意】

固定时用力要均匀，不能过猛，以免损坏元件；按钮盒不要固定在配线板上。

5）布线

（1）按照电路图的要求确定走线方向并布线。先布主回路线，再布控制回路的线。

（2）截取长度合适的导线，选择适当的剥线钳口剥线。

（3）主回路和控制回路的线号、套管必须齐全，每一根导线的两端都必须套上编码的异形管，标号要写清楚，不能漏标、误标。

（4）接线不能松动，露出的铜线不能过长，不能压绝缘层，从一个接线柱到另一个接线柱的导线必须是连续的，中间不能有接头，不得损伤导线绝缘及线芯。

（5）各电气元件与行线槽之间的导线应尽可能平直，变换走向要垂直。进入行线槽内的导线要完全置于行线槽内，并尽可能避免交叉。

【注意】

确定的走线方向应合理；导线剥线后弯圈时要顺螺纹方向进行；一般一个接线端子只能连接 1 根导线，最多接 2 根，不允许接 3 根；安装时不要超过行线槽容量的 70%，这样既便于盖上线槽盖，也便于以后装配和维修；在布线的同时，要不断检查是否按线路图的要求进行布线。

6）检查线路

按照电气控制线路的检测要求及方法进行检查。

7）盖上行线槽

检查无误后盖上行线槽。

8）不接电动机试运转

接通三相电源，合上电源开关，用验电笔检查熔断器的出线端，氖管亮表示电源接通。依次按下正、反转按钮，观察接触器动作是否正常。经反复几次操作，正常后方可进行接电动机试运转。

【注意】

对于安装完毕的控制线路板，必须认真检查，经同意后才能通电试运转。在通电试运转时，应认真执行安全操作规程的有关规定，一人监护一人操作。

9）接电动机试运转

不接电动机试运转正常后，拉下电源开关，接通电动机。确定线路无误后，再合闸送电，启动电动机。当电动机平稳运行时，用钳形电流表测量电流是否平衡。并观察能耗制动停车与自由停车的差异。

10）断开电源，整理现场

负载运转正常后，断开电源。待电动机停止运转后，先拆除三相电源线，再拆除电动机接线，整理现场。

【分析与思考】

(1) 分析附图 15 通电延时带能耗制动的Y-△降压启动控制电路的工作原理。

(2) 对试车时出现的异常现象、故障及老师人为设置的故障进行总结，并将检查和排除故障的结果记录整理。

参 考 文 献

[1] 胡幸鸣. 电机及拖动基础［M］. 北京：机械工业出版社，2002.
[2] 刘子林. 电机与电气控制［M］. 北京：电子工业出版社，2003.
[3] 孟宪芳. 电机与拖动基础［M］. 西安：西安电子科技大学出版社，2006.
[4] 刘宝录. 电机拖动与控制［M］. 西安：西安电子科技大学出版社，2006.
[5] 顾绳谷. 电机及拖动基础［M］. 北京：机械工业出版社，2004.
[6] 许晓峰. 电机及拖动［M］. 北京：高等教育出版社，2000.
[7] 邸敏艳. 电机与控制［M］. 北京：电子工业出版社，2001.
[8] 刘景峰. 电机与拖动基础［M］. 北京：中国电力出版社，2002.
[9] 郑立平，张晶. 电机与拖动技术［M］. 大连：大连理工大学出版社，2006.
[10] 王铁成. 特种电机与控制［M］. 北京：机械工业出版社，2009.
[11] 胡淑珍. 电机与拖动技术［M］. 北京：冶金工业出版社，2009.
[12] 杨林建. 机床电气与控制技术［M］. 北京：北京理工大学出版社，2008.
[13] 程龙泉. 电机与拖动［M］. 北京：北京理工大学出版社，2008.
[14] 唐志平. 工厂供配电［M］. 北京：电子工业出版社，2003.
[15] 王明昌. 建筑电工学［M］. 重庆：重庆大学出版社，2000.
[16] 张华龙. 电机与电气控制技术［M］. 北京：人民邮电出版社，2008.
[17] 吴灏. 电机与机床电气控制［M］. 北京：人民邮电出版社，2008.
[18] 徐建俊. 电机与电气控制［M］. 北京：清华大学出版社，2005.
[19] 张桂金. 电机及拖动基础实验/实训指导书［M］. 西安：西安科技大学出版社，2008.

北京大学出版社高职高专机电系列规划教材

序号	书号	书名	编著者	定价	印次	出版日期	配套情况
"十二五"职业教育国家规划教材							
1	978-7-301-24455-5	电力系统自动装置(第 2 版)	王　伟	26.00	1	2014.8	ppt/pdf
2	978-7-301-24506-4	电子技术项目教程(第 2 版)	徐超明	42.00	1	2014.7	ppt/pdf
3	978-7-301-24475-3	零件加工信息分析(第 2 版)	谢　蕾	52.00	2	2015.1	ppt/pdf
4	978-7-301-24227-8	汽车电气系统检修(第 2 版)	宋作军	30.00	1	2014.8	ppt/pdf
5	978-7-301-24507-1	电工技术与技能	王　平	42.00	1	2014.8	ppt/pdf
6	978-7-301-17398-5	数控加工技术项目教程	李东君	48.00	1	2010.8	ppt/pdf
7	978-7-301-25341-0	汽车构造(上册)——发动机构造(第 2 版)	罗灯明	35.00	1	2015.5	ppt/pdf
8	978-7-301-25529-2	汽车构造(下册)——底盘构造(第 2 版)	鲍远通	36.00	1	2015.5	ppt/pdf
9	978-7-301-25650-3	光伏发电技术简明教程	静国梁	29.00	1	2015.6	ppt/pdf
10	978-7-301-24589-7	光伏发电系统的运行与维护	付新春	33.00	1	2015.7	ppt/pdf
11	978-7-301-18322-9	电子 EDA 技术(Multisim)	刘训非	30.00	2	2012.7	ppt/pdf
电气自动化类							
1	978-7-301-18519-3	电工技术应用	孙建领	26.00	1	2011.3	ppt/pdf
2	978-7-301-25670-1	电工电子技术项目教程（第 2 版）	杨德明	49.00	1	2016.2	ppt/pdf
3	978-7-301-22546-2	电工技能实训教程	韩亚军	22.00	1	2013.6	ppt/pdf
4	978-7-301-22923-1	电工技术项目教程	徐超明	38.00	1	2013.8	ppt/pdf
5	978-7-301-12390-4	电力电子技术	梁南丁	29.00	3	2013.5	ppt/pdf
6	978-7-301-17730-3	电力电子技术	崔　红	23.00	1	2010.9	ppt/pdf
7	978-7-301-19525-3	电工电子技术	倪　涛	38.00	1	2011.9	ppt/pdf
8	978-7-301-24765-5	电子电路分析与调试	毛玉青	35.00	1	2015.3	ppt/pdf
9	978-7-301-16830-1	维修电工技能与实训	陈学平	37.00	1	2010.7	ppt/pdf
10	978-7-301-12180-1	单片机开发应用技术	李国兴	21.00	2	2010.9	ppt/pdf
11	978-7-301-20000-1	单片机应用技术教程	罗国荣	40.00	1	2012.2	ppt/pdf
12	978-7-301-21055-0	单片机应用项目化教程	顾亚文	32.00	1	2012.8	ppt/pdf
13	978-7-301-17489-0	单片机原理及应用	陈高锋	32.00	1	2012.9	ppt/pdf
14	978-7-301-24281-0	单片机技术及应用	黄贻培	30.00	1	2014.7	ppt/pdf
15	978-7-301-22390-1	单片机开发与实践教程	宋玲玲	24.00	1	2013.6	ppt/pdf
16	978-7-301-17958-1	单片机开发入门及应用实例	熊华波	30.00	1	2011.1	ppt/pdf
17	978-7-301-16898-1	单片机设计应用与仿真	陆旭明	26.00	2	2012.4	ppt/pdf
18	978-7-301-19302-0	基于汇编语言的单片机仿真教程与实训	张秀国	32.00	1	2011.8	ppt/pdf
19	978-7-301-12181-8	自动控制原理与应用	梁南丁	23.00	3	2012.1	ppt/pdf
20	978-7-301-19638-0	电气控制与 PLC 应用技术	郭　燕	24.00	1	2012.1	ppt/pdf
21	978-7-301-18622-0	PLC 与变频器控制系统设计与调试	姜永华	34.00	1	2011.6	ppt/pdf
22	978-7-301-19272-6	电气控制与 PLC 程序设计(松下系列)	姜秀玲	36.00	1	2011.8	ppt/pdf
23	978-7-301-12383-6	电气控制与 PLC(西门子系列)	李　伟	26.00	2	2012.3	ppt/pdf
24	978-7-301-18188-1	可编程控制器应用技术项目教程(西门子)	崔维群	38.00	2	2013.6	ppt/pdf
25	978-7-301-23432-7	机电传动控制项目教程	杨德明	40.00	1	2014.1	ppt/pdf
26	978-7-301-12382-9	电气控制及 PLC 应用(三菱系列)	华满香	24.00	2	2012.5	ppt/pdf
27	978-7-301-22315-4	低压电气控制安装与调试实训教程	张　郭	24.00	1	2013.4	ppt/pdf
28	978-7-301-24433-3	低压电器控制技术	肖朋生	34.00	1	2014.7	ppt/pdf
29	978-7-301-22672-8	机电设备控制基础	王本轶	32.00	1	2013.7	ppt/pdf
30	978-7-301-18770-8	电机应用技术	郭宝宁	33.00	1	2011.5	ppt/pdf
31	978-7-301-23822-6	电机与电气控制	郭夕琴	34.00	1	2014.8	ppt/pdf
32	978-7-301-17324-4	电机控制与应用	魏润仙	34.00	1	2010.8	ppt/pdf

序号	书号	书名	编著者	定价	印次	出版日期	配套情况
33	978-7-301-21269-1	电机控制与实践	徐　锋	34.00	1	2012.9	ppt/pdf
34	978-7-301-12389-8	电机与拖动	梁南丁	32.00	2	2011.12	ppt/pdf
35	978-7-301-18630-5	电机与电力拖动	孙英伟	33.00	1	2011.3	ppt/pdf
36	978-7-301-16770-0	电机拖动与应用实训教程	任娟平	36.00	1	2012.11	ppt/pdf
37	978-7-301-22632-2	机床电气控制与维修	崔兴艳	28.00	1	2013.7	ppt/pdf
38	978-7-301-22917-0	机床电气控制与 PLC 技术	林盛昌	36.00	1	2013.8	ppt/pdf
39	978-7-301-26499-7	传感器检测技术及应用(第 2 版)	王晓敏	45.00	1	2015.11	ppt/pdf
40	978-7-301-20654-6	自动生产线调试与维护	吴有明	28.00	1	2013.1	ppt/pdf
41	978-7-301-21239-4	自动生产线安装与调试实训教程	周　洋	30.00	1	2012.9	ppt/pdf
42	978-7-301-18852-1	机电专业英语	戴正阳	28.00	2	2013.8	ppt/pdf
43	978-7-301-24764-8	FPGA 应用技术教程(VHDL 版)	王真富	38.00	1	2015.2	ppt/pdf
44	978-7-301-26201-6	电气安装与调试技术	卢　艳	38.00	1	2015.8	ppt/pdf
45	978-7-301-26215-3	可编程控制器编程及应用(欧姆龙机型)	姜凤武	27.00	1	2015.8	ppt/pdf
46	978-7-301-26481-2	PLC 与变频器控制系统设计与高度(第 2 版)	姜永华	44.00	1	2016.9	ppt/pdf
电子信息、应用电子类							
1	978-7-301-19639-7	电路分析基础(第 2 版)	张丽萍	25.00	1	2012.9	ppt/pdf
2	978-7-301-27605-1	电路电工基础	张　琳	29.00	1	2016.11	ppt/fdf
3	978-7-301-19310-5	PCB 板的设计与制作	夏淑丽	33.00	1	2011.8	ppt/pdf
4	978-7-301-21147-2	Protel 99 SE 印制电路板设计案例教程	王　静	35.00	1	2012.8	ppt/pdf
5	978-7-301-18520-9	电子线路分析与应用	梁玉国	34.00	1	2011.7	ppt/pdf
6	978-7-301-12387-4	电子线路 CAD	殷庆纵	28.00	4	2012.7	ppt/pdf
7	978-7-301-12390-4	电力电子技术	梁南丁	29.00	2	2010.7	ppt/pdf
8	978-7-301-17730-3	电力电子技术	崔　红	23.00	1	2010.9	ppt/pdf
9	978-7-301-19525-3	电工电子技术	倪　涛	38.00	1	2011.9	ppt/pdf
10	978-7-301-18519-3	电工技术应用	孙建领	26.00	1	2011.3	ppt/pdf
11	978-7-301-22546-2	电工技能实训教程	韩亚军	22.00	1	2013.6	ppt/pdf
12	978-7-301-22923-1	电工技术项目教程	徐超明	38.00	1	2013.8	ppt/pdf
14	978-7-301-25670-1	电工电子技术项目教程（第 2 版）	杨德明	49.00	1	2016.2	ppt/pdf
15	978-7-301-26076-0	电子技术应用项目式教程(第 2 版)	王志伟	40.00	1	2015.9	ppt/pdf/素材
16	978-7-301-22959-0	电子焊接技术实训教程	梅琼珍	24.00	1	2013.8	ppt/pdf
17	978-7-301-17696-2	模拟电子技术	蒋　然	35.00	1	2010.8	ppt/pdf
18	978-7-301-13572-3	模拟电子技术及应用	刁修睦	28.00	3	2012.8	ppt/pdf
19	978-7-301-18144-7	数字电子技术项目教程	冯泽虎	28.00	1	2011.1	ppt/pdf
20	978-7-301-19153-8	数字电子技术与应用	宋雪臣	33.00	1	2011.9	ppt/pdf
21	978-7-301-20009-4	数字逻辑与微机原理	宋振辉	49.00	1	2012.1	ppt/pdf
22	978-7-301-12386-7	高频电子线路	李福勤	20.00	3	2013.8	ppt/pdf
23	978-7-301-20706-2	高频电子技术	朱小祥	32.00	1	2012.6	ppt/pdf
24	978-7-301-18322-9	电子 EDA 技术(Multisim)	刘训非	30.00	2	2012.7	ppt/pdf
25	978-7-301-14453-4	EDA 技术与 VHDL	宋振辉	28.00	2	2013.8	ppt/pdf
26	978-7-301-22362-8	电子产品组装与调试实训教程	何　杰	28.00	1	2013.6	ppt/pdf
27	978-7-301-19326-6	综合电子设计与实践	钱卫钧	25.00	2	2013.8	ppt/pdf
28	978-7-301-17877-5	电子信息专业英语	高金玉	26.00	2	2011.11	ppt/pdf
29	978-7-301-23895-0	电子电路工程训练与设计、仿真	孙晓艳	39.00	1	2014.3	ppt/pdf
30	978-7-301-24624-5	可编程逻辑器件应用技术	魏　欣	26.00	1	2014.8	ppt/pdf
31	978-7-301-26156-9	电子产品生产工艺与管理	徐中贵	38.00	1	2015.8	ppt/pdf

如您需要更多教学资源如电子课件、电子样章、习题答案等，请登录北京大学出版社第六事业部官网 www.pup6.cn 搜索下载。

如您需要浏览更多专业教材，请扫下面的二维码，关注北京大学出版社第六事业部官方微信（微信号：pup6book），随时查询专业教材、浏览教材目录、内容简介等信息，并可在线申请纸质样书用于教学。

感谢您使用我们的教材，欢迎您随时与我们联系，我们将及时做好全方位的服务。联系方式：010-62750667，329056787@qq.com，pup_6@163.com，lihu80@163.com，欢迎来电来信。客户服务 QQ 号：1292552107，欢迎随时咨询。